BASE NATION

How U.S. Military Bases Abroad Harm America and the World

米軍基地がやってきたこと

デイヴィッド・ヴァイン

西村金一（監修）

市中芳江、露久保由美子、手嶋由美子（訳）

原書房

米軍基地がやってきたこと

キューバのグアンタナモ海軍基地にある米兵と家族のための住宅地。デイヴィッド・ヴァイン撮影

はじめに

　グアンタナモ湾の海軍基地にある丘の頂上からは、カリブ海に囲まれたこの基地の奥まった場所を見下ろすことができる。そこには螺旋状に太く巻かれた有刺鉄線や監視塔、サーチライト、それにコンクリートの防護壁が配置されている。かなりの数の囚人が裁判にかけられないまま何年も抑留されていたことから、国際的な注目を集め、議論を呼んだアメリカの収容所だ。しかし収容所の施設は、四五平方マイルある海軍基地のうち数エーカーを占めるにすぎない。基地の大部分は、収容所とはまったく違う様相を見せている。そこには郊外風の住宅地やゴルフコース、娯楽のためのボート施設が広がっている。収容所とは違い、基地のこうした部分は、これまでほとんど注目されてこなかった。しかし、アメリカとはどんな国なのか、世界のほかの国々とどんな関係にあるのかを理解する上では、基地そのものがきわめて重要な意味をもつ。

　驚いたことに、この海軍基地の大部分にはこれといった特徴がない。グアンタナモ湾を見渡すと、基地司令部の前に星条旗がはためいている。すぐ近くにはハリウッドのヒット映画を定期的に上映する屋外映画館がある。その隣には、鮮やかな緑色の人工芝を敷いたフットボールやサッカーの競技場が並ぶ真新しいスポーツ施設があり、ふたつの野球場に、バレーボールやバスケットボールのコート、さらに屋外のローラースケート場まである。空調の効いたジムのテレビではＥＳＰＮ［アメリカのスポーツ専門テレビチャンネル］の番組『スポーツセンター』が流れている。大通りをはさんだ向かい側には、大きな礼拝堂に郵便局、そして日に焼けて色あせたマクドナルドの金色のアーチが並ぶ。ディア・ポイントやヴィラマールといった名の近隣地区には、ぐるりと弧を描く車回しに、バーベキュー用のグリルや子供用の遊具の置かれた広い芝生が見える。高校、中学校、小学校、それに保育施設もある。さらにプールや遊び場に、いくつもの公共ビーチ、ボーリング場、理髪店に美容室、ピザハット、タコベル、ケンタッキー・フライドチキン、サブウェイまである。

丘の頂からは隣接するキューバの町々がかすかに見えるが、基地内のほとんどの場所ではキューバにいることをすぐに忘れてしまう。たとえば基地のいわゆる「ダウンタウン」は、アメリカのどんな場所とも——あるいは、自己充足型のアメリカの町によく似た、地球上に広がる幾百もの米軍基地とも——ほとんど変わらない。ダウンタウンにはコミッサリーや海軍版のＰＸ［陸軍駐屯地にある商業施設］など、世界中の米軍基地で見られる商業施設がある。大きな駐車場に囲まれたコミッサリーや基地売店には、衣類や家電製品、家具、自動車用品に食料品までが豊富にそろい、まるでアメリカの大型スーパーマーケット、ウォルマートさながらだ。グアンタナモにいることを思い出すのは、基地の土産物店を目にしたときくらいのものである。そこでは、米海軍基地グアンタナモ湾の絵葉書やマグカップのほか、「DETAINEE OPERATION（被拘留者作戦）」と書かれたTシャツまで買うことができる。

グアンタナモ湾収容所の閉鎖が議論された時期にも、そもそもなぜアメリカはキューバの領土にこんなに大きな基地をもっているのか、キューバに基地が必要なのか、疑問を抱く人はほとんどいなかった。これは驚くにはあたらない。

ほとんどのアメリカ人は、海外の米軍基地について考えることなどめったにない。アメリカが海外に多くの基地を建設し、獲得したのは、第二次世界大戦の終結時や冷戦の初期だったが、それ以来、ほかの国々やほかの人々の土地に米軍施設があるのは当たり前のこととされてきた。在外の米軍基地の存在は、長い間何の疑問もなく受け入れられ、アメリカの安全と世界平和のために明らかに有益で不可欠だと考えられてきた。沖縄で基地反対運動が起こったり、ドイツで事故が起きたりした際には、こうした基地の存在が人々の意識にのぼるかもしれない。しかし、それもすぐに忘れられてしまう。

当然ながら、世界中の国々にある米軍基地の近くで暮らす人々の関心はもっと高い。多くの人にとって米軍基地は、ハリウッド映画やポップミュージック、ファストフードと並び、最も典型的なアメリカのシンボルのひとつに挙げられる。海外の多くの基地に広がるバーガーキングやタコベルの店舗を見ればわかるが、米軍基地は世界中に展開する超大型フランチャイズなのだ。アメリカ国内には独立した外国の基地はひとつもないのに、外国には米軍基地が八〇〇近くあり、何十万もの米兵が駐留している。

アメリカは長きにわたって外国に基地を置いてきたが、第二次世界大戦以前には、現在のように地球規模で軍事施設を配備したことはなかった。米国国防総省《ペンタゴン》によると、戦後七〇年を経た現在でも、ドイツに一七四、日本に一一三、韓国に八三の米軍基地が存在する。ほかにも例を挙げれば、アルバやオーストラリア、バーレーン、ブルガリア、コロンビア、ケニア、カタールなど、米軍基地は地球上に何百も点在し、世界の七〇を超える国々にある。アメリカ国民はほとんど自覚していないものの、アメリカはおそらく世界の歴史におけるどんな民族、国家、帝国よりも多くの基地を、ほかの人々の土地に有しているのだ。

それにもかかわらず、この問題がメディアで取り上げられることはほとんどない。何百という在外基地が本当に必要なのか、それらを維持する余裕があるのか、そういった疑問を口にする人はめったにいない。アメリカの国土に外国の基地があったらどう感じるのか、今日《こんにち》、アメリカの国境近くに中国かロシア、あるいはイランが基地をひとつでも建てたら、私たちはどのように反応するのかと考える人は少ない。たとえ素行が良く温厚な外国部隊であっても、戦車や戦闘機、高性能兵器をもち込み——自分たちの土地を数百、あるいは数千エーカーも占領してフェンスを張り巡らせ——まるで自分の国のように振る舞われるなど、多くのアメリカ人には想像もできないだろう。

二〇〇九年、エクアドルのラファエル・コレア大統領は、このほとんど取り上げられることのなかった真実を明るみに出し、米軍基地の租借契約更新を拒否した。メディアを前にしたコレア大統領は、契約更新に同意するとしたら条件はただひとつだと述べた。「マイアミに基地——エクアドルの基地——を置かせてもらうことだ」

「ほかの国の土地に外国兵を置いてもいいのなら、当然、エクアドルがアメリカに基地を置いてもいいはずだ」。コレア大統領は皮肉った。[1]

規模

アフガニスタンやイラク占領時のピークには、アメリカの基地、警戒監視哨、検問所の総数は、この二か国だけで一〇〇〇を超えた。[2] 米軍がほぼ撤退した現在、そのほとんどは閉鎖されている。それでも、直近の公式発表によると、五〇州とワシントン特別区の外には、現在もなお六八八の基地がある。[3]

六八八というのはかなりの数だが、この数字にはコソボやクウェート、カタールなどのよく知られた米軍基地の多くは含まれていない。また、国防総省の数字からは、イスラエルやサウジアラビアなどで報告されているような秘密基地も除外されている。基地の数があまりにも多く、国防総省でさえも正確な数を把握していないのだ。[4] 私の計算では、実際の数は八〇〇といったところだろう。

ところで、「base（基地）」とはいったい何だろう？ 定義や専門用語は振れ幅が大きく、施設によって、「post」「station」「camp」「fort」など、それぞれ決まった呼び方がある。国防総省は一般名称である「base site」について、軍隊あるいは国防総省の構成要素が、「所有、借用、あるいはそのほかの方法で有する、物理的（地理的）所在地（つまり、土地、施設、あるいは土地と施設）」と定義している。[5] 言葉上の議論を避けるため、また最もわかりやすく、最も広く認識されている言葉であることから、何らかの軍事目的のために使われている場所や施設、軍事施設を指す場合、私は「base」を使うことにしている。[6]

このように考えると、ドイツや日本の大規模なものから、ペルーやプエルトリコの小さなレーダー施設まで、基地は規模も形もさまざまである。また、基地にはさまざまな規模の港や飛行場、修理施設、訓練場、核兵器軍事施設、ミサイル試験施設、整備補給廠、倉庫、兵舎、陸軍士官学校、傍受所、通

ノルウェー(2)
ランド
マーク
ドイツ(174)
ハンガリー
ルーマニア
ブルガリア
グルジア
シャ(8)
コソボ
トルコ(17)
イラク(6)
クウェート(10)
アフガニスタン(9)
バーレーン(10)
イスラエル(9)
UAE(3)
ヨルダン
パキスタン
エジプト
オマーン(7)
カタール(7)
イエメン
サウジアラビア
チャド
ジブチ
エチオピア
南スーダン
ケニヤ
ウガンダ
セーシェル
ブルンジ
モザンビーク
ディエゴ・ガルシア(イギリス領)
韓国(83)
日本(113)
北マリアナ諸島(アメリカ領)(5)
ウェーク島(アメリカ領)
香港
タイ
カンボジア
フィリピン(7)
グアム(アメリカ領)(47)
マーシャル諸島(11)
シンガポール
オーストラリア(4)

アメリカの海外軍事基地　2015年

2015年現在、50州とワシントンＤＣの外でアメリカが支配する基地は約800ある。基地の数が非常に多く、また海外基地ネットワークが非公開で不透明であるため、図で表すのは難しい。この地図は入手できる最も正確な情報をもとに、基地の相対数と位置を示している。
主要資料：国防総省、“Base Structure Report Fiscal Year 2014 Baseline”, Robert E. Harkavy, *Strategic Basing and the Great Powers, 1200-2000*, Michael J. Lostumbo et al., “Overseas Basing of U.S. Military Forces”, Chalmers Johnson, *The Sorrow of Empire*, Nick Turse, TomDispatch.com, Craig Whitlock, *Washington Post*, GlobalSecurity.org, ニュース報道。

信所、無人機基地なども含まれる。私の定義では検問所は除外しているが、軍病院、収容所、リハビリ施設、準軍事基地、諜報施設も、軍事的機能をもつため、基地の一部として考えるのが妥当だ。トスカーナやソウルにあるような軍のリゾートやレクリエーション施設も、ある種の基地と言える。ちなみに軍が運営するゴルフコースは世界中に一七〇以上ある。[7]

　国防総省によると、「機能している主な軍事施設」は六四か所で、そのほとんどが「小規模な軍事施設」だという。しかし、この場合の「小規模」とは、報告評価額が九億一五〇〇万ドル以下という意味であり、[8]小規模と言ってもそれほど小規模ではない可能性もある。

　自国の領土の外に軍事基地をもっているのはアメリカだけではない。イギリスとフランスの基地を合わせると一三になり、そのほとんどが旧植民地にある。ロシアは旧ソ連を構成していた共和国に九つの基地をもつ。日本の自衛隊は、アメリカとフランスの基地と併存する形で、第二次世界大戦以降初めての在外基地をジブチに置いた。報道によれば、韓国、オランダ、インド、オーストラリア、チリ、トルコ、イスラエルは、それぞれ在外基地をひとつずつ持っている。合計すると、アメリカ以外の国々の在外基地は約三〇になる。一方、アメリカの基地は八〇〇にのぼる。兵士とその家族、さらに基地で働く文官とその家族も加えると、海外で暮らす五〇万人以上のアメリカ人が基地関係者ということになる。[9]

第二次世界大戦終結以降のアメリカでは、海外に多くの基地をもち、何十万もの兵を常駐させるべきだという妄信的な考えが、外交と国家安全保障政策に関する公式見解とされてきた。アメリカの陸軍士官学校で最初に習う言葉がそれをはっきり示している。「アメリカの国家安全保障戦略は、外国の軍事基地の使用を必要とする」[10]

この根深い考えの根底にあるのがいわゆる「前方展開戦略」だが、このわかりにくい専門用語には深い意味が隠されている。冷戦期の政策下では、想定されるソ連の拡大主義を取り囲み、「封じ込め」るために、アメリカは兵力と基地をできるだけソ連に近い場所に集中させるべきだと考えられていた。歴史学者のジョージ・シュタンブクが説明するように、突然「政策決定者の頭のなかで、アメリカの安全保障とアメリカの領土という概念の間の不可分性が失われてしまった」のだ[11]。

ソ連崩壊から二〇年が経ち、もはやライバルとなる超大国は存在しないというのに、いまだにさまざまな政治信条をもつ人々が、国を守るためには在外基地や軍隊が不可欠だと当たり前のように信じている。二大政党間の連携がかつてないほど希薄なこの時代、共和党と民主党の見解が一致するのはせいぜいこの点ぐらいのものだろう。たとえば、ジョージ・W・ブッシュ政権は、在外基地は「平和を維持」し、「同盟国と友好国へのアメリカの強いかかわり……を象徴する」と宣言した[12]。オバマ政権はと言えば、「米軍の存在は海外の政治的安定につながる」ので「前方展開型のローテーション式駐留が適切かつ必須であることは今後も変わらない」と明言している[13]。

これらはほんの一例だ。前方展開戦略は、政治家、国家安全保障の専門家、軍当局者、ジャーナリストなどの間では一致した見解だった。この政策がどれほど絶対的なものだったか、そして現在もそうであるかは、どれほど強調してもしすぎることはない。国外に多くの基地をもち、軍隊を駐留させることに異議を唱えれば、たちまち平和運動家の理想主義、あるいはヒットラーのヨーロッパ侵略を許した孤立主義だとやり玉に挙げられるのだ。

表面的には、アメリカが在外基地を維持することに反論するのは難しいように見える。基地が多ければそれだけ安全だというのはそれなりに理にかなっているように思われるからだ。これまで数十年にわたって維持してきたのだから、在外基地にはそれだけの軍事的根拠があるはずだと思うのも当然だろう。アメリカの指導者たちは、受け入れ国にとって、基地には安全と経済的利益という二重の恩恵があると主張することも多い。基地は雇用や事業契約、そして米兵やその家族の基地外での消費をもたらすため、地元住民の多くは基地の存在を強く望んでいるはずだ。米軍基地や米軍を望まない人がいるだろうか、という論理である。アメリカ人の多くは、「ヤンキー・ゴー・ホーム（アメリカ人は帰れ）」というような発言はすべて激しい反米主義の表れだと考える。ヨーロッパやアジアの基地に関して、もし米軍がいなかったら、これらの地域では今ごろドイツ語か日本語が話されていただろう、という古くさいジョークをもち出す人さえいる。

しかし今、この数十年で初めて、超党派のグループがこうした社会通念に疑問を呈しはじめている。元国防副次官補で基地専門家でもあるアンディ・ホーンは私にこう語った。「確かに、どんな国であっても外国の大規模な軍隊を受け入れるのは不自然だ。これは長い間必要条件だった。だが今、こうした変化を起こせるというのは賞賛すべきことであり、嘆くべき事態ではない」

悩ましい数字

在外基地の現状に疑問を呈する理由として最も明白なのは経済的理由である。特に緊縮財政の時代であれば、在外基地の閉鎖がすぐに節約につながるかどうか検討する価値はある。在外基地を自国から遠く離れたところに維持するにはかなりの費用がかかる。日本やドイツのように受け入れ国が費用の一部を負担している場合でも、海外に兵士を駐在させるとなると、アメリカの納税者の負担は国内の場合と比べて、ひとり当たり年間平均で一から四万ドル増える。その内訳は、輸送費、受け入れ国によっては割高な生活費、学校や病院、住宅など海外に駐留する兵士の家族にかかる必要経費などだ。五〇万を超す兵士、家族、在外基地の文官を含めれば、費用はあっという間に大きく膨れ上がる。

私のかなり控えめな見積もりでは、在外基地や軍の駐留を維持するのにかかる費用の総額は、少なくとも年間七一八億ドルにのぼり、一〇〇〇億から一二〇〇億ドルの範囲にまで増える可能性もある。これは、国防総省を除けば、どの政府機関の自由裁量予算よりも大きな金額だ。また、この数字には海外の紛争地帯にある基地にかかる費用は含まれていない。アフガニスタンやイラクにおける基地と兵士にかかる経費を含めれば、二〇一二年の総額はゆうに一七〇〇億ドルを超える。

このほかにも金銭的損失はある。兵士やその家族が国内の地域社会ではなく海外で金を使えば、アメリカ経済にとっては損失となる。さらに、アメリカの納税者の金を在外基地の建設や運営に割り当てれば、教育やインフラ、住宅、医療といった分野への投資が後回しになり、それに伴うはずの国内での雇用の創出や、経済的生産性の向上も見込めない。

そうした金銭的損失以上に大きいのが人的損失だ。遠方への赴任、家族の別居、頻繁な引っ越しの負担を背負った兵士の家族も在外基地の広がりに苦しんでいる。また、在外基地は軍における性的暴行事件の発生率を高める原因にもなっている。現在、女性軍人の三人にひとりが性的暴行の被害にあっていると推定されるが、こうした犯罪のうちかなりの数が在外基地で発生している。一方、基地のゲートの外では、韓国のように、人身売買に依存した搾取的な売春業者が軒を連ねていることも多い。

ひとたび在外米軍基地について詳しく調べはじめると、問題が次々と出てくる。有毒物質の漏出や事故、またときには意図的な埋め立てや排出など、世界中で基地は広範囲な環境破壊を繰り返してきた。沖縄では米兵による地元住民に対するレイプやその他の犯罪がたびたび起きている。イタリアでは海兵隊のジェット機がゴンドラのケーブルを切断する事故を起こし、二〇人の死者を出した。また、グリーンランドから熱帯のディエゴ・ガルシア島に至る地域では、軍事施設を建設するためにたびたび地元住民を立ち退かせてきた。さらに今日では、アメリカ合衆国内で完全な民主的権利（政治的権利）をもたないグアムやプエルトリコなどの基地に、不釣り合いなほど大規模な駐留軍が置かれている。これは二一世紀版の植民地主義であり、このままでは民主主義のモデルとなるべきアメリカの評判を損ないかねない。

実際、これまでの歩みを振り返れば、民主主義を広めるという大義をもっともらしく掲げるアメリカが、カタールやバーレーンのように非民主的で、多くの場合独裁制をとっている国々を選んで基地をつくってきたことは明らかだ。基地のためには好ましくない相手と手を組むこともいとわないというやり方は、イタリアでは米軍とマフィアの癒着という事態まで引き起こしている。また、グアンタナモ湾からアブグレイブ収容所まで、基地で行われた監禁や拷問、虐待は世界中の怒りを呼び、アメリカの評判を傷つけた。無人機基地によって可能になったミサイル攻撃は、何百人もの民間人の命を奪い、激しい怒りや対立、新たな敵を生み出している。イラクやアフガニスタン、サウジアラビアでは、在外基地の存在が過激主義や反米主義の温床となり、アルカイダはイスラム教の聖地に米軍基地があるという事実を利用して人々を取り込んだ。そして、米軍基地の存在が二〇〇一年九月一一日の同時多発テロ事件の動機のひとつであったことは、オサマ・ビン・ラディンも公言している通りである。

世界中の何百という基地は、私たちの国が世界に見せている「顔」の（ほとんどそうとは認識されていないが）重要な一面だ。また、基地の存在により、私たちアメリカ国民は国のあるがままの姿を突きつけられることもある。ここで紹介してきた数字を見ると、基地国家アメリカがたびたび不満や抗議、敵対関係を生み出してきたのも無理はないと言えよう。

安全を揺るがす存在

最も重要なのは、実際のところ在外米軍基地がアメリカの安全や地球の平和を守っているのか、まったく明らかでないという点だ。冷戦中にはヨーロッパやアジアの米軍基地が想定通りに防衛的役割を果たすのかどうか議論されたが、敵対する超大国がいない今日《こんにち》、数千マイルも離れたところにある基地が、アメリカ――あるいは同盟国――を防衛するのに必要かという議論ははるかに難しくなっている。むしろアメリカは、世界中に基地があるために攻撃に傾きやすくなり、安易に介入的な戦争を始めては、ベトナムやイラク、アフガニスタンで大惨事を引き起こし、何百万という人の命を犠牲にしてきた。

さらに、基地が受け入れ国の安全を実際どこまで高めているかも疑問である。米軍基地があるために、その国が外国軍や武装集団のターゲットとなることもある。グアムには、「グアム島がどこにあるのか地図で示すことができるのは、ソ連の核ミサイル照準手くらいのものだ」という冷戦期のブラックジョークがある。中国を見据えた軍備増強が進められている現在、グアムが中国のミサイルの目標になる可能性を懸念する声もある。[14]

在外基地を閉鎖すると、合法的な防衛戦争や平和維持活動が必要になった際に、戦闘態勢に入るのが遅れるかもしれないという不安もあるだろうが、国防総省などの研究からも、輸送技術が進歩した現在、海外に軍を駐留させるメリットはほとんどないことがわかる。アメリカ本土やハワイから軍を配備するのにかかる時間は、海外の多くの基地とほぼ変わらなくなっている。

外国の基地は、危険な地域を安定させるどころか、軍事的緊張を高め、紛争の外交的解決を妨げることが多い。たとえば、中国やロシア、イランなどの国境付近に米軍基地を置けば、それらの国々は脅威を感じ、軍事費の増加に追い込まれることになる。ここでもう一度考えてみよう。仮にイランが小さな基地ひとつでも、メキシコやカナダ、カリブ海に建てたとしたら、アメリカの指導者たちはどのように反応するだろうか。

思い出してほしい。冷戦期の最も危機的瞬間、キューバ危機は、アメリカの国境から約九〇マイルの地点におけるソ連の核ミサイル基地建設を巡って起きた。同様に、冷戦後の時代、最も緊張が高まったロシアのクリミア併合とウクライナの内戦への介入は、アメリカがＮＡＴＯ（北大西洋条約機構）の拡大を後押しし、ロシアの国境により近い場所に基地を増やしたあとに起こっている。実際、ロシアを動かした最大の理由は、同国にとって重要な在外基地である、クリミア半島の港セバストーポリの海軍基地を維持することにあったと考えられる。ウクライナの西側よりの指導者たちがＮＡＴＯへの加盟を望んだために、この基地、ひいてはロシア海軍の力が脅かされたからだ。

おそらく今、最も大きな問題は、〝将来想定される中国やロシアの脅威からアメリカを守るため〟に建設が予定されている新しい米軍基地だ。こういった基地の建設は、中国とロシアの軍事行動を誘発し、脅威を防ぐどころか新たな脅威を招きかねない。国外に米軍基地を築くことで世界の安全を高めるどころか、かえって戦争が起こりやすくなり、アメリカの安全が脅かされる恐れもあるのだ。

フェンスの向こう側

長い間見過ごされてきた基地の問題に光を当てるために、私は世界中をまわり、六年間にわたって、日本、韓国、イタリア、ドイツ、イギリス、ホンジュラス、エルサルバドル、エクアドル、キューバ、アメリカ、そしてグアムや北マリアナ諸島といったアメリカの属領など、一二の国と属領の、現在あるいは過去の基地六〇か所以上で調査を行ってきた。

多くの場合、関係者は私の調査に好意的で、基地ツアーやインタビューを手配したり、質問に答えたりしてくれたが、訪問を断られたり、訪問許可を取るのに延々とたらい回しにされたり、照会に対する返事がまったくもらえなかったりということもあった。アフガニスタンの米軍基地を訪問するにあたっては、数か月にわたって担当者と五〇通以上の電子メールを交わしたが、いまだに公式の許可を得ていない。

グアムの海軍基地では、基地に入るのを許されたのは、ユダヤ教の祝日ヨム・キップール（贖罪の日）の礼拝に参加するときだけだった。ドイツやイタリアでは、基地の外の公有地で警察やガードマンに止められ、聴取されたことも何度かある。イタリアのヴィチェンツァにある兵営《カゼルマ》の外で、新しい基地の建設計画に対する抗議運動の写真を撮っていたときには、警察にパスポートを押収された。数秒間の緊張と短い尋問ののち、イタリア人とアメリカ軍関係者が基地への立ち入りを認めてくれた――その日は七月四日の独立記念日の祝賀会で、基地は一般公開されていたのである。だが数分も経たないうちに、基地で働く民間人からまた丁重な質問を受けることになり、結局その夜の残りの時間は、イタリア人憲兵ふたりがついて回ることになった。人懐こいふたりは「刑事スタスキー&ハッチ［一九七〇年代のアメリカのテレビドラマに登場する人物］」と呼んでほしいとイタリア訛りで言った。

基地の外では、その土地のさまざまな人脈をたどり、政府高官や地元住民、ジャーナリスト、実業界のリーダー、学者、活動家、軍の退役者、そのほか地域の基地の支持者と反対者など、できるだけ多様な視点をもつ、できるだけ多くの人と会った。ワシントンなどアメリカ国内では、国防総省や国務省の関係者（このうちのひとりは、あとの章で詳しく取り上げるが、心ならずも退職に追い込む手助けをしてしまった）、軍事分析家、記者、兵役経験者のほか、在外基地についての知識をもつ多くの人々にインタビューをした。インタビューの際には、録音し、詳しいメモを取った。次章以降では、話し手の発言を言葉通りに記す場合にのみかぎかっこを使っている。

アメリカ史上最長の戦争が終わり、アフガニスタンの基地のほとんどが閉鎖され、兵士の大多数が引き揚げた今、私たちは外交政策と軍事政策の転換期に来ている。戦時も平時も機能しつづける何百という在外基地が、世界にとって有益で必要な存在なのかどうか、世界の他の国々とのあるべき関係を映しているのかどうかを問うのに、今ほどの好機はない。

この本は世界中の読者に向けて書いたものだが、「私たち」という表現を使っているのは、アメリカの読者に直接訴えかけるためだ。究極のところ、アメリカが基地国家になった責任、私たちが忘れがちな基地の存在が多くの人に与えてきた影響に対する責任は、すべてのアメリカ人にあると思っている。本書では、そうした人々——外国の基地に住み、そこで働く米兵とその家族、基地の近くに住む地元住民など——について語る。また基地そのものだけでなく、国防総省の在外基地政策がアメリカや世界中で暮らすすべての人の生活に及ぼす影響についても考察したい。

この点では、本書『米軍基地がやってきたこと』で扱うのは、基地の話にとどまらない。在外基地を通して、私たちは自分たちの国、そして世界における私たちの立ち位置、世界中の人々とのかかわり方を、率直かつ果敢に見つめることができる。増えつづけるアメリカの在外基地に目を向けることにより、アメリカが常に戦闘態勢に置かれ、経済も政府も絶えず戦いへの準備に支配されていることに気づくはずだ。

結局のところ、在外基地の話は第二次世界大戦後のアメリカの年代記なのだ。ある意味、私たちはみな、フェンスの向こう側——軍人が言うところの「鉄条網の向こう」——に暮らしている。こうした基地は私たちの安全を高めてくれると思うかもしれないが、実際のところ、私たちは軍隊が常駐する社会に閉じ込められ、危険にさらされ、自国にいても外国にいても命を脅かされているのである。

第一部　基盤

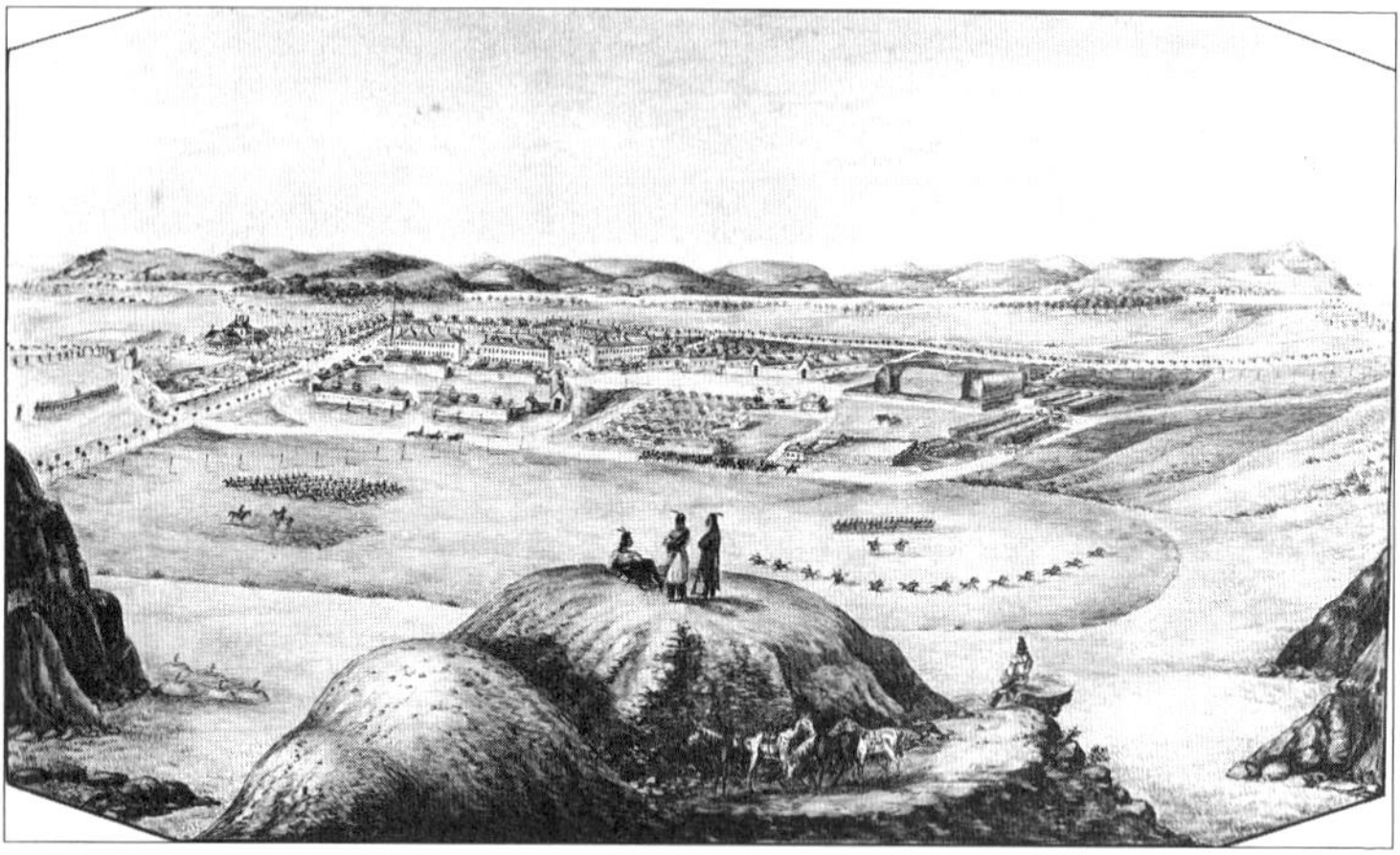

モンタナ準州、フォート・キーオからの眺め。米兵で画家のヘルマン・スティーフェルの作品、1878 年

第一章　基地国家の誕生

私たちが今日《こんにち》知る基地国家は、一九四〇年九月二日に誕生した。この出来事は正当な評価を受けていないどころか、第二次世界大戦に関する歴史書でも小さくしか扱われていないことが多い。しかし、フランクリン・デラノ・ルーズベルト大統領のペンの一振りによって、世界の大国のひとつだったアメリカが、比類なき軍事力をもった超大国へと変容しはじめたのはまさにこの瞬間だった。

アメリカが第二次世界大戦に参戦する一年以上前のその重大な日、ルーズベルトはイギリスとある協定を結んだことを議会に報告した。それは破綻寸前にあった連合国イギリスに第一次世界大戦期の駆逐艦五〇隻を提供し、その見返りとしてイギリス植民地における空・海軍基地の支配権を得るという内容だった。

このような協定を結ぶには議会の承認が必要だったが、ルーズベルトは事後報告をしただけだった。「駆逐艦と基地の交換」協定として知られるこの取り決めによって、アメリカはバハマ諸島、ジャマイカ、セントルシア、セントトマス、アンティグア、アルバ・キュラソー、トリニダード、イギリス領ギアナにある基地に対する九九年間の租借権とほぼ完全な主権に加え、バミューダ諸島とニューファンドランド島の一時的な使用権を得た。ルーズベルトはこの協定について、「国家安全保障を強化する上で、ルイジアナ購入以来最も重要な決定」[1]だと述べている。この協定が国家安全保障にとってそこまで重要だったのかは疑わしい。しかし、この協定がもたらした変容という観点から見れば、これらの基地の獲得を、国土をほぼ二倍に広げた一八〇三年の条約に例えても、まったく大げさではない。九九年という租借期間は、そのころと同じような壮大な野望を反映している。ルーズベルト大統領は少なくとも向こう一世紀の間、世界におけるアメリカの力を不動のものにしたいと考えていたのだ。

ルーズベルトの驚くべき決断の原点は、ルイジアナ購入のころにまでさかのぼることができる。アメリカの独立直後から一八〇〇年代にかけて、アメリカは領土の外に小さいながらもかなりの数の基地を建設した。これはアメリカの指導者たちの帝国主義的な夢の表れであり、その結果、アメリカは二〇世紀の初めに世界の列強の仲間入りを果たすまでになる。

しかし、第二次世界大戦中に誕生した先例のない数の米軍基地は、アメリカの軍事力が質・量ともに変化した印であり、世界中の国々との関係をも変えた。終戦のころになると、米軍基地は規模の上でも地理的範囲や数においても劇的に拡大していた。かつてこれほど多くの米兵が海外に常駐したことはなかった。アメリカの指導者たちが、国家の防衛のために、自国の国境からこれほど遠い場所に軍を常駐させる必要性を感じたこともなかった。第二次世界大戦後のアメリカは、歴史上のどんな民族や国家、帝国も手にしたことのない、世界に類のない軍事的影響力をもつことになったのである。

征服の〝てこ棒〟

古代エジプトやローマ、中国の時代から、軍事基地——特に外国にある基地——は、土地や人々を支配する重要な礎だった。[2] エジプト中王国は国境に軍事要塞を築いたが、バビロンからエルサレムにかけての肥沃な中東では城砦都市を築くのが一般的だった。今ではアクロポリスと言えばパルテノン神殿が建つ丘を指すことが多いが、もともとはイスラエルのマサダからペルーのマチュピチュに至るまで、あちこちでつくられた山の上の要塞を指す言葉だった。[3]

ローマもアクロポリスであり、ローマ人は帝国の至るところに一時的な「カエサルのキャンプ」とカストラ・スタティヴァ——常設基地——を建設した。ローマ時代の要塞をもとに、のちの時代にイギリスに侵入してきたノルマン人が城を建てた例もある。イギリスのシンボルでもあるロンドン塔は、一〇六六年のノルマン征服のすぐあとに征服王ウィリアムが建てた在外基地だった。[4] コロンブスは初めてアメリカ大陸に航海した際、サンタマリア号の廃材を使って、現在のハイチであるイスパニョーラ島に要塞を建設するように命じた。[5] コロンブスは一四九四年の二度目の航海で停泊した湾をプエルト・グランデと名付けたが、それが現在のグアンタナモである。

コロンブスがイスパニョーラ島につくった最初の砦に続いて、スペインやポルトガル、オランダ、フランス、イギリスが南北アメリカ大陸の至るところに建設した基地の跡には、今日《こんにち》も大勢の観光客が訪れる。これらの観光名所は、かつての帝国の記念碑的存在であり、それらの要塞が南北アメリカの植民地化に果たした役割を伝えている。フランスは最初の基地を一五六二年にサウスカロライナ州のパリス島に、一五六四年にはフロリダ州のセント・ジョーンズ川沿いにも基地を建設している。続いて、スペインがフロリダとサンファン、ハバナに基地を建設した。イギリスはノースカロライナ、バージニア、マサチューセッツ、そしてさらにそれ以外にも基地をつくり、北米におけるイギリスの植民地支配は独立戦争の直前にピークに達した。[6]

アメリカが国外につくった最初の軍事基地はグアンタナモ湾であるというのが学者の間での一般的な見解だが、不思議なことにアメリカが独立直後に基地をいくつも建設していた事実は見過ごされている。辺境に建てられた何百という要塞なくしてアメリカの西への拡大はなかったわけだが、そうした要塞が建てられた土地は、当時、まさに国外だったのだ。最初の軍事基地は、一七八五年に北西部領土に建てられたフォート・ハーマーだ。このほかにも、デポジット、ディファイアンス、ハミルトン、ウェイン、ワシントン、そしてノックスといった砦が現在のオハイオ州やインディアナ州につくられた。こうした基地のひとつひとつが開拓者の波を先住民族の土地へと送り込み、先住民たちは徐々に西へと追いやられていった。一八〇二年になると、アメリカの砦は五大湖からニューオーリンズにまで連なっていた。[7] そして、一八一二年の米英戦争でイギリス側についた先住民はさらに立ち退きを迫られ、アメリカによる先住民の土地の収用と基地建設はいっそう進んだ。[8]

一八三〇年、アンドリュー・ジャクソン大統領は「インディアン強制移住政策」を発表した。これはすべての先住民族をミシシッピ川以東の土地から強制的に立ち退かせ、西へ移住させるという政策である。カンザス州のフォート・レブンワースはもともと「文明の最西端」と「恒久的な先住民族との境界」を示すためにつくられた。しかし、サンタフェ・トレイル［ミズーリ州からニューメキシコ州までの西部開拓ルート］とオレゴン・トレイル［ミズーリ州からオレゴン州までの西部開拓ルート］の出発点を守ることは、結果的に、ヨーロッパ系アメリカ人の開拓民や鉱山労働者、商人、農民の西への移住を後押しすることになった。やがて軍は、ある歴史家の言葉を借りると、アメリカ征服の「尖兵（先遣要員）」、そして「てこ棒」となる。[9] フォート・レブンワースよりも西につくられる砦の数は急速に増え、てこ棒はさらに強化され、西への拡大を示すラインができあがった。一九世紀中ごろには、ミシシッピ川の西側にある大きな砦の数は六〇になり、西部には一三八の駐屯地ができていた。

欧米の開拓民の移住が進むと、アメリカは続いてメキシコの半分以上の土地を獲得した。現在のカリフォルニア州、ユタ州、ネバダ州すべてと、アリゾナ州の大部分を含む、約五五万平方マイルの土地である。さらにイギリスからオレゴン準州を獲得し、テキサス共和国を併合した。一八五三年のガズデン購入によって、アリゾナ州とニューメキシコ州にまたがる帯状の土地をメキシコから買い入れ、現在のウェストバージニア州全体よりも広い土地が加わった。その後すぐに多くの新しい基地――テキサス州のフォート・ブリスからアリゾナ州のフォート・フワチュカ、サンフランシスコのプレシディオからオレゴンカントリーのフォート・バンクーバーに至るまで――が建設され、アメリカの拡大を支えた。

アメリカの支配が大陸を横断して西海岸に達すると、基地は、続々と西へ向かう開拓民を守り、ごく少数の未制圧の先住民族と戦う拠点となった。[10] ユニオン・パシフィック鉄道の建設ルート沿いには、中国人排斥の暴動を収めるために新しい基地が建設された。先住民による主だった武力抵抗が終わると、アメリカ政府は辺境の砦の多くを統合し、北米大陸の外へと目を向けるようになった。[11]

43 フォート・ストックトン（1859年）
44 フォート・クイットマン（1859年）
45 フォート・ラーンド（1859年）
46 フォート・コルビル（1859年）
47 フォート・チャーチル（1860年）
48 フォート・リヨン（1860年）
49 フォート・ウィンゲート（1862年）
50 フォート・サムナー（1862年）
51 フォート・ローウェル（1862年）
52 フォート・ダグラス（1862年）
53 フォート・ボウイ（1862年）
54 フォート・カミングス（1863年）
55 フォート・オマハ（1863年）
56 フォート・サリー（1863年）
57 フォート・マクファーソン（1863年）
58 フォート・クラマス（1863年）
59 フォート・ボイシ（1863年）
60 フォート・ハーカー（1864年）
61 フォート・ドッジ（1864年）
62 フォート・バスコム（1864年）
63 キャンプ・ベルデ（1864年）
64 フォート・ウォレス（1865年）
65 フォート・セルデン（1865年）
66 フォート・リノ（1865年）
67 フォート・マクドウェル（1865年）
68 フォート・ヘイズ（1865年）
69 フォート・フィル・カーニー（1866年）
70 フォート・ビュフォード（1866年）
71 フォート・ベイヤード（1866年）
72 フォート・ショー（1867年）
73 フォート・リチャードソン（1867年）
74 フォート・ハレック（1867年）
75 フォート・グリフィン（1867年）
76 フォート・フェッターマン（1867年）
77 フォート・エリス（1867年）
78 フォート・D・A・ラッセル（1867年）
79 フォート・コンチョ（1867年）
80 フォート・C・F・スミス（1867年）
81 キャンプ・サプライ（1868年）
82 フォート・シル（1869年）
83 フォート・ベントン（1869年）
84 フォート・エイブラハム・リンカーン（1872年）
85 フォート・イェーツ（1874年）
86 フォート・ロビンソン（1874年）
87 フォート・キーオ（1876年）
88 フォート・トーマス（1876年）
89 フォート・フアチュカ（1877年）
90 フォート・ミード（1878年）

先住民の土地と初期のアメリカ在外軍事基地

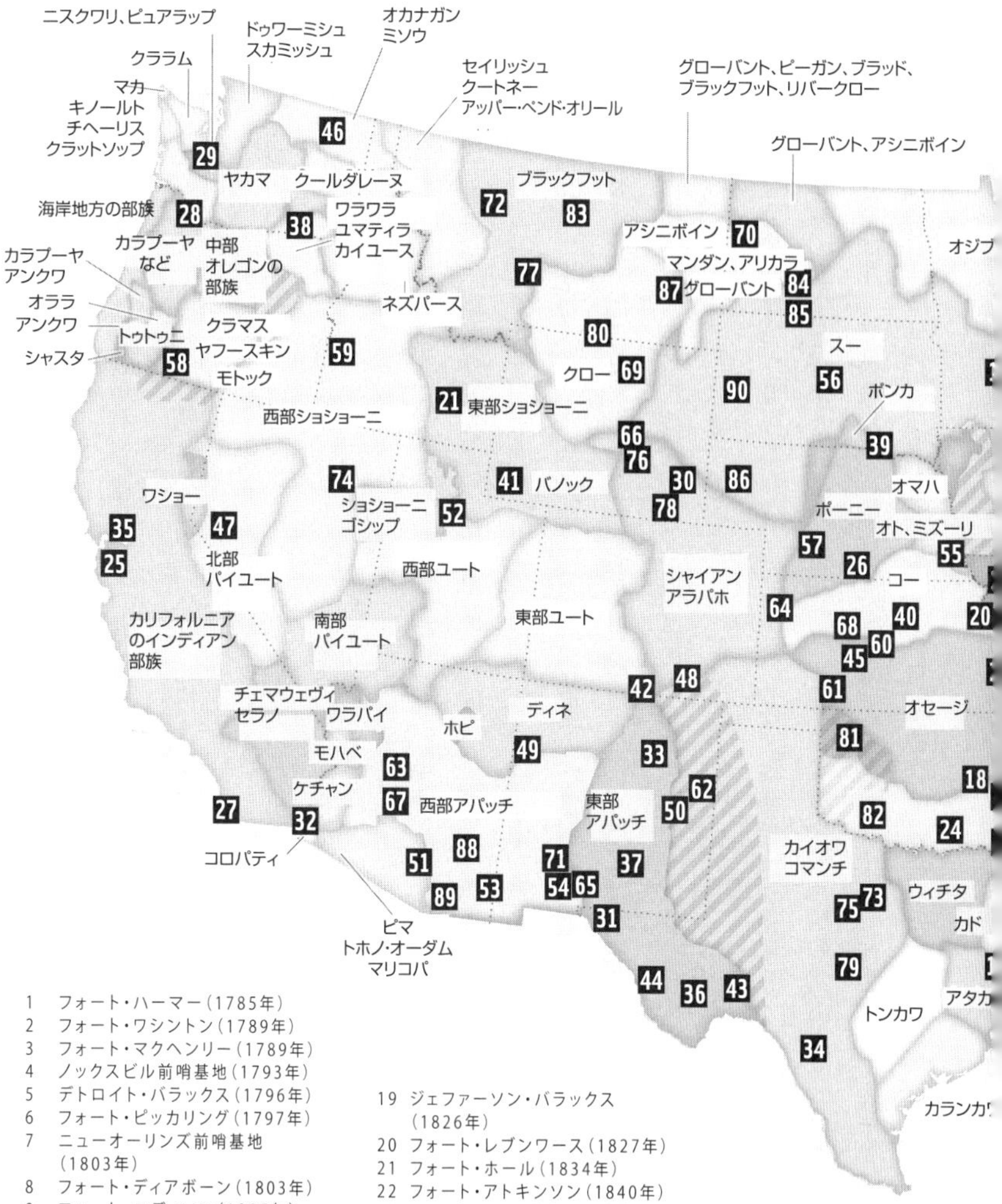

1　フォート・ハーマー（1785年）
2　フォート・ワシントン（1789年）
3　フォート・マクヘンリー（1789年）
4　ノックスビル前哨基地（1793年）
5　デトロイト・バラックス（1796年）
6　フォート・ピッカリング（1797年）
7　ニューオーリンズ前哨基地（1803年）
8　フォート・ディアボーン（1803年）
9　フォート・マディソン（1805年）
10　フォート・オセージ（クラーク）（1808年）
11　フォート・エドワーズ（1814年）
12　フォート・スミス（1817年）
13　フォート・アームストロング（1819年）
14　フォート・ジェサップ（1822年）
15　フォート・スネリング（1822年）
16　フォート・ブルック（1824年）
17　フォート・タウソン（1824年）
18　フォート・ギブソン（1824年）
19　ジェファーソン・バラックス（1826年）
20　フォート・レブンワース（1827年）
21　フォート・ホール（1834年）
22　フォート・アトキンソン（1840年）
23　フォート・スコット（1842年）
24　フォート・ワシタ（1842年）
25　プレシディオ・サンフランシスコ（1847年）
26　フォート・カーニー（1848年）
27　サンディエゴ・バラックス（1849年）
28　フォート・バンクーバー（1849年）
29　フォート・ステイラクーム（1849年）
30　フォート・ララミー（1849年）
31　フォート・ブリス（1849年）
32　フォート・ユマ（1850年）
33　フォート・ユニオン（1851年）
34　フォート・クラーク（1852年）
35　メア・アイランド海軍造船所（1853年）
36　フォート・デイビス（1854年）
37　フォート・スタントン（1855年
38　フォート・ワラワラ（1856年）
39　フォート・ランドール（1856年
40　フォート・ライリー（1857年）
41　フォート・ブリッジャー（1858
42　フォート・ガーランド（1858年

参考資料：Sam B. Hilliard / Dan Irwin / 南イリノイ大学地図製作研究所、テキサス大学図書館、Unites States Army Office of the Chief of Military History, Winning the West: The Army in the Indian Wars, 1865-1890、Map by Emerson and Siobhan McGuirk.

北米大陸を越えて

北米大陸の外へと拡大するアメリカ――また、その拡大に伴ってつくられた基地――について考えるとなると、一八九八年の米西戦争に目が向けられることが多い。しかし、もう一度繰り返すが、北米大陸の外への拡大と、基地国家の始まりはもっと昔にさかのぼる。たとえば、米西戦争が起こる百年前の一七九八年、フランスとの間に始まった疑似戦争〔フランス革命後のフランスとアメリカとの間の海上の戦い。一八〇〇年に終結〕のさなか、米海軍のフリゲート艦はカリブ諸島の港を拠点に軍事行動を展開していた。一八〇一から〇五年と一八一五年に起こったバーバリ戦争〔地中海での通行料をめぐってアメリカと北アフリカのカラマンリー朝との間で行われた戦争〕でも同様に、米海兵隊はデルナ〔リビア北東部の港町〕の要塞と港を攻略し、一時的に占領した（デルナは中東におけるアメリカ初の占領地となった）。一九世紀中ごろになると、米海軍は一時的な基地を使い、台湾、ウルグアイ、日本、オランダ、メキシコ、エクアドル、中国、パナマ、韓国など、世界中で軍事行動を展開した。[12]

これらの一時的に設けられた独立した前進基地よりさらに重要なのが、一八一二年の米英戦争ののちに、米海軍が五つの大陸の戦略上重要な場所につくった艦隊基地である。[13] こうした偵察基地はブラジルのリオデジャネイロ港に始まり、チリのバルパライソ、アンゴラのルアンダ、メキシコのマグダレナ湾、パナマのパナマシティ、ポルトガルのカーボヴェルデ、スペインのバレアリス諸島、そして香港やマカオにまでつくられた。ふたりの著名な軍事分析家が指摘しているように、これらの基地は「〝アメリカの安全と経済的利益の中心〟、つまり重要な海外市場のすぐ近く」に置かれている。[14] これらのささやかな「貸借基地」に配された艦隊は比較的小規模で、倉庫や修理施設も借りものだったが、世界的大国を目指すアメリカの野心を反映し、予示していた。

こうした野心はアジアへの「回帰（ピボット）」によってさらに明確になった――現在さかんに議論されている最近のオバマ政権の試みではなく、南北戦争以前の最初の例である。一八四二年、ジョン・タイラー大統領は太平洋海軍基地設立への関心を強め、ヨーロッパ諸国やアメリカが中国に押し付けた「不平等条約」を利用し、米軍と貿易のために二年間で五つの港を開いている。条約は公式に基地の建設を認めるものではなかったが、港では「将来的に米海軍艦艇による利用が保証され」、また「海軍による倉庫設備の購入や建設が認められていた」とふたりの基地専門家は説明している。タイラー政権が開いた港は合計で六九にのぼった。[15]

第二次世界大戦後の占領より一世紀前、マシュー・ペリー提督は日本と沖縄（当時は独立した王国だった）においてもほぼ同じことを成し遂げている。一八五三年、ペリーは西太平洋の硫黄島に近い、現在の父島の一部を五五ドルで購入した。アメリカの給炭地――蒸気を使った新しい軍艦や商船での航行に必要だった――にしようと考えたのだ。ペリーはまた、沖縄に初めての米軍基地をつくった。基地は一年しか存続しなかったが、ペリーはこの基地を足掛かりにしてアメリカの居留地を広げ、自分たちに有利な条約を沖縄と日本に押し付けた。[16] 南北戦争後、アメリカはジャービス島やベーカー島、ハウランド島、ミッドウェイ島を獲得・併合し、グアノ［海鳥の糞などが堆積したもので、肥料として利用される］の採掘地や給炭地として利用し、太平洋での存在感と力を増していった。[17]

一八六七年にロシアからアラスカを購入すると、アメリカはシトカにあるかつての先住民トリンギトとロシアの要塞を占領し、アジアの北端に沿った新しい領域に、四つの基地を新設した。[18] 一八八八年には、サモア王国、そしてハワイ王国の真珠湾における軍港の租借協定を結んでいる。一八九三年にハワイの君主制が崩壊すると、アメリカは一八九八年にハワイ島を、一八九九年には新しく名前を変えたアメリカ領サモアを併合し、その後すぐに海軍基地を建設している。[19]

一方、一八九八年、謎の米軍艦メイン号沈没事件を口実に、アメリカはスペインからの独立を目指していたキューバに介入し、スペイン帝国に宣戦布告した。キューバのグアンタナモ湾が米海軍にとって絶好の給炭基地になると踏んだのだ。そして湾の占領を足掛かりにアメリカは島を掌握し、傀儡政府を樹立した。グアンタナモに長期的な利点を見出す者もいた。たとえば、『ニューヨーク・タイムズ』紙は、「あの素晴らしい港は優れた米軍基地になるだろう」と力説している。[20] グアンタナモ湾を拠点に、米軍はプエルトリコの侵略を開始。この島を皮切りに、フィリピン諸島、グアム、そして何千マイルも離れた太平洋上のウェーク島を併合した。[21]

一九〇三年、アメリカはキューバの指導者たちに圧力をかけ、キューバの正式な独立と米軍の（全部ではないにしても）大半を撤退させることを条件に、事実上のアメリカの支配を認めさせた。そして、アメリカが草案したプラット修正条項によって、政治的安定と〝独立〟を目的とした侵略、キューバとほかの国の条約締結の制限、「給炭あるいは海軍基地」の建設が認められた。[22] 双方の政府は、グアンタナモ湾の四五平方マイル――ワシントンDCよりも広い――における米軍の「完全な管轄権と支配権」を認める租借契約も結んだ。この「租借契約」が無期限であることは明らかで、事実上、キューバはこの領域を北の隣国アメリカに譲渡することになった。この見返りとして、アメリカは基地の周囲にフェンスを築き、基地内での商業・工業活動を禁じ、年間二〇〇〇ドルというわずかばかりの租

借料を払うことに同意した。[23][i]

キューバの指導者たちはやがてプラット修正案を破棄することになるが、アメリカはグアンタナモ湾を保持するために別の条約の締結を求めた。この条約にはもともとの租借契約条項が盛り込まれ、キューバがアメリカを撤退させることはできないと明記されている。どんな賃借人でも、このような立ち退きの心配がない賃借契約があったらと願うだろう。[24]

一九世紀末になると、アメリカはかなりの数の国外基地をもつようになり、規模においても地理的範囲においても、ヨーロッパの数少ない宗主国と肩を並べるまでになった。こうした基地ネットワークは、第二次世界大戦中にできたものと比べると見劣りするかもしれない。しかし、経済力、政治力、そして軍事力を一層強固なものにしたいというアメリカの指導者たちの野心をあらわにしているという点で、来るべき基地国家の前触れとも言える。[25]

パナマから上海まで

一九世紀に北米の外へと基地が拡大するきっかけをつくった指導者のなかに、のちにアメリカ海軍の「預言者」として知られるようになるアルフレッド・セイヤー・マハン総督がいる。一八から一九世紀の英仏による世界の覇権争いを専門とする歴史家だったマハンは、大国には自国の商船を保護し

i　現在、毎年支払われる小切手の総額は四〇〇〇ドルになっているが、フィデル・カストロ政権下のキューバ政府はそれらの換金を止めている。何年もの間、小切手はそのままカストロの机のなかにしまわれているという。

たり、外国に市場開放を迫ったりできるような強い海軍が必要であり、強い海軍をもつためには、広範囲に及ぶ支援基地のネットワークが必要だと主張した。マハンの影響のもとに、海軍はさらに給炭基地や修理基地を増やしていった。[26] 一九〇〇年には、海軍艦艇数隻が西へ向かって義和団の乱を鎮圧し、アメリカとの交易のために中国の市場を解放した。世界で第二位の規模となった米海軍は香港や漢口、上海の基地を拠点に定期的な巡行をするようになった。[27]

グアンタナモ湾の使用権を獲得したのと同じ一九〇三年、アメリカはパナマでも同じような権利を獲得した。独立したばかりのパナマに対して押し付けられたこの条約は、のちにパナマ運河地帯となる五五三平方マイルの土地に関して、アメリカの事実上の主権を永久に認めるものだった。また、運河地帯外の土地の収用や基地の建設など幅広い権限も認められている。最終的にパナマは一四の米軍基地を受け入れることになる。キューバの場合と同じように、パナマの法令でもアメリカの軍事介入を認めていたため、一八五六年から一九八九年の間に、アメリカ軍は計二四回にわたって侵攻している。[28] 大きな米軍基地が国土を占領し、いつでも介入できる事実を考えると、パナマもキューバも事実上の植民地だったと言えるだろう。[29]

中南米の他の国々でも、米軍は同じような介入を続けた。ニカラグア、ハイチ、ホンジュラス、メキシコ、グアテマラ、コスタリカ、エルサルバドル、そしてドミニカ共和国で、米軍は毎年のように活動している。[30] そして、介入後は何年にもわたって占領を続け、占領軍のための基地を築いた。たとえば、ニカラグアだけでも、一九三〇から一九三二年の間に、少なくともアメリカの八つの部隊が駐屯している。[31]

とはいえ、これらの中南米諸国の場合、占領期間が終わると、アメリカ軍は撤収し、本国へ帰っていった。第一次大戦後も同様で、終戦時に米軍は基地を閉鎖し、何十万という兵士を帰還させている（一九一七年にデンマークから購入した米領バージン諸島だけは例外で、小さな潜水艦基地と通信用の前哨基地が残された）。

しかし、次の世界大戦では、終戦後も駐留軍が帰還することはなく、基地はそのまま留まることになる。

国家の変容

第二次世界大戦が始まる前から、すでにルーズベルトは広範囲に及ぶ基地を足掛かりに、新しい長距離飛行機で他の大国を牽制し、国防に役立てたいと考えていた。早くも一九三九年には——イギリスと「駆逐艦と基地の交換」協定を結ぶ前に——ルーズベルトはカリブ海の島に新しい基地を獲得することに関心を寄せていた。戦争が始まると、ルーズベルトは戦後もアメリカの優位を保つために、世界規模の軍事基地ネットワーク構築の計画を軍の指導者たちに命じる。[32] 一九四一年一一月、真珠湾攻撃とアメリカの参戦に先立ち、軍関係者はルーズベルトの指示に従い、戦後に向けた準備を始めた。一九四三年の統合参謀本部の文書には「アメリカが十分な基地を所有または支配することは必須で、それらの獲得と開発を戦争の主要目的のひとつとするべきだ」と書かれている。[33]

第二次世界大戦に参戦したアメリカは基地の数をできるだけ早く増やすことに力を入れはじめた。

時代を追って比較しやすいように、国境線は現在のものを使っている。
参考資料：Stacie L. Pettyjohn, "U.S. Global Defense Posture"; U.S. Army Alaska; Joint Base Elmendorf-Richardson; www.northamericanforts.com

アメリカの海外軍事基地 1776−1903年

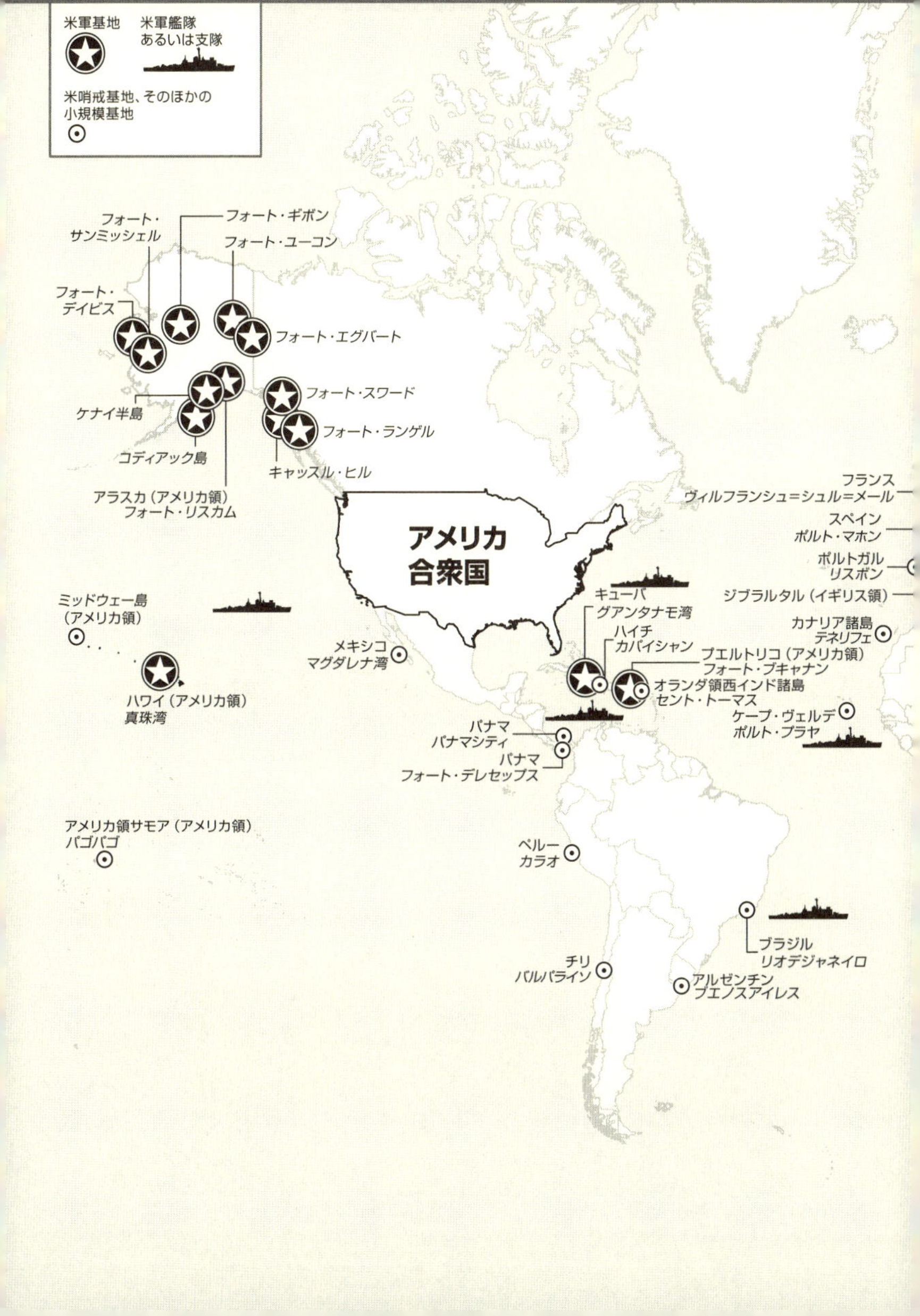

グアム（アメリカ領）
グアム海軍基地
ピティ海軍造船所
スペイン広場
スメイ兵舎
中国
漢口
中国
上海
香港（イギリス領）
ウェーク島（アメリカ領）
フィリピン（アメリカ領）
フォート・ドラム
フォート・フランク
フォート・ヒューズ
フォート・ミルズ
フォート・サンチャゴ、マニラ
フォート・ワイント
スービック湾海軍基地

アメリカ海外軍事基地　1939年

時代を追って比較しやすいように、国境線は現在のものを使っている。
参考資料：Robert E. Harkavy, Strategic Basing and the Great Powers, 1200-2000、Stacie L. Pettyjohn, "U.S. Global Defense Posture"、 U.S. Army Center of Military History, The Panama Canal, U.S. Army Alaska、 Joint Base Elmendorf-Richardson、www.northamericanforts.com.

ノルウェー
ノマーク (6)
ルクセンブルク
ドイツ (148)
オーストリア (4)
ユーゴスラビア
ギリシャ (10)
キプロス
マルタ
リビア
エジプト
パレスチナ
イラク (2)
イラン (4)
サウジアラビア
バーレーン (2)
エチオピア
ケニア
南ローデシア
インド
(36)
セイロン
中国 (30)
ビルマ (8)
タイ
フランス領
インドネシア
シンガポール
クリスマス島
韓国 (2)
台湾
香港
フィリピン
(アメリカ領)
(11)
インドネシア
日本 (53)
マーカス島
(南鳥島)
北マリアナ諸島
(アメリカ領)
(15)
ウェーク島
(アメリカ領)
パラオ
グアム(アメリカ領) (8)
マーシャル諸島 (3)
カロリン諸島
パプア
ニューギニア
(6)
ギルバート
諸島 (3)
アドミラル
ティ諸島
ニューブリテン島
トロブリアンド諸島
フィジー
(3)
トンガ
オーストラリア (5)
ニュージー
ランド (3)
ウッドラーク島
ソロモン諸島
ニューヘブリディーズ
バヌアツ
ニューカレドニア (3)

アメリカ海外軍事基地　1945年

第二次世界大戦のさなか、アメリカが支配する基地は2000、軍事施設は3万を超えた。これは一国が持つ基地の数としては史上最多だった。この地図は1945年ごろの基地の相対数と位置を示している。時代を追って比較しやすいように、国境線は現在のものを使っている。

参考資料：Robert E. Harkavy, Strategic Basing and the Great Powers, 1200-2000、Stacie L. Pettyjohn, "U.S. Global Defense Posture", James Blaker, United States Overseas Basing、Department of the Navy Bureau of Yards and Docks, Building the Navy's Bases in World War II、John W. McDonald Jr. and Diane B. Bendahmane, U.S. Bases Overseas、ニュース報道。

ノルウェー (2)
ンマーク (5)
ドイツ (775)
ギリシャ
(12)
トルコ
(24)
キプロス (2)
イスラエル
クウェート
エジプト (2)
バーレーン (2)
オマーン (5)
カタール
サウジアラビア
ジブチ
ソマリア
ケニア
セイシェル
ディエゴ・ガルシア
(イギリス領)
レユニオン
(フランス領)
中国
シンガポール
韓国 (125)
日本 (150)
台湾 (3)
香港 (イギリス領)
グアム
(アメリカ領)
(50)
ミクロネシア
連邦
フィリピン (12)
北マリアナ諸島
(アメリカ領)
(4)
ウェーク島
(アメリカ領)
マーシャル諸島
(11)
オーストラリア (2)
ニュージーランド

アメリカの海外軍事基地　1989年

冷戦時代の終わりごろ、アメリカが海外で支配する基地の数は約1600だった。この地図はその相対数と位置を示している。時代を追って比較しやすいように、国境線は現在のものを使っている。

参考資料：Robert E. Harkavy, Strategic Basing and the Great Powers, 1200-2000、国防総省 “Base Structure Report 1989”、Stacie L. Pettyjohn, “U.S. Global Defense Posture”、James Blaker, United States Overseas Basing、John W. McDonald Jr. and Diane B. Bendahmane, U.S. Bases Overseas、ニュース報道。

アメリカ政府は次々と新しい協定を結び、軍の駐留地を増やしていった。この時期、メキシコ、ブラジル、パナマ、北アイルランド、アイスランド、デンマーク領グリーンランド、オーストラリア、ハイチ、キューバ、ケニア、セネガル、オランダ領スリナム、イギリス領ギニア、フランス領ギニア、ポルトガル領のアゾレス諸島、ガラパゴス諸島、南大西洋のイギリス領アセンション島、そしてハワイ近くのパルミラ島で新しく基地を建設したり、占領したりしている。[34] 終戦のころになると、一か月に平均一一二か所というペースで基地施設が建設されていた。わずか五年間で、世界史上最多の基地がつくられたのだ。[35]

ここで重要なのは、基地の数を増やす目的が、軍事的優位を達成することだけではなかったという点だ。アメリカの指導者たちは、政治的、経済的思惑にも突き動かされていたのである。多くの人が考えていたように、戦後、飛行機を利用した海外旅行が飛躍的に発達することを期待したルーズベルトは、アメリカの民間航空会社への支援にも力を入れた。航空業界だけでなく、世界中の天然資源や国際市場、投資の機会においてもアメリカの経済的優位を保つためには、基地の存在が不可欠だと見ていたのだ。[36] たとえば、一九四三年、大統領は戦後の基地計画や北アメリカとオーストラリアを結ぶ民間機専用空港計画のために、フランス領ポリネシアの島々に調査団を送っている。[37]

商業計画と軍事計画は密接に絡み合っていることが多い。たとえば、パン・アメリカン航空は戦前、中南米のあちこちで密かに軍事基地の使用許可を得ていた。そして、ドミニカ共和国からパラグアイ、ボリビアに至る地域に、四八の地上基地や水上飛行機用基地を建設、拡充し、[38] 有事の際にはすぐに拡大できる基地の基盤を軍に提供したのである。同時に、自社を含むアメリカの航空会社が、戦後の競争で圧倒的優位となる基盤もつくりあげた。統合参謀本部は同様に、在外基地に投資しておけば、戦後に民間空中権を獲得する上で、強力な切り札になるだろうと考えていた。このように、軍と民間の計画者たちは、どちらの目的にも適うような基地と航空路の開発を続けた。[39]

統合参謀本部の調査報告書には「国際軍事目的と商業目的のどちらにとっても、大西洋を結ぶ北、中央、南のルートを完成させ、維持するべきである。現在の南西太平洋への空路を、軍事目的と商業目的のために維持し、発展させる必要がある」と記されている。[40]基地専門家であり元空軍大佐のエリオット・V・コンヴァースが説明しているように、「戦後の計画の最初の段階から、軍と民間の飛行場を統合して巨大なネットワークをつくり、アメリカの物理的安全と経済的安全を確保することが望まれていた」のである。[41]

終戦時に一部完成していたサウジアラビアのダーランにある基地は、基地と経済的利益との結びつきを示す好例であり、その後数十年にわたる中東への介入の前触れでもあった。一九四五年六月にはドイツが降伏し、米軍は対日戦にダーランを使う必要はないと判断した。しかしそれでも、国務省と陸海軍省はこの基地の建設を進め、「最初は軍事目的に、そして最終的には民間航空のために使われる飛行場の建設を進めることは、サウジアラビアにおけるアメリカの力を示し、今やアメリカの手中にある膨大な石油が埋蔵されているこの国の政治的な完全性を強めることにもなる」と主張した。[42]

終戦直前に行われたドイツのポツダムにおける「三巨頭」会談で、ハリー・トルーマン大統領は戦後の基地問題について次のように言及している。「アメリカはこの戦争に利益も利己的な優位性も求めるつもりはないが、わが国の利益と世界の平和を完全な形で守るために必要な軍事基地は維持する」

さらに、はっきりとこうも付け加えた。「軍事専門家がわが国の防衛のために不可欠とみなす基地については保持する」[43]

「常駐軍」

第二次世界大戦が終わると、歴史上の他の大国と同じように、アメリカはいわゆる「戦利品」を手放すのを嫌がった。獲得した地域や基地をすぐに利用しようとしていたわけではないが、軍の指導者の多くは、それらを手放すべきではないと考えていた。これを正当化するために引き合いに出される軍の原則がある。ひとつは、予備があるに越したことはないという「余剰」の考え方、もうひとつは、基地や領域を保持しておけば敵は使うことができないので得策だという「戦略的拒否」の考え方である。

また、攻略に多くの人命と費用がかかった太平洋の島々は特に、当然保持すべきだと考えられていた。「太平洋を支配していたかつてのライバルたちを打ち負かし、従わせた米軍は、占領した土地を返還しようという気になれなかったのだ」と、軍の専門家グループは説明する。[44]議会の多数もこれに賛成した。「アメリカ人の命と引き換えに手に入れた土地を譲る権利」は誰にもないと感じていたのだ。ルイジアナ州の代議士、F・エドワード・エベールは、戦後の社会に浸透していたロジックをこう説明する。「われわれはそれらのために戦って獲得したのだから、保持するのは当然だ。われわれの安全のために必要なのだ。それ以外の道などない」[45]

これほどまで広範囲に、また多数の軍事基地を維持することになったのは、国家の安全と将来の戦争の抑止のためには、海軍と島の要塞を組み合わせたマハン提督式の方法で太平洋を支配すべきだという考えが広く支持されていたためでもある。「アメリカが戦後の太平洋の戦略的安全について抱いていた懸念を、帝国主義的に解決しようとしたのは明らかで、それは太平洋海盆をアメリカの湖に変えようという一致した方針にも表れている」と、基地の専門家ハル・フリードマンは記している。[46]

日本における連合国最高司令官だったダグラス・マッカーサー元帥などの米軍指導者たちにとって、太平洋を守るとは「海上の島によって防衛ライン」をつくることを意味した。この防衛ラインは、西太平洋の北から南まで伸びる島の基地をつないだ線で、間に何千マイルにもわたる〝堀〟をはさんだ巨大な壁となってアメリカを守るという構想だ。マッカーサーは次のように説明している。「われわれの防衛ラインは、アジアの海岸を縁どる列島を通りぬける。フィリピン諸島に始まり、中心拠点である沖縄を含む琉球列島を通り、弓なりに日本とアリューシャン諸島を通ってアラスカに達する」[47]。この計画は冷戦初期の戦略立案者である外交官、ジョージ・ケナンの支持を得た。ケナンは島から成る防衛ラインは空軍を駐留させるのにも役立ち、大規模な地上部隊を投入しなくても東アジアの支配を可能にすると考えた。

結局、戦後最大の基地計画は、費用の心配や戦後の非軍事化を求める声の前に消えた。軍は太平洋上の島を使った防衛ラインをあきらめ、その代わり、太平洋を「アメリカの湖」とするために、沖縄や日本本土、グアム、ハワイ、ミクロネシアにある重要な基地に頼ることになる。戦後、アメリカは国外基地のおよそ半数を返還し、軍の指導者たちを失望させた。[48]

それでもアメリカは平時においても基地を維持し、いわゆる「常設施設」とした[49]。また、戦勝国としてドイツやイタリア、日本、フランスにおける占領権も保持した。一九四七年以降、ドイツには二四一の基地が新設され、日本には三八〇〇もの軍事施設がつくられている[50]。アメリカは最重要基地のうち、グリーンランドとアイスランド、ポルトガル領アゾレス諸島にある三つの基地を維持する協定を結んだ。また、「駆逐艦と基地の交換」協定の下で占領したイギリスの領土の施設のほとんどを保持し、モロッコにあるフランスの基地を引きつづき占領し、アセンション島、バーレーン、ガダルカナル、そしてタラワ島にあるイギリスの施設の利用権も得た。さらに、インドとビルマの完全独立を認めようとしていた同盟国イギリスに対し、米国務省はインドの三つの飛行場とビルマの飛行場ひとつを引きつづき支配下に置くよう要請している。アメリカの基地は、イギリス諸島をも世界中にある「不沈空母」のひとつに変えたのである[51]。さらに、米軍はイギリスとフランスが植民地にもつ多くの基地も自由に使えるようになった。

アメリカは自国の植民地については、グアンタナモ湾だけでなく、グアム、北マリアナ諸島、サモア、ウェーク島、プエルトリコ、そしてバージン諸島にも基地を保持した。フィリピンが一九四六年に独立した際には、この元植民地に圧力をかけて、二三の基地と軍事施設について九九年の無償租借契約を結ばせている。

絶えず危険にさらされている世界

米軍が世界中で増強を進めたのは、新しい「国家安全保障」の概念が広まっていただけでなく、「防衛」そのものに対するアメリカの指導者たちの考え方が根底から変わったためだ。ルーズベルトは、第二次世界大戦に参戦する前から、世界は本質的に脅威をはらんでいると考え、どれほど小さな不安定要素や危険であっても、それらがアメリカからどれほど遠く離れていても、きわめて重大な脅威とみなしていた。一九三九年、ルーズベルトは「どんな攻撃もありうるし不可能ではないため、看過できない」と主張している。このように「絶えず危険にさらされている」世界では、どこで危険な兆候が現れてもすぐに立ち向かえるように、軍を「常駐させておく」必要がある。[52]「アメリカが防衛力をもつのであれば、完全なものでなければならない」とルーズベルトは考えていた。[53]

このように、冷戦的な考え方は、冷戦が始まるずっと前から根を下しはじめていたのである。[54] 第二次世界大戦後、戦いの中心を占めるようになったのは、拡大する国家安全保障局と、世界を監視する常駐軍だった。[55] 仮想敵国にできるだけ近いところに多くの基地を置き、何十万もの兵を海外に駐留させておくべきだという考えが、この「前方展開構想」の中核にあった。海軍の戦略ガイドには「前方展開戦略の必要条件」の最初の項目として次のような説明がある。

米軍はアメリカの利益、あるいは同盟国の安全を脅かす敵が迫ったときに、迅速に対応できるよう、海外に展開されている。こうした軍の前方展開は、同盟国を安心させ、攻撃を抑止するためのものである。さらに、そのほかの危機や不測の事態（つまり戦争）に際しては、柔軟で時宜にかなった対応をする。[56]

この戦略の背後にある動機はさまざまだが、結果として海外の米軍基地は、アメリカの国際的影響力を支える主要なメカニズムとなった。獲得した領域の総面積は比較的小さかったかもしれないが、地球上のどこにでもすぐに米軍を配備できるという点で、基地システムはアメリカの軍事力の劇的な拡大を示している。[57]

イギリスなどヨーロッパの帝国は、拡大政策の成功は外国領土の直接支配にあると考えていた。しかしルーズベルトにとって、大規模な植民地支配がもはや選択肢にないことは明らかだった。世界の大部分がヨーロッパの列強の間ですでに分割されていた上に、時代のイデオロギーは明らかに植民地主義や領土拡大とは逆方向に向かっていたからだ。[58]連合国側は第二次世界大戦を、ドイツや日本、イタリアの領土拡大の野望との戦いと位置付け、アメリカはこの戦争を反植民地主義の戦いと称し、戦争が終わり次第、植民地の非植民地化を支援すると宣言していた。さらにその後の国際連合の発足によって、非植民地化のプロセスや、国家と人民の自決と自治の権利が明文化された。

ルーズベルトは、これまで以上に巧妙に、そして慎重に軍事力を行使しなければならないと考えていた。つまり、基地を配置し、定期的に軍事力を顕示することによって、アメリカにとって都合のいい経済・政治システムに、世界のできるだけ多くの国を取り込んでおくという方法である。[59]一九七〇年、上院委員会は「一九六〇年代の中ごろまでに、アメリカは条約や協定によって四三か国以上と固く結ばれ、約三七五の大規模な国外基地と三〇〇〇の小さな軍事施設が、事実上ソ連と中国を取り囲んでいた」ことを知った。[60]今は亡き地理学者のニール・スミスは次のように説明している。「植民地をもたずに世界経済を利用すること」が戦後の大きな戦略であり、「世界の経済的利益を守り、将来の軍事衝突を避けるためには、世界中に基地が必要である」[61]。経済力、政治力とともに、基地ネットワークはアメリカの力を生み出す重要で息の長いメカニズムとなり、実際に占領している土地とは不釣り合いなほど広大な土地を支配し、影響を及ぼすようになったのだ。

カーター・ドクトリン

朝鮮戦争中、米軍は国外基地を四〇パーセント増設した。一九六〇年には、アメリカは四二か国と八つの相互防衛条約を、三〇か国以上と行政安全保障協定を結び、世界中で基地が使用できるようになっていた。朝鮮戦争後に少し減ったものの、ベトナム戦争時に基地の数はさらに二〇パーセント増加している[62]。一九六〇年代中ごろになると、アメリカは世界中に約三七五の大規模基地と、三〇〇〇の軍事施設を保有するようになり、その大部分が事実上、ソ連と中国を取り囲んでいた[63]。

一九七〇年代、中東は冷戦の軍拡競争の影響が比較的少なく米軍基地も少なかった。アメリカはイスラエル、サウジアラビア、王制下のイランを支援し、武装化することによってこの地域への影響力を強めようとしていた。しかし一九七九年の初めにイラン革命が勃発して王制が倒れ、その年の一二月にソ連がアフガニスタンに侵攻すると、その姿勢を大きく変える。ジミー・カーター大統領は一九八〇年一月の一般教書演説で、ルーズベルトの「駆逐艦と基地の交換」協定に匹敵する重大な政策変更を発表した。のちにカーター・ドクトリンとして知られるようになる演説のなかで、大統領は「ソ連軍によって危機にさらされている」この地域の重要性について言及し、ソ連やその他の国々に対し、「ペルシャ湾地域の支配権を得ようとする動きは、外部のいかなる勢力によるものでも、アメリカ合衆国の重大な利益に対する攻撃とみなす」と警告した。さらに強い口調で「そのような攻撃は、軍事力を含むあらゆる手段を用いて撃退する」と付け加えている。[64]

カーターはすぐに史上最大級の基地建設を開始した。中東における軍備増強は、規模においても範囲においても、冷戦下の西ヨーロッパにおける駐屯や、朝鮮戦争やベトナム戦争時に建設された基地に近づいた。「緊急展開部隊」を駐留させるために、エジプトやオマーン、サウジアラビアなどに基地をつくり、中東の石油供給を常に監視するようになった。[65] この緊急展開部隊はのちに、欧州軍や太平洋軍と同じような地域統括部隊である中央軍（CENTCOM）になる。そして中央軍はやがて、イラクにおける三つの戦争と、アフガニスタンにおける戦争に加えて、何十もの軍事行動を指揮することになる。

イラクにおける一九九一年の湾岸戦争の余波で、サウジアラビアやクウェート、バーレーン、カタール、アラブ首長国連邦、オマーンには、何千という兵士と拡大された基地インフラが残された。さらに、二〇〇一年と二〇〇三年のアフガニスタンやイラクへの侵攻によって、この地域の米軍基地は劇的に拡大した。ペルシャ湾だけでも、イランを除くすべての国に大規模な基地が建設され、カタールのアル・ウデイド空軍基地は、中央軍による中東全域の航空作戦拠点となった。バーレーンは現在、海軍第五艦隊とその中東における軍事行動の本部であり、クウェートはアメリカの地上軍にとって特に重要な中間準備地域と物流センターになっている。また、米軍はヨルダンにも基地をもち、イスラエルには秘密基地が六つもある。[66] ペルシャ湾では、少なくともひとつの空母打撃軍――実質的には大規模な海上基地――が常駐に近い状態になっている。

さらに中東全体に視野を広げて見ると、米軍はパキスタンに少なくとも五つの無人機基地を設け、スエズ運河とインド洋の間の戦略上重要なチェックポイントであるジブチの基地も拡充した。さらに、エチオピアやケニア、セーシェルでも基地を建設するか、現地の基地の利用権を得ている。サウジアラビアからは駐留米軍に対する反感が高まった二〇〇三年に撤退したが、小さな部隊が留まって、現地の人材を訓練し、将来起こりうる紛争に備えて基地の「即応態勢」を保っているほか、最近では無人機の秘密基地もつくった。

一方、アフガニスタンには、米軍の正式撤退後も、少なくとも九つの大規模な基地が残されている。国防総省は二〇一一年にイラクから撤退したのち、五八か所の「持続的な」基地を保持しようとして失敗しているが、バグダッドにある――世界最大の――要塞のような大使館は事実上基地のようなものである。また、国務省のまるで基地のような施設やアメリカの民間軍事会社の大規模部隊も残されている。[67] そして、二〇一四年にイラクとシリアで過激派組織ＩＳ（イスラミックステート）に対する新しい戦争が始まると、何千人もの米兵がイラクにある五つの基地に戻っている。[68]

振り返ってみると、ソ連が崩壊して中東の石油への脅威が消え去っても、カーター・ドクトリンとその結果生まれた基地は根強く残っている。世界最大の石油と天然ガスの埋蔵量を誇る地域の頂点に立つ米軍の存在は、もはや冷戦時の緊急事態という範疇を超えている。[69] それどころか、基地専門家の故チャーマーズ・ジョンソンが説明したように、第二次世界大戦以降「アメリカは容赦なく恒久的な軍居留地を獲得してきたが、その目的は唯一、世界の戦略的最重要地域のひとつを支配することのように思われる[70]」

さらに広い意味では、中東における米軍基地の増強戦略は、何千年も前から続いてきた世界の覇権争いの続きでもある。古代エジプトから大英帝国に至る数々の帝国のように、アメリカは国外の基地を使って影響力を行使し、遠く離れたところにある土地や資源、市場を支配するようになった。そして第二次世界大戦後のアメリカは、日の沈まない帝国などの先例をはるかに超えて、地球全体をぐるりと取り囲む前例のない数の基地によって語られる国となったのである。

第二章　リトルアメリカからリリー・パッドへ

アウトバーンを走り、ドイツ南西にある小さな町、ラムシュタイン＝ミーゼンバッハを抜けてすぐに見える出口表示には、「空軍基地」とだけ書かれている。出口ランプを降りると、パラティン伯領のうっそうとした森に囲まれ、外の世界から隔絶された「私有の国道」が一直線に伸びている。やがて道幅は、緊急着陸をする飛行機の姿が目に浮かぶほどの広さになる。ひっそりと続くハイウェイには非現実的な雰囲気が漂う。車の流れは両方向とも途切れることがない。一マイルほど先へ行くと、米空軍がヨーロッパに保有する「巨大基地」、ラムシュタイン空軍基地の活気のある西口が見えてくる。[1] そこは海外に暮らすアメリカ人が最も集中している場所――ロードアイランド州と同じくらいの面積におよそ五万人のアメリカ人が暮らしている――の真ん中にある米空軍最大の基地である。

ドイツなど世界に広がる何百という米軍基地は、大きく三つのグループに分類できる。海外で暮らす兵士とその家族のほとんどは、「リトルアメリカ」と呼ばれる、都市のような規模の大きな駐屯地――ラムシュタインや沖縄の嘉手納《かでな》空軍基地、韓国のキャンプ・ハンフリーズなど――に配属される。それよりも小さい、ホンジュラスのソト・カノ空軍基地のような中規模の基地は、フィットネス施設

ドイツのラムシュタイン空軍基地にある世界最大の基地売店（PX）。米空軍技能軍曹ケネス・ベラード撮影

などの設備は整っているが、家族は住まわせないため、学校や保育施設の必要がない。最も規模が小さいのが、公式には「協力的安全保障拠点（ＣＳＬ）」として知られる基地で、カエルが池をわたるときに飛び石のような役割を果たす植物の名を取って「リリー・パッド（蓮の葉）」と呼ばれている。リリー・パッドは秘密基地という位置付けであることが多く、米兵はいても少数で、民間の請負業者に委ねられているところもある。無人機や偵察機が配備されたり、別の場所から配置される部隊のための兵器があらかじめ配備されたりしていることが多い。それまで駐屯する米兵が比較的少なかった場所に置かれ、新しい地域への足掛かりとなる基地である。

イラクやアフガニスタン、シリアなどの紛争地帯の話題はトップニュースとなって報じられる。しかし、その裏側には、このように広範囲に及ぶ基地国家があり、毎年のように遠くの島々で戦争を繰り広げるアメリカを支えてきたのである。

バーガーキングとレーダーホーゼン

カイザースラウテルンの軍事コミュニティには、ラムシュタイン空軍基地のほか、ラントシュトゥール地域医療センターやライン武器補給基地（Rhine Ordnance Barracks）などたくさんの基地があり、およそ四万五〇〇〇人の兵士に文官、家族、五〇〇〇人の退役軍人とその家族、さらに米軍で働くおよそ六七〇〇人の民間ドイツ人が暮らす。[2] 軍関係者がＫタウンと呼ぶカイザースラウテルン市自体の人口は約一〇万人で、米軍基地の二倍ほどにすぎない。

ラムシュタイン飛行場から少し歩くと、空軍最大の海外貨物空港の真新しい貨客ターミナルがある。ここはアフガニスタンやイラクにおける戦争時には、物流の一大中心地となった。戦争に投入された部隊や武器、補給品の約八〇パーセントがドイツを通り、その大部分がラムシュタインを経由していった。[3] 紛争地帯への兵士輸送の玄関口となった乗客ターミナルの真向かいには、いわゆる「東のモール・オブ・アメリカ［全米最大のショッピングモール］」がある。八四万四〇〇〇平方フィートのカイザースラウテルン軍事コミュニティ・センターは、二〇〇九年のオープン時、外国軍が建てた単一施設としては最大で、総工費は二億ドルを超えた。[4] このモールの「キーテナント（主要店舗）」は世界最大の基地売店（以前は販売部あるいは「PX」と呼ばれていた空・陸軍共同の買い物施設）だ。売り場面積一万五三〇〇平方メートルの店は、あまりの広さに端から端まで見通すことができないほどである。[5]

コミュニティ・センターを案内してくれた広報担当者の説明によると、この施設は兵士とその家族の「生活の質」の向上を目的につくられた。配偶者や親を伴って赴任している場合、こうした配慮が特に重要なのだという。幸せな生活を送らせ、軍に留まらせるための「慰留手当」である。これらすべてが「いわゆる〝異国の地〟にあるのですからね」と担当者は付け加えた。

異国の地であろうとなかろうと、ラムシュタインのような場所は、ほとんど基地の外へ出なくても生活できる、外から隔絶された自己完結型のアメリカの小さな町のようになりがちだ。こうしたリトルアメリカは、アメリカの生活の象徴であり、誇張された姿でもある。広大な土地、ショッピングモール、ファストフード店、ゴルフ場、車中心の生活を特徴とするゲーテッドコミュニティ［治安のためにフェンスで囲んだ高級住宅地］に、多くの点で似ているのだ（軍人は自分の車を無料で輸送してもらえ、かなりの額のガソリン代の補助も受けることができる)。建築学の教授で元空軍将校のマーク・ギレムの言葉を借りると、こうした「見せかけの郊外」は、多かれ少なかれ基地周辺の生活にも影響を与え、受け入れ国に対してアメリカ文化の特定のイメージを示すことになるという。さらに、地元経済にも米兵の消費習慣が反映されるようになる。

アフガニスタン、またその前のイラクにおいても、最大の基地はリトルアメリカ型で、家族こそいないものの、何万もの兵が駐留し、ファストフード店、スポーツ施設、プール、ショッピング施設などが揃っていた。

「ちょっとしたアメリカだよ」巨大モールについてラムシュタインの職員はこう言った。基地の外では手に入らないものが買え、駐屯中に必要なものも――すべてドイツの店よりも安い価格で――売っている。ショッピングモールの真ん中にレーダーホーゼン〔ドイツ・バイエルン地方の伝統的な革製半ズボン〕を売る店や「ラムシュタイン」土産店まである。「みんなドイツの土産物を買いにここへやってくるんだ。少し滑稽だよな」職員は言った。

リトルアメリカがどうやって完成され、基地内でドイツの土産物が買えるまでになったのかを理解するには、米軍がドイツにやってきた第二次世界大戦の終わりごろまでさかのぼる必要がある。当時、ドイツは大混乱に陥っていた。国のほとんどの都市や町は戦争によって破壊されていた。ほぼ壊滅状態だったところもある。ある有名な戦争史には「ドイツのほとんどは瓦礫だらけで、人々は瓦礫のなかで身を寄せ合ってどうにか生きていた。何百万という人が生きていくのに最低限の食べ物や住まい、仕事を必死に探している状況だった」と書かれている。[6]

このような困窮と瓦礫の真っただ中で、占領する側とされる側の間の緊張が高まった。数年に及ぶ血みどろの戦いのあとで訪れた占領の最初の年は特に、地元民から家や自動車、自転車、ワインを接収するなど、連合軍の攻撃的な軍事行動が目立った。米兵はこれを「解放」と称し、レイプのことすら婉曲的に「ブロンド女性の解放」と呼んだ。[7] たとえあからさまな暴力を伴わない場合でも、米兵とドイツ人女性との性的関係の実態については――ロマンスなのか、売春なのか、暴行なのか――不透明としか言いようがなかった。[8] 生きるための売春が蔓延し、貧しい女性たちがPX（駐屯地売店）や営舎の外にたむろすることもあった。それを反映するかのように性病の罹患率も増えた。一九四五年四月の時点で性病にかかっている米兵は六パーセント以下だったが、その一五か月後には三〇パーセントを超えていた。[9]

蔓延する売春と性病、米兵による窃盗と暴力、賑わう闇市、米軍の黒人兵とドイツ人女性との関係を苦々しく思うドイツ人の間に募る人種的敵意。こうした状況に軍の懸念は増した。ドイツにおける米兵の「無秩序」ぶりは、ニュースとなってアメリカでも知れ渡るようになった。『ライフ』誌や『コリアーズ・ウィークリー』誌などの有力なメディアが、「ドイツでの失敗」や「英雄たちに紛れる卑劣漢」といった見出しで記事を掲載した。ジョン・ドス・パソスは『ライフ』誌で「ヨーロッパにおけるアメリカの評判がここまで地に落ちたことはなかった。人々は飽きもせずに米軍の無知と乱暴なふるまいについて話しつづけている」[10]と書いている。

当局は何らかの手を打つことを決めた。統制を取り戻し、占領によって引き起こされた緊張を和らげるために、陸軍は厳しい規律と「健全な」教育、レクリエーション活動を組み合わせた方法を取り入れた。経済学者のジョン・ウィロビーは、ドイツに駐在する米軍についての著書で、このころできあがった軍の生活スタイルは、「ブートキャンプ［新兵のための訓練プログラム］とサマーキャンプの中間」のようなものだったと書いている。こうした状況は現在も変わっていない[11]。

家族の助け

こうした新しい生活スタイルの中心となったのが、ドイツ駐留の兵士に家族の帯同を認める一九四五年の陸軍の決定だった。今では在外基地に兵士が配偶者や子供を伴って赴任することは当たり前のように思われるが、当時、これは斬新な決定だった。それまで米軍の男性は――ほかのほとんどの軍と同じように――単身で海外に派遣されていた。在外基地で兵士が家族と一緒に暮らす、ましてや核を巡る東西の対立が高まっている状況のもと、冷戦の前線で暮らすというのは、根本的な変化を意味していた。

米軍は一九世紀末になるまで、兵士の配偶者や子供たちの生活や幸せのために、なんら表立った対策を講じてこなかった。軍人の家族は「非戦闘従軍者」と呼ばれ、女性で基地内に住むことを許されたのは、一握りの将校の妻たちのみ。一般兵士の妻は塀の外で暮らさなくてはならなかった。一八九〇年代になってようやく、陸軍が基地内に子供のための基礎的な学校をつくり、下士官の家族に食料の配給やそのほかの――その後の快適な生活が辛うじて予見できる程度の――給付を始めた。実際のところ、一九一二年まで、軍は兵士が結婚するのを躍起になってやめさせようとさえしていた。

もし兵士に結婚を望むなら、軍は妻を支給しただろう、という有名な冗談まであった。[12]

一九四五年に海外駐留の兵士に家族の帯同を認めたのは、占領下のドイツとの関係改善のためというよりも、兵士を帰還させ、家族と一緒に生活させてほしいという声がアメリカで高まっていたためだった。また、「親交」にかかわる多くの問題に対処するためでもあった。米兵とドイツ人女性との性的関係は、男として「自国の」女性を支配しつづけたいと望むドイツ人男性との間に緊張を引き起こしたが、アメリカに残された女性の多くも長引く駐在に不満を募らせていた。ある女性は一九四五年八月の『ライフ』誌に「『親しく交わる』ことがどんなに楽しいものか教えてくださりありがとうございます。ドイツに駐留する夫をもつ、私たち全員が試すことができるだけのナチスの戦争捕虜が、アメリカにいないのは残念です」と投稿している。[13]

アメリカの指導者たちは、海外駐留の米兵と家族が一緒に暮らすことを認めれば、こうした問題の解決につながり、駐在中の士気も高まって熟練兵が母国への配置転換を求めるのを防げるのではないかと期待した。一九四六年一〇月には、ドイツに暮らす妻と子供たちは四〇〇〇人ほどだったが、一九五〇年末には三万人近くに増えていた。[14]

次の一〇年でその数はさらに増えた。朝鮮戦争勃発後の一九五一年以降、トルーマン大統領は「共産主義の侵略」を食い止めるために、アジアや西ヨーロッパに大規模な増援部隊を送った。新たに採用された前方展開戦略の始まりである。一九五一年末になると、ドイツに駐留する米兵の数は一七万六〇〇〇人にのぼり、朝鮮戦争が終わってもほとんど減ることはなく、一九五五年にはドイツに駐留する米兵は二六万人を超えた。さらに、何十万という妻や子供たちもやってきた。こうして米兵の家族は、軍事計画者がソ連の侵攻を最も警戒した西ドイツの南部に、ほぼ四〇年にわたって暮らすことになる[15]。

兵士の家族がドイツに住むようになった当初は、新しくやってくる人たちのためにさらに土地を徴用することになり、地元住民との緊張が高まった。占領がドイツ人に及ぼす影響を和らげる――そして軍の統制を強める――ために、基地の米兵とその家族は外から隔絶され、ドイツ社会との距離がさらに広がった。やがて、基地に医療施設や学校、商業施設など、家族のための設備が不足していることに気づいた軍は、ドイツに大規模な建築ラッシュを引き起こし、その流れはすぐに世界中に広がった。その狙いは、米兵とその家族が海外でもくつろげるようなアメリカの町のレプリカをつくることだった。住宅、ショッピングセンター、レクリエーション施設、病院が世界中の基地に続々と建てられた。さらに軍は家族サービスプログラムを立ち上げ、海外における一貫した学校システムをつくった。

家族や民間人職員として在外基地で暮らした経験のある歴史学者アンニ・ベイカーは、次のように指摘している。「高いコストをかけて訓練した人材をつなぎとめるためには、生活の質に注意を払わなければならないことに気がついたのだ。［そうしなければ、兵士たちは］民間でよりよいチャンスをつかもうと軍を離れるだろう[16]」。ドイツなどで一九五〇年代初めに起こった変化によって、かつて「非戦闘従軍者」として扱われていた家族は、今では「即時対応態勢」に貢献する「戦力多重増強要員」と呼ばれるようになった[17]。

基地の建設に投じられた何百万ドルという金や、リトルアメリカの増強に伴う消費の増加も、地元住民との関係改善に役立った。ラインラント・プファルツに米兵がやってくる前は、この州はドイツの「昔ながらの救貧院」だった。だが一九五〇から五一年の間に、米兵とその家族一〇万人以上がやってくると、建設が急速に進んで何千もの雇用が創出された。この地域で一〇パーセント、バウムホルダーの町では二二パーセントを超えていた失業率は、ゴールドラッシュのような好況のなかで解消された。強いドルを追い風に、アメリカ人は地域で気前よく金を使った。一九五五年には、バウムホルダーの町だけでも、年間約五〇〇万ドル（現在の四四〇〇万ドルに相当する）が使われている。人口二五〇〇人ほどのこの町には、米兵とその家族、平均三万人が暮らすようになった。ラインラント＝プファルツの人々は、この一〇年間を「素晴らしい五〇年代」や「黄金時代」として今も懐かしく記憶している[18]。

ドイツや日本、韓国といった冷戦の前線で暮らす妻や子供たちの存在は、多くの人の目に、同盟国を守るアメリカという強力なメッセージとして映った[19][ii]。その結果、飛行機の騒音や、頻繁に行われる訓練によって市街地や農地に及ぼされる被害は見過ごされた（バウムホルダー市内には、訓練による被害に対する補償金を支払う事務所が常設されている[20]）。韓国で軍備増強が始まって五年後の政府の調査からは、ドイツ人の過半数が米軍の品行やドイツとアメリカの関係が改善したと感じていることがうかがえる[21]。

---

ii　この事実は公表されていないが、基地には家族のための詳細な退避計画が用意されていた。この計画がヨーロッパで実際に行われたことはないが、韓国、南ベトナム、グアンタナモ湾では実行されている。

家族帯同を認める決定、そしてそれに続いてできた住宅、学校、ボーリング場、バーガーキングなどは、表面的な変化のように思われるかもしれない。しかし、これらが軍や国に与えた影響はかなり大きなものだった。リトルアメリカのおかげで、平時においても海外での軍の常駐が可能になり、米兵やその家族だけでなく、長期にわたる兵士の海外常駐に反感を抱いていたアメリカ人たちの不安も和らいだ。一九四〇年代後半から一九五〇年代初めにドイツ、イタリア、日本、イギリスなどで増えはじめた都市型の基地は、地元住民との関係を改善し、ともすれば恒久的な占領と見られかねない状況を正当化し、正常化するのに役立った。友好的で安定した地域環境ができあがった結果、目立った抗議や地元民との衝突に悩まされることもなく、円滑な軍事行動が可能になったのである。[22]「家庭化改革が成功したおかげで、朝鮮戦争の危機に際してトルーマン大統領が軍を二倍に増やしたときでさえ、地元ドイツからも」本国のアメリカ人からも「ほとんど抗議の声が上がることはなかった」と経済学者のジョン・ウィロビーは語る。[23]要するに、冷戦下において基地国家を維持する上で、西ヨーロッパや日本、フィリピン、韓国におけるリトルアメリカの建設は不可欠だった。しかし、冷戦が終わっても、リトルアメリカやそれが象徴する常時戦闘体制が消えることはなかった。

米軍再編

ソ連崩壊によって大幅に縮小したものの、米軍の海外駐留はそのまま続いた。一九九〇年代の前半、アメリカ政府は在外基地の約六〇パーセントを明け渡し、約三〇万人の兵士をアメリカに帰還させた。

そのうち一番多かったのがドイツに駐屯していた陸軍兵だった。[24] 一九九一から九五年の間に、米軍は約一〇万エーカーの土地――ワシントンDCの約二倍の広さ――をドイツ政府に返還した。[25] しかし、東ヨーロッパ圏が消滅したにもかかわらず、ドイツだけでも何百もの米軍基地と六万人の兵士たちが留まっている。世界全体で見ると（冷戦終結から一〇年以上が経った）二〇〇一年の時点で、在外基地は約一〇〇〇あり、数十万人の兵士が国外に駐留している。

元国防戦略副次官補アンドリュー・ホーンによると、冷戦終結後、軍は海外の駐屯軍を縮小しているが、その性質を大きく変えることはできなかったという。また、「当時はその場しのぎに終始し、規模を縮小しただけで、実質的な再配置はほとんど行っていない」とも言っている。

こうした状況にジョージ・W・ブッシュ政権のドナルド・ラムズフェルド国防長官は不満を感じていた。ブッシュの一回目の就任演説の翌日、ラムズフェルドはスタッフを招集して会議をした。スタッフのひとりであるレイモンド・デュボアによると、そのときラムズフェルドはこう言ったという。「われわれにはもはや冷戦後の（基地の）設備を維持する余裕はない」

この会議から「ソ連の封じ込めを主眼としていた国外軍事基地システム」を変えようという計画が生まれた。二〇〇三年の後半、イラクにおける反政府活動やアフガニスタンでの戦争が激化するなかで、ブッシュ大統領は米軍を「世界規模で再編する」計画を発表し、多くの人を驚かせた。ブッシュはその目的について、世界の安全を脅かす危機に「最善の形で対処できるように、最も効果的な場所に適正な兵力を配置するため」と説明している。[26]

ブッシュ政権はヨーロッパや韓国、日本にある冷戦時代の基地の三分の一以上を閉鎖すると語った。

国防総省はヨーロッパだけで約三〇〇の基地の閉鎖を決めたが、そのほとんどがドイツの基地だった。そして、紛争地帯と紛争が今後予測される地域の近くに兵士を集めるために、ヨーロッパや中東からアジア、アフリカ、南米に移動させ、外国に駐屯する七万人の兵士――在外兵士全体の約二〇パーセントにあたる――に加えて、一〇万人もの家族をアメリカに帰還させることにした。それでも何十万もの兵士が海外に残るが、そうした兵士たちはラムシュタインや韓国の烏山《おさん》空軍基地、日本の海兵隊岩国航空基地など、少数の大規模な（拡張することも多かった）拠点基地に集められることになった。

兵士を少数の大規模基地に集中させる動きは、サウジアラビアのコバール・タワー爆破事件［一九九六年に米軍関係者の宿舎にもなっている外国人向け高級居住区の建物が爆破された事件］や東アフリカ諸国における大使館爆破事件［一九九八年にケニアとタンザニアの米大使館が爆破された］、米駆逐艦コール襲撃事件［二〇〇〇年にイエメンの港で停泊中の米駆逐艦コールが小型ボートによる自爆攻撃を受けた事件］など、一九九六年から始まった一連の事件を背景に、その後数年にわたって進められた。こうした事件を受けて、米軍は小規模基地、トラック爆弾攻撃を受けやすい過密都市にある基地、また防衛の難しい施設を閉鎖しはじめたのである。残されたリトルアメリカの規模はますます大きくなり、壁は高く、境界地は広く、警備は厳しくなった。基地内で兵士や家族に提供されるショッピングや食べ物、レクリエーションなどのサービスが拡充され、必要なものはほとんどすべて手に入るようになった。

マーク・ギレムは自著『アメリカの町 *America Town*』で、危険な目にあう恐れのある「基地の外へ出なくてもすむように、これらの基地は以前よりも自己充足性が高まっている」と説明している。単なる理想化された郊外どころか、こうした基地は今や「守衛と壁が危険人物の侵入を防いでくれるゲーテッドコミュニティのようになっている」のだ。[27]

「一時的だが無期限」

ブッシュ政権下では、冷戦時代の重要地域に新しいリトルアメリカをつくるのではなく、小規模でより柔軟性の高い基地を別の場所につくる方針への転換が進められた。そのため、中規模の前方作戦拠点——シンガポールやオーストラリアからブルガリアやジブチにまで点在する——の重要度が増した。こうした基地は概してコンパクトであり、兵士をローテーション配備することが多く、娯楽設備は少なく、家族は帯同できないことが多い。ここで重要なのは、「作戦拠点」という名称や小規模であることを理由に、その地域に「米軍基地はない」とアメリカ当局が主張するようになった点だ。それどころか、アメリカは基地を単に「所在地」、あるいは、まるで自分たちが受け入れ国の客であるかのように「前方作戦拠点」と呼んでいる。

世界規模での米軍再編より前から存在するホンジュラスのソト・カノ空軍基地は、国防総省が推し進める中小規模基地の典型的な例である。一九八二年にソト・カノでの建設が始まって以来、アメリカ当局は「ホンジュラスに米軍基地はない」と一貫して主張してきた。基地が築三〇年を過ぎた現在も「一時的」なものだと主張しているが、「一時的だが無期限」だと言う声もある。[28] ソト・カノには兵士と文官を合わせると一三〇〇人以上が駐留し、士官学校の三〇〇人を数の上で大きく上回るにもかかわらず、米軍は自分たちがホンジュラス空軍士官学校の敷地に滞在する「客」だという主張を変えない。多くの分析家が指摘する通り、基地を「一時的」とするのは、国土に外国軍を常駐させることを禁じるホンジュラスの憲法に抵触しないための詭弁である。[29]

二〇〇八年、この基地を本当に支配しているのが誰かを示す出来事が起きた。当時、ホンジュラスの大統領マヌエル・セラヤは、ソト・カノの滑走路を使った軍民共用の新しい国際空港をつくる提案をした。ホンジュラスの首都にある大使館員によると、アメリカ側は「問題ない」と回答しながらも、こう付け加えたという。「電力、水、下水、照明、航空管制関係、レーダーはすべて、アメリカ側が管理する。また、法律上、軍事費を使って民間事業の支援はできない。もし、国際空港を開設したいのであれば」——つまり、ホンジュラス側が代わりの施設を一から建設したいのであれば——「もちろん、そうしたらいい」。こうしてホンジュラスのプロジェクトは暗礁に乗り上げた。

二〇一一年の夏にソト・カノの門をくぐると、プエルトリコ国家警備隊の兵士数人が詰所でくつろいでいた。広報担当者が訪問を許可する（と英語で書かれた）一枚の書類を、ホンジュラス人の警備兵に差し出すと、私は一瞥されただけでなかに入ることができた。

最初に案内されたのは、いわゆる「ホンジュラス側」だ（ティモシー・エドワーズ軍曹は両手の二本指で引用符をつくってこう呼んだ）。ホンジュラス空軍士官学校が占める面積はおそらく基地全体の五分の一以下だろう。そこは老朽化した校舎と二階建てのコンクリート造りの宿舎がいくつか並んでいるだけの施設だった。道沿いには芝や雑草が伸び放題だ。

基地の反対側の芝は、世界中の米軍基地と同じようにきれいに刈り込まれていた。しかし、「アメリカ側」はリトルアメリカ型の基地ではなかった。郊外スタイルの住宅はまったく見当たらない。ファストフードの販売店がいくつかあるものの、ショッピングモールはない。基地の標識はほとんどが一九八〇年代に手塗りでステンシルされたもので、木造の質素な建物が並ぶ様子は、八〇〇〇フィートの滑走路のそばにある大きなサマーキャンプを思わせる。兵士が「茅葺家《フーチ》」（朝鮮戦争やベトナム戦争にまでさかのぼる軍隊用語）と呼ぶ錆びた波形のトタン屋根とシャッターのついた建物が、共用トイレや浴場の周りに並んでいる。下士官兵はこうした小屋で眠り、将校たちには屋内トイレの付いたもっと快適な家があてがわれる。その他の茅葺家は基地のさまざまな施設として使われている。小さなレストランや土産物店が入った茅葺家もあり、ソト・カノはキューバ産の葉巻が買える世界で唯一の米軍基地になっている。

一九八〇年代初期にホンジュラスに駐在した軍関係者の話によると、初めて訪れたころ、ホンジュラス空軍は土の上や狭い舗装路に飛行機を着陸させていたという。「われわれがやってきて滑走路をつくったんだ」とその関係者は語った。米兵は、きちんとした滑走路を建設し、テントや基本的な宿泊施設を設営した。そして格納庫や茅葺家に加えて、飛行機用のタラップもつくった。そのうちにF－16戦闘機やC－5輸送機も使える大きな滑走路、プール、ジム、運動場、その他のレクリエーション施設、全長二二マイルの道路が建設され、大規模な水道、下水、電気システムが整えられた。[30]

このような茅葺家や「サマーキャンプ」のような雰囲気は、どちらかと言えば、いつでも荷物をまとめて出ていく気があるという米軍の表向きの姿勢を示すのに役立ってきた。しかし、一九八九年になると、ソト・カノにおける軍事行動の重要度が増したため、基地を管理するブラボー統合任務部隊は、南方軍（SOUTHCOM）や欧州軍（EUCOM）のような地域を管轄する統合軍に匹敵する扱いになった。[31] その二〇年後にソト・カノを再び訪れると、何百万ドル規模の拡張工事や新設工事が着々と進んでいた。もはや、この基地は一時的なものだなどと見え透いた言い訳はできない状況だ。[32] 二〇〇三年以降、議会は少なくとも四五〇〇万ドルを投じ、約七〇〇〇人の兵士を配置できる「常駐施設」をソト・カノにつくった。[33] 二〇〇九から一一年の間だけでも、基地の人口はおよそ二〇パーセントも増えている。[34] 茅葺家は黄色いアルミ板張りのビルに建て替えられ、下士官はセントラルエアコンに家具、冷蔵庫、電子レンジの備わったひとり部屋をあてがわれていた。別の場所では、将校のための新しい住居の基礎工事が行われていた。

中規模基地は、ソト・カノやシンガポール、ジブチ、ルーマニアの基地のように、簡単に拡張できるような設計になっていることが多い。訓練やさまざまな軍事行動のために兵士を短期間配置できると同時に、一九八〇年代や現在のソト・カノのように恒久的な建物を増やすこともできるからだ。だが、「前方作戦拠点」の関係者は、アメリカが資金を提供し管理しているこの施設を、相変わらず米軍基地ではないと主張しつづけている。ソト・カノ見学の最後に、エドワーズ軍曹は語気を強めて言った。「ここは彼らの基地だ。私たちはそのことを忘れてしまいがちだが、私たちはここで彼らのために働いているのだ」

エドワーズ軍曹の言葉が示唆するように、この言葉が実情に即しているのかどうかは、アメリカと受け入れ国の力の差によって異なる。シンガポールのような豊かな国とホンジュラスとでは状況が大きく違うのだ。最小規模に分類される基地――リリー・パッド――の受け入れ国は、表向きの客であるアメリカよりも弱い立場に立たされていることが多い。

「旗を立てない、前方駐留しない、家族を連れてこない」

中規模の前方作戦拠点（ＦＯＳ）と同じように、アメリカ政府は三番目の小さな軍事施設を「基地」と呼ぶのを断固として避けている。その代わりに使われているのが協力的安全保障拠点、あるいはリリー・パッドという呼称である。「前方作戦拠点」と同様に、「協力的安全保障拠点」や「リリー・パッド」という名称には、基地の規模と重要性を最小限に見せようという意図が見え隠れする。

リリー・パッドはほとんどの場合、その言葉の意味とは裏腹に、遠く離れた場所を占有し、使用の妨げになるような反対運動を避けるために、秘密扱いか黙認状態となっている。たいていの場合兵士の数は限られ、家族を伴うこともなく、快適な施設もほとんどない。民間の軍事請負企業に大部分あるいはすべてを委ねているケースもあり、アメリカ政府は必要であればかかわりを簡単に否定できる。「新しい米軍基地」の建設を目立たなくし、非難を未然に防ぐために、リリー・パッドが受け入れ国の既存の基地や民間空港の端に隠されることも多かった。

今やリリー・パッドはコロンビアやケニア、タイなどさまざまな場所にある。この新しい戦略の主な目的は、地元住民の注目や反対を避けることにある。元空軍将校のマーク・ギレムによると、アメリカは「力を誇示するために、人目につかないよう戦略的に配置された自己充足型の前哨基地」を世界中につくりたがっている。[35] 一方、この戦略を最も強力に支持する保守的なシンクタンク、アメリカン・エンタープライズ研究所によると、その目的は「辺境の要塞からなる世界的ネットワークをつくり」、米軍を「二一世紀の世界の騎兵隊」にすることだという。[36]

国防総省は、誰にも気づかれることなく、できるだけ多くのリリー・パッドを、できるだけ多くの国に、できるだけ早く設置しようとしてきた。統計データを集めるのは難しいが、このような基地は極秘扱いであることが多いことを考慮すると、国防総省はここ一五年のうちに、五〇を上回る数のリリー・パッドやその他の小さな基地を建設し、さらに数十か所の建設を検討していると思われる。冷戦時代のような巨大基地は減ったが、近年のリリー・パッド（そしてＦＯＳ）の増加は、基地国家アメリカの地理的拡大の実態をよく示していると言えよう。

二〇〇一年初頭には、国防総省のレイ・デュボアがフィリピンを訪れ、米軍の新たな利用許可を求めて交渉した。フィリピンに巨大な米軍基地があった時代への後退になるのではないかと考える人もいただろう。クラーク空軍基地とスービック湾海軍基地は、かつて世界最大の在外米軍基地だったからだ。しかし、デュボアはこうした疑いの声に断固として「ノー」と答え、「星条旗を立てない、前方駐留しない、家族を連れてこない」と言った。この言葉はデュボアのモットーとなった。つまり、リリー・パッドの主権は受け入れ国にあり、米軍の大規模な常駐部隊も、兵士の家族やそれに伴う生活のための施設も置かないという基本方針である。

クラークとスービックの基地は、フィリピン政府が租借契約の更新を拒否し、外国の基地を置くことを禁じる新憲法を採択したのち、一九九二年に閉鎖された。その数年後の一九九九年には、パナマ運河地帯が返還され、米軍はパナマの基地も失う。こうした損失を埋めるために、ビル・クリントン政権下の国防総省は、エクアドルやアルバ、キュラソー、エルサルバドルなどの場所にリリー・パッドやそのほかの中小規模の基地をつくりはじめた。二〇〇九年の国防総省の発表では、この目的を「アメリカ国外における専有面積を縮小して受け入れ国との摩擦を減らし」、「受け入れ国と地域感情」を傷つけるのを避けるためと説明している。[37]

国防総省はさまざまな方法で協力的安全保障拠点での駐留を偽装している。パキスタンの例では、厳密にはアラブ首長国連邦が所有する基地を米軍が借りているため、パキスタン政府は領土内に「米軍基地」があることを否定できる。[38] タイでは、民間請負業者がタイ王国海軍の施設であるウタパオ海軍航空基地にスペースを借り、それを米軍にまた貸ししている。ジャーナリストのロバート・D・カプランは次のように書いている。「米軍はデルタ・ゴルフ・グローバルがあるからここにいるが、常駐はしていない。つまり、タイはアメリカ空軍とは何ら取引をしていない。取引があるのは民間請負会社だけだ[39]」。この取引のおかげで、タイのリリー・パッドは、イラクやアフガニスタンの戦地に向かう航空機や軍艦のための大規模な物流拠点となった。二〇〇八年になると、ウタパオを経由する飛行は年間約九〇〇〇回となる。[40] 軍はウタパオを「災害救助拠点」という紛らわしい名称で呼んでいるが、この名称が表す役割はここでの活動のごく一部にすぎない[41]。

さらに多くの国で、米軍は「アクセス協定」によって飛行場や港、基地の恒常的使用権を認められている。ドナルド・ラムズフェルドの国防長官時代に、空軍は世界的再編の一環として、アフリカだけでも二〇か国以上と「給油」協定を結んでいる。その結果、航空機が燃料を補給し、修理できる拠点がアフリカ大陸中に確保できた。冷戦の終結からラムズフェルドの在職期間が終わるまでの間に、外国の領土に米軍の駐留を認める協定の数は、四五から二倍以上に増え、九〇を超えている。[42]「基地ではなくアクセスを」は、一部の人たちのスローガンとなった。しかし、二〇〇一年以降のフィリピンのように、「アクセス」が基地を表す婉曲表現になっただけとも言える。デュボアなどのアメリカの交渉者がフィリピンで働きかけた結果、二〇〇二年の初めには、この国の南部で六〇〇〇ものアメリカの特殊部隊が、おそらく七つはあるリリー・パッドを使って活動を始めている。この基地を訪れた数少ないジャーナリストのひとりであるカプランは、フィリピンの憲法が外国の基地を置くことを禁止しているにもかかわらず、こうした新しい配備が「一種の米軍基地を機能させる政治メカニズムとなっている」と述べている。[43]

こうした展開があちこちで繰り返され、世界中にアメリカのリリー・パッドが誕生している。その結果はまるで、過去に逆戻りしたかのようでもある。軍事分析家ロバート・ワークはこれを、一九世紀に見られた「世界的な給炭地ネットワーク」に例えている。[44]

リリー・パッドや比較的小さな基地なら、世界中の大規模基地につきものだった論争や抗議を回避できるだろうと考える人々の目に、こうした新世代の小規模基地は魅力的に映った。しかし多くの場合、ことは思い通りには運ばなかった。規模の大小にかかわらず、軍の施設は住民が簡単には忘れることのできない形で、繰り返し地元社会を傷つけるのだ。この問題についてはのちの章で取り上げることにする。

第二部　足跡

1971年1月、イギリスはディエゴ・ガルシアからすべてのチャゴス島民の退去を命じた。
ウィリス・プロスパーの厚意により掲載

第三章　故郷を追われた人々

第二次世界大戦後、米軍は在外基地に駐在する兵士が家族を帯同することを歓迎するようになったが、インド洋の真ん中に浮かぶ小さな環状サンゴ島に暮らす家族にはまったく異なる態度をとった。一九五〇年代後半、米海軍はチャゴス諸島にあるイギリス領ディエゴ・ガルシアに新しい基地を建設する計画を立てていた。イギリス当局との話し合いのなかで、米国防総省と国務省の交渉担当者たちはチャゴス諸島の「独占的支配（住民は排除）」を求めた。[1]

こうして住民には退去命令が出された。一九六八年から一九七三年の間に、米英政府はディエゴ・ガルシアの先住民全員を強制的に立ち退かせ、故郷から二〇〇マイル離れた西インド洋のモーリシャス諸島やセーシェル諸島に移送したのである。

追放されたチャゴス島民たちには新たな地で定住するための支援もなかった。強制排除されてから数十年たった今でも、そのほとんどがモーリシャスやセーシェルの貧困層の底辺に留まり、外から訪れる人たちからは異国情緒豊かな観光地や新婚旅行先として知られる場所で、生き延びるのに必死な状況にある。チャゴス島民から故郷を奪った米軍は、ディエゴ・ガルシアに「自由の足跡」というニックネームをつけている。

先住民を立ち退かせるという卑劣な歴史をもつ米軍基地はディエゴ・ガルシアだけではない。軍事基地が存続するためには土地が必要であり、歴史を通して、どの国の軍もさまざまな手段を使ってそうした土地を手に入れてきた。ドイツや日本のように、戦争で勝利した結果手に入れることもあれば、地方自治体や政府から購入したり、借り入れたりすることもある。しかし、多くの場合、土地は文字通り奪われたのだ。

戦略的島嶼構想

ディエゴ・ガルシアの獲得というアイデアが生まれたのは、一九二二年の冬、八歳のスチュアート・バーバーが病気になり、コネチカット州ニューヘイブンの自宅で寝ていたときのことだ。スチューと呼ばれていた少年はいつも孤独で、大切にしていた地理の本に慰めを見出していた。とりわけ世界の遠い島々に魅せられ、あちこちにある植民地の島々の切手集めに夢中だった。アルゼンチン沖にあるイギリス領のフォークランド諸島がお気に入りだったが、アフリカ東海岸沖のインド洋にもイギリスが領有権を主張する島々が点在していることにも目を留めていた。

それから三六年後、バーバーは再びあらゆる地図や海図で植民地の小さな孤島のリストを調べ上げることになる。時は一九五八年、眼鏡をかけた痩身のバーバーは、文官として海軍の長期計画局に勤務していた。

植民地解放と冷戦下の東西対立の時代に国家安全保障局が大きくなるなかで、バーバーたち職員は植民地国が独立した場合、何が起こるのだろうかと懸念していた。戦後、独立運動が活発化するなかで、植民地の人々は外国の軍事施設に声高に反対し、アメリカ、イギリス、フランスの基地に対するソ連や国連の批判が高まっていた。特にアメリカ当局は、在外基地を失えば、将来、軍事衝突が起こると予想される、いわゆる第三世界でのアメリカの影響力が弱まるのではないかと懸念していた。「今後五年から一〇年のうちに、現在西側の支配下にあるアフリカ、中東、極東のほとんどすべての国が、完全な独立を果たすか、かなりの自治権を獲得し、西側の影響下から脱するだろう」と、バーバーは海軍将校たちに書き送っている。[2] その結果、米軍や欧州連合軍の撤退、西側の基地の「拒否や制限」が起こるのは避けられないとバーバーは予想していた。[3] 冷戦期の「前方展開戦略」は、ソ連からできるだけ近いところに、多くの基地と部隊を維持するというものだったが、バーバーたちはアメリカが近い将来、世界各地で立ち退き命令を受けるのではないかと危惧していた。

予測される脅威に対する解決策として、バーバーはいわゆる「戦略的島嶼構想」を打ち出した。第二次世界大戦中にハワイで情報部員として働いた経験から、日本との戦いで、太平洋の島々に多くの基地をもつことの重要性を実感していたためである。「第三世界」の紛争地域に近い島に基地があれば、いつどこで軍事力が必要になっても、迅速に配備することができる。またバーバーは、地元の反対を招きやすい人口の多い本土に従来型の基地を置くのは避けたいと考えた。むしろ、「確実に西側の完全支配下に置くことができるのは、人口密集地から離れた、比較的小さな過疎地の島々だけだ」と書いている。[4]

急速に進む植民地解放を背景に、アメリカが「将来の軍事行動の自由」を守りたいのなら、基地使用の権利を「備蓄する」ためにすぐに行動を起こし、できるだけ多くの島をできるだけ早く手に入れ、永久に領土権を保持しなければならない、とバーバーは主張した。さらに、賢明な投資家であれば「将来、手に入らなくなると予測されるあらゆる商品を備蓄する」ように、アメリカも世界中の、ほとんど知られていないような小さな植民地の島を探し、即座に買い上げるか、西側同盟国が領有権を維持できるよう手立てを講じるべきだとも言っている。さもなければ、こうした島々は非植民地化して永遠に失われてしまうだろう[5]。島々を獲得しておけば、将来必要が生じたときはいつでも基地を建設できるというのだ[6]。

バーバーは上層部に、とりわけ滑走路や燃料貯蔵タンク、平時の小規模な配備と戦時の大規模な軍事行動を支える物流施設などを建設できる、投錨に適した小さい島を探すように進言している。地元の「人口問題」や「植民地解放への圧力」の心配がない島の基地は、アメリカがその後数十年にわたって世界における優位性を維持するための鍵だった。

最初、バーバーはセーシェルとそこに属する百を超える島々について検討し、その後、大西洋や太平洋、インド洋の別の候補地を調査した。インド洋周辺だけでも、プーケット、ココス、マシラ、ファルクル、アルダブラ、デローシュ、ソロモン、ペロスバンホスがあった。これらすべてが「劣等地」とわかると、バーバーは「海の真ん中に浮かぶ美しい環状サンゴ島であるディエゴ・ガルシア」に目をつけた。この島は地理的に孤立しているため、攻撃を受ける危険性はないが、それでも南アフリカや中東から、南アジアや東南アジアに至る広い地域からは射程内にある。

国家安全保障局のほかの職員たちもバーバーの考えを即座に受け入れた。一九六〇年、海軍はディエゴ・ガルシアを最重要ターゲットに決定した。バーバーの評価通り、このV字型の島は海の真ん中という地理的に恵まれた場所にあり、世界有数の自然港となる波の穏やかな礁湖、そして大きな滑走路をつくるのに十分な広さの土地もあった。

一八世紀後半に最初に入植して以来、ディエゴ・ガルシアとチャゴス諸島の残りの島々は、最初はフランス、その後イギリス領となったモーリシャスの属領だった。米海軍の最高位の将校で、作戦部長でもあったアーレイ・バーク大将は、この島についてイギリス側と極秘で交渉を始め、イギリス側は即座にこれに応じた。一九六三年には、ディエゴ・ガルシアにおける基地建設案は、統合参謀本部、国防総省のロバート・マクナマラやポール・ニッツ、国務省のディーン・ラスク、国家安全保障会議（NSC）のマクジョージ・バンディなど、ケネディ政権の有力者たちから支持を得ていた。

特にNSCのロバート・コウマーに迫られ、ケネディ政権は——非植民地化の途中で植民地の分割を禁じる国際協定に違反して——イギリスを説得し、チャゴス諸島を植民地モーリシャスから、そしてそのほかの島々を植民地セーシェルから分離し、新しい植民地をつくらせた。これはイギリス領インド洋地域と呼ばれ、軍事目的にのみ利用されることになった。分離された島々と引き換えに、イギリス政府はセーシェル諸島のための国際空港建設に同意し、一九六五年にはモーリシャスに対して三〇〇万ポンドを支払っている。あるイギリス当局者によると、これは双方の植民地に計画を黙って受け入れさせるための「賄賂」のようなものだったという。[7]

その一年後、アメリカとイギリス政府は一般には知られていない「交換公文」とともに、この協定について確認している。これは事実上条約に相当するが、条約とは違って国会や議会の承認が必要とされない。そのため、両国の政府はこの計画を秘密のままにしておくことができたのだ。国務省の交渉者のひとりが語ったところによると、一九六六年の大晦日の前日、両国政府の代表は「闇に乗じて」この協定に署名した。

この公文によれば、アメリカはこの新しい植民地の使用権を「無料で」得られるはずだった[8]。ところが、公文に付随する秘密協定で、アメリカは密かに一四〇〇万ドルをイギリスに送金することに同意していた。その一年前、議会の承認プロセスを経ずに、国防長官のロバート・マクナマラが送金を認めていたのだ[9]。

「問題にならない先住民」

スチュアート・バーバーの戦略的島嶼構想の根幹にあったのは、基地反対運動を避けるという考え方である。海軍は非植民地化が進む世界で増えていた「複雑な政治問題」を起こさずに、基地を確保する必要があった。ターゲットとする島には「重要な先住民族との摩擦や経済的利益に関する衝突があってはならない」とバーバーは書き、ディエゴ・ガルシアの人口が「数百人単位でしかない」と喜々として指摘している[10]。CIAによる人口評価はもっとあからさまで、報告書には「NEGL──問題にならない（negligible）」と記されている[11]。この報告書は、さらにこう続く。「こうした島々が選ばれたのは、イギリス領であることに疑いの余地がなく、先住民族の人口も問題にならないからだ[12]」

バーバーの数字はまったく正確ではない。一九六〇年代、ディエゴ・ガルシアだけでも約千人の住民がいた。ほかの島々も合わせれば、実際には、チャゴス諸島全体の人口は一五〇〇から二〇〇〇人にのぼった。チャゴス島民たちはアメリカ独立革命の時代に、それまで無人だったこれらの島々に、フランス人のココナツ・プランテーションで働くために連れてこられたアフリカ人奴隷かインド人契約労働者で、それ以来これらの島々で暮らしていた。一八三五年にこの地域で奴隷制が廃止されるころには、これらの多様な集団は独特の文化とチャゴス・クレオール語と呼ばれる言語をもつ独自の社会へと発展し、自分たちをイロワ——島民——と呼んでいた。

しかし、こうした事実はいずれもアメリカ当局にとって重要ではなかった。海軍のオラシオ・リベロ大将はこの獲得計画を承認し、海軍や国家安全保障局に対しバーバーの考えを推した。バーバーによれば、リベロは新しい基地に「従属民がいてはならない」と「断固として」主張した。[13] ほかの関係者も同意見で、チャゴス島民がいなくなることを望んだ。すなわち、ある記録の言葉を借りれば、島が「一掃」され、「消毒」されることを望んだのである。[14]

イギリス側が同意し、基地建設が目前に迫ると、一九六七年以降に治療のため、またはモーリシャスで休暇を過ごすためにチャゴスを離れた島民は全員、帰島を禁じられた。島々を結ぶ蒸気船会社の職員は、帰島しようとする旅客に対し、島は売却されたため戻ることはできないと告げた。チャゴス島民は家族や財産から引き離され、モーリシャスに置き去りにされたのである。

イギリス当局はすぐにチャゴスへの食料や医療用品の供給を制限しはじめた。状況が悪化するにつれて、島を離れ、状況が改善したら戻ろうと考える島民が増えた。一方で、イギリスのある官僚は、イギリスやアメリカ当局が、チャゴス島民は何世代にもわたって島に定着している民族ではなく、移住してきた労働者であるという「でっちあげを主張」する広報計画を立てていた、と書いている。あるイギリス当局者はチャゴス島民を「ターザン」、そして、同じように人種差別的な名である「マン・フライデー」（忠僕）［『ロビンソン・クルーソー』に出てくる忠実な従僕フライデーにちなんでできた言葉］と呼んだ。[15]

一九七〇年には、米海軍は議会に対して「簡素な通信施設」と説明し、建設資金を獲得した。[16] しかし、すでに海軍内では施設をもっと大規模な基地に拡張するための追加資金を議会に求めようと画策していた。ディエゴ・ガルシアでの建設は一九七一年に始まった。海軍で最高位にあったエルモ・ズムウォルト大将は、たった四文字のメモでチャゴス島民の運命を決めた。「完全排除」である。[17]

イギリスの業者は米海軍のシービー船の助けを借り、島民の飼い犬を捕らえることから立ち退き作業を開始した。倉庫に閉じ込められた飼い犬が毒ガスで殺され、焼かれるのを見て、チャゴス島民は恐怖に震えた。残っていたチャゴス島民はすし詰め状態の貨物船に乗せられた。立ち退きは一九七三年五月まで段階的に行われ、移送される間、チャゴス島民のほとんどは船倉のグアノ——肥料用の鳥の糞——の上で眠った。馬は甲板の上で身動きもできず、五日間の旅の終わりには、あちこち吐しゃ物、尿、糞便だらけになっていて、少なくともひとりの女性が流産した。この状況を奴隷船に例える人もいた。[18]

モーリシャスやセーシェルに着くと、チャゴス島民のほとんどはそのまま桟橋に置き去りにされた。住む家も仕事もなく、持ち金はごくわずか。ほとんどが、身の回りの物を入れた箱ひとつと敷布団一枚をもってくるのが精いっぱいだった。最後の立ち退きから二年たった一九七五年、西側の報道機関として初めて、『ワシントン・ポスト』紙がこの話を暴露した。ある記者は、新聞で報じられた「大量誘拐行為」の被害者たちが、「極貧」生活を送っていることを突き止めた。[19]

オレリー・リゼット・タラーテは、最後に島を離れた島民のひとりだった。「私は六人の子供と母親と一緒にモーリシャスに来ました」とオレリーは言った。この家族がモーリシャスに着いたのは一九七二年末だった。「ボワ・マルシャン墓地のそばに住まいを見つけたけれど、家にはドアがなく、水道も電気もありませんでした。人が生きていけるような状況ではなかったのです。そうして私たち家族の苦しみが始まりました。子供たちはみな、すぐに病気にかかってしまいました」

モーリシャスに着いて二か月と経たないうちに、ふたりの子供が死んだ。埋葬費用が工面できず、二番目の子は墓標のない墓に埋められた。「もうお金がなかったんです。役所の人があの子を埋葬し、今も、どこに埋められたのかわかりません」

オレリー自身も失神の発作を繰り返し、食べることができなかった。故郷にいたころは「太っていた」が、モーリシャスに着くと瞬く間にやせ細ってしまったという。「私たちの暮らしは動物並みです。土地？　そんなものはありません……仕事？　ありません。子供たちは学校にも行けないのです」オレリーは言った。チャゴス島民はほとんどすべてのものを失ったのだ。たまたま米海軍が欲しがった島に住んでいたというだけの理由で。

ビキニ島の核実験

熱帯の島々で海軍による先住民の追放が行われたのは、チャゴス諸島が最初ではなかった。第二次世界大戦後、海軍は戦後初の核兵器実験を行う場所を探す任務を与えられていた。「私たちは何十もの地図を用意し、遠隔地を探し始めた」。実験地を探す任務についていたふたりの将校のうちのひとり、オラシオ・リベロ――のちにディエゴ・ガルシアに「従属民がいてはならない」と主張する、例のリベロである――は説明している。「大西洋を探したあと、私たちは西海岸に移動して調査を続けた[20]」

リベロは島々の事情に明るかった。一九一〇年にプエルトリコのポンセに生まれたリベロは、第二次世界大戦中は軽巡洋艦サンファンに乗り、クェゼリン、硫黄島、沖縄島など、太平洋の島々で戦った経歴をもつ。戦後はロスアラモスの核兵器研究所に移り、エノラ・ゲイの乗組員として広島への原爆投下にかかわったウィリアム・「ディーク」・パーソンズの下で働いた。

核実験のための場所を探すため、リベロは世界中の海にある候補地一〇か所以上を検討した。そのうちのほとんどが、周りの海が浅すぎる、人口が多すぎる、あるいは天候が不安定などの理由から除外された。リベロはダーウィンで有名なガラパゴス諸島も検討していたが、内務省がリストから外した。最終的には、当時国連の「信託統治領」であり、アメリカの施政権下にあったマーシャル諸島のビキニ環礁に決定した。ビキニ島の先住民族が一七〇人ほどしかいないという点は、海軍にとってとりわけ好都合だった[21]。

海軍は「猛者ベン」の名で知られる、ベン・H・ワイアット准将を派遣し、ビキニ島民に島の使用許可を「求めた」。結果は予測通りだった。しかし、ハリー・トルーマン大統領はすでに立ち退きを承認し、島での核実験の準備も始まっていた。一方、ビキニ島民は、アメリカの日本に対する勝利に恐れおののくと同時に、戦時中にアメリカから受けた援助に感謝もしていた。何十年にもわたって島民たちの代理人を務めている弁護士、ジョナサン・ワイスゴールによれば、島民たちは「自分たちはあまりにも無力で、アメリカの要望に逆らうことはできないと思っていた」のだ[22]。

一九四六年三月七日、問題が提起されてからひと月も経たないうちに、海軍はビキニ島民全員をマーシャル諸島の別の島、ロンゲリック環礁に立ち退かせている。しかし、数か月のうちに、ロンゲリックへの移住がとんでもない間違いであったことが明らかになり、ビキニ島民は悲惨な状況に置かれることになる。『ニューヨーク・タイムズ』紙は昔ながらのアメリカ中心的な論調で次のように報じている。ビキニ島民が「強く求めれば故国に送還できるだろうが、海軍当局はそうしたいという理由が理解できないと言っている。なぜなら、ビキニもロンゲリックもふたつのアイダホ産じゃがいものように、区別できないほどそっくりなのだから[23]」

一九四八年になると、ロンゲリックに移住したビキニ島民は食料が尽き、栄養失調に苦しんでいた。海軍は島民をウジェラング環礁へ移送する計画を立てたが、まずは大規模な米軍基地の近くにあるクェゼリン環礁の臨時収容施設に送った。その年の後半、ビキニ島民はキリ島にある新しい永住の地に移された。一九五二年には再び状況が悪化し、政府はキリ島に非常用糧食を投下している。その四年後、アメリカはビキニ島民に対し二万五〇〇〇ドルを――一ドル紙幣で――支払い、さらに年払いのために三〇〇万ドルの信託基金を創設した。これらを合計すると、ひとり当たりの補償額は約一五ドルになる。「一九四六年以前、ビキニ島民は完全な自給自足の生活を送っていたが、何年も島を離れて暮らした結果、自立の意志をほとんど失ってしまった」とワイスゴールは説明する。[24]

一方、ビキニ島では、一九四六から五八年の間に六八回の原水爆実験が行われた。一九五四年三月一日、アメリカ初の水素爆弾実験の結果、海上七五〇〇平方マイルにわたって広がった放射能の雲が、ビキニ島を「救いようのないほど汚染」し、ロンゲラップとウトリック環礁の住民たちの頭上を覆った。海軍は最終的に、ビキニに加えて、アイリンギナ、エニウェトク、リブ、ロンゲラップ、オトーなど、マーシャル諸島の六つの島々から住民を立ち退かせている。放射線被ばくに直接関連した死や病気に加えて、海軍による立ち退きはありとあらゆる社会悪を引き起こし、立ち退かされた人々は、社会、文化、健康、経済の悪化、高い自殺率、乳幼児の健康障害、スラム街の蔓延など、劣悪な生活環境に苦しんだ。[25]

一方、核実験のためにビキニ島を選んだ功績が認められたオラシオ・リベロは、大将に昇格した。海軍史上初のラテン系大将である。その後、リベロは海軍の長期計画局長に昇進し、そこでディエゴ・ガルシアに関するスチュアート・バーバーの「素晴らしいアイデア」に出合うことになる。[26]

立ち退きの一世紀

海軍がディエゴ・ガルシアとビキニから先住民を立ち退かせたのは偶然ではない。世界中の特に島々や遠隔地で、米軍は長い間、基地建設のために先住民を強制退去させてきた。多くの場合、退去させられた人々は、チャゴス島民やビキニ島民のように、深刻な貧困に陥った。

北米で一世紀にわたって強制退去を行ったのち、アメリカ本土外での基地建設にかかわる強制退去は一八〇〇年代後半以降、少なくとも一八件起こっている。たとえばハワイでは一八八七年、アメリカはまず真珠湾の所有権を獲得し、外海から守られたこの湾の独占利用を先住民の王国に認めさせた。それから半世紀後、日本の真珠湾攻撃を受け、米海軍はハワイの主だった八つの島のうち最も小さなカホオラウェを掌握し、島民に退去命令を出した。五四四の遺跡やハワイ先住民の聖地があったこの島は、軍の射撃場に変えられた。この島は――現在は環境破壊が深刻な状況であるが――二〇〇三年になってようやくハワイ州に返還されている[27]。

パナマでは、一九〇八年から一九三一年の間に、パナマ運河地帯周辺の一九か所で明らかな土地の収用が行われ、運河だけでなく一四の基地が建設されている[28]。また、フィリピンでは、先住のアエタス民族が暮らしていた土地に、クラーク空軍基地などの米軍基地が建設されている。人類学者のキャサリン・マキャフリーによると、「彼らは生きるために海軍のゴミを漁るようになった」という[29]。

第二次世界大戦中に、戦時中の必要に迫られてという表向きの理由で始められた強制退去もある。しかし、戦時中に移住させられた人々のほとんどが終戦後も帰還を許されることはなかった。こうした初期の事例は、平時におけるさらに多くの人々の退去へとつながった。たとえば一九四二年には、日本軍からアラスカを守るという名目で、米海軍はアリューシャン列島の住民であるアレウト族を立ち退かせはじめた。アレウト族は、日本による脅威がなくなったのちも、南アラスカの使われなくなった缶詰工場や炭鉱での生活を三年間強要された。一九八八年、アメリカ連邦議会で「アメリカがアレ

韓国
大秋里（テチュリ）
（2006-2008年、韓国との協定により）
日本
沖縄
（1945-1964年）
フィリピン
クラーク空軍基地
（1898年ごろ）
グアム
（1899年、1945年ごろ）
マーシャル諸島
アイリンギナ環礁
ビキニ環礁
エニウェトク環礁
リブ島
ロンゲラップ環礁
ロンゲリック環礁
オトー環礁
（1944-1978年）
ディエゴガルシア
チャゴス諸島
（1968-1973年、
イギリスとの協定により）

強制移住　1898−2015年

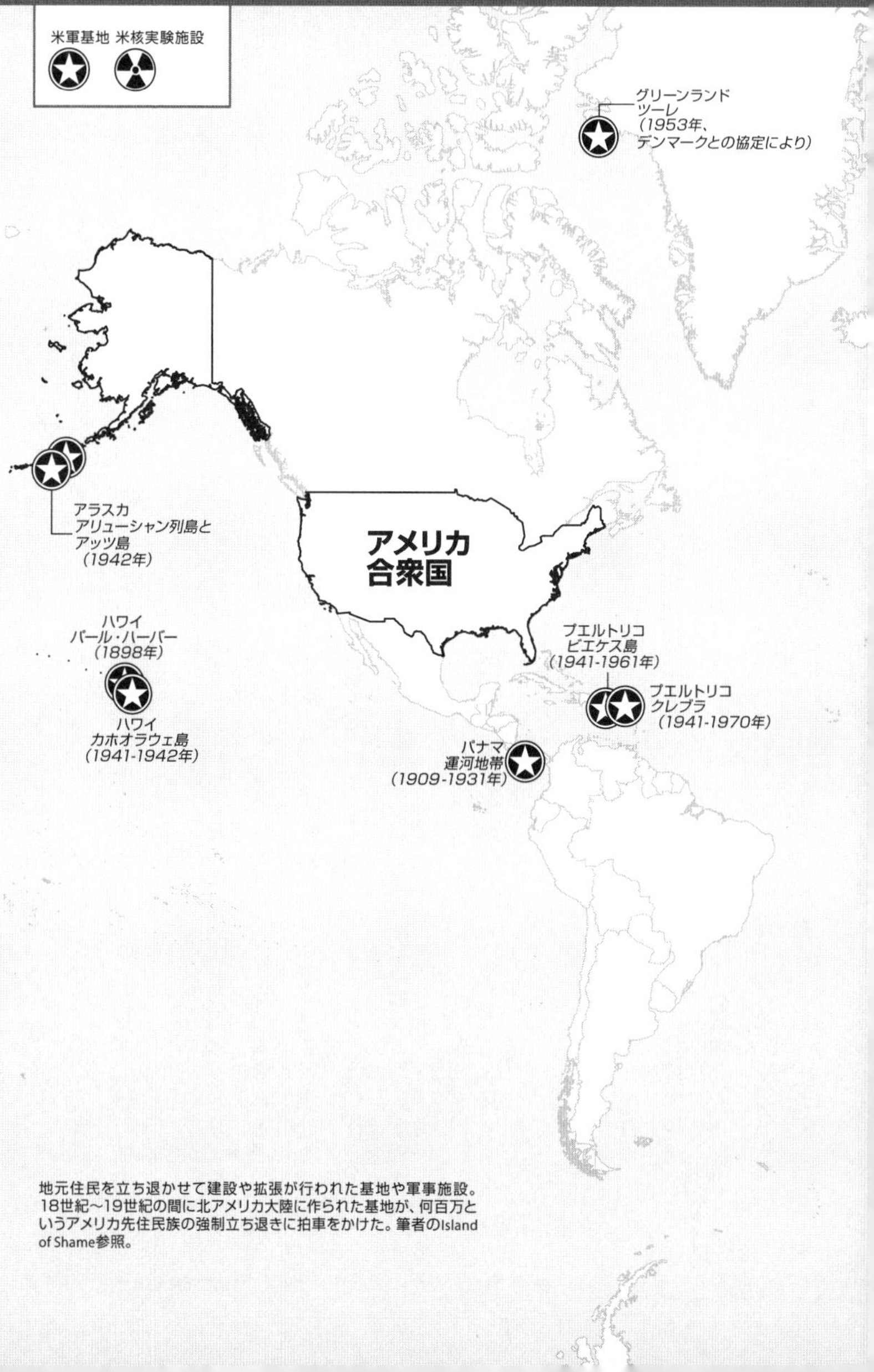

地元住民を立ち退かせて建設や拡張が行われた基地や軍事施設。18世紀〜19世紀の間に北アメリカ大陸に作られた基地が、何百万というアメリカ先住民族の強制立ち退きに拍車をかけた。筆者のIsland of Shame参照。

ウト族に対する相応の配慮を怠った結果、健康被害や病気、死を招いた」と認める決議がなされた。この決議により、生き残った少数のアレウト族に加え、アラスカのアッツ島民（戦後、沿岸警備隊の駐屯地が建設され、その後自然保護区域に指定されたため帰島がかなわなかった）にも、少額の補償金が支払われた。[30]

同様に、米海軍は一九四四年に日本からグアムを奪還すると、何千もの住民を立ち退かせたり、自分の土地に戻るのを禁じたりした。のちの章で取り上げるが、軍は最終的にこの島の約六〇パーセントを獲得する。[31] 沖縄では、一九四五年の沖縄戦の間に広大な土地を手に入れ、住宅をブルドーザーで取り壊した。一年のうちに、アメリカは四万エーカーの土地と島の耕地の二〇パーセントを獲得する。一九五〇年代になると、軍は沖縄の耕地の四〇パーセント以上を獲得し、最終的に約二五万人、つまり島の人口のほぼ半分を立ち退かせた。沖縄の人々がよく口にするのが「ブルドーザーと銃剣」によって土地を失ったという言葉である。[32] のちに海軍のある将校は、国防総省の高官であるモートン・ヘルペリンにこう話す。「沖縄に基地などない。島そのものが基地なのだ[33]」

沖縄では、民間人のために残された一部の土地に人口が集中したため、一九五四年から一九六四年の間にアメリカ政府が移住を募り、少なくとも三二一八人の沖縄島民が一万一〇〇〇マイル離れた内陸のボリビアへ向かった（これは当時、まったく前例がなかったわけではなく、日本は移民の受け入れについて中南米の数か国と話をつけていた）。[34] アメリカ政府は移住した沖縄島民に農地と資金援助を約束していた。しかし、移住先で待ち受けていたのは病気やジャングル、中途半端な住宅や道路で、約束された援助はまったくなかった。一九六〇年代の後半になると、移住した沖縄島民たちはブラジルやアルゼンチンに向かうか、沖縄や日本に戻るようになった。[35]

もっと身近なところでは、リベロ大将の故郷であるプエルトリコのビエケスという小さな島でも、繰り返し強制立ち退きが行われた。一九四一から四三年の間と一九四七年に、海軍は何千という人々を立ち退かせ、軍事利用のために島の四分の三を占拠し、島の中央のほんのわずかな土地に島民を押し込めた。軍事占領はほとんど何の恩恵ももたらさなかった。豊かだった地域経済は混乱し、不況、貧困、失業、売春、そして暴力が常態化した。一九六一年、海軍はビエケス島の残りの土地を占拠し、残っていた八〇〇〇人の住民の強制立ち退き計画を発表した。これに対してルイス・マニョス・マリン知事は、立ち退きが行われれば、アメリカとプエルトリコの植民地的関係に対して国連とソ連の非難を煽ることになるだろうと意見し、最終的にケネディ政権は強制立ち退き計画を取り消した。

プエルトリコの隣の島クレブラでは、一九四八年に、海軍が爆撃訓練場として一七〇〇エーカーを占拠した。二〇世紀の初めに四〇〇〇人だった島の人口は、一九五〇年にはたった五八〇人に減っている。島の三分の一と海岸線すべてを軍が支配し、民間人は爆撃訓練場と地雷の敷かれた入り江に囲まれて暮らさざるを得なかった。一九五〇年代、海軍はクレブラ島に残っていた住民の立ち退きを計画していた。この計画は実行には至らなかったものの、一九七〇年に再び海軍は島民の立ち退きを図った。この問題をきっかけにプエルトリコの独立運動が活発化したため、海軍は訓練場の使用を止めた。結果、ビエケス島での爆撃が増え、住民の不服従運動はプエルトリコからニューヨーク市へと広がり、海軍は二〇〇三年にビエケスからの撤退に追い込まれた。

イギリスとアメリカによるチャゴス島民の立ち退きに似た事例では、一九五三年、アメリカとデンマーク政府が秘密協定を結び、グリーンランドのチューレにある米空軍基地拡張の妨げとなっていた、一五〇人の先住のイヌイット民族の立ち退きを決めている。イヌイット人たちは移住するか、アメリカのブルドーザーと対峙するか決めるのに四日の猶予しか与えられなかったという。デンマーク側はイヌイットに毛布数枚とテントを与え、一二五マイル離れた荒涼とした村、カーナークに追放した。[36]チャゴス島民と同じように、イヌイットは故郷との強いつながりを、強制退去によって断ち切られてしまった。移住によって、昔ながらの狩りや釣り、採集の技術は失われ、肉体的にも精神的にも大きな被害を受けた。近年、デンマークの法廷では、デンマーク政府の行為は違法で、イヌイットに対する人権侵害であるという判決が下されている。それでもデンマーク最高裁判所はイヌイットに戻る権利はないとしている。[37]

ビキニ島での核実験に伴う先住民族の強制退去と同じような例は、別の場所でも繰り返されている。第二次世界大戦から一九六〇年代の間に、米軍はマーシャル諸島のクェゼリン環礁から何百という人々を立ち退かせ、ミサイル実験基地をつくっている。住民のほとんどがエビジェという小さな島に移送され、面積〇・一二平方マイルのこの島の人口は一九四四年以前には二〇人だったが、一九六〇年代には数千人にまで増えている。一九六七年には人口密集が大きな問題になり、信託統治をしていたアメリカはエビジェから一五〇〇人を立ち退かせている。[38]マーシャル諸島共和国政府からの抗議を受け、のちにこれらの人々は戻ることを許された。一九六九年、『ニュースデイ』紙はエビジェを「ミクロネシアで最も人口が密集し、健康に悪く、社会的に退廃したコミュニティ」と呼んでいる。四五〇〇人以上の人口が、「太平洋のゲットー」と呼ばれる場所で暮らしていたのだ。[39]今日、およそ一万人が暮らすこの島は、世界で最も人口密度の高い都市ムンバイよりも人口密度が高い[40]。一九八四年、オハイオ州の連邦議会議員ジョン・セイバーリングは、エビジェと軍が占領するクェゼリンを訪れ、ふたつの島の状況を次のように比較している。

これ以上に劇的な対比はない。クェゼリンはフォートローダーデール［フロリダ州の保養都市］かマイアミのリゾート地のように、ヤシの木が立ち並ぶビーチ、プール、ゴルフコース、最上の病院、立派な学校があり、人々はあちこち自転車で走り回る。一方、エビジェはスラム街のように人口が密集し、木が生えていない不衛生な礁湖、ごみの散らばったビーチ、老朽化した病院があり、水道水は汚染されている[41]。

セイバーリングの描写はマーシャル諸島の状況だけでなく、ディエゴ・ガルシアのような基地における兵士の生活と、住んでいた土地を基地に占領されたチャゴス島民や、強制立ち退きの犠牲者たちの生活との隔たりについても的確に表現している。

「誰も気にしない」

アメリカの議会が一九七五年のチャゴス島民の強制立ち退きについて取り上げた際、証言に立った元国防総省職員のゲーリー・シックは数年後、私にこう語った。「実際、こうした人々については誰も気にしていなかった」

「二〇世紀、あるいは二一世紀というより、一九世紀の決断――思考プロセス――だった。島民が自ら苦境に陥ったのだとしか思わなかった。あとになってから何ができたのか考えるという、植民地時代のような考え方だった」。こう言うと、シックはさらに付け加えた。アメリカは「イギリス人に汚い仕事をさせて満足していた」

基地建設にかかわった元国務省職員のジェイムズ・ノイズは私に次のように語った。チャゴス島民のことは小さな問題にすぎず、細かいことはイギリス人に任せていた。「労働者の倫理問題などは考慮の対象ではなかったし、議論もされなかった。そこに人がかかわっているとは……誰も認識していなかったように思う。そこには誰にもいない、誰もいなかった、あるいはそれと似たようなものだった。まるでアップルパイか何かを話題にしているような感じだった」

関係者の頭のなかでは、目の前の現実は少数の住民を排除したことの限定的な結果にすぎず、基地から見込まれる利益によって正当化されてしまったのだ。ヘンリー・キッシンジャーは、マーシャル諸島の住民について「そこにはたったの九〇〇〇人しかいない。誰が気にする?」と言ったと広く伝えられている。[42] スチュ・バーバーの戦略的島嶼構想の大部分は、同じ前提――誰が気にする?――の上に成り立っていた。しかし、チャゴス島民など多くの民族の立場から見れば、当然ながら、強制立ち退きの影響は計り知れないものだった。

ビエケス島に関する研究で、キャサリン・マキャフリーは「基地は国土の政治的周辺部、民族的・文化的マイノリティや、そのほかの点で不利な立場にある人々が暮らす土地につくられることが多い」

と指摘している[43]。基地の立地については、戦略的な考えに基づいて決定されることが多いが、決まった地域のなかで具体的な場所を決めるとなると、土地が獲得しやすいかどうかに大きく左右される。軍にとっては、力の弱い住民の住む土地ほど獲得しやすく、力の弱さは国籍や肌の色、人口規模といった要因と関係していることが多い。

元空軍将校のマーク・ギレムは「歴史を通して、強制退去と取り壊しは当たり前のこととされてきた」と書いている[44]。地元民を排除すれば、究極の安定が約束され、政府当局が「地元問題」と呼ぶものもなくなる。チャゴス島民やビキニ島民などを強制退去させたのは、軍が地元民に煩わされたくなかったからであり、その思惑通りに強行する力をもっていたからである。

強制立ち退きは止まらなかった。二〇〇六年、韓国では、ソウル南部の米軍増強の一環として、すでに二平方マイルを占有していたキャンプ・ハンフリーズの拡張が計画されていた。軍の命令により、韓国政府は土地収用権を行使し、大秋里《テジュリ》村や平澤《ピョンテク》市付近の農地二八五一エーカーを獲得した。農民たちが抵抗すると、政府は警察と軍を送り込み、立ち退きを強行した。ブルドーザーとバックホー（切削機）を伴った機動隊が大秋里に出動し、反対派を打ち破り、地元の学校を破壊し、水田と灌漑システムをズタズタにした。それでも多くの人が立ち退きを拒否すると、政府は警察や兵士、有刺鉄線で村を取り囲んだ。二〇〇七年四月、とうとう最後の村人が退去させられた。「涙が止まらない。私の心は引き裂かれた」。年配の村人は言った[45]。

韓国政府はさらに、「平和の島」済州《チェジュ》の美しい海辺の村にある、優美で珍しい溶岩岩の広がる海岸も占拠した。江汀《ガンジョン》村民や支持者たちが数年にわたり激しく抵抗したにもかかわらず、政府は海岸の大部分をダイナマイトで爆破し、韓国海軍基地を建設した。米軍が韓国の基地すべての利用権と、韓国軍に対する戦略上の支配権をもつことから、この新しい基地は米軍のためにつくられたのではないかと疑う人も多い[46]。

チャゴス島民やマーシャル諸島民などが強制退去させられたのは、ひとえにそこが外から隔絶された人口規模の小さな島だったからだ。アメリカ当局はそうした人々の強制退去を取るに足りない問題として扱ってきた。この決断に人種の問題が大きく絡んでいることがはっきりわかる例もある[47]。第二次世界大戦前、硫黄島を含む日本のボニン火山列島（小笠原諸島としても知られる）の人口はおよそ七〇〇〇人だった。これらの島の住民は、日本やアメリカ、ヨーロッパから一九世紀にやってきた入植者の子孫だった。一九四四年、迫りつつあった米軍の攻撃から守るため、日本政府はボニン火山列島の住民全員を日本の本土に避難させた。ボニン火山列島を掌握したアメリカは、軍が無制限に島を使えるように、地元住民の帰島を禁じた。しかし、一九四六年にこの決定は次のように変更されている。「戦時中、日本に強制移住させられた白人系の住民で、アメリカに帰島を申し立てた者には帰島を許可する[48]」

アメリカ当局は続いて、約一三〇人のヨーロッパ系アメリカ人とその家族のボニン火山列島への帰還を支援した。海軍は帰島した人々が自治政府を設立するのを助け、子供たちが海軍学校に通うのを認めた。また、農作物をグアムで売るための共同貿易会社をつくり、経済支援のためのボニン火山信託ファンドを設けた[49]。このコミュニティとチャゴス島民との違いは、肌の色とアメリカとの結びつきだけだった。

苦難とサグレン（悲しみ）

オレリー・リゼット・タラーテのような女性たちが主導した五回のハンガーストライキなど、数年にわたる抗議運動が続き、最後の立ち退きから一〇年、一五年がたってようやく、チャゴス島民はイギリス政府から少額の補償金を受け取ることができた。チャゴス島民の一部への補償は、小さなコンクリートづくりの家、わずかばかりの土地、そして大人ひとり当たり総額六〇〇〇ドル以下の金という内容だった。また、セーシェル諸島の住民など、何の補償も受けられない人もいた。[50] 補償を受け取った人のほとんどが、その金を立ち退き以降に生じた多額の借金の返済にあてた。ほとんどの人にとって、状況はごくわずかに改善しただけだった。

現在では五〇〇〇人を超えるチャゴス島民も、そのほとんどが依然として貧困にあえぎながら、適正な補償と帰島の権利を必死に勝ち取ろうとしている。二〇〇二年には完全なイギリスの市民権が与えられ、それ以降、一〇〇〇人をはるかに上回るチャゴス島民が、よりよい暮らしを求めてイギリスに移住した。しかし、そこで住居や仕事を見つけられても、低賃金のサービス業で長時間労働せざるをえない例が多い。[51]

オレリー・タラーテにはディエゴ・ガルシアの自分の家に戻ることしか考えられなかった。残念ながら、チャゴス島民が故郷に戻る日をタラーテがその目で見ることはなかった。二〇一二年に、チャゴス島民がサグレンと呼ぶもの――深い悲しみ――のなか、七〇歳で亡くなったからだ。

「故郷を追われてからというもの、長い間、何かがずっと私を苦しめてきました」。死の数年前、オレリーは私に言った。「このサグレン、このショック。私の子供を死なせたのと同じものです」。オレリーは続けた。「私たちは生まれた土地で暮らしていたときのように自由に暮らすことはできませんでした。戻れなくなったときにサグレンを味わったのです」

ステュ・バーバーもまた、チャゴス島民の帰還を見ることはなかった。しかし、バーバーは生前、一九九一年に『ワシントン・ポスト』紙に送った手紙のなかで、帰島の可能性について次のように書いている。「私たちが圧力をかけたために、イギリス人はディエゴ・ガルシアなど、チャゴス群島の元住民たちに弁解の余地のない非人道的な仕打ちをした。今こそ、その過ちを正すための方策を再検討する絶好の時ではないだろうか」

ディエゴ・ガルシアから一〇〇マイル以上も離れた北チャゴスから、住人たちを立ち退かせる正当な理由などなかった。先住民たちをディエゴ・ガルシア環礁の東側に安全に留まらせることもできたはずだ。今もなお戻りたいと考えている人たちに、再定住のための支援とともに、こうした許可を出せば、私たちが背負う不名誉を回復することができるだろう。退去させられた人々全員に、一八年から二五年にわたる悲惨な生活に対する十分な追加補償金を払うのが妥当である。一家族当たり一〇万ドルかかったとしても、せいぜい四〇〇〇~五〇〇〇万ドルの話であり、島で基地に投じた費用に比べればささやかなものだ。[52]

バーバーの手紙は公表されず、『ワシントン・ポスト』紙からの返事もなかった。バーバーは海軍の元責任者とワシントンにあるイギリス大使館にも似たような手紙を何通も送り、チャゴス島民の帰還を助けるように懇願したが、返事はなかった。

アラスカ州選出の元上院議員、テッド・スティーブンスに宛てたもう一通の手紙で、バーバーはチャゴス島民の強制退去は「軍事的に必要ではなかった」と告白している。[53]

グアムの先住民の村で、神聖な墓地でもあるパガットの考古学的遺物のひとつ、ルソン（「すり鉢」の意）。米海兵隊はここに射撃練習場を建設する計画を立てた。デイヴィッド・ヴァイン撮影

第二次世界大戦後、「自分たちの」島にある基地を支配しつづけたいと考えた軍の指導者がとった方法は、チャゴス島民などの先住民族が経験したような明らかな排除だけではなかった。たとえば、一九四六年にアメリカがフィリピンの独立を認めた際には、「軍事的必要性」に備え、スービック湾とクラーク空軍基地などを含む一六の基地と軍事施設について、九九年間の無償租借協定の継続が条件となった（民族主義者の反対運動によって、のちにこの協定は改定され、一九六六年の変更で基地租借契約は一九九一年に満了した）。この協定によってアメリカは基地そのものの植民地支配を継続し、フィリピン人労働者や刑事訴追、課税、またスービック湾海軍基地に隣接するオロンガポ市全域に対する主権と支配権が引きつづき認められた。[1] 日本では沖縄を占領統治し、一九七二年にようやく日本に対して正式な主権の回復を認めたものの、フィリピンと同じように米軍基地の長期借用権を保持した。

太平洋の別の場所では、第一次世界大戦後、日本の委任統治下にあった太平洋諸島信託統治領の「信託統治権」が国連によって認められ、アメリカは基地使用権を保持した。この領域にはマーシャル諸島、パラオ、そして数十年後にミクロネシア連邦となる島々が含まれていた。信託統治権によってアメリカはこれらの島々における軍事施設建設の権利を獲得し、一九五一年まで海軍による支配が続いた。[2] 内務省が統治機関となったあとも、依然としてこの協定は、イギリスの憲法専門家、スタンリー・デ・スミスの言う「事実上の併合」に等しいものだった。[3]

結局、信託統治領の島々はアメリカとの間で「自由連合協定」を結ぶことによって、正式に独立した。これらの協定によって、アメリカは防衛の責任を担い、同時にこれらの島々を軍の支配下に留めることができた。[4] 数十年にわたってマーシャル諸島で行われた核実験に加えて、軍はいまだにこれらの島をロナルド・レーガン弾道ミサイル防衛試験場――数千マイル離れたカリフォルニアから発射されるミサイルのターゲットとなる施設――として使用している。パラオとミクロネシア連邦は、軍の訓練場として使われていて、戦時下には軍に幅広い基地建設権が認められる。[5]

戦後、政府は軍の要望に従い、グアムやアメリカ領サモア、北マリアナ諸島、プエルトリコ、アメリカ領バージン諸島など、かつて植民地と呼んでいた土地をアメリカの「属領」とし、支配権を維持した。これらの島々には、アメリカに編入されれば認められるはずの完全な独立も完全な民権もない。このことは、二一世紀においても、たとえ新しい名目のもとに新しい言葉を使っても、私たちの基地国家が植民地的関係の永続化の上に成り立っていることをはっきり示している。軍の立場から見れば、グアムなどの属領はほかでは得られない自治権が認められた特別な存在である。「ここは沖縄ではない」とデニス・ラーセン少将はグアムのアンダーセン空軍基地で記者に語った。「ここは太平洋の真ん中にあるアメリカの領土だ。グアムはアメリカの属領なのだ。ここでは好きなことができるし、追い出される心配をせずに莫大な投資ができる」[6]

権力の中心にある小さな島

軍がそれほどまでにグアムにこだわるのは、何と言っても、立ち退きの心配なしに何でも好きなことが――それも五〇の州よりもずっと簡単に――できるからだ。ワシントンから八〇〇〇マイルほど離れたところに位置するグアムは、五〇州のうち最も小さいロード・アイランド州の約五分の一の面積しかない。軍事施設は一時、島の六〇パーセント近くを占めていた。そして今日でもなお、約三〇パーセントを占めている（ちなみに、バージニア州の軍事都市ノーフォークでも、軍が支配しているのは一五パーセントあまりである）[7]。アンダーソン空軍基地が占有するグアムの北部には美しい砂浜が広がる。グアム海軍基地は西太平洋では最大クラスで、かつてグアムで二番目に大きい村があった南西の海岸沿いのアプラ港を占有している。また、空軍と海軍は島中の武器倉庫や通信施設、住宅地、付属の施設なども支配している。

どちらの基地の工廠にも、攻撃型原子力潜水艦、航空母艦、F－15、F－12ステルス戦闘機、グローバル・ホーク無人偵察機、B－1、B－2、B－52爆撃機など、最先端の強力兵器が備えられている（あるいは備える能力をもつ）。多くの人がグアムは世界で最も重要な軍事基地のひとつと考えている。そのため、沖縄と同じように、島全体がひとつの基地とみなされることが多い。

グアム大学のマイケル・ベヴァクア教授の言葉を借りると、グアムは「小さくて取るに足りないア

グアム

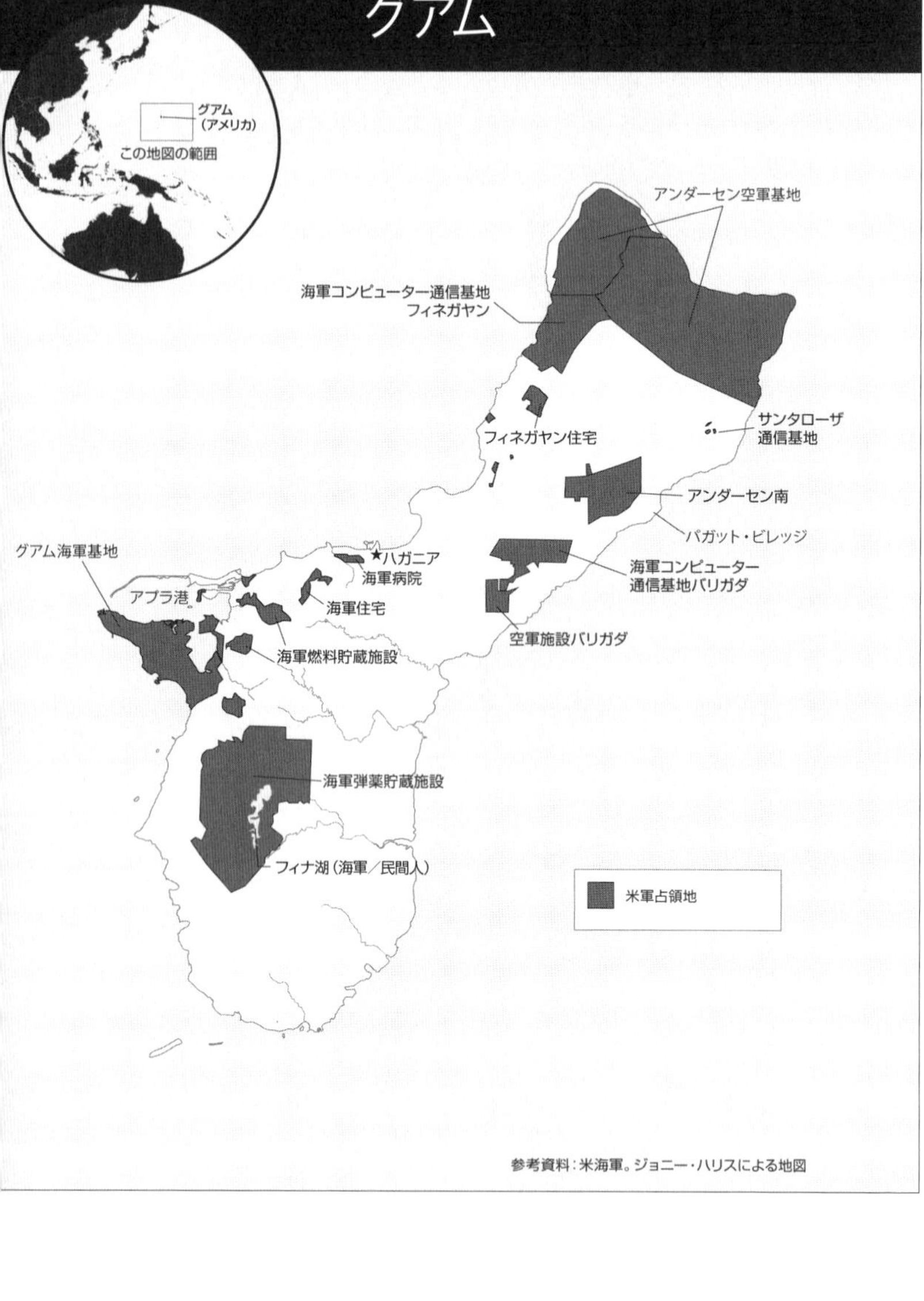

参考資料：米海軍。ジョニー・ハリスによる地図

メリカのおまけのような存在だ［とみなされている］が、一方で「アメリカの軍事力の中心に位置するという逆説的な性質をもつ」。実際、アメリカの五〇州に、この島のことを考える人はほとんどいない。グアム島民は、毎日のように自分たちが隅に追いやられた存在だと思い知らされ、そうした思いと折り合いをつけなければならない。ワシントンを訪れたグアムの政治家が――グアムを監督する連邦政府の省である――国務省の職員から「外国人パスポート」の提示を求められたこともある。[10] ワシントン大学のある学生は、グアムの通貨からアメリカドルへの両替について教務課から電話で質問されたという（アメリカのほかの場所と同じで、グアムではアメリカドルが使われている）。オンライン・ショッピングでは、「海外配送」という理由で配送を断られることも多い。テレビ番組『アメリカン・ダンスアイドル』や『アメリカン・アイドル』への投票ができないといった些細な制約は序の口で、もっと重大な締め出しも食らっている。グアム島民は大統領選挙も上院議員の選出もできず、議決権のない下院議員ひとりの選出しか認められていないのだ。グアム島民の間には、ハワイやアメリカ本土から飛行機でグアムに戻るとき、国際日付変更線を越えると権利が消えるという冗談まである。

グアムなどのマリアナ諸島におけるチャモロ人の歴史は、紀元前一五〇〇から二〇〇〇年にまでさかのぼるが、民族自決の権利はここ五〇〇年近く失われている。一五二一年にやってきたスペイン人は、その四年後、グアムとマリアナ諸島を自分たちの領土だと主張した。南北アメリカ大陸の先住民たちと同じように、チャモロ人は病気や暴力によって激減した。[11] スペインはグアムを二〇〇年以上にわたって植民地として支配したが、その後、一八九八年の米西戦争の戦利品として、米海軍がこの島と小さな要塞を獲得した。しかし、アメリカはスペインの支配下にあったマリアナ諸島のほかの島々は占領せず、ドイツに売却したため、チャモロ人はふたつの占領国の間で分断された。

こうしてグアムはアメリカの植民地となり、海軍は島全体を米海軍基地に指定した。厳密に言えば、この時点で島全体はまさにひとつの大きな軍事基地となった。島は海軍の将校たちによって軍艦のように統治され、《使用は英語のみ》という表示があちこちに掲げられた。最高裁は一連の裁判で、（プエルトリコ人やフィリピン人と同様に）グアム人にはアメリカの市民権も憲法の定める完全な保護を受ける権利もないという判決を下している。[12]

島民がアメリカの市民権を得る前に、グアムはアメリカが第二次世界大戦中に占領した属領の一部となってしまった。一九四一年一二月七日の日本による真珠湾攻撃の二日後、何千人という日本軍が、島を守っていた約四〇〇人を圧倒した。チャモロ人たちはこの日から、日本による占領が続いた三二か月にわたって「不名誉な生活」を強いられることになる。日本政府は島の名を大宮島に変え、日本円を導入し、チャモロ人に日本語を覚えさせた。「われわれに従え」が法律になり、それを徹底させるために暴力が振るわれた。日本軍は二万人ものチャモロ人を強制収容所に隔離した。チャモロ人はレイプを受け、慰安婦にされ、強制労働を課され、何百もの人が機関銃や手りゅう弾、剣で殺害された。[13]

ルーズベルト政権は日本占領下でのチャモロ人の並外れた勇気を讃えた。日本の侵略後に降伏を拒んだアメリカ防衛軍のひとりを、地元住民は二年半にわたって匿い、命を救ったのだ。米兵を匿っていることが日本軍に知られると、秘密を守ろうとしたチャモロ人たちは、拷問を受けたり処刑されたりした。[14]

一九四四年七月に始まったグアム奪還のための戦いは、太平洋戦争中で最も長く、最も大規模な砲撃戦となった。[15] 陸海空軍共同での攻撃に先立って、日本軍の守りを弱めるために砲撃が加えられた際も、地元住民への配慮はほとんどなかった。皮肉なことに、このとき多くのチャモロ人は、村ではなく強制収容所にいたために生き延びることができた。それでも、米軍がグアムを奪還するころには、一一七〇人あまりのチャモロ人が犠牲になっていた。[16]

戦闘後、軍はチャモロ人の土地を占領して基地をつくり、太平洋を北上して日本の支配下にある島々を攻撃する足場とした。この土地は戦後も返還されなかった。それどころか、戦後さらに、肥沃な土地二八五〇エーカーを含む、チャモロ人の土地が一挙に収用された。グアムの農業経済は戦闘の傷跡や土地収用から、二度と回復することはなかった。戦前、自給自足が成り立っていたグアムは、戦後、食料の九〇パーセントを輸入するようになり、缶詰肉スパムを使った料理を主に食べるようになった。土地に対する少額の補償を受けたチャモロ人もいたものの、支払いは補償されなかった。[17] 今日でも、多くの人々がだまされたと感じている。一九八六年、連邦政府は土地の所有者に四〇〇〇万ドルの補償金を支払ったが、これは一九四〇年当時の地価に基づいて算出された金額で、現在の地価のほんのわずかにしか相当しない。[18] 失った土地や日本の統治下に受けた苦しみに対する戦争賠償金をアメリカ政府と日本政府に求めつづけている人もいる。

グアムに住むチャモロ人たちは、戦時中に示した勇気と忠誠心が、市民権や自治という形で報われるのではないかと期待していた。しかし、軍の思惑は違った。傷口に塩を塗るように、軍による支配が再開され、チャモロ人たちはアメリカ市民権を勝ち取るために何年も戦わなければならなかった。

国務省はこの方針のせいでグアムが「反アメリカ過激派の島」になるのではないかと不安を募らせた。また、島民たちの間では不服従運動が広がり、ゼネストの機運も高まった。このときになってようやく、トルーマン政権はグアムの管轄権を海軍から内務省に移管した。[19] 一九五〇年、グアムは「準州」となり、制限つきの自治権が認められた。だが、アメリカ議会は基本的な支配権は手放していない。国連の調査によると、グアムは今日でも世界に一七か所ある非自治地域のひとつに留まっている（このリストには、アメリカ領サモア、アメリカ領バージン諸島や、フランス領ポリネシアやジブラルタルなども含まれる）。内務省の言葉を借りれば、グアムは「アメリカ憲法の限られた部分だけが適用されると議会が決定した地域」になったのだ。[20]

増強

軍はグアムを軽く見ていたが、グアムからは比類なき支持を得ていた。グアムの入隊率は、アメリカのほかの州や属領よりもおしなべて高い。これはグアムの失業率と貧困率がアメリカで一番高いことも少なからず影響しているだろう。現在、グアムの失業率は一三パーセント前後、貧困率は約二〇パーセントで、平均世帯年収三万九〇〇〇ドルという数字は、アメリカの平均の四分の三にも満たない。[21] 家族や親しい友人が、兵士や兵役経験者だったり、基地で働いていたり、基地に依存した仕事に携わっていたりするなど、何らかの形で軍にかかわっている住民がほとんどである。

二〇〇六年、国防総省はグアムにおける数十億ドル規模の新しい基地インフラ増強計画を発表した。

米軍基地への抗議運動が続く沖縄から移ってくる海兵隊員九〇〇〇人とその家族、民間人数万人の受け皿となる施設である。同じころ、空軍は、この島を「グアム攻撃」と呼ばれる攻撃部隊のための、四大拠点のひとつに指定する増強計画を発表した。また、海軍は原子力空母や潜水艦が入れるように、アプラ港を拡張する計画を立てた。陸軍州兵は予定される増員に対応できる新しい施設の建設を計画し、国防総省はグアムを弾道ミサイル防御システムの重要基地に選んだ。このようにグアムは、おそらくベトナム戦争終結以来、少なくともフィリピン撤退以来、アジアにおける米軍変容の中心的な存在となった。今後四年間で、建設作業員約二万人を含めて、八万人近くの人がグアムに移ると予想されている。[22] グアムの総人口は一六万人ほどであるから、約五〇パーセントの人口増となる。

この島の高い貧困率と失業率を考えれば、グアム島民の多くが増強から見込まれる経済効果に並々ならぬ関心を示したのも不思議はない。軍の担当者は、税収や国の補助金、インフラ投資への上積み額は何千万ドルという単位になると請け合った。[23] 少なくとも、しばらくの間はゴールドラッシュのような雰囲気が漂った。「一世一代のチャンス！」といった件名の勧誘メールが飛び交い「小さなグアム島が大騒ぎになろうとしています！……仕事もおいしい儲け話も盛りだくさん！」と煽った。[24]

なかでもグアム商工会議所は、増強による経済効果、また安全保障上の恩恵を声高に唱えた。増強が必要だという根拠を示すために、二〇一一年の報告書には、北朝鮮のミサイルから、中国によるサイバー戦争の可能性、過激主義、国境を越えた犯罪組織、世界的な病気の流行、自然災害に至るまで、ありとあらゆる脅威が挙げられている。さらに、こうした危機に際して、アジアにおけるアメリカの「力、存在感、そして貢献」を示すために、グアムは「永久的主権を有する施設」を提供し、潜在的な敵を抑止することで「対立と紛争を防ぐ」とも書かれている。[25]

このように軍に高い支持を寄せる島で、増強に対する不安を口にする人が増えていることに多くの人が驚いた。以前からの活動家に加えて、若者、それもほとんどが二十代の若者から、大きな反対の声が上がったのである。若者たちはこの島を表すチャモロ語の名前にちなんだ〈ウィー・アー・グアハン〉という団体をつくり、増強を監視した。この団体が中心となって計画を詳しく調べるうちに、グアムが一八九八年にアメリカの植民地にされて以来、軍がいかに絶対的権力をほしいままにし、当然のことと考えているかが明らかになった。さらに、すでにインフラが限界に達しているこの島で、計画通りに人口が急増した場合の危険性についても指摘された。グアムの公立校では生徒数が最大二六パーセント増加し、島で唯一の公立病院に対する需要は二〇パーセント増えると予想された。

軍独自の評価によると、増強により、ピーク時には島の排水が処理能力を超えると予測されている。軍の言う「現在のグアムの生活インフラの悲惨な状態」を考えれば、民間人は一日当たり数百万ガロンの飲料水不足に直面し、軍の余剰分を回さなければならなくなる。民間の施設を拡充するための予算は計上されていないのに、新しい士官学校や軍の病院、そのほかの基地インフラ建設のための予算は組まれている、と反対派は指摘する。[26] 軍は必要に応じて民間人に水を分けると申し出ているが、それはこの島における格差を浮き彫りにし、多くの地元住民の感じる二流意識を強めただけだった。

増強計画を調査した環境保護庁（ＥＰＡ）も、同じことを懸念し、報告書のなかで、増強によって「現在でも標準以下のグアムの上下水インフラ」は機能しなくなり、「その結果、公衆衛生に重大な悪影響を及ぼすかもしれない」と批判している。また、ＥＰＡはアプラ港を拡張するための浚渫《しゅんせつ》によって、七一エーカーのサンゴ礁に「容認できない影響」を及ぼす恐れがあるため、増強計画は「環境的に承諾できない」ものであり、「提案通りに進めるべきではない」という決定を下した。[27]

チャモロ人活動家の多くは、特に海兵隊の銃射撃場建設計画に怒りをあらわにした。新たに一八〇〇エーカーの土地を奪い、それも九〇〇〇年を超える歴史をもつ神聖な先住民の村であり、墓地もあるパガットの遺跡を、銃射撃場に変えようというのだ。〈ウィー・アー・グアハン〉の代表を務めるカーラ・フロレス＝メイズは、パガットにおける海兵隊の計画を「アーリントン墓地に射撃訓練場をつくる」ようなものであり、「そんなことは考えられないはずです」と言った。「私たちは自分たちの祖先、自分たちの前に生きた人々に対する大きな責任があります。そう考えれば、なぜ人々が怒るのかわかるはずです[28]」

グアム北東部の海岸から少し入った、ジャングルに覆われた道沿いに、今日でもその村の遺跡を見つけることができる。高く生い茂った草や枝でほとんど見えない入り口の向こうに、苔むした石が縁取る小道が伸びている。かつての村は崖のそばにあり、その上には自然にできた石のアーチがかかり、入り江とその先の海を見下ろしている。少し歩くと、大きく澄んだ水たまりのある地下へと続く洞穴の入り口がある。ジャングルの地面にはルソン――薬草や食べ物をすりつぶすための重い石のすり鉢――と、石を載せた石柱、ラッテ・ストーンがある。ラッテ・ストーンは、かつてのチャモロ人の住居の土台だったもので、今日ではマリアナ諸島の文化的象徴とされている。

「この場所が、増強により大きな富を生むようになるのです」フロレス＝メイズは言う。「しかし、お金がすべてではないと気づく人も増えています。島にはかけがえのない、お金よりもずっと大切な場所があり、それを失おうとしているのだと」

〈ウィー・アー・グアハン〉のもうひとりの代表リーヴィン・カマチョは、チャモロ人にとっては、パガットだけでなく、それを取り囲むジャングルも大切なのだと言う。「この土地やここに暮らしていた人々とのつながり、それがぼくたちの文化なのだ」と。そして、こう続けた。「チャモロ人なら」ジャングルのなかの何かをかき乱そうというときは、先祖に「許可を求めなければならない。先祖の魂は至るところにある」。許可を求めれば「守り神のように守ってくれるはずだ。そして、今度は海兵隊が、パガットの上のジャングルを切り開いて射撃訓練場をつくろうとしている。遺跡をブルドーザーで取り壊して掘り返すなど、これ以上罰当たりなことがあるだろうか?」

増強に反対しても「軍への憎しみにはつながらない」とリーヴィンは言う。リーヴィンの父親は志願兵となって二〇年以上になる。ただ「自分の故郷を心配している」だけなのだ。

また、ランチミーティング中の数人の軍人グループが、増強の売り込み作戦を練っている際のやりとりが住民の耳に入り、地元の世論に火が付いた。グループはグアムの首都ハガニアで有名なマーメイド酒場にいたが、そのなかには増強の広報担当である米海兵隊少佐のアイーシャ・バッカールもいた。カーラ・フロレス＝メイズの話によると、軍人たちが「村長たちを『利用』して、自分たちが「増強について」『都合のいい話ができる』地区会議を開かせ」、地元の支持を集めるために「グアムのマナムコ――尊敬される長老たち――の話を『利用』しよう」と話しているのを聞いたという。この事実をのちにバッカールは認めている。軍人たちは、先住民族チャモロのある老人のことを笑い者にし、その訛りやグアム大学で取った学位をばかにしていた。ある軍人は「それで、そいつに歯は何本残ってるって？　三本？」と尋ねていたという。[29]

最終的に、〈ウィー・アー・グアハン〉は、歴史的遺産保存ナショナルトラストとグアム歴史保存トラストの助けを得て、パガットにおける射撃訓練場建設計画に異議を申し立てる裁判を起こした。増強計画に対する支持の取り付けを担当しているデヴィッド・バイス少将は、非公式の話し合いの際、歴史的遺産保存ナショナルトラストとグアム歴史保存トラストのメンバーに、もし射撃訓練場に望ましい場所が獲得できなければ、「おまえたちの子供は死ぬことになる」と言ったとされる。[30]反対派グループはひるむことなく、軍はすでにグアムの三分の一近くを支配しているのに、射撃訓練場の代替候補地を検討してこなかったと、カリフォルニアの連邦地方裁判所に訴えた。[31]裁判所はこれを認め、海兵隊に対して、ほかの候補地を検討し、環境アセスメントを行うよう求めた。

国防総省の支出や政府の債務残高を削減しようという最近の国家的努力のなかで、増強の経費と資金計画に批判的な人も増えている。上院軍事委員会の三人の有力メンバーは、この計画を「非現実的かつ実行不可能で、費用がかかりすぎる」と評した。会計検査院（ＧＡＯ）は、国防総省の移転予算は費用が過小評価されているので、断じて「信用できない」と繰り返し指摘している。ＧＡＯの推定費用は二三八億ドルで、国防総省の一〇三億ドルという数字の二倍以上になっている。ＧＡＯはまた、議会が移転の基本計画を求めてきたにもかかわらず、国防総省は——史上最大で最も費用のかかる軍の再編が始まって約一〇年が経とうというのに——いまだ提出していないとも指摘している。[32]

「ここではやりたいことができる」

二〇一四年、反対が高まるなかで、軍はついにパガットでの射撃訓練場建設計画を取り下げ、代わりにアンダーソン空軍基地に建設すると発表した。また、改定案では軍が土地を新たに獲得する必要はなく、人口増加を全体で八万から一万に減らし、増強による影響を抑えるために工期を七年から一三年に延ばした。新しい計画では、沖縄から移ってくる海兵隊は五〇〇〇人のみになり、そのほかの約四〇〇〇人はハワイやオーストラリア、東南アジアの基地に分散される[33]。当初、沖縄の海兵隊はグアムへの移転を二〇一四年に予定していたが、それも二〇二一年に延期された（沖縄で新基地建設を巡って長期にわたる膠着状態が続いているのもその一因である）。

〈ウィー・アー・グアハン〉のような熱心な活動家グループの反対がなく、沖縄の膠着状態や議会の財政上の懸念がなかったら、軍はグアムで何もかも思い通りにしていたかもしれない。軍の恥知らずでお粗末な増強計画はグアムに限ったことではない。それについてはのちの章で取り上げるが、こうした怠慢は数十年にわたる国防総省の浪費よりも大きな問題を呈している。ここまで多くの反対を生み出した増強計画の問題――ほかの候補地を検討せずに、先住民の神聖な土地に射撃訓練場を建設すること、私有地をさらに一七〇〇エーカー取り上げること、変化に対応できる民間のインフラなしに、グアムの人口を五〇パーセント増やそうとしたこと、基本計画なしに大規模な増強を始めたことなど――の根本的な原因はすべて同じところにある。つまり、軍がグアムに対して一世紀以上にわたって取りつづけてきた「ここではやりたいことができる」という基本姿勢だ。

基地移転の例が示すように、またのちの章で明らかにするように、軍はグアムやディエゴ・ガルシア、沖縄、プエルトリコ、フィリピン、パナマ、グリーンランドで、繰り返し「ここではやりたいことができる」という姿勢を貫いてきた。うわべを取り繕って新しい言葉を使っても、この基地国家が二〇世紀と二一世紀において、いかに植民地関係の継続に腐心してきたかがわかる。結局のところ、第二次世界大戦後に非植民地化の時代が訪れたことで、大きな植民地を維持することはできなくなった。戦略的島嶼構想が示すように、アメリカやヨーロッパのいくつかの同盟国は、主に基地としての戦略的価値から、少数の小さな島の植民地を維持する方策を見出している。軍の立場からすると、現在の植民地関係があるからこそ、アメリカの五〇州や完全な独立国で生じるような制限を受けずに「やりたいことができる」のだ。グアム島のチャモロ人や似たような植民地関係に追い込まれている人々の立場からすると、軍の在外基地へのこだわりは、ほかのほとんどの同砲が当たり前に思っている基本的な民主的権利や自由が、自分たちにはまだ認められていないことの表れでもある。

地元の公立高校で軍が開いた公聴会で、「ウィー・アー・グアハン」のカーラ・フロレス＝メイズは「アメリカは自由を求める人々によってつくられた国のはずです」と訴えた。立ち上がり、目に涙を浮かべたカーラはこう尋ねた。「グアムの人々は、ほかのアメリカ人すべてがもっている自由を手にするためにどこへ行けばいいのでしょうか？　一体どこへ？　私も、ほかの人たちと少しも変わらないアメリカ国民です。みんなと同じように憲法で保障された権利が欲しいだけなのです。本当のアメリカ人になるためには移住しなければならないのでしょうか？」と。

そして軍の代表に向かってこう言った。「軍が戦って守ろうとしているものを、この島に住む私たちはもっていないのです」

ホンジュラス兵を訓練するアメリカ海兵隊員。ホンジュラス、プエルト・カスティージャにて、2011 年。米国海兵隊伍長ジョシュ・ペトウェイ撮影

第五章　独裁者との結託

米軍基地のあるグアムなどで完全な民主主義が認められていないという事実は、始まりにすぎない。アメリカ政府は世界中で基地を使用するために、残虐で反民主主義的な政権と繰り返し手を組み、人権蹂躙の証拠が広く認められていても目をつぶってきた。ホンジュラス――「一時的だが無期限の」ソト・カノ空軍基地は一九八〇年代から機能している――におけるアメリカの関与の歴史は、軍の行動と建前上守っているはずの理想がいかに矛盾しているかを如実に表している。

数年前にソト・カノを訪れた際、私はホンジュラスにおける駐留米軍をめぐる激しい感情を、身をもって知ることになった。飛行機を降りて数時間のうちに、催涙ガスを浴びせられたのだ。二〇一一年六月二八日、マヌエル・セラヤ大統領政権を転覆した軍事クーデターの二周年にあたる日のことだった。私は基地の外の、ホンジュラスの首都テグシガルパから五〇マイルほど離れた広い低地に、およそ三〇〇人の基地反対派グループと一緒にいた。

デモ行進が始まって約四五分が経っていたが、参加者たちはまだ基地の南側の境界から正面入口までの半分ほどしか進んでいなかった。そのとき、行進の列から離れた四人の若者が、スプレー式塗料を手に、基地の灰色の塀に向かって歩き出した。するとホンジュラス兵数人――ほとんどが十代――と黒服の機動隊が駆けつけ、四人を阻止した。ひとりが警棒を振りかざし、自動ライフル銃を持った高官が四人を塀に押し付ける。緊張が高まり、抗議者たちが殺到した。

突然、警官が若者のひとりに警棒で殴りかかった。警察署長が若者の背後から腕を回して引きずるうちに、つまずいて転び、ふたりは一緒に地面に倒れ込んだ。人々は大声で叫び出した。もうひとりの警官がふたり目の抗議者を引き倒し、両脚を警棒で殴りつけた。

すぐに催涙ガス弾がさく裂し、あたりは白い噴煙に包まれた。抗議者も兵士も警官も、一斉に走り出した（機動隊でガスマスクをしているのはごく少数だった）。警官のひとりが、逃げていく抗議者たちに催涙ガス発射装置を向けた。ほかのふたりがセミオートマチック・ピストルを取り出し、銃口を抗議者から抗議者へと向けた。クーデター後のデモで抗議者が何人も殺されていたことを知っていた私は、今にも誰かが撃たれるのではないかと思い、走り出した。

ガスから逃れたと思ったちょうどそのとき、目と肺に燃えるような感覚が走った。私が顔をこすり出すと、誰かが「目にさわるな！」と怒鳴った。人々は咳き込みながら、真っ赤に腫れた顔に水を浴びせかけている。どうにか緊張が和らいだ。抗議者たちのほとんどは、ひるむことなく行進に戻り、『グアンタナメラ「キューバ音楽の代表的な歌で、「グアンタナモの娘」の意味」』の旋律に合わせ、大きな声で「ロス　ジャンギス　バン　パラフエラ！――ヤンキーは出ていけ」と歌った。

基地の入り口では、一列に並んだ警官と兵士たちが門をふさいでいた。そのなかには「ＵＳＡ」と書かれた装備をつけた者もいる。門の内側の道路標識には、英語で「侵入禁止、前方優先道路」と書いてある。ゴルフカートに乗って通りかかったふたりの米兵が、抗議運動にちらりと視線を投げた。抗議者たちがソト・カノに集まっているのにはもっともな理由があった。セラヤ政権を倒した二〇〇九年のクーデターのとき、ホンジュラス軍が大統領を飛行機でテグシガルパからソト・カノに移し、その後コスタリカに亡命させたことから、政府の転覆にアメリカがかかわっているのではないかという疑惑が深まっていたのだ。「アメリカはクーデターの計画と遂行に直接関与した」と第一線で活躍する人権運動家のバーサ・オリバは言った。クーデターの指導者たちは、セラヤ大統領を捕えたあとすぐに米軍基地に寄ったという。「それがすべてを物語っている。証拠などなくても、アメリカが自分たちの利益のために関与したのは明らかだ」。のちに私は、給油のためにパイロットをソト・カノに向かわせたというホンジュラス空軍の高官と会うことになる。

アメリカ政府側もクーデターへの関与を一切否定してきた。実際、ソト・カノの兵舎や「恒久的な施設」の建設に数百万ドルを投じているというのに、米軍はいまだにホンジュラスの駐留軍を小さく見せようとしている。二〇一二年だけでも、国防総省がホンジュラスにおける軍事契約に投じた費用は、六七四〇万ドルという記録的な額になり、なかでもこの国への軍用電子機器の輸出にかかわる費用は一三億ドルになる。[1] 当局は、こうした活動の拡大は、中米で急増する麻薬密売への対策、そして災害救助や人道支援のためだと説明している。

デモ行進で演説が始まると、数人のアメリカの人権擁護団体監視員が、基地に入ってアメリカの指揮官と話ができるかと、小さなホンジュラス空軍士官学校――ソト・カノに隣接して建てられている――の校長に尋ねた。返事は「ノー」だった。ここに「米軍基地はない」というのだ。ここにいるのは「ホンジュラス領内の特別部隊」だけだと。

「米軍基地はどこにあるんだ?」広大なアメリカの施設に目をやり、ホンジュラスの記者は信じられないといった表情で尋ねた。

校長は一瞬目をつぶったあと、かすかに首を横に振り、困惑した様子で答えた。「いや、私は知らない[2]」

初めての「バナナ共和国」

ホンジュラスを含む中米では、長い間、外国人が強大な力を行使してきた。ジェームズ・モンロー大統領が一八二三年の年次教書で「南北アメリカ大陸は……今後、ヨーロッパのいかなる強国によっても植民地化の対象とはならない」と宣言して以来、この地域におけるアメリカの支配は、事実上、約二〇〇年にわたって揺るぎないものだった。二〇世紀の初めに、ウィリアム・タフト大統領はアメリカの意図をもっと率直に語っている。「西半球全体が事実上われわれのものになる日はそう遠くない。人種の優位性から言えば、実質的にはすでにわれわれのものも同然なのだから[3]」

一八五〇年代以降、主にアメリカの経済的利益を守るために、米軍は繰り返し中南米諸国に干渉してきた。ホンジュラスでは米軍の干渉あるいは占領は八回――一九〇三年、一九〇七年、一九一一年、一九一二年、一九一九年、一九二〇年、一九二四年、そして一九二五年――起こっている[4]。米軍はさらに、近隣のドミニカ共和国やキューバ、ハイチ、メキシコ、グアテマラ、エルサルバドル、ニカラグア、パナマにも軍事介入し、数十年にわたって占領しつづけたこともあった（今日、最も優れた野球選手の多くが中南米出身だというのも納得できる）[5]。

二〇世紀初の侵略のひとつは、実は米軍ではなく民間会社によるもので、資金の出どころは「バナナマン」と呼ばれるサミュエル・ザムライだった。ザムライがアラバマ州のモビール[6]から一九〇五年にホンジュラスにやってきたとき、イギリスの鉄道建設詐欺にあったこの国は、鉄道も建設されないまま弱体化し、負債に苦しんでいた[7]。この機をとらえたザムライは、クーデターを起こし、「ザムライの思い通りになる」――つまり、ザムライのバナナ・プランテーションに対する土地・租税の優遇を認める――政権にすげ替えた[8]。ホンジュラスに足掛かりを得てから五年で、ザムライは五〇〇〇エーカーを超えるプランテーションを支配していた。数年後、その面積は一万五〇〇〇エーカーにまで広がっている[9]。一九一三年には、ザムライとそのライバルである、ニューオーリンズのバカロ兄弟（経営するスタンダード・フルーツ社はのちにドール社となる）を合わせると、ホンジュラスの輸出高の三分の二を占めた。

歴史学者のウォルター・ラフィーバーは、バナナ会社は「目が回るような速さで土地を買い上げ、鉄道を敷き、独自の銀行システムをつくりあげ、政府の役人を買収した」と書いている。一九一二年より前のホンジュラスがフルーツ会社に依存していたとするなら、一九一二年以降のホンジュラスは、フルーツ会社そのものになっていたとも言える。一九一四年には、大手バナナ会社数社が、特に肥沃な土地のうち一〇〇万エーカー近くを握っていた。こうしたバナナ会社の所有する土地は一九二〇年代にますます増え、ホンジュラスの農民たちは自国の肥えた土地で耕作する希望を失った[10]。そして、この国から生まれる富はアメリカへと持ち去られた。ホンジュラスに残されたのはバナナ園での低賃金労働と輸出税による収入だったが、それも脱税されるケースが多く、きちんと支払われたとしても、ほとんどがホンジュラスの数少ないエリートたちの懐に入った。[11]

このような経緯で、ホンジュラスは典型的な「バナナ共和国（バナナ・リパブリック）」となった。今ではこの言葉（同名のアパレル・メーカー、バナナ・リパブリックは別にして）からは、ウディ・アレンのコメディ映画『ウディ・アレンのバナナ』のイメージさながらの、道化のような第三世界の独裁者を思い浮かべることが多い。この言葉の本来の意味は忘れられがちだが、もともとはホンジュラスで暮らした作家O・ヘンリが、外国の経済や政治の圧倒的な力に支配されつつも辛うじて独立している弱い国々を指してつくった言葉である。言い換えれば、バナナ共和国とは名ばかりの、植民地なのだ。

ザムライの時代につくられた基本構造は第二次世界大戦後も続いた。アメリカからの援助はこの国のわずかな輸出品への依存度を高めることになり、シティバンク、チェース・マンハッタン銀行、そしてバンク・オブ・アメリカが金融システムを支配した。[12] ホンジュラスは「アメリカに最も近い同盟国となったが、ハイチを除けば、依然として西半球で最も貧しく、最も発展が遅れた国のままなのだ」とラフィーバーは書いている。[13]

一九五四年、CIAはホンジュラスの特に貧しい北岸にあるバナナ・プランテーションを使ってアメリカが支援する反乱軍を訓練し、民主的に選ばれたグアテマラ政府を転覆させた。サム・ザムライの会社を買収し、ザムライを幹部に据えたユナイテッド・フルーツ会社の独占に近い力を、グアテマラ政府が脅かしたからだ。[14] 反乱軍の訓練に使われたホンジュラスのプランテーションを所有していたのも、ユナイテッド・フルーツ社――今日のバナナの消費者にはチキータとして知られている――だった。

「米軍艦ホンジュラス」

中米で内戦の続いた流血の一九八〇年代、大規模なアメリカの駐留軍が置かれたホンジュラスは、「米軍艦ホンジュラス」と呼ばれた。戦火にまみれた地域の真ん中に戦略的に配備された、不動の不沈空母のようだったからである。グアテマラとエルサルバドルの両政府は、数十万の人々を虐殺し、残忍なニカラグアのコントラ［ニカラグアの革命政権に反対する親米右翼ゲリラ。一九九〇年に武装解除、解散］による内乱にも関与していたが、国防総省とCIAはソト・カノ空軍基地から両政府を支援した。これはアメリカで、ウォーターゲート事件以来、最大の政治スキャンダルに発展する。

アメリカはニカラグアの独裁者アナスタシオ・ソモサ・デバイレを長年支援していたが、サンディーノ民族解放戦線によってデバイレが追放されると、サンディーノに対する最大の武器としてコントラを利用する。一九八一年、CIAの中南米支部長デュアン・クラリッジは、ソモサの支持者に対してこう話している。「ロナルド・レーガン大統領の名において告げる……われわれはニカラグア政府を変えようとするこの努力を支援したい[15]」

この日、クラリッジと同じ部屋にいたのは、アルゼンチン軍諜報部のマリオ・ダヴィコ大佐、ホンジュラス軍で最も大きな影響力をもつ人物のひとり、グスタボ・アルバレス・マルチネス大佐である。この会合から「ラ・トリパルティータ（三か国交渉）」として知られるコントラ支援計画が生まれた。コントラの指揮官の説明によれば、アメリカの関与を隠すために「ホンジュラスが領土を提供し、アメリカが資金を提供し、アルゼンチンは隠れ蓑を提供する」ことになっていた[16]。

一九八一から八二年の間に、米軍からの援助が八九〇万ドルから三一三〇万ドルへと三倍以上に増えた見返りとして、ホンジュラスはコントラのための避難所を提供した。一九八四年までに米軍の援助は二倍以上に増え、七七四〇万ドル（現在の貨幣価値で一億七五九〇万ドルに相当）に達している[17]。ホンジュラス軍がアメリカの新しい兵器を受け取ると、古い武器はコントラに流れた[18]。

コントラがサンディーノ民族解放戦線を倒す見込みは、実のところ皆無だった。それどころか、米軍の直接干渉がほぼ不可能だったベトナム戦争後の状況で、アメリカにとってコントラは次善策だった。元外交官のトッド・グリーンツリーの言葉を借りれば、コントラは「典型的なゲリラ対抗勢力で、サンディーノ民族解放戦線を痛めつけ、血を流させることができる。一方、サンディーノがコントラを倒すことはできない[19]」。コントラにとって「政治の上での真のボス」はＣＩＡだった。レーガン大統領はコントラを「精神的な建国の父にあたる」と評したことで悪名高い。コントラは「女性に性的暴行を加え、捕虜を処刑し、一般市民を殺すことに喜びを感じる盗賊やけだものという評判だ」と、グリーンツリーは語っている[20]。

「ラ・トリパルティータ」ができて一年と経たないうちに、ＣＩＡはホンジュラスにおけるコントラの六つの基地の建設を支援し、武器をたくさん積んだ輸送機を着陸させるようになった。ＣＩＡの工作員、アメリカとアルゼンチンの軍事顧問、イスラエル、チリが反乱軍の訓練を始めた（元陸軍特殊部隊工作員のウィリアム・メアラによると、アメリカ特殊部隊のチームが訓練生を「ＬＢＧ」――小さな茶色い男たち（little brown guys）――と呼ぶのを聞いたことがあるという）[21]。アルゼンチンは「アルゼンチン式」の政敵の「消し」方、拷問の仕方、殺し方を教えた[22]。コントラ勢力はすぐに大きくなり、事実上、ニカラグアとの国境に近いホンジュラス全域を占領するまでになった[23]。

一九八二年、アメリカとホンジュラスの間に結ばれた一九五四年の軍事協定に加えられた条項により、アメリカはホンジュラスに軍隊を駐屯し、国内に飛行場を建設し、また、「必要に応じて」どんな「新しい施設や機器の設置」もできる権限を得た――まさにカルテ・ブランシュ（完全な自由裁量）である[24]。米軍はこの権限を使い、コントラやホンジュラス、米軍のための基地をソト・カノ以外にも建設した。私の計算では、こうしてできた基地は、コントラ基地だけでもホンジュラス、ニカラグア、コスタリカ、そしてフロリダまで、少なくとも三二はある。また、ホンジュラス軍の基地は少なくとも一六あり、ソト・カノとＣＩＡの秘密基地のほかに、米軍基地が九つはある[25]。

歴史学者のウィリアム・レオグランデは「連邦議会がホンジュラスでの新しい軍事基地建設資金を出すことを拒否しても、国防総省はどのみち建設する」と説明している。ＣＩＡは軍事演習を隠れ蓑に使うことが多い[26]。演習が終わると、改良された施設と残った補給品がホンジュラス人やコントラに供与される[27]。また、軍とＣＩＡがホンジュラスの基地を使って、連邦議会が許可していない補給品をコントラに供与し、議会には事実とは異なる報告をした例もある[28]。一九八〇年代の終わりには、ホンジュラスは「広大なアメリカの軍事基地と大差ない、事実上のアメリカの保護領」となっていた[29]。

アメリカでは、コントラ問題がやがてニクソン以来最大の大統領スキャンダルにまで発展し、連邦議会はレーガン政権がイランに極秘で武器を売却した利益を使って、密かにコントラに資金と武器を送っていたことを暴露した。この事実は三つの意味で衝撃的だった。第一に、アメリカは公式にはイランを国際テロの支援国として非難していた。第二に、連邦議会はコントラへの資金供与をはっきりと禁じていた。そして第三に、議会によるイラン・コントラ事件の公聴会によって、コントラがアメリカに麻薬を密輸していた事実を、ＣＩＡが少なくとも一九八四年にはつかんでいたことが裏付けられたのである。[30]

スキャンダルはやがて収束したが、中米における戦争の傷跡は大きかった。近隣の国々よりも影響が少なかったとはいえ、ホンジュラスも暗殺部隊や超法規的な殺害、拷問が横行する十年に苦しんだ。一九八〇から八四年の間だけでも、左派やそのほかの反体制活動家に関する未解決の殺人や行方不明は二七四件にのぼる。[31]

「行方不明者」のほとんどは、消息がわからないままである。オスカーとグロリア・レイエスは、生き残って自分の身に起こった事実を語ることのできた数少ない被害者だ。二〇〇六年にアメリカの裁判所で明らかにされた話によると、ホンジュラスの国家情報長官直属の兵士によって自宅から連れ去られたふたりは、殴打や模擬処刑を受け、裸にされ、性器に電気ショックを与えられ、さらに糞便や血、嘔吐物、尿にまみれた部屋に監禁されたという。法廷での証言で、グロリア・レイエスは「それにどうやって耐えることができたのか、自分でも説明できない」と述べている。[32]

ほかの国では犠牲者はさらに多かった。いわゆる大虐殺で、ニカラグアでは五万人、エルサルバドルでは七万五〇〇〇人、グアテマラでは二四〇万人が死亡、あるいは行方不明になっている。犠牲者の大部分は貧しい一般市民だった。「大勢が無差別に殺され、家族、一族、村全体が、拷問や爆撃、大虐殺、集中攻撃の犠牲となったのだ」と、外交官のグリーンツリーは書いている。[33] 何十万人という難民が近隣の国々やアメリカに殺到した。しかし、もとをただせば、多くの人が避難せざるをえなくなったのは、アメリカ政府が供与した銃弾が原因なのだ。これらの国々はいずれもトラウマを抱えたまま、今日に至るまで回復できていない。

独裁者の魅力

冷戦が終結すると、事実上、中米での戦争も終わった。会計検査院（GAO）は、コントラへの資金提供から手を引いた以上、「ソト・カノにおける米軍駐留の本来の理由はもう存在しない」と報告した。[34] 軍と外交関係者の多くは、このように「費用のかかる、半永久的な補給基地」が、この地域でのアメリカの政策目標に果たした役割は「副次的なもので、その存在を維持するに足る理由ではない」という見解を示した。この地域における麻薬対策や災害救助活動は、アメリカ国内の基地からでも効果的に行うことができると判断したのだ。

ソト・カノで駐留を続ければ、実際いくつかの点で、アメリカの政策にとって逆効果になると気づいた[35] GAOは、基地の閉鎖を提言した。[36] 軍がもつ国防総合大学による研究もこの見解と一致し、この基地は「地域の安定に大きな影響力はなく、アメリカとホンジュラス政府の間で潜在的な政治問題になっているばかりか、アメリカの納税者にいたずらに何百万ドルもの負担を強いている」と結論づけている。[37]

それでも、ソト・カノ基地は閉鎖されなかった。米軍がホンジュラスに投じる費用は全体として大きく減ったものの、「基地の使用はまったくの官僚主義的なことなかれ主義で続いていた」と、ある元陸軍外交担当官は言う。「基地をつくった本来の理由がなくなりつつあるというのに、誰も荷物をまとめて帰ろうとは考えなかったのだ[38]」

実のところ、基地へのこだわりは官僚主義的なことなかれ主義だけが原因ではなかった。建前上は一時的とされている基地と南方軍全体のために、申し合わせたように新しい使命や理由づくりの努力がなされていたのだ。冷戦後、中南米を管轄する統合軍は主流から外れ、出番も少なくなった。こうして南方軍は災害と麻薬に活路を見出したのだった。[39]

最初の機会は、一九九八年にニカラグアでハリケーン・ミッチによる被害が出たときだった。南方軍はかつての敵国に対し三〇〇万ドルを投じて救援活動を繰り広げ、この機に乗じてこの地域での活動を拡大した。[40] その翌年には、パナマでの基地閉鎖を口実に、エクアドル、アルバ、キュラソー、そしてエルサルバドルに新しく四つの空軍基地を建設している。[41] また、「麻薬撲滅キャンペーン」を名目に、中南米における軍事活動を拡大し、一九九〇年代の終わりには、ほかの地域の統括部隊よりも予算を増加させた。[42]

二〇〇九年の軍事クーデターでセラヤ大統領が失脚したあと、オバマ政権はホンジュラス軍には関与しないという公的政策を発表した。それにもかかわらず、アメリカとホンジュラス軍関係者は密接な関係を保っている。駐ホンジュラス米大使館員の話によると、アメリカとホンジュラスの高官はいまだに互いの携帯電話番号を知っていて、ホンジュラスのショッピング・モールなどの公共の場所で会っているという。接触はソト・カノ――厳密にはホンジュラス軍が米軍を駐留させている場所――や、両国の軍人が定期的に交流する場所で続けられた。クーデターのあとしばらくの間、援助は減っていたが、その後また、ホンジュラスの治安部隊に対するアメリカの支援は増えはじめた。たとえば、二〇一二年、連邦議会は軍と警察によるホンジュラス支援に、五六〇〇万ドルを割り当てている。

ホンジュラス軍と警察部隊がこの国の暴力行為の急増とかかわっているという確固たる証拠があるにもかかわらず、支援は増加した[43]（ホンジュラスの殺人発生率は世界最悪である――アフガニスタンやイラクよりも高く、メキシコの四倍以上、アメリカのおよそ二〇倍、そして西ヨーロッパの九〇倍である）[44]。一九八〇年代のような暗殺部隊の復活や、政府による犯罪への厳しい「強権的な」取り締まり計画の結果、何千人という若者が「不良」や「ギャングの一味」として殺害されたという疑惑もある。非政府組織〈コヴナント・ハウス〉［ストリート・チルドレン支援のための組織］の中南米支部カサ・アリアンサの記録によると、人口が六〇七〇万人ほどのこの国で、一九九八年から二〇一四年の一月までの間に、二三歳未満の人が九六四一人殺害されているという[45]。二〇一三年、AP通信社はホンジュラスの二大都市において「暗殺部隊式の殺害についての正式な申し立て」が、三年間で少なくとも二〇〇件はあったと伝えており、また国立自立大学の調査によると、二〇一一から二〇一三年の間に警察に殺害された一般人は一四九人にのぼるという[46]。

セラヤ大統領に対するクーデター以来、軍による暴力行為も増えている。人権団体はセラヤ大統領の追放以降、事実上の政府が大勢の虐待にかかわっているほか、恣意的な拘束や拷問、政治的暗殺など、四〇〇〇件以上の人権侵害を確認している。[47] 反対派、ジャーナリスト、活動家たちが、銃撃や殴打、殺害の脅し、政治的脅迫の犠牲者になりつづけてきた。二〇一三年の国政選挙に向かうなかでは、セラヤ大統領夫妻の率いる政党シオマラ・カストロの候補者一八人が殺害された。[48] 事実関係の多くがまだはっきりしてはいないものの、ホンジュラス軍や警察部隊への資金や物資の提供が、国中で暴力や危険な状況が増す原因になるのではないかという不安はますます強まっている。

米軍と非民主的なホンジュラス政府の深い関係が、一九八〇年代と二〇〇九年のクーデター後に起こった殺人、拷問、広範な人権侵害の原因だったとしても、驚くにはあたらない。アメリカ政府は、民主主義を広め、平和と安全を維持するというレトリックをたびたび使っておきながら、多くの場合、在外基地の使用権を維持するために、ためらうこともなく圧制的な政権に協力してきたのだ。

基地専門家のキャサリン・ラッツは「基地の使用権を得て、それを維持するために」、腐敗し、反民主主義的な、そしてときには残忍な政府との密接な協力関係が必要になったのだ、と説明している。アメリカは第二次世界大戦以降、基地を受け入れてくれる非民主的で独裁的な政権を数多く支援してきた。アフガニスタン、バーレーン、ジブチ、ギリシャ、イラク、クウェート、キルギスタン、モロッコ、パキスタン、パナマ、フィリピン、ポルトガル、カタール、サウジアラビア、韓国、スペイン、タイ、トルコ、ウズベキスタンなどは、ほんの一部にすぎない。一八九八年以降の米軍基地に関する大掛かりな研究は、アメリカにとって基地の受け入れ国として独裁制の国々が「常に魅力的な存在だった」ことを裏付けている。一方で、「選挙の行方が予測できないことから」、民主主義の国々は「存続可能性と存続期間の観点から魅力がない」こともわかっている。[49]

　こうした先行き不透明なところを利用し、建前としては民主化のプロセスに介入することで自分たちに都合のいい結果を生じさせ、それまで通りの基地の使用権を守ってきたケースもある。たとえば、イタリアの一九四八年の国政選挙に向けて、CIAと国務省などの連邦政府機関は、プロパガンダや組織的中傷を繰り広げ、支援を停止すると脅したり、イタリア沖に軍艦を航行させたりといった揺さぶりをかけ、キリスト教民主党が支持率の高い共産党や社会党を破るのを助けた。キリスト教民主党はアメリカ政府との利害関係を維持して広範囲な基地使用権を提供し、その後五〇年間イタリアの政治を支配した（一九九四年に大規模な汚職スキャンダルがイタリアの政治を一新し、ようやくこの支配は終わった）。

　また、アメリカ政府は第二次世界大戦直後の混迷期に、日本の右派である自由民主党や韓国の独裁政権に対し、陰に陽に同様の支援をした。こうした支援の結果、世界で米軍基地を最も多く抱える四か国のうち三か国が、半世紀以上にわたってほぼ連続して一党独裁を続けることになった。残りの一か国であるドイツでは、戦後二〇年間、一党独裁が続いた。[50]

　もっと最近の例を挙げれば、バーレーン政府が、民主化を要求する抗議者たちを暴力によって鎮圧した際、アメリカは型通りの批判しかしていない。人権擁護団体の〈ヒューマン・ライツ・ウォッチ〉や、そのほかの（ハマド・ビン・イーサ・アール・ハリーファ国王に任命された、当局から独立した調査委員会を含む）団体によると、バーレーン政府は抗議者たちの恣意的な逮捕などの虐待、拘留中

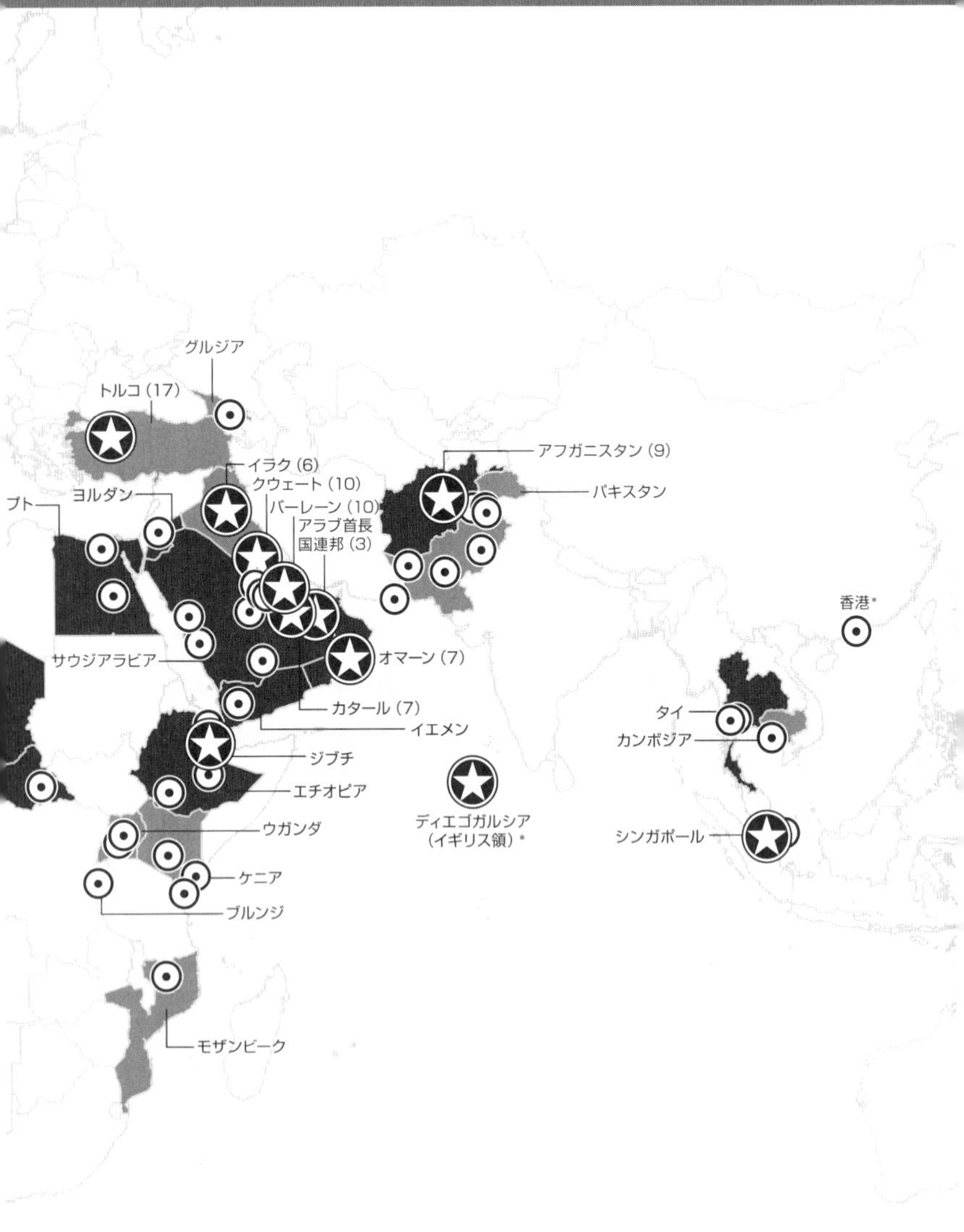

民主的統治がほとんど、あるいはまったくされていない国や属領。
参考資料：エコノミスト・インテリジェンス・ユニット"Democracy Index 2013"

民主主義を広めているのだろうか？

の拷問や虐待、拷問にかかわる死、政敵の起訴、また、言論、結社、集会の自由に対する制限の強化などに関与してきたという[51]。

米軍基地は比較的少ないものの、アラブ・イスラエル紛争を巡って軍事的にも政治的にも広範な結びつきがあるエジプトの場合、二〇一三年の軍事クーデター後、治安部隊によって一三〇〇人以上が殺され、三五〇〇人以上のムスリム同胞団のメンバーが逮捕されたにもかかわらず、アメリカ当局はある種の軍事的・経済的支援を凍結するのに数か月もかかっている。ヒューマン・ライツ・ウォッチによると、こうした措置は取られたものの、「行われていた虐待に対する非難の言葉はほとんどなかった」[52]。タイでも同様で、一九三二年以降、一二回のクーデターを起こしたタイ軍と、アメリカは深い関係を保ってきた[53]。

ジョンズ・ホプキンス大学の政治学者ケント・コールダーの行った調査が、この「独裁制仮説」を裏付けている。一貫して「アメリカは基地施設のある国々の独裁者［そして、その他の非民主的政権］を支援する傾向にある[54]」というのだ。ホンジュラス、バーレーン、エジプト、タイもけっして例外ではない。同時に、この調査からは、国内での政治存続基盤の維持や拡大のために、独裁的支配者が米軍基地の存在を利用してきたこともわかる。フィリピンのフェルディナンド・マルコス、韓国の独裁者イ・スンマン（李承晩）、キルギスタンのアスカル・アカエフのように、基地を利用してアメリカから経済援助を引き出し、それを政治的協力者たちと分け合って国内の支持を強めた支配者もいる。また、国際的な評判や正当性を強め、国内の政敵への暴力行為を正当化するために、米軍基地に依存する支配者もいた。韓国政府がおよそ二四〇人の民主化運動者を殺害した一九八〇年の光州虐殺ののち、絶対的独裁者チョン・ドゥファン（全斗煥）は米軍基地と部隊の存在にはっきりと言及し、自らの行動がアメリカの支持を受けていると言っている。[55]

アメリカがチョン・ドゥファンの行動を本当に支持していたのかどうかは、いまだに議論の続く問題である。しかし、米軍基地を抱える国々で、アメリカ当局はたびたび圧制的な政権に対する非難を控えたり、民主化や非植民地化、人権の促進をないがしろにしたりといった行動をとってきた。国内での弾圧や植民地支配を続けていたスペインの独裁者フランシスコ・フランコの例では、一九六九から七〇年の連邦議会上院の調査によって、毎年恒例のアメリカとスペイン合同の軍事演習が反フランコの暴動に対する備えであり、フランコ政権の存続を目的としていたことが明らかにされている。基地専門家のアレクサンダー・クーリーの言葉を借りれば、「米軍基地の存在は、受け入れ国の国家主権を弱め、一方で支配者個人には大きな政治的利益を与えた」のだ。[56]

こうして、アメリカが暴力行為と弾圧を支持するパターンができあがった。当然のことながら、これも自己強化型のサイクルに陥る可能性がある。つまり、ソト・カノでの反対運動が示すように、抑圧的な政権を支持することによって、アメリカへの恨みや敵意が生まれる――その結果、こうした国々が民主的統治に移った場合、米軍基地の立ち退きへとつながる可能性が一層高くなる。[57]それを知っているアメリカは、なおのこと民主化への移行を妨げようとするのである。

ブローバック

抑圧的で非民主的な国々における米軍基地の存在は「アメリカの利益」（これは一般に企業経済の利益である）を支えるために必要だと擁護する人もいるが、独裁者や専制君主を支援すれば、受け入れ国だけでなく、アメリカやアメリカ国民に害が及ぶことも多い。アメリカは中米の内戦期に圧制的な政権を支持してきたが、その結果被ったCIAの言う「ブローバック」のわかりやすい例がホンジュラスである。[58] かつてCIAのアナリストだったチャルマーズ・ジョンソンが世に広めた言葉「ブローバック」は、秘密工作の予期せぬ結果を指す。危機を招いた作戦が秘密であるがために、一般の人々はその原因が何であるのか理解できない。簡単に言えば、アメリカは密かに自ら蒔いた種を刈り取っているのである。[59]

一九八〇年代、アメリカ政府は麻薬取引に関与する残忍なコントラやホンジュラス、グアテマラ、エルサルバドルの圧制的な政権を陰に陽に支援し、中米の汚い戦争を煽った。これらの戦争によって何十万もの人々が殺傷され、社会的関係がずたずたに壊された結果、貧困と危険、麻薬密売が蔓延し、かなりの人々がアメリカなどへの移住を強いられた。

こうした難民たちのほとんどが、ロサンゼルスのような都市の貧しい地域で暮らすようになり、やがて多くの貧しい少年や若者（そして、それほどではないにせよ少女と若い女性も）は、アメリカで生まれ育ったギャングたちの仲間に加わった。ギャングになった難民たちは、アメリカの近隣を恐怖に陥れただけでなく、逮捕されて強制送還されると、母国でアメリカを拠点とするギャングの新しい支部をつくった。[60] こうしたギャングたちが中心となって中米の麻薬取引は――コントラの後押しを受けて――ますます増加し、麻薬密輸業者たちは貧困と政治的不安定を利用して、この地域に南米の生産者と北米の消費地をつなぐ新しい中継拠点をつくりあげた。[61] アメリカの麻薬戦争は結局、輸送ルートが変わっただけで、暴力行為は増加の一途をたどり、消費についてはほとんど何の効果もなかった。一か所で密売を締めつけると「風船効果」が生じ、カリブ海からホンジュラスや中米のそのほかの地域への取引が増える結果となった。今日ではコロンビアとベネズエラからアメリカへと運ばれるコカインの九〇パーセントが中米を経由し、その三分の一以上がホンジュラス経由だと推定されている。[62]

麻薬取引にかかわる暴力とギャングの急増とは密接にかかわってきた。西半球で二番目に貧しい国での厳しい生活と相まって、ホンジュラスの殺人発生率が世界で最も高い（続いてエルサルバドル、ベリーズ、グアテマラが上位五か国に入っている）のもうなずける。[63] このように悪化した絶望的な状況のなか、アメリカの国境に中米からの移住者が大勢押し寄せてくるのも、同じように驚くにはあたらない。一九八〇年代にアメリカの国境にたどり着いた移住者たちと同様、こうした新しい移住者の波は、アメリカが何十年も基地や軍事援助という形で圧制的な政府を支援してきたことから生じた、第二、第三のブローバックでもある。

ホンジュラスや中米における問題のすべてがアメリカの責任というわけではない。しかし、今日のホンジュラスの暴力と政治的不安定は、一九八〇年代の「米軍艦ホンジュラス」の時期を含めて、ほぼ二世紀にわたって続いたアメリカの支配から生まれた暴力と不安定の直接的な結果と言えよう。

冷戦の末期、アメリカは中米で機会を逸した。アメリカはホンジュラスの暴力的で圧制的な政権を支持し、この国を利用してエルサルバドルとグアテマラのもっと残忍な政権を支持したが、平和が訪れた時点で、ホンジュラスと中南米のほかの国々から基地と米兵を完全に撤退させるべきだったのだ。ほか外から安全を脅かすものも国家間の紛争の恐れもほとんどない地域で、基地や部隊は必要ない。ほかの国々の場合と同じように、人道や訓練、麻薬対策にかかわる作戦行動はいずれも、アメリカ国内の基地から実行できたはずだ。

今日でも同じことが言える。ソト・カノの基地を存続させる理由は断じてない。この基地が存在する限り、そしてソト・カノやホンジュラスのほかの場所において米軍のかかわりが深まれば、アメリカは二〇〇九年のクーデターを起こした軍、殺人や深刻な人権侵害にかかわった軍や警察部隊にますます加担することになる。現在の疑問はただひとつ。今日、ますます深まる米軍とホンジュラスとのかかわりは、将来どんな流血やブローバックを引き起こすのだろうか。

第六章　マフィアとの癒着

「まるでアウトレット・モール みたい！」静かな田舎道を上り詰めたとき、友人のソニアが驚いて口走った。南イタリアの田舎をドライブしているうちに道に迷ってしまった私たちは、ようやく「ヤンキー・シティ」――ナポリの北にある小さな町、グリチニャーノ・ディ・アヴェルサのはずれに広がる米軍基地――を目にすることができた。[1]

基地とその周辺の景色は驚くほど対照的だった。モモやアプリコット、ブドウ畑の真ん中に、有刺鉄線が埋め込まれた塀、監視カメラ、動作感知機に囲まれた基地がある。その内部には、整備された道路網、きれいに刈り込まれ、たっぷりと水がまかれた広大な芝生、木陰になったピクニック場やバーベキュー用のオーブン、子供の遊び場、スケート場、プール、整然としたアパート群、そして車が何列にも連なる駐車場がある。このゲーテッドコミュニティで雑然としているのは、中身が地面にまであふれたごみ箱だけだ。

収集されていないごみを見て、自分がカンパーニア州にいることを思い出した。ナポリのマフィア、カモッラが支配する、肥沃な農地の広がる貧しい地域である。カモッラはシチリア島のコーザ・ノス

ニューヨークとナポリのマフィアを率いた悪名高きチャールズ・「ラッキー」・ルチアーノ、1931 年の顔写真。ニューヨーク市警察

トラほど有名ではないものの、イタリアで最も古い犯罪組織で、その歴史は少なくとも一八世紀後半か一九世紀初めにまでさかのぼる。[iii] カモッラは陽の当たらない場所で力を伸ばし、おびただしい流血と汚職にかかわり、地域を荒廃させてきた。基地に向かって車を走らせながら、有名なカモッラの暴露本『死都ゴモラ――世界の裏側を支配する暗黒帝国』（二〇〇八年、河出書房新社刊）を出版して以来、身を隠しているイタリア人調査ジャーナリスト、ロベルト・サビアーノの言葉を思い出した。「ここ一〇年のカンパーニア州ほど強大な犯罪組織がひとつの地域経済にはびこった例はない」とサビアーノは書いている。[2] カモッラはこの四〇年間で三六〇〇人以上の死――イタリアのほかの大きな犯罪組織（シチリア島のコサ・ノストラ、カラブリア州のンドランゲタ、そしてプーリア州のサクラ・コロナ・ウニータ）をはるかにしのぐ――にかかわってきた。[3] イタリアで、これほど多くの都市でマフィアが浸透している地域はほかにない。一九九一から二〇〇六年の間に、犯罪組織に取り込まれた地方自治体に解散を命じたイタリアの判決一七〇例のうち、カモッラがかかわったものだけで七五――全体の半分近く――あった。[4]

カモッラのシステム（マフィアのメンバーは普通この組織をイル・システマと呼ぶ）と一族は、カンパーニア州の社会・政治・経済のほぼ全域に浸透してきた。米軍も例外ではない。グリチニャーノ

iii　一説によると、カモッラは一八二五年、皮肉にも軍事基地――ナポリのカステル・ヌーヴォ――に監禁された人々から始まったとされる。

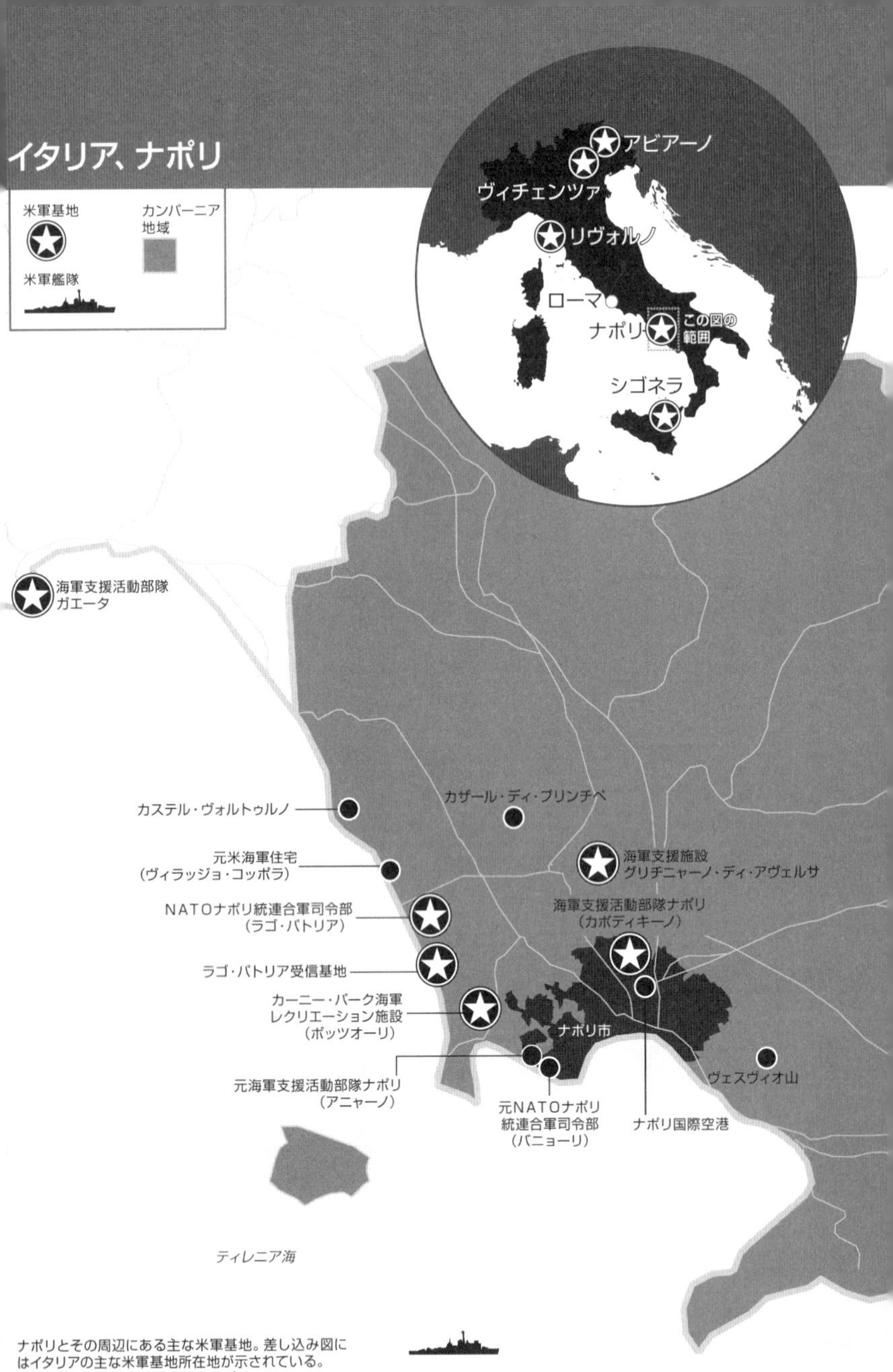

ナポリとその周辺にある主な米軍基地。差し込み図にはイタリアの主な米軍基地所在地が示されている。
主要資料：米海軍支援活動部隊ナポリ

の兄弟基地にあたる、ナポリ国際空港の米海軍施設からでこぼこ道を少し行くと、一族が牛耳るヨーロッパ最大級の屋外麻薬市場がある。[5] サビアーノは、カモッラについて米兵向け雑誌から次のような言葉を引用している。「セルジオ・レオーネ監督の映画のなかにいると想像してみてほしい。まさに開拓時代の西部だ。誰かの一声で銃撃戦が起こり、そこには暗黙の、それでいて決して動かすことのできないルールがある。心配することはない……とは言うものの、必要のない限り軍事施設を出ないこと」[6]

ナポリ在住のアメリカ人関係者との型どおりのインタビューを終えると、私はまず、このマフィアの中心地に大規模なアメリカの施設と一万人ほどの兵士、民間人、家族がいるというのはどういうことなのか聞くことにした。私が音声録音機のスイッチを切ると、相手は（言うまでもなく、名前を出さないでほしいと頼まれた）、海軍は好ましくない人たちと「抜き差しならない関係」に陥っていると語った。第二次世界大戦中に連合軍がナポリに上陸して以来、この関係はずっと続いているという。海軍はかつてのファシストの代わりに、実行力のある人々と手を組んだ。カモッラである。

でこぼこの都市

サビアーノの言葉通り、ナポリの評判は概して悪い。ここを訪れる前には、気をつけるようにと忠告を受けた。ローマに住む友人たち――そのうちひとりはナポリで育っている――からは、通りを歩くときには、かばんや持ち物を狙うふたり乗りバイクのプロのひったくりに気をつけるようにと注意された。挙句には、治安の悪い場所に近いという理由から、友人たちはナポリで一番有名なピザ店ダ・ミケーレには行かない方がいいとまで忠告しようとした。

ピザや犯罪、貧困に加えて、ごみもナポリの代名詞になっている。二〇〇七年と二〇〇八年には、数週間にわたってごみが回収されないことがあった。ごみが道端に積み上がって市道を塞ぎ、地域の集積所の周辺にはごみの山がいくつもできた。カンパーニア州中の処分場には、六〇〇万メートルトンのごみがいまだ散乱したままである。[7]

フィレンツェやヴェネチアのような観光地や、ローマの壮麗さと見紛うことはないが、ナポリの魅力はまさにでこぼこ道にある。スクーターや車、歩行者はそれをうまくかわしながら市道を進む。大通りや細い石畳の路地を飛び回るベスパ［イタリアのオートバイ・メーカー、ピアッジオが生産するスクーター］やアジア製のバイクが車の間をすり抜け、すんでのところで巧みに針路を変えて通行人をよける。ロードランナー・クラクション［アニメのキャラクター、ロードランナーの鳥のような鳴き声をイメージしたクラクション］の甲高い音が絶え間なく響き渡る。路上や歩道には、車がありとあらゆる角度で停められ、二重駐車も当たり前だ。道を行く歩行者を守るのは、勇気と、運転手が止まってくれるという信頼だけである（たいていはそうなるのだが）。

ローマとミラノに次いで、イタリアで三番目に大きな都市ナポリは、紀元前六〇〇年ごろに「ネアポリス」、すなわち新しい都市として、ギリシャ人によって建設された。ヨーロッパのルネサンス期やスペインの支配下にあった時代、イタリア南部は北部に比べてはるかに豊かで、芸術と文化の中心地として栄えたナポリに、規模で張り合えるのはロンドンとパリぐらいだった。現在でも旧市街の大部分が手つかずのまま残る。街には、何世紀もの落書きに彩られたアーチ付きの通路、くすんだピンクやベージュのアパート、洗濯物や鉢植えの植物であふれかえったバルコニー、小さな商店や混雑した露天商のテーブルがひしめき合っている。その下にはギリシャ・ローマ時代のカタコンベや洞窟、水路、死者を祀った寺院のある地下都市が広がる。

地上には、濃厚なナポリ風エスプレッソ、甘いクリームの入った伝統菓子スフォリアテッラ、食べ歩き用の包み焼きピザの香りが、深刻な汚染や港の臭気とせめぎ合っている。旧市街とその周辺地域の外には、ありふれたビジネス街を中心に、過酷な環境の居住地区が広がる。そこに暮らす多様な住民を結びつけているのは、おそらく何よりも地元のサッカーチーム、ＳＳＣナポリへの熱狂的な愛――そして、カモッラの支配力――だろう。

軍とマフィア

ＨＢＯのテレビシリーズ『ボードウォーク・エンパイア 欲望の街』にも描かれているギャングのひとり、チャールズ・「ラッキー」・ルチアーノは、アメリカのマフィアを変えたことで知られる。しかし、アメリカ人にはあまり知られていないのが、シチリア島生まれのルチアーノがナポリとそこに駐屯する米軍の歴史において果たした役割である。

ニューヨーク市のマフィアで最も悪名高いギャングのひとり、ルチアーノは――密接な関係のあったマイヤー・ランスキーとベンジャミン・〝バグジー〟・シーゲルとともに――アメリカのギャングを、会社のように組織し、麻薬や売春などのさまざまな不正な商売を意のままにできる、強力で裕福な国家的犯罪シンジケートにつくりあげた。[8] ルチアーノは最終的に投獄されるが、第二次世界大戦中、海軍将校に協力して、枢軸国のスパイやサボタージュ（妨害工作）員からニューヨーク港を守ったことによって、早期に釈放された。[9] ルチアーノは波止場を取り仕切る組合と密接な結びつきがあったため、監房から仲間のマフィアに戦時の軍事作戦を支援するように指示し、ランスキーを介して仲間を海軍情報部員に紹介した。[10][iv]

海軍は長い間、押し隠そうとしてきたが、ルチアーノは連合国軍のシチリア島攻略の準備にも手を貸している。マフィアが正確にどれくらいの協力をしたのかについては意見が分かれるが、少なくともルチアーノたちはこの島についての情報や上陸に協力してくれる地元の人脈を提供し、連合国軍が島を攻略したあとも社会秩序を維持すると請け合った。[11] これが軍とギャングとの関係の始まりだった。こうした戦時中の協力に対してルチアーノが得た報酬は、ニューヨーク州知事のトーマス・デューイが書いた寛大な処置を求める一九四六年の手紙と、ニューヨークからイタリアへの即時国外退去だった。

シチリア島に上陸した連合軍は、ギャングとのつながりを深めた。連合国軍の指導者たちは、ムッソリーニが厳しい取り締まりの標的としていた地元マフィアのボスと手を組んだ。連合国軍によって

iv　のちに、ルチアーノは、そもそも軍がサボタージュを懸念するきっかけとなるニューヨーク港の放火事件を起こしたのは、自分だったと主張した。それが本当なら、それは「典型的なマフィアのやり方」だとサルヴァトーレ・ルーポは言っている。「脅しと保護の出どころが同じなのだ！」

マフィアが町長に任命された例もあった。そのひとり、カロジェロ・ヴィッツィーニは、三九件の殺人、六件の殺人未遂、七三件の強盗と窃盗、そして六三件の恐喝で告発されている（が、裁判にかけられてはいない）[12]。マフィアの専門家によると、連合軍の軍事政府はあっという間にマフィアに蝕まれていった[13]。マフィアのボスたちは連合国軍と地元とのパイプ役となり、通訳をつとめるなど重要な役割を担った。マフィアが反ファシストだと宣言さえすれば、連合国軍は「きわめて効果的に社会の秩序を保ってくれるパートナーを信頼した」と、歴史学者のトム・ビーハンは指摘する[14]。

連合国軍がナポリを占領すると、組織犯罪との関係は拡大した。元ニューヨーク州副知事で、連合軍の軍事政府を率いたチャールズ・ポレッティ大佐は、ナポリに到着すると、ヴィトー・ジェノヴェーゼを通訳兼相談役に任命した[15]。ジェノヴェーゼは殺人の嫌疑を逃れるためにイタリアへ逃亡していたが、その前はニューヨークでラッキー・ルチアーノの麻薬やギャンブル事業を取り仕切っていた。このマフィアのボスをポレッティがよく知っていたことは間違いない[16]。ジェノヴェーゼはすぐに拡大する地下組織の中心的存在となった。

ポレッティの軍事政府がジェノヴェーゼのつてを使い、カンパーニア州のいくつもの町の町長にカモッラのメンバーを任命したため、今日もこの州は依然としてカモッラの支配下にある。ジェノヴェーゼはナポリの半径五〇マイル以内を支配した[17]。また、ポレッティ大佐との関係を使い、ヴィッツィーニとともにナポリの波止場から油や砂糖などの物資を連合国軍のトラックでこっそり運び出し、売りさばいた。シチリア島とナポリでは、連合国軍の食料や生活必需品の略奪や横領が頻繁に起こるようになった[18]。住む家もなく飢えに苦しむ人々が何十万人もいた荒廃したナポリでは、港で荷卸しされた品物の六〇パーセントが消えた可能性もある。地元民の収入の六五パーセントは、闇市での売り上げだった。[19]

食料、衣類、タバコ、電化製品などの商品の完全な密輸システムは、戦後、イタリアのほかの地域ではあらかた消滅しているが、ナポリではそのまま残った。密輸システムが軌道にのると、軍の病院で不足しがちなペニシリンなどの医療用品も簡単に手に入るほどになっていた。[20] 米軍兵士までもが、治安の悪さで有名なクアルティエーリ・スパニョーリ界隈（もともとは一六世紀にスペインの軍隊の宿舎として建てられた）の売春宿に頻繁に通い、禁制品を買うようになった。[21] 一九四四年四月には、闇市場が「連合軍の軍事政府高官の庇護のもとに活動していることが、一般に知られるようになってきた」と、当時の情報部員ノーマン・ルイスが書いている。[22]

一九四四年八月、米国陸軍はジェノヴェーゼを逮捕し、ニューヨークに送還する事態になり、すっかり面目を失った。しかし、検察側の最重要証人が毒殺され、ジェノヴェーゼは釈放された。やがて、ジェノヴェーゼはニューヨークを拠点とするラッキー・ルチアーノの犯罪組織のリーダーとなった――組織にはすぐにジェノヴェーゼの名がつけられている。[23] 一方、ナポリではジェノヴェーゼの逮捕によってできた空白を、デューイ知事の恩赦のあと、イタリアに戻ったばかりのルチアーノが埋める形になった。[24] 結局のところ、ボスが入れ替わっただけだったのだ。

米軍と連合国軍は戦後一時的に減ったものの、イタリアに駐留する米軍はすぐに増加の一途をたどった。アメリカの強い支援を受けた右派のキリスト教民主党が、一九四八年の選挙で支持の高かっ

イタリアにおける米軍やNATOの基地建設や、イタリアのNATOへの参加を積極的に推進した。一九五四年、キリスト教民主党は、イタリアとアメリカの間で「二国間インフラ協定」を結び、駐留米軍の増加のための基盤を築いた（この合意条件については今日に至るまで極秘扱いである。元国防省員によると、極秘とは協定がイタリア憲法に抵触していることを意味するのだという）[25]。同じころ、勢力を伸ばしつつある共産党と社会党への懸念から、CIAはシチリア島のマフィアも支援している。「反共産主義だからという理由で、CIAは」マフィアを「イタリア支配のための道具として利用したのだ」と、元CIA高官の批評家ビクター・マーケイティーは書いている[26]。

ガエタ、イスキア、ラゴ・パトリア、ヴァルカトゥロ、マリナロ、モンドラゴーネ、モンテヴェルジーネ、ニシダ、そしてカーニー・パーク[27]――森のなかの少し現実離れしたスポーツセンター付き遊園地。かつては地下世界への入り口と信じられていた[28]、アベルノ湖近くの死火山のクレーターのなかにある――など、ナポリ周辺で、米軍基地が次々と建設された。海軍は施設の多くをナポリのアニャーノと呼ばれる地域に集中させている。また、アヴィアノからシチリア島に至る地域にも、基地が建設または占領されたほか、ピサからそう遠くないトスカーナの海岸にも大きな基地とレクリエーション施設がつくられている。国防総省によると、現在イタリア全体で五〇の基地があり、一万二〇〇〇人の米兵と、何千人もの民間人や家族が暮らしている。アメリカを除けば、イタリアは、ドイツ、日本、韓国に次いで米軍基地が多い。

米軍、そしてシチリア島とアメリカのマフィアとの関係を後ろ盾に、カモッラはシチリア島のコサ・ノストラの経済力や影響力をもしのぐようになった。闇市場や小さなゆすり、恐喝だけでなく、カモッラは国際的なビジネスを手掛ける犯罪組織にまで拡大した。[29] 規模においても範囲においても、最も拡大したのが一九七〇年代で、カモッラ一族は建設やコンクリート、公共事業の契約、廃棄物処理、そして特に国際麻薬取引で、大きな儲けのチャンスを得た。こうしてカモッラは推定年間総収益一六〇億ドル、従業員二万人の国際的な一大経済組織となり、ヨーロッパ、南米、アメリカ中に関連グループをもつようになる。[30]

連合国軍とカモッラとの関係を最初に取り持ったラッキー・ルチアーノは、こうした絶頂期を見届けることはなかった。表向きには、一九六二年に心臓発作でこの世を去ったとされるが、本当は毒殺だったと言う人もいる。そのときルチアーノが座っていたナポリ国際空港から数百ヤードのところに、やがて海軍の基地がつくられることになる。[31]

松林のなかのがれき

ソニアと一緒にグリチニャーノ基地を見たあと、私は何千という海軍兵士とその家族がかつて住んでいた場所を訪れた。ナポリの北の地中海沿岸の、青々とした松林と明るく真っ青な海に挟まれた場所に、ヴィラッジョ・コッポラ――コッポラ村――の跡がある。

そこに着いたとたん、メル・ギブソン主演の黙示録的な映画『マッド・マックス』のワンシーンに入り込んだような錯覚に陥った。ぼろぼろの高層ビルの間に、もう誰も住まなくなって朽ちかけた四階建てのアパート群が入り混じっている。ヴィラッジョから水際までの道は、途中で舗装が途切れてわだちと砂利だらけになり、捨てられたごみが山のように積み上がっている。私はごみの山の近くに車を停め、丈の高い草がまばらに生え、ごみや錆びた車の残骸がところどころに散らばった海岸まで歩いて行った。

ヴィラッジョ・コッポラの一部は数年前に取り壊され、残っているアパートのいくつかは壁と屋根がなかった。窓やシャッターもほとんどなくなっていて、腐食したコンクリートから、ところどころねじれた鉄筋が突き出ている。驚いたことに、残っている数少ないバルコニーで洗濯物が風にたなびいているのが見えた。これらのアパートは、表向きは空き家になっているのだが、カモッラの組員を知っていれば、どこかに寝場所が見つかるらしい。

「虐待の都市[32]」と呼ばれたヴィラッジョは、一九六〇年代に、主に米兵の居住地としてコッポラ家によって建設された。この一族はカモッラの本拠地、カザール・ディ・プリンチペの出身で、クリストフォロとヴィンセンツォの兄弟が最も有名だ。「カザール・ディ・プリンチペと比べると」、コルレオーネ——映画『ゴッドファーザー』で有名になったシチリアの町——は「まるでディズニーランドだ[33]」とサビアーノは述べている。

コッポラ一族が建設したヴィラッジョについて、サビアーノはイタリアではまれに見る独特な存在だと言っている。「彼らは許可を求めたりしない。必要ないからだ。この辺りでは、建設に絡む入札や認可のせいでコストがかさみやすい。多くの役人の手に賄賂を握らせなければならないからだ。そこで、コッポラ一族は直接セメント工場と話をつけた。地中海で最も美しい海辺の松林は、何トンもの鉄筋コンクリートに変わってしまった」[34]。建築資材はカモッラが提供した。このプロジェクトのおかげでコッポラ一族はカンパーニア州で「最も豊かで最も力のある」建設グループになったのだ[35]。

協力的な政治家の助けを得たコッポラ一族は、ヴィラッジョの半分以上を公有地に違法に建築し、残りは何らかの違法な手段で手に入れた私有地に建てた。訴訟が起こったが、コッポラ一族は名目上の罰金を払ってうまく切り抜けた。罰金を算定したのは、ヴィラッジョの高層ビルに部屋をもつ裁判官だったのである[36]。この住宅開発は、カモッラと地元の政治家、そしてコッポラ一族のような地元企業との深い関係を示す完璧な図式であり、公共事業と違法建築から莫大な利益を得るという共通の目的が、すべてを結びつけていた[37]。

そして、ここは何千という米兵とその家族が数十年にわたって暮らした場所なのだ。一九九〇年代になってようやく、「建物の状態が悪く、犯罪が多いことを理由に」ナポリの司令官であるマイケル・ボーダが退去命令を出した[38]。クリストフォロ・コッポラと残忍なカザレシー一族の一員はこれにはまったく動じずに、共同で事業を起こし、まさにヴィラッジョが破壊した、この海岸の環境・経済の再生計画を入札した。占有から四〇年と経たないうちに、ヴィラッジョのタワーのいくつかが取り壊されたが、その解体工事を行ったのはヴィンチェンツォ・コッポラだった[39]。コッポラ一族にとって、それは儲けから儲けが生まれ、さらにそこから儲けが生まれるようなものだった——カモッラとの結びつきからの少なからぬ恩恵によって。

ヤンキーの町

ヴィラッジョ・コッポラなどの住居を建て替えるため、米海軍は議会を説得し、ナポリ周辺に新しい住宅を開発し、海軍基地を建設することにした。開発業者を探していた海軍は、いったい誰に頼ったのだろうか？　コッポラ一族である。あるいは、ヴィンチェンツォと決裂したあとにミラベラ建設会社を支配した、クリストフォロとその四人の子供たちだ。

一九八二年にアニャーノで一連の地震が起きて以来、海軍は新しい基地をつくる計画に取り組んできた。最初の計画「プロジェクト・プロンプト」――素早い計画――の進みは遅かった。一九八八年、アメリカ連邦議会は費用がかかりすぎることを理由にそれを却下した。その二年後、議会はナポリ空港に作戦基地、そしてソニアと私がのちに訪れるグリチニャーノ・ディ・アヴェルサに、住宅、学校、ショッピング施設などがついた支援基地を建設するという二本立ての計画を認めた。

グリチニャーノの支援基地建設のために、議会と海軍は「リース建設」と呼ばれる方法を使うことに決めた。これは議会が決めた政府歳出予算で土地を購入し、建設費用を支払う代わりに、開発業者を募って仕様通りに支援基地を建ててもらうというもので、その代わりに海軍はその基地を開発業者から三〇年間貸借する約束をした。三〇年後、施設は開発業者に返還され、海軍やそれ以外の誰にでも貸すことができる。この方法ではアメリカ政府が支払う初期費用はほとんどゼロになる――開発業者は建設費と土地取得にかかる費用をすべて負担する代わりに、将来の賃貸料が保証される。一方、議会は三〇年以上、賃貸料を支払わなければならない。

一九九三年、海軍は支援基地建設にかかわる四つの契約のひとつを、クリストフォロ・コッポラのミラベラ社に発注した。その経緯についてはいまだよくわかっていない。国防総省の関係者からミラベラ社の会長であるクリストフォロの息子、フランチェスコに送られた手紙からは、ミラベラ社の「友人たち」である有力な下院議員のロン・デラムズとトム・フォグリエッタがこの受注の口利きをした可能性がうかがえる。[40] 政界にコネのあるワシントンの料理店主に、この取引の見返りとしてコッポラが軍への口利きをしたと言う人もいる（この料理店主は不正行為で起訴されたが無罪となった）。[41]

グリチニャーノの建設が始まったあと、「きわめて貴重」で「新しいポンペイ」かもしれないと言われる青銅器時代の考古学的遺跡が発見され、少しの間、工事が遅れた。[42]「アメリカ人は……慌てていた」と、あるジャーナリストは説明する。クリストフォロはできるだけ費用を抑え、何百万ドルもの違約金を支払わずに済むように、戦車のように建設を進めたという。[43] できるだけ速く建設を進めるために「ミラベラは海軍の日程表がなければできなかったような戦略をつくりあげた」と、建設を監督していた海軍関係者は話している。[44]

考古学的発見もコッポラを止めることはできなかったが、ナポリの検察官は違った。一九九九年、検察はグリチニャーノにおける犯罪と汚職の数々の疑惑について捜査した。疑惑の出どころには、建設契約の受注で兄に負けたヴィンチェンツォ・コッポラも含まれていた。ヴィンチェンツォはクリストフォロが違法に契約を獲得し、海軍が入札中に規定を変えたと主張した。世界中の米軍ニュースをカバーする『星条旗 *Stars and Stripes*』紙によれば、カモッラの元ボスは「実際に組織犯罪がグリチニャーノの町の政策に影響を与えたことを匂わせた」という。[45] また、元町会議員はこの土地がかなりの安値で農民たちから取り上げられたと言っている。[46]

一方で、カモッラのメンバーとして知られる六人——このうちふたりが殺人を自白している——は、基地建設の受注に失敗して以来、ミラベラ社の下請業者から金をゆすり取るようになったと言っている（当時、ミラベラや、別の税金詐欺の有罪判決を受けて、三か月の自宅監禁を終えようとしていたクリストフォロに直接かかわった人はいなかった）[47]。別の証人によれば、カモッラは下請業者から三パーセントの支払いか、月に約一万ドルを要求したという。『星条旗』紙はこの証人が「複数の殺人を認め、そのうち何件かはこの建設に関係していることをほのめかしたと報じている。カモッラ側の別の証人は、自分が金の取り立て人を殺害したと証言している[48]。

海軍はこの建設にかかわった当事者の合法性については保証しないと言い、さらにミラベラはイタリア政府のマフィア検査をクリアしていると付け加えた。「われわれはイタリア政府に代わって、これらの当事者がいかがわしくないと確認するためにここにいるわけではない」と、海軍の建設監督者は主張した[49]。最終的に検察官はイタリア最高裁判所に上訴したが、すぐにこの件の担当から外された。新しい検察官は証拠不十分という理由でこの件を不起訴とした。

申し立てはそこで終わらなかった。一九九六年、元ナポリの司令官で、海軍をヴィラッジョ・コッポラから退去させ、のちに海軍の最高位に昇級したボーダ大将が、ワシントン海軍工廠で死亡した。海軍とメディアの発表によると、ボーダは義理の息子の38口径リボルバーで胸を撃って自殺したという[50]。海軍と政府関係者は、ベトナム戦争時代に得た勲章ふたつをつけていたこと（死の一年前から勲章はつけていなかったのだが）が不適切だとして、『ニューズウィーク』誌に追及されたことが自殺の原因だったと公式に発表した。自殺で胸に二発の銃弾を受けているのは普通では考えられないという報告もあったが、海軍は検視結果を公表しなかった。[51]ボーダの妻のプライバシー保護を理由に、タイプされた二通の遺書も公表されなかった。ボーダは、海軍の調査官がナポリの二一人の水兵をヘロインとコカインの密輸容疑で逮捕しようとしていることを死の数日前に知っていた。[52]イタリアのジャーナリスト、リカルド・スカルパは、アメリカの関係者の話として、ボーダの自殺はグリチニャーノにおける違法行為を知ったことに関係しているのではないかと報じている。[53]解明されていない疑問とケネディ大統領暗殺事件にも似た憶測が今日もまだ飛び交い、ナポリではボーダがカモッラに銃殺されたのではないかと考える人もいる。[54]

大家はカモッラ

ふたつの学位をもち、流ちょうな英語を話す二十代の垢ぬけたイタリア人女性、ガブリエラに誘われ、私はおしゃれなヴァンビテッリ広場にあるオープンカフェで、ナポリに駐留する海軍について話を聞くことにした。彼女はふたりの「海軍兵」と付き合ったことがあり、アメリカ人とのデートに「夢中」だと話した。これまでに何度か、ボーイフレンドとグリチニャーノ基地で過ごしたこともあるという。

「グリチニャーノ基地は、まさにカモッラが支配しているところなの」ガブリエラは言った。面白いことに、基地の外で暮らす海軍兵士のなかには、カモッラ一族から家を借りる方が安全だと感じている人もいるという。基地の外で住まいを探すとき、海軍の住宅斡旋課もいいアパートや家を紹介してくれるが、カモッラ組員はもっといい物件を知っているから、とガブリエラは説明した。

基地の外に住んでも安全だと感じるかと、ガブリエラは水兵たちに尋ねたという。それに対し、ひとりは「いや」と答えた。「でも大家はマフィア、つまりカモッラだから安心だ。おれたちに手を出させないだろうから……誰もおれの家に盗みに入ったり、車に傷をつけたりはしない。大家がマフィアだと知っているからね」

「なるほどね」ガブリエラは皮肉たっぷりに言った。「あなたが安全だって感じても……絶対に行かないようにするわ……だって、あたしはそうは思わないもの」

ガブリエラの経験はさほど珍しいことではない。二〇〇八年一〇月、イタリアの大手日刊紙『コリエーレ・デラ・セラ *Corriere della Sera*』が、ナポリの反マフィア職員による調査結果を掲載した。それによると、カモッラのマネーロンダリング用のダミー会社が所有する物件の多くを海軍が借りているという。たとえば、長年にわたって、海軍当局はグリチニャーノ基地から七マイルほど離れたサン・チプリアーノ・ダヴェルサにある、ヴィア・トッティ一〇番地の建物を借りていた。その要塞のような壁と監視カメラに囲まれた二階建てのビラは、一九八六年にカモッラのボス、アントニオ・イオヴィンの母親名義で購入されたが、調査官たちは犯罪がらみの金が使われたとにらんでいる。イオヴィンはイタリアで最も危険な犯罪者三〇人のひとりに挙げられ、米財務省が国際犯罪組織対策のための制裁リストに載せた、カモッラのリーダー五人のうちのひとりでもある。[55] つまり、海軍はアル・カポネ［禁酒法の時代にシカゴで力を振るったイタリア系アメリカ人のギャング］の母親から家を借りているようなものだ。

イオヴィンのほか、調査の結果、別のカモッラ組員が手に入れた約五〇のビラのうち少なくとも四〇を、アメリカの職員が借りていることがわかった。おそらく「このほかにまだ何百もある」だろうと警察は見ている。[56] 海軍――そしてアメリカの納税者――は、このカモッラ組員に毎月二〇〇〇ドルから八〇〇〇ドルも家賃を払っていることになる（ほかの大家にも、地元の平均の二倍か三倍の額の賃料が支払われている）。「カゼルタや、米軍基地の近くにある大きなビラの多くが、怪しげな持ち主のもので、犯罪活動で得た金で違法に建てられたものが多いことはよくわかっている」と、イタリアの上院議員でNATO軍との渉外担当のセルジオ・デ・グレゴリオは言っている。「こうしたビラは豪華で、プールや大きな庭があり、高い塀に囲まれている[57]」

「ばかげていると思わないか？」ナポリの反マフィア班を率いるフランコ・ロベルティは言った。「イタリアはNATOに貢献し、［NATOに属するアメリカ軍］はカモッラの懐を潤しているなんてね[58]」

二〇〇八年一一月、イタリア当局は海軍の住宅斡旋課を訪れ、関係者を驚かせた。イタリアの調査官が裁判所命令を見せ、アメリカの職員が借りている六つの住宅の記録の提示を求めた結果、それらの持ち主がカモッラ一族であることが判明した。調査官はさらに、海軍の住宅に関する全データの提示を要求した。海軍はこれ以上の辱めには耐えられないとばかりに拒否した。[59] 反マフィア班は、ギャングのボスと疑われる持ち主と知りながら住宅を借りていたとして、海軍を非難した。[60] イタリアのメディアによる最近の報道では、米海軍とほかのNATO軍が、いまだにカモッラとつながりのある人々から家を借りていることが明らかにされている。[61]

「状況を達観する」

米軍とカモッラとの関係は偶然でも例外でもない。実のところ、グリチニャーノの建設プロジェクトは、まさにカモッラのためにお膳立てされたようなものだった。

第一に、建設業界にこれだけ浸透しているカモッラであれば、カンパーニア州の建設に関心をもつ可能性は高い。その上、海軍の「リース建設」契約では、できるだけ建設コストを抑える必要があり、通常よりもずっと大きな負担が開発業者にかかる。この契約では、建設が完了して賃料の支払いが始まるまで、開発業者には金が入ってこない仕組みになっている。つまり、建設の途中で何度か経費が支払われる通常の契約と違って、しばらくの間、かなりの額の負債を抱えることになるのだ。特にナポリ周辺で、コスト——そして負債も——を対処可能な金額に抑えるためには、できるだけ安く（合法か非合法かは別にして）土地を獲得し、建設コストと労働コストをできるだけ減らす（合法か非合法かは別にして）ことが必要になる。

言い換えれば、カモッラが建設業界を牛耳っていることで有名な場所で、海軍の契約が、良くて手抜き工事、最悪の場合、違法行為を助長したのは明らかだった。本当であれば、おおよその労働力と資材の清算価格が明記され、契約の管理がしやすい「実費精算」契約の方が望ましかったはずだ。

同じようなことがヴィラッジョ・コッポラの元海軍住宅でも起こった。コッポラ一族は普通なら手数料や賄賂、工事の遅れなどで費用のかさむ許可を取らずに、土地を違法に（安く）手に入れた。挙句には欠陥だらけの建物をつくり、海軍はわずか築三〇年で出ていくことになった。アニャーノ基地の建設も同様で、海軍はほぼ同じリース建設の方法を使った結果、雨漏りする病院、気まぐれにしか動かないエアコン、防護遮蔽材が天井から落ちてしまったレントゲン装置など、「メンテナンスに重大な問題」のあるひどい施設ができあがることになった。[62]また、カモッラのザガリア一族もアメリカの反組織犯罪制裁の対象になっているが、ナポリの外のラゴ・パトリアにNATOのレーダー基地を建設している。[63]

シチリア島の米軍基地も、第二次世界大戦以降、マフィアと密接な関係にある。一九八〇年代には、今はもう閉鎖されているコーミゾ基地で、コサ・ノストラの支配する数社が基地建設契約のほとんどを独占し、下請け契約の多くをマフィアと関係のあるシチリアの会社が請け負った。また、臨時の建設作業員の多くは、シチリア島の西部にあるマフィアの支配する会社から調達された。人類学者のローラ・シミッチの説明によると、「基地建設は事実上イタリアの法律の管轄下にはない」ことを地元の人々はすぐに理解したという。[64]

一九九〇年代には、シチリア島のシゴネラ海軍基地における清掃や用地管理、メンテナンスを担当する主な請負業者三社の、マフィアとの関係が明らかにされた。判決によると、この三社を支配する共同経営者カルメロ・ラマストラが、競合会社を脅して入札を降りさせた件にかかわっていた。アメリカの裁判所は、別の会社のオーナーが殺害された事件が、「おそらくこの入札に絡んでいる」ことを突き止めている。ラマストラの会社はいずれも管財人の管理下に置かれ、ラマストラ自身は「マフィア型の関係」や談合に関与したとして起訴された。それにもかかわらず、海軍は一九九九年に、「申し分のない実績と整合性、企業倫理がある」という理由をつけ、ラマストラの三社に大規模な基地メンテナンス契約を発注している。[65]

軍とマフィアとのつながりは、重大な見過ごしがあった結果というだけでなく、慎重に検討された決断だった可能性もある。『ニューヨーク・タイムズ』紙のフローラ・ルイスは当時「コーミゾへの核巡行ミサイルの配備が決まったのは、道路や住宅などの建設契約から得られる何億ドルものリベートを見返りに、マフィアに基地を守ってもらえるためだとも言われている」と書いている。さらに「アメリカ大使のマックス・ラーブが、一九八三年に建設中のコーミゾ基地を訪れた際には、汚職はアメリカ政府ではなくイタリア人の問題であり、いずれにしてもアメリカの金は低迷するシチリアの経済を刺激することになるのだから、状況を達観してほしいとの進言が側近からあった」とも書いている。[66]

シチリアやナポリでも同じで、海軍と組織犯罪との関係がたびたび取りざたされるのは、意外なことではなく、この国における米軍の駐留から予期されていたはずだ。世界中の例で見てきたように、軍は長い間、友好的で、政治・経済環境の安定した基地拠点を求めてきた。そして、軍関係者はこのような安定を実現するためにさまざまな手段を使ってきた。ホンジュラスやバーレーンでは、圧制的な政権に協力することで長期的な貸借権を確保した。ドイツのような場所では、兵士に家族の帯同を認め、外から隔絶されたリトル・アメリカを建設することによって、円滑で安定した関係をつくりあげた。また、ディエゴ・ガルシアなどの場所では、軍は単純に地元住民を排除した。

組織犯罪に支配されているナポリのように、貧しく社会から取り残された地域に基地をつくることになった背景も同じである。アメリカの関係者は、雇用と金を約束すれば、抗議や反対を受けずに長期的な駐留が可能になると考えてきた。これはナポリの例にもおおむね当てはまり、海軍は六〇年以上にわたって地域の政治経済に深く入り込んできた。また、地元の政治経済にさらに深く根を張るカモッラは、長年にわたってふたつの組織の結びつきをどんどん強めてきた。「アメリカやＮＡＴＯの基地の増加が、犯罪組織の政治的・経済的な力の拡大」につながってきたのだ、とイタリアの軍事アナリスト、アントニオ・マゼオは説明する。[67]

イタリア政府内にも、米軍の要望のほとんどに喜んで応じてくれる協力者がいた。また、組織犯罪とのつながりが露見するなど厄介な事態になれば、多くの場合、イタリア政府が責任を引き受けてくれた。そのため、多くのアメリカ人関係者が、カモッラやコサ・ノストラなどのマフィアと手を組むことを、ラーブ大使と同じように「達観して」きたのだろう。犯罪組織が巧みにコストを削減し、安定や保護を約束してくれ、お役所仕事や法律・政治上の障害を排除し、すぐに仕事を始めてくれるのであれば、アメリカの関係者はマフィアとのかかわりを示す証拠にも喜んで目をつぶってきたのだ。

死の三角地帯

グリチニャーノの支援基地からナポリへ戻る途中で、ソニアと私は車を停め、グリチニャーノ基地では手に入らないものを買い、あっという間に平らげた。できたてのバッファロー・モッツァレラチーズである。このカンパーニアの名産品は、それ自体も世界中でよく知られているが、本物のナポリ風ピザには欠かせない食材だ。甘く滑らかで柔らかいチーズは、アメリカの食料品店で売っている細切れのものや、ビニールで包装されたゴムのように固いもの、さらには牛乳から丁寧につくったおいしいモッツァレラチーズともまったく違う。

濃厚で甘いチーズの余韻を楽しみながら、ソニアと私はナポリへと車を走らせ、さらにモモ園やアプリコットの木立、ハイウェイの脇で悠々と草を食んでいる水牛のそばを通り過ぎた。また、野原でごみ火災が雲を巻き上げているのも、圧縮されビニールで包まれたごみの大きな塊がいくつも、カンパーニア州で建設が予定されているがまだ存在しない焼却場で燃やされるのを待っているのも目にした。カンパーニアの平原の地下には何が埋められ、何が隠されているのだろう。バッファローの群れはいったい何を食べているのだろう。そんな疑問が頭を離れなかった。

海軍関係者の住むグリチニャーノとその周辺は、カモッラが一九八〇年代以降ごみや有毒廃棄物の不法投棄を繰り広げてきた地域の中心にある。カモッラ組員にとってごみは金の山となり、年間二〇〇億ドルの利益を生む違法産業となった[68]。カモッラはイタリア北部やそのほかの地域の企業のために、不法にごみを埋めたり、地下に隠された排水路に危険な化学物質を垂れ流したり、ナポリ周辺の人目につかない場所で夜間に定期的に焼却したりといった方法で、製造廃棄物などの危険廃棄物を安く処分し、ごみ処理問題の多くを解決してきた。最近機密扱いを解かれた、一九九七年のカモッラのボスの証言によると、自分の一族だけでも北部から運んだ「何百万トン」もの有毒廃棄物や、ドイツから運んだトラック何台分もの核廃棄物をグリチニャーノ付近に埋めてきたという[69]。

一九八〇年代以降、調査報告書はカンパーニアにおけるがんの罹患率がイタリアの全国平均と比べて高いことを常に示してきた。大手科学雑誌『ランセット・オンコロジー』に寄稿している研究者たちは、グリチニャーノ付近の地域を「死の三角地帯」と名づけている[70]。地下水、大気、土壌から、高レベルの放射性物質、硝酸塩、糞便性大腸菌、ヒ素、そして溶剤を洗浄するのに使う化学物質が検出されているからだ。羊からは毒性の強い工業用化学物質ダイオキシンが検出されていて、そうした羊はごみの散らばった野原をよろよろと足を引きずって歩き、最後には骸骨のようにやせ衰えて死んでいく。[71] カンパーニアを訪れたあとで、私はこの地域の水牛に危険なレベルの発がん性物質が検出されていることを知った。

地元の状況に不安を募らせた海軍は、何百万ドルもの費用を投じて、ぜんそく、出生異常、がんの罹患率、そして水、大気、土壌の状況を調査している。グリチニャーノ基地では、現在、水道水の使用を禁止し、基地売店ではイタリア産の食品ひとつひとつにラベルまで貼られている。[72] そこで販売されている唯一のバッファロー・モッツアレラチーズは北部産である。

カモッラが北部のイタリア企業のために廃棄物処理問題を解決するやり方は、カモッラや関連会社が、面倒な手続きと出費を最低限に抑えて海軍施設の建設や維持をし、米軍のために安く効率よく基地建設問題を解決してきた方法に似ている。米軍とアメリカの納税者がこうした恐ろしい犯罪組織の資金面を支えているという状況は、控えめに言っても、道徳的に問題だ。カンパーニアの住民が「死の三角地帯」で直面しているごみが原因の健康リスクに、米兵も同じように直面している。しかし、それは米軍のカモッラとの近視眼的な関係に対する警告のひとつにすぎない。ときとして、自分が蒔いた種は、文字通り自分で刈り取ることになるのだ。

第七章　毒物による環境汚染

爆撃演習の破壊的影響について質問したとき、海軍の弁護士から返ってくる答えが「〝破壊〟という言葉の定義にもよりますが……」と始まれば、ろくな話が聞けないであろうことは見当がつくと思う。

それは二〇一一年、グアムから約一三〇マイル北に位置する北マリアナ諸島最大の島、サイパンに関して海軍が公開会議を開いていたときのことだった。この会議は、グアムと北マリアナ諸島周辺で予定されている軍事訓練と実験が環境に及ぼす影響を検討するプロセスの一環として開かれたものだ。住民にとって特に気がかりだったのは、ファラリョン・デ・メディニラ島（ＦＤＭ）が爆撃を受けることだった。北マリアナ諸島の無人島である面積二〇〇エーカーのこの島は、おびただしい種の渡り鳥の営巣地だ。一九七〇年代、北マリアナ諸島がアメリカによる国連信託統治から離脱して、（プエルトリコのように）合衆国自治領となる交渉を進めたとき、ＦＤＭ全島とテニアン島の三分の二を全面的に軍用地として提供するという条項が盛り込まれた。以来、軍は長年にわたり、ＦＤＭをプエルトリコのビエケス島と同じように、二〇〇〇ポンド爆弾、精密誘導兵器をはじめ、各種大型兵器、

プエルトリコ、ビエケス島で数十年にわたって行われた武器実験の一部による弾薬の残骸。米海軍誌『カレント』掲載

火砲、地雷、ミサイルの実弾射撃場として使ってきた。二〇〇二年、複数の環境保護団体が訴訟を起こし、爆撃をやめさせることに成功していたが、国防総省は環境法による規制の適用免除を受け、実験を再開できるようになっていた。[1]

サイパンに関する会議では、海軍太平洋艦隊付きの環境弁護士の背後で、海軍のビデオがエンドレスで再生されていた。「マリアナ諸島は数十年にわたり、軍にとって安全な訓練と実験の場となってくれました」という女性の声が流れるなか、珍しい鳥やクジラ、珊瑚礁、そしてマリアナ諸島のビーチの映像が次々に映し出され、その間に艦艇、潜水艦、戦闘機、兵士、武器の写真が挟まれる。制服の海軍兵がカメラに語りかける。「訓練できなければ、実戦に備えることができません」。ナレーターが続ける。「軍は島々の天然資源や自然遺産、文化遺産を守ることを約束します。そして、訓練や実験による環境負荷を最小限に抑えるよう手を尽くします」

国防総省と軍による環境保全の記録は、おおかたの軍内外関係者が褒めちぎる。多くの人が指摘するのは、大規模な基地や訓練場が自然や野生動物の保護区域となっているという点だ。確かに、数千万エーカーという土地への立ち入りが規制されることによって、人が入らない環境が守られ、都市、郊外住宅地、幹線道路、駐車場の拡大が食い止められているケースも（主にアメリカ本土には）ある。[2]

ジョージ・H・W・ブッシュ政権以来、国防総省は国内外で自身の「グリーン化」に取り組み、軍による環境破壊を抑えようとしている。一九八九年、当時の国防長官にして、のちの副大統領ディック・チェイニーは、基地の劣悪な環境状態に言及し、「国防と環境保全」の両立を率先して提唱することにより、国防総省を「連邦政府機関における環境コンプライアンスと保護の第一人者」にしようとした。[3] 一九九五年には、一〇年前の水準と比べて基地におけるエネルギー使用量が平均で一四パーセント減少し、燃料使用量も二〇パーセント減少したと国防総省が報告した。一九九八年、環境保護庁は、国防総省が殺虫剤使用量の五〇パーセント削減を達成したとして表彰し、その二年後には、軍による温室効果ガス排出量の「際立った削減」を功績として讃えている。一九九九年、軍は有毒化学物質の廃棄量を五年間で七七パーセント減少させたとした。ジョージ・W・ブッシュ政権下では、国防総省が有害廃棄物の処理量を一九九二年から六八パーセント減少させ、固形廃棄物の四一パーセントをリサイクルしたと報告している。[4]

こうした減少の背景には、一九九〇年代に軍が三分の一近く縮小されたという事情もあるとはいえ、[5] アメリカ政府のほかの組織と比べれば、国防総省は例外的な環境意識の高さを示している。たとえば、多くの民間企業に何年も先駆けて、すでに地球温暖化と気候の変化は国家安全保障にとって深刻な脅威であるとの認識を示している。軍は、基地から国防総省に至るまですべての施設について、太陽光発電をはじめとする代替エネルギー源に投資してきた。陸軍によると、イタリアの都市ヴィチェンツァの新米軍基地は、LEEDグリーンビルディング認証を受けた世界初の基地だという。[6] 各軍で地球デーのイベントを開催しているし、国防総省は連邦政府の他機関における環境管理の相談役となっている。キューバのグアンタナモ湾海軍基地には、クリーンエネルギーを生み出すための風力タービン三基が設置されているほどだ。

このように、米軍はその慣行改善において進歩を遂げてはいるが、多くの米軍基地によってもたらされている深刻な環境破壊、人や自然環境がさらされている重大なリスクを過小評価することはできない。当然ではあるが、基地の大半は兵器、火薬類など戦争につきものの危険物を大量に抱えこんでおり、そのほぼすべてに有毒化学物質その他の有害廃棄物となるものが含まれている。公害、汚染、その他の環境への害は、ほとんどすべての基地で確認されている。[7] どんな町でも、都市でも、多くの人間が集まれば、ある程度環境への害は生じるものだが、基地による環境への害は、不測の事態――たとえば毒物の漏出、兵器の偶発的爆発などの危険な事故――によるものにしろ、意図的な発砲やその他の訓練中の環境破壊によるものにしろ、比べものにならないほど大きい。核兵器を保有する基地はとりわけ危険だ。

最も環境負荷が小さい軍用施設であっても、その二酸化炭素排出量は、基地の居住人口・労働人口と比べると不釣り合いなほど多い。基地というものはしょせん、並外れて燃費の悪いトラック、戦車、航空機、艦艇の集積拠点なのだ。このどれもが、頻繁に実施される訓練や演習の都度、燃料、石油、潤滑油、その他の石油製品の大量供給を要する。戦時下活動でなら言うまでもない。また、基地内の何万という建物や構造物でも、冷暖房、熱源、電源として莫大なエネルギーを消費する。軍はむさぼるように大量の石油を消費するため、世界全体の米軍が一日に消費する石油量は、スウェーデンの消費量を上回る。[8] つまり、ひと握りの国を除けば、米軍はおそらく、地球上のあらゆる組織、企業あるいは国家が排出する以上の温室効果ガスを排出しているということだ。

環境破壊の拡大

アメリカの環境法が導入される以前の基地による環境破壊は、現在よりもさらにひどいものだった。国内外を問わず、基地は常に、アスベスト、鉛含有塗料その他の有害な毒性物質を河川や流水に廃棄していた。舗装されていない道路を油まみれにし、泥で汚した。[9] 核兵器、生物兵器、化学兵器に由来する有害廃棄物を海に捨てる基地もあった。陸軍の報道担当官が認めたところによると、陸軍はアメリカ一一州の沖合に「六四〇〇万ポンドの神経ガスやマスタードガスに加え、化学爆弾、地雷およびロケット砲弾四〇万発、さらに放射性廃棄物五〇〇トン以上を、船外投擲《とうてき》または船底に穴を開けた廃棄船への密閉により秘密裏に海に廃棄した」という。[10] 二〇〇〇年の軍の推定によると、アメリカ国内の基地だけでも毒性廃棄物処理場二万八五三八か所を保有し、ほぼ二七〇〇万エーカーの敷地が汚染されているという。推定浄化費用は五〇〇億ドル近くにのぼる。[11]

軍は、国外の毒性廃棄物処理場については数字を示していないが、国内と比べていくらかでもましと考えられる根拠はほとんどない。むしろ、国外での状況は、はるかに悪い可能性のほうが高い。要は、これまで見てきたように、軍指導者の多くにとって、在外基地の利点のひとつは、国内と比べて自由であるというのが本音なのだろう――そして、その自由の一部は環境法の規制を受けないという点にある。諸外国のなかには、たとえばドイツのように、厳格な環境保護法が制定され、米軍基地についても「地位協定」に基づいて高度の環境コンプライアンスが求められる国もある。だが、大半の受け入れ国では、現地の環境保護法や地位協定の拘束力は弱く、それどころか存在しない場合もある。そして多くの場合、軍はアメリカ法による基準を満たす必要がない[12]（国内の基地でも、国防総省に対するアメリカ環境法の適用除外を裁判所が認める場合、基地は同じく法の基準を満たす必要がない)。

環境法が存在する受け入れ国でも、それを基地に確実に順守させる手段をもたないことが多い。軍が受け入れ国に土地を返還するときも、環境損害の原状回復など行わないことが珍しくない。日本では、本来は厳格な環境法が存在するにもかかわらず、米軍には基地の環境破壊を原状回復させる義務がなく、ここ数年で日本に返還された軍用地の一部では広範囲にわたる汚染が発覚している。[13]軍は、受け入れ国側と締結された二国間協定に基づいて求められない限り、原状回復を拒否するのが常だ。[14]

アフガニスタンやイラクでは、軍が緊急時以外の使用を禁じているにもかかわらず、基地では常に野外焼却場が使用されている。アフガニスタン最大の米軍基地のひとつであるキャンプ・レザーネックでは、焼却炉四基の建設に一一五〇〇万ドルをかけたにもかかわらず、固形廃棄物が野外焼却場で焼却されていた事実が調査により突き止められた。[15]軍指導者は何年もの間、野外での廃棄物焼却に伴う重大なリスクなど一切ないと否定してきた。だが、二〇一一年にリークされた陸軍メモには、廃棄物焼却後の大気を吸うと「肺機能の低下または慢性気管支炎の悪化、慢性閉塞性肺疾患(COPD)、喘息、アテローム性動脈硬化症その他の心肺疾患」のような「長期にわたる健康被害」をこうむる恐れがあるとはっきり書かれている。アフガニスタンのバグラム空軍基地は、最大四万人の兵士と請負会社の従業員が駐屯する基地だが、米軍による占領中、ここに出入りした何十万もの人々が、廃棄物野外焼却の影響をこうむっている可能性がある。[16]

訓練場では、不発に終わった爆弾や弾丸が大きな問題だ。アフガニスタンのような地域では、訓練場の近隣に住む子供が不発弾によって障害を負ったり死亡したりしている。薬莢《やっきょう》が割れたり劣化したりすれば、そこからも土壌や地下水に毒物が漏れ出す。ある調査によると、不発弾が埋もれた米軍基地の敷地は世界で一万六〇〇〇か所にのぼると推定されるという。国防総省はこの数字の正確さに異議を唱えているものの、問題に対処するには一四〇億ドルか「その数倍」の費用がかかるだろうと認めている。[17]

貯蔵タンクやパイプラインのひび割れも危険だ。ひとつだけ例を挙げると、ディエゴ・ガルシア島では一九九四年から一九九八年までの間に四件の事故で合計一三〇万ガロン以上のジェット機燃料が漏れ、土壌と地下水が汚染された。[18] これがどれほど由々しい事態かというと、ニューメキシコ州アルバカーキのカークランド空軍基地では、一九五三年ごろから始まったジェット機燃料漏れが一九九九年にようやく空軍によって発見され、その間に推定二四〇〇万ガロン――エクソン・バルディーズ号原油流出事故で漏れた一一〇〇万ガロンの二倍以上――の燃料が漏れたことにより、現在、アルバカーキにおける水道水の供給は危機に瀕していると言えば、[19] おわかりいただけるだろうか。

また、基地の騒音が害になることもある。とりわけ、ジェット機やヘリコプターを保有する空軍基地や、訓練で戦車や大型砲を用いる基地は、騒音公害の弊害をもたらす傾向が大きい。ドイツのアンスバッハから、沖縄をはじめとする日本の各地に至るまで、騒音は地元のコミュニティとの著しい摩擦を引き起こす原因となっている。沖縄の嘉手納《かでな》空軍基地周辺に居住する二万二〇〇〇人以上の住民は現在、日本政府を相手取って第三次住民訴訟を起こし、航空機の爆音軽減を求めている。[20] ヘリコプターやジェット機のエンジン音を「単なる音」と切り捨てて、それに絶えずさらされていることの影響は見向きもされないことがあるが、騒音公害は、身体的にも精神的にも安らぎを奪う深刻な公衆衛生上の問題になりうることが、調査から明らかにされている。日本では、米軍基地のジェット機の騒音が、児童のストレス、学業成績の不振、健康への悪影響と関連付けられている。

基地は多くの場合、騒音を抑えて地域住民への影響を緩和する努力を払ってはいる。ドイツのラムシュタイン空軍基地では「航空機の騒音に関する電話相談サービス」というホットラインが常設されていて、二年に一回、基地の指揮官をまじえた騒音軽減委員会が開かれる。ドイツ政府は、地域家庭の防音対策のため窓の交換工事費用を補助しているし、軍は普段から夜間の飛行時間や低空飛行を制限し、農村地の上空飛行を避けている。だが、それでも苦情はやまない。住民のひとりが私にこう言った。「空港そのものが動いているだけで騒音がひどいんだから、当たり前じゃないか」

ゴミ捨てのような日常的な問題と思える事柄にも、在外基地による環境破壊の影響は見られる。問題は単純だ。在外米軍基地からはすさまじい量のゴミが出る。地元の民間人も当然、ゴミは出す。だが、たとえば平均的な沖縄住民が出すゴミの量が年間約二七〇キロであるのに対し、沖縄の平均的な米軍兵士は、年間六八〇キロほどのゴミを出す――三倍近い量だ。アフガニスタンのキャンプ・レザーネックで平均的な海兵隊員が出すゴミは一日三・六キロ、年間で一〇四〇キロになる。[21]戦時の兵士となれば、もう少し多くなる。交戦地帯の米軍兵が出すゴミは一日四キロから五・五キロだ。[22]

汚される土地

健康がリスクにさらされる基地近隣、あるいは深刻な環境破壊をもたらしたことが知られている基地近隣に住む人の気持ちは、身をもって体験してみない限り、理解するのは難しい。だが私の場合、ワシントンDCのアメリカン大学にある自分のオフィスのドアから出て、外を歩いてみるだけで済む。アメリカン大学のあるスプリングバレー(偶然だが、私は子供時代の一時期をこの辺りで過ごした)は、第一次世界大戦中に化学兵器を実験し、製造した基地の跡地に建っているからだ。

アメリカン大学試験場は、全盛期には世界で二番目に大きい化学兵器の製造施設だった。第一次世界大戦のマンハッタン計画と呼ぶ人もいたほどだ。そこでは、二〇〇〇人近くの化学者やエンジニア、技術者が、三塩化ヒ素、リシン、そして四九八種類のマスタードガスを含む何百もの化学物質の実験に取り組んでいた。[23] 試験場では、当時の戦争における最も破壊的な化学兵器が生み出された——マスタードガスの七倍も破壊的な兵器だ。その名はルイサイト、「死の露」である。一滴で人を殺すことができた。[24] 戦争が終わったあと、当時小さかったアメリカン大学は、基地の施設の一部を大学で使用するため残すことを条件に、大量の弾薬、武器資材、化学物質を地下に埋めることを陸軍に許可したのである。

数十年後、木々が豊かに生いしげるスプリングバレーで育った子供たちのなかに、ナンシーとロバート・ダドリー・ジュニアというきょうだいがいた。ふたりは、自宅の庭や近くの森で遊ぶのが好きだった。年中、母の菜園で採れるものを食べていたが、その菜園には、敷地を流れる小川の水が引かれていた。[25] だが、一九九三年、地元の建設作業員たちが、埋められた弾薬を偶然に掘りだすようになり、そのなかには化学物質が使われたり充塡されたりしているものもあると判明した。六年後、陸軍工兵隊は浄化完了を宣言したが、きょうだいがスプリングバレーを引っ越したのち、陸軍は、ふたりの自宅の庭だった土地に埋まっていた六インチの七五ミリ弾を発見した。それはマスタードガス弾だった。その後、この土地で、陸軍は六八〇もの化学兵器の残存物を発見する。なかには未使用の火薬類や、マスタードガスやヒ素が漏れている実弾もあった。家の敷地の一部からは文字通り煙が上がっていた。陸軍は、近隣の家からも同様のものを発見した。[26]

ふたりは子供のころ、自分たちもほかの四人のきょうだいも、深刻な皮膚トラブルに悩まされたことを憶えている。ロバートの場合は特にひどく、ひと晩中、横たわったまま皮膚を掻きむしって眠れないこともあったそうだ。「両腕をしばって眠らなければいけないこともあったんです。皮膚を掻きむしらないようにね」とロバートは思い返す。彼らはやがて、化学弾と両親の死には関係があったのではないかと思うようになる。母親は一九八四年に大腸ガンで死んでいた。二年後、父親のロバートは前立腺ガンで死んだ。近隣にも、やはりガンになった人が何人かいた。ほんの数軒先に住んでいた、おじとおばもガンで死んだ。[27]

「私が育った土地」ナンシーは言う。「あの土地に埋まっていたもののせいじゃないかと思っているんです」

現在、私のオフィスから一〇〇ヤードほどのところでは、陸軍工兵隊が密閉テントを建て、そのなかでダドリー家の隣の家を完全に取り壊して、土を地下の岩盤から根こそぎ除去している。[28] 陸軍は、ある大きな埋穴を見つけたいと考えている。基地の古い写真に写っている「ハデス［ギリシャ神話の黄泉の国の支配者］」

と名づけられた穴だ。掘削作業場から通りを隔てたところに住むクリスティン・ディートリッヒも、ダドリーきょうだいと同じく不安を抱えているという。「とてもじゃないけど安心なんかできないし、子供たちを前庭で遊ばせることもできませんよ。二〇フィート先で戦争中の化学物質を掘り出しているっていうのに」

「朝の三時に冷汗びっしょりで目が覚めるんです」ディートリッヒは言う。「もう恐くて。地下に何が埋まっているか、誰にもわからないんですから」[29]

陸軍が「ハデス」という穴を見つけるまで、これまでにいちばん大量の毒物が見つかった埋穴は、かつてのダドリー家だ。今、そこには韓国大使の住居がある。

米陸軍基地の置き土産が韓国大使の家を汚染していたとは、なんとも皮肉な事実だ。韓国本土でも、米軍基地は化学物質、燃料、その他の毒性廃棄物の漏出、流出、そしてときには故意の埋却による広範囲の被害を引き起こしている。最近、米軍が韓国への返還に同意した三四基地のうち一四基地では、人に対する発ガン性があると考えられる化学物質が韓国の基準を超える高濃度で検出された。[30] 軍の報告書によると、韓国の基地のひとつで周辺の土壌と地下水が汚染されていた原因は、殺虫剤、除草剤、溶剤、バッテリー用希硫酸、石油製品の無計画な備蓄と廃棄だったという。[31]

二〇一一年、ソウルのキャンプ・キムの地下水からは、ガソリンや石油生成時の副産物を含む石油系炭化水素が、許容レベルのほぼ一〇〇〇倍の濃度で検出された。[32] さらに、退役軍人三人からは、一九七〇年代後期に、ひびが入った何百樽ものオレンジ剤を基地に埋めるよう命令され、それに従ったとの証言が得られている。[33] 現在、オレンジ剤には人に対する発ガン性物質、ダイオキシンが含まれていることが知られている。ダイオキシンは、慢性リンパ球性白血病、ホジキンリンパ腫、非ホジキンリンパ腫、多発性骨髄腫、前立腺ガンのほか、いくつかの呼吸器系ガンや軟部組織肉腫といった病気との関連が科学的に裏付けられており、それは米軍兵でも地元住民でも変わりはない。この三人の退役軍人のひとり、スティーブ・ハウスは「自分たちのゴミをよその裏庭に埋めてしまったという罪の意識が、頭から離れません」と言う[34]。

韓国の環境問題専門家であるチュン・インチョルは、「一九七八年にオレンジ剤が捨てられたのであれば、土壌と地下水は汚染されていると考えられます」とコメントした。その地域のふたつの大都市の水源も汚染されていることになる。基地近隣のガン罹患率は、国内平均を一八・三パーセントも上回っている[35]。

別のケース（二〇〇六年の映画『グエムル　漢江の怪物』のモチーフにもなった）では、ソウル中心部の陸軍基地の兵士が、二〇ガロンのホルムアルデヒド——動物の一部に対して発ガン性があり、人に対する発ガン性も有すると考えられている化学物質——を、この首都の漢江に流し捨てた。この事件に対して韓国の全国民が激しい怒りを表明すると、ソウルの駐韓アメリカ大使は五か月かけて汚染に対する個人的な謝意を表明して回った。陸軍は、在韓基地すべての燃料タンクを漏出防止のため交換し、環境風評被害の払拭に努めるため一億ドルを投じると発表している[36]。

環境破壊をこうむったのは、韓国だけとは言いがたい。一九七一年にディエゴ・ガルシア島で基地の建設が始まったとき、海軍設営隊は、ブルドーザーと鎖を使って地上からヤシの木を引き抜き、島の礁を爆薬で吹き飛ばし、何千トンもの珊瑚を破壊して滑走路を建設した。ディーゼル燃料のカスが、海水を汚した。[37]何十億ドルもかけた基地建設が残したのは、恐ろしい規模の環境破壊だった。相次ぐ大規模な爆破と海底の浚渫《しゅんせつ》によって一一平方マイルにわたる珊瑚礁が破壊され、絶滅危惧種も含めて何千本もの樹木や植物が洗いざらい伐採され、原子力艦や原子力潜水艦からの放射能漏れにより海が汚染された。ジャングルの群生植物を枯死させるためにオレンジ剤が使用されたことが広く報じられており、それによって土壌と地下水も汚染されたと言われている。[38]

最近、イギリスのメディアにより、米海軍船がディエゴ・ガルシア島で保護対象とされている礁湖に、三〇年にわたって廃棄物を捨て、処理済み下水を放出していたことが報道された。窒素とリン酸塩の濃度が通常の四倍に上昇しており、世界で最も純粋な姿を保っていた珊瑚礁の一部が被害を受けたと考えられている。[39]一方、アフガニスタンのトラボラ地域の洞窟地帯が爆撃された二〇〇一年の終わりごろ、兵器を搭載したB−1爆撃機がディエゴ・ガルシアを離陸後に墜落した。乗員は脱出し、パイロットを失った機体は、搭載された合計八五〇〇ポンド以上の弾薬ごとインド洋の底に沈んだ。[40]

沖縄では、かつて嘉手納空軍基地の一部だった土地で、二〇一三年と二〇一四年の調査により、ダイオキシンなどの汚染物質が詰められた樽が八〇個以上発見された。樽はふたつの学校に隣接するサッカー場に埋められていたという。そして、沖縄も韓国と同じように、数十年にわたってオレンジ剤に汚染されていたらしい。軍は否定しているが、二〇〇一年以降二五〇人以上の退役軍人が、ベトナム戦争中に沖縄でこの枯れ葉剤がまかれ、貯蔵され、埋められるのを目撃したと証言している。[41]

一九九二年に海軍と空軍が去ったフィリピンでは、アスベスト、不発弾、重金属、燃料漏れタンク、危険な殺虫剤をはじめとして、さまざまな有害物質が残されていたという。[42]また、軍は未処理の廃水や下水をスービック湾に流したことを認めている。[43]軍がパナマを去ったときも同様に、推定一〇万発の不発弾が運河地帯に残された。運河協定によって撤去を求められたにもかかわらずである。サン・ホセ島では、現地のパナマ人によってマスタードガス弾が発見された。[44]

海軍が爆撃演習場や訓練場として使用しているプエルトリコのビエケス島やクレブラ島も環境破壊に見舞われている。ビエケス島では、海軍によって二〇〇万ポンド近くもの軍事廃棄物が、マングローブ林などの環境破壊を受けやすい湿地帯に放出された。調査の結果、一帯の生態系や地元民の体内、そして水や土壌からは、カドミウム、鉛などの重金属、水銀、硝酸塩、ウラン、その他の毒性化合物が高濃度で検出された。[45]二〇〇五年、アメリカ環境保護庁（EPA）はビエケス島を、最も汚染がひどいため浄化を要する地域として全国浄化優先地リスト（NPL）［アメリカ環境保護庁が有害廃棄物汚染地域を全国浄化優先地として認定し、調査によって責任者として特定された者に、浄化負担と費用を負わせる制度］に追加した。海軍による推定総浄化費用は、二〇〇四年時点で三〇〇〇万ドルだったが、その後、三億五〇〇〇万近くにまで膨れあがっている。[46]

植民地の汚染

米軍基地による最も壊滅的な環境破壊の被害を受けてきたのが、フィリピン、パナマ、沖縄、プエルトリコなど、いずれも植民地や半植民地として支配されていた地域なのは偶然ではない。合衆国憲法による全面的保護の恩恵を受けられないアメリカ統治領内の在外基地でも、軍は同じように環境に対する無関心を示している。

北マリアナ諸島の島々やグアム島では、過去数十年の米軍基地による環境破壊は、第二次世界大戦から続く長い歴史の一部だと見られている。何しろ、この戦争による被害のほとんどに対して、いまだに原状回復の措置がとられていない。グアムと同様にサイパンも、日本軍から島を奪還した戦いによって荒廃した[47]。戦いのあとは、弾薬や残骸、軍装備品が残されたまま何年も置き去りにされることが珍しくない。サイパン、テニアン、そしてグアムでは、今も一帯に不発弾が地中に埋まったまま眠り、あるいは外気にさらされたまま放置されている。最近サイパンで住宅建設予定地となった土地では、太平洋戦争中の爆弾一〇〇〇発以上が住民によって発見された[48]。ほかにも、軍が何十万ポンドもの弾薬を現地での爆破や焼却、そして海への放擲《ほうてき》により処分したケースがある[49]。

戦後、基地や軍の長期駐屯によって被害はさらに広がっている。軍が一九六四年にマーシャル諸島で核兵器実験を開始したときは、実験後の海軍艦艇や残存物の除染作業にグアム島が使われた（調査では、同様の実験後に除染作業がサンフランシスコのハンターポイント海軍造船所で行われたときは、作業中の調査で核廃棄物も発見されている）。マーシャル諸島から空中輸送された放射性物質や、核実験後の降雨は、グアムの人々に直接的な影響を与えたことが明らかにされている[50]。

一九六〇年代のサイパンでは、米軍がＰＣＢを含む使用済みレーダー機器をタナパグ村に廃棄した。危険物であることを一切知らされていなかった住民は、レーダー部品を境界線のマーカーや、風よけ、屋根飾り、果ては墓石にまで転用した。サイパン政府が一九八八年になってようやくそうした廃棄物について言及すると、国防総省は一〇〇万トン以上の汚染土を処理のため本国に海上輸送しなければならなくなった。軍の残骸がトン単位で残されたままになっている廃棄所も四か所突き止められている。また、軍はサイパンに備蓄オレンジ剤も残していると考えられている。[51]

グアムにも、軍は長い間、オレンジ剤やマスタードガスその他の化学兵器、洗浄液、防虫剤、殺虫剤など、人に対する発ガン性物質やその他の危険な有害物質を保管していた。一九八八年には、グアム海軍基地内の港湾で、原子力潜水艦の原子炉から放射能を帯びた冷却水が漏れ出すという事故が起きた。海軍当局はこの事故を地元住民に知らせず、住民たちが事故を知ったのは、サンディエゴの新聞で事故が報じられてからのことだった。[52]

グアムのアンダーセン空軍基地近くの廃棄物集積所には、アンチモン、ヒ素、バリウム、カドミウム、鉛、マンガン、ダイオキシン、PCBといった危険な化合物が滲出していたという。アンダーセンは、ビエケス島と同様に、全米で最も環境汚染がひどいケースとしてアメリカ環境保護庁の全国浄化優先地リストに追加された。[53] 私が二〇一二年に訪問したときも、滑走路周辺で落葉を清掃していた作業員たちが地中に埋もれていたB－52爆撃機の残骸を偶然に発見して驚く羽目になった。機体は滑走路から軍がベトナム戦争中に残した有害物質のほかあらゆるものをもち込んできた見込みが高い。

グアムには別の環境問題もある。ミナミオオガシラというヘビだ。このヘビは、一九五〇年代、軍の空輸貨物に紛れ、たまたま島に入り込んだ。島には天敵がいなかったため、このヘビはほかの動物を食い尽くして八種類の鳥類を絶滅に追いやった。また、島の変電所に入り込み、停電の原因にもなっている。成長すると体長三フィートから六フィートになるこのヘビは、現在グアム島に二〇〇万匹ほど生息すると推定されている。軍は現在、年に数百万ドルを投じてヘビの根絶に努めており、最近では、アセトアミノフェンの錠剤（これを食べたヘビは死ぬという）を子ネズミの死骸に仕込んで空中から散布することにより、ヘビを死滅させるという試みに取り組んだ。[54]

一方、北マリアナ諸島では最近、パガン島とテニアン島に新たな実弾射撃場と訓練場を建設する新計画が軍から発表された。第二次世界大戦中に多くの道が舗装されたテニアン島とは違い、パガン島は原初からの火山活動が活発で、二〇〇〇年前からの考古学的遺物も残る、すばらしい島だ。鳥や巻き貝、コウモリ、は虫類、甲殻類などの希少な絶滅危惧種が非常に多く生息する地でもある。二〇一〇年のアメリカ魚類野生生物局によるパガン島の調査を率いた生物学者マイケル・ハドフィールドは、軍に対し、パガン島ではファラリョン・デ・メディニラ島などの島々で行ったような射撃訓練を実施しないでほしいと強く要請した。「海兵隊が島で実弾射撃訓練をしようものなら、結局は島がめちゃくちゃにされるという根拠なら山ほどありますからね」と、ハドフィールドは言う。[55]

米軍基地がある世界のほかの地域の大半と同じように、グアムとマリアナ諸島でも、軍による環境汚染が人の健康に及ぼす影響を恐れている人は多い。調査によると、チャモロ族のガン罹患率はほかの民族と比べて「著しく高い」ことが明らかにされている。チャモロ族における口腔・咽頭ガン、肺・気管支ガン、子宮頸ガン、子宮ガン、肝臓ガンの罹患率は、いずれもアメリカの平均を上回っている。[56]ガンと基地による汚染との関係を決定的に裏付けるには、包括的な研究が行われるのを待つしかないが、明らかな相関はいくつか見られている。たとえば、毒性物質の漏出と化学物質の廃棄によって土壌と地域水系が汚染されたノース・カロライナ州のレジューン基地では、基地に勤務し、居住していた人々のガン罹患率や先天性異常発生率が異常に高かったことが、連邦政府の調査によって明らかにされている。

統計上の数値だけではっきりしたことは言えないと思われるかもしれない。ラブカナル事件や、退役軍人がオレンジ剤に触らされた事例など、ほとんど疑う余地のない忌わしい状況下でも、個人の病気と特定の化学物質や汚染物質とを明確に結び付けるのは、きわめて困難だ。[57] それでも、ガンになった身内が何人もいるチャモロ族の人々がどれほど多いかを考えると、熱帯の島々の環境破壊を誰もが不安に思うのは当然だ。何といっても、これらの島々には軍は入り込んでも、産業汚染の害はほとんど入り込んでいない。

土地につながれて

現植民地や旧植民地には米軍基地が突出して多いため、基地による環境破壊を受ける地域は偏りがちだ。最も被害を受けているのは、北マリアナ諸島やグアムのチャモロ族のように、経済的にも政治的にも立ち後れて取り残されたグループ、原住民、貧困層の人々、非西洋圏の有色人種だ。[58] イタリア、ドイツ、イギリスなどヨーロッパの基地ももちろん環境破壊を引き起こしてはいるが、軍は徐々に西欧の基地を、東欧、アフリカといった比較的貧しい国に移すことに関心を示しはじめている。こうした国々では環境法による規制が少ないことが理由のひとつだ。

私が出席したサイパンに関する公開会議では、チャモロ族のミゲルとジャニス・ミュラー夫妻が軍の代表者である空軍のマーク・ピーターセンに対し、軍がファラリョン・デ・メディニラ島の爆撃などにより、マリアナ諸島の土地や空気、水に及ぼす影響が不安だと訴えた。ピーターセンは、軍は訓練によるすべての影響を「詳細にわたり」調べると言ってミゲルを安心させようとした。だが、その回答はミゲルを満足させるものではなかった。「私たちはこの海と土地につながれているんだ」とミゲルは言った。「あなたは仕事の関係で来ているだけじゃないか」と。

ピーターセンは「水質調査は十分に実施する」と答えただけで、ミゲルとの対話を打ち切った。あとで私はミゲルとジャニスに、不安な気持ちを会議でしっかり聞いてもらえたと思うかどうかを尋ねてみた。「いいえ」とジャニスは答えた。軍は島民たちを説得し、計画に従わせようとしているだけに見えたという。「予定がとっくに決まっているんじゃないかしら。正直に言って、欲しくもない製品を買わされようとしているような気持ちでした」

ジャニスはアメリカ内の別の島と比較してほしいと言った。たとえばマンハッタン島に住む人が、自宅にとても近いところで爆撃実験が行われると聞かされたら、どう思うか。「一五年後には家に帰れるかもしれません。でも、そのときに不発弾が残されていたとしたらどう思いますか?」と。「もしそうなれば、私たちもマンハッタン島の人々も同じ立場で同じ見方を共有できるかもしれない。そのときになったら、どう思うかを話してほしい。でも、今のところは、私の気持ちなんか理解できないでしょう。同じアメリカ市民ですし、アメリカの市民はみんな家族の一員のはずなのに、この遠い土地に住むということがどんな気持ちかなんて、これっぽっちもわかってもらえない。まるで他人事だと思っているようだけど……」ジャニスはこう続けた。

「その考え方は間違っていると思います」

第三部　労働

2008年1月、イラク派兵に先立ち妻子に別れを告げる米陸軍州兵の兵士。米陸軍二等軍曹ラッセル・クリカ撮影

第八章　すべての人が奉仕する

　私が訪ねた多くの基地では、基地の生活のたとえとして、コメディドラマ『メイベリー110番』で描かれる架空の小さな町、メイベリーがよく引き合いに出された。基地とメイベリーは、快適な生活環境や数多くの施設が整っていることに加えて、安心感、コミュニティ意識、人とのつながりが感じられるところが似ているというのだ。グアンタナモ湾海軍基地で働く民間人、ジョージ・リーブスは、基地の生活は「アメリカの小さな町」での生活のようだと話してくれた。「みんな顔なじみで、会ったことのない人がいたとしても、うわさぐらいは聞いている」、そんな町での生活に似ているという。

　ジョージと、やはり基地で働く彼の妻メアリ・リーブスは、三人のティーンエイジャーの子供たちと暮らしている。寝室三つと大きな裏庭付きの家は、グアンタナモ湾収容キャンプの郊外住宅地的な居住区のひとつに建つ。「アメリカみたいだ。アメリカの町そのものだよ」と、ジョージは言う。しかも「犯罪のない町だ。子供たちのことを心配しなくてもいい。シャトル〔基地内を移動するための通行自由な道路〕をいくら飛び跳ねていても大丈夫だ」

　基地の学校もいいとジョージは言う。クラスが小さく、教師が生徒の面倒を実によくみてくれるそうだ。親がシングルなら、下層階級者向けに費用を安く抑えた保育施設がある。「たくさんの補助を受けられる」上に、いつも誰かが気にかけてくれている。「家族がいるようなものだよ」。基地の生活を綴ったウェブサイトは多いが、そのうちのひとつMilitaryBases.comのブロガーは「みんなが一体感と仲間意識でつながっている」と書く。[1]

その上基地の人々はたいていきわめて礼儀正しい。「おそれいります」、「ありがとうございます、奥さま」という言葉を、すぐに誰もが身に付けて、口にする。また、アメリカとしては所得差が驚くほど小さい。最高階級の将官クラスでも、その給与は最下級の兵卒の給料の一〇倍程度でしかない（これに対して、S&P500株価指数採用企業のCEOの平均所得は、平均的な労働者の給料の三五四倍だ）。[2]そして、白人ばかりで構成されているメイベリーの町や、アメリカの大半の町とは異なり、基地の人種構成は、軍全体の民族多様性を反映して実に多彩であり、人種統合が進んでいる。

だが他方では、依然として人種分離も残っている。軍の将校の大半を占めるのはヨーロッパ系アメリカ人であり、基地内の住居も一種の階層分離によって厳格に区分けされている。階級と給与等級によって居住区の広さと質が決まり、将校の居住区では通常、近隣の人々の階級も住居の質も下士官とは異なる。また、将校だけのクラブや食堂が存在することも多く、ジムの更衣室が分けられていることさえある。[3]

多くの基地には、さらに階層が低いとされる「第三国国民」と呼ばれる人向けの住宅がある。第三国国民とは、アメリカと基地受け入れ国以外の国の出身者のことだ。たいていは料理や掃除や、基地で毎日動いている物的なインフラの整備に従事している人々で、ほとんどがフィリピン人だ。グアンタナモ湾収容キャンプでは、フィリピン人は一部屋に二段ベッドが四台並ぶ寮に住む。ジャマイカ人はもう少しましで、かつて米軍兵が使っていた住居を与えられる。アフガニスタンやイラクの基地で請負企業の従業員として働く人々は、多くがネパール、バングラデシュ、遠くはフィジーの出身だ。ジャーナリストのサラ・スティルマンは、彼らについてこう書いている。「国防総省の隠れた軍隊。それは世界の最貧国からやって来て米軍の後方支援を担う、七万人以上のコック、清掃作業員、建設作業員、ファストフード店の売り子、電気技師、美容師だ……フィリピン人は兵士の制服を洗濯し、ケニヤ人は冷凍ステーキやエアフレームテントをトラックで運び、ボスニア人は送配電網を修理し、インド人はアイスモカラテを差しだす」[4]

この隠れた軍隊の構成員の国籍は、(世界中にいるフィリピン人を除いて)国によって変わる傾向があるが、彼らが提供してくれる快適さや奉仕、施設の維持管理は、ほとんどの基地で見事なほど変わらない。家族のために生み出されるような快適さだ。これがあるからこそ、基地がアメリカの小さな町のように見え、機能するのであり、海外での生活や基地から基地へと移り住む生活に、最小限の労力で馴染むことが可能になるのだ。

だが、この快適さにもかかわらず、配偶者や親が国外に派兵される家族のほうは、自分の生活を少なからず犠牲にしなければならない。軍に大勢の女性が参加する時代でも――兵力の約一五パーセントを女性が占める――こうした犠牲を払うのは、ほとんどが女性だ。何しろ兵士の配偶者の約九五パーセントは女性なのである。[5] 米軍基地では戦争が驚くほど遠く感じられるとしても、ヨガのクラスやバスケットボールの校内試合のさなか、この女性たちほど確信をもって、基地の生活がいかに死と隣り合わせであるかを証言できる人々はいない。

「真に公平な制度」

現在、アメリカ国外の基地その他の施設とその周辺には、軍人の配偶者、子供、成人家族が約二三万三〇〇〇人居住している。家族の数は、国外の兵士総数を五万五〇〇〇人以上も上回る。[6]

一九四〇年代の後期に、初めて兵士の妻たちが国外基地に到着したとき、現在のような居住環境はまったく整っていなかった。彼女たちは、余剰食品と当座しのぎの糧食で生活していかなければならなかった。兵士の多くは嫌々送りこまれていた。一九四六年以後の陸軍報告書には、戦時下の戦いの日々と戦後とを比べて皮肉った記述が見受けられる。「あのころは、弾薬や戦闘服、兵士の食料が最重要課題だったが、今は家庭用洗浄剤や、被占領国の国民である軍属の衣服に食料、そして扶養家族である子供に与える新鮮な牛乳といった問題が、われわれの関心をさらっている」[7]

まもなく、そんな軍人の多くが、世界各地にリトルアメリカを築き上げるには、増えていく家族の面倒をみることがいかに重要かを理解するようになった。こうして家族の住居、学校、病院、売店にショッピングセンター、娯楽施設、さらに生活を支援する数多くのインフラの建設が始まった。ベトナム戦争後は、軍全体の環境悪化とモラルの低下を払拭するため、指導者たちは改めて家族の生活向上に力を入れるようになった。徴兵制が廃止された時代の兵士は、総じて比較的高齢で妻子をもつ者が多かった。国防総省は、軍人の中途退役の主な理由は、家族の生活の質の低さにあることを理解した。家族の不幸せは兵士の不幸せを意味し、兵士が不幸せでは十分な兵士を確保できない。[8] こうして、家族の支援は軍にとって重要な労働問題となった。

たとえば、海外での生活は長らく女性にとって退屈なものだった。一九五〇年代の軍医のひとりは「一日中、クラブに通う以外に何もすることがない女性のノイローゼ的な訴え」が多かったことを報告している。沖縄では、女性は酒を飲んで過ごすか、どの在外基地のクラブにもあるスロットマシーンにお金をつぎ込むぐらいしかすることがなかった。[9] 一九七〇年代にフェミニスト運動が起こると、国防総省は家庭内暴力対応プログラムを策定し、女性が育児支援と離婚手当を得られるようにしたほか、基地に託児所をつくった。軍人の配偶者には、夫の海外派兵に伴って仕事もキャリアも諦めざるをえないという問題があったため、一九八五年に優先雇用法を制定し、配偶者が基地で優先的に仕事の機会を得られるようにした（軍人と結婚した女性は、国防総省の海外学校制度のもとで教職につくことが多い。そうすれば、世界の大規模な基地のほとんどに学校があるため、パートナーの転籍についていて行くことがいくらか容易になる）。一九八八年には、軍は世界の家族政策のため、年間八〇億ドルを投じるようになった。[10]

その結果、現在は家族にとって基地での生活全般が、とりわけ在外基地では非常に快適なものとなっている。国内基地の大半も総じて快適ではあるが、家族に困難を強いる在外基地ではさらに快適な生活と家族支援を提供しているのが常だ。子供たちには通常、広範囲にわたる課外活動の機会が与えられる。スポーツ競技、音楽やダンス、各種クラブ、綴り字競技に参加することができ、活動の一環として旅行できることも多い。たとえば、沖縄のフットボールチームは、飛行機で韓国やグアム、日本国内の他地域まで遠征試合に出かける。イタリアのテニスやサッカーのチームは、アルプスを越えてドイツの基地まで試合に出かける。調査によると、子供たちは全体として、片親もしくは両親と離れて方々に移動する生活から不利益をこうむるよりも、むしろ利益を享受しているらしいことが明らかにされている[11]。

家族全体にとっては、海外での生活には金銭的利点もある。軍の一員としての正規の給与に加え、通常は海外生活費の調整も受けられる（この調整はハワイとアラスカでも受けられる）。調整額は平均で月に約三〇〇ドル。世界全体での合計調整額は年間で約二〇億ドルにのぼる[12]。軍は兵士に住宅手当も支給している。なかには基地内に住む者もいるが、ほとんどの国では兵士とその家族の大半が基地外に住む。海外での住宅手当はたっぷりと支給されるのが通例なので、多くの家族は、アメリカ内で購入できるよりもはるかに大きい家に住んでいる。住宅手当は使わなければもらえなくなってしまうため、ほとんどの軍人は、支給範囲内で可能な限り大きくぜいたくな家を借りる（このため、地域の賃貸家賃の相場が跳ね上がる傾向があり、家主はともかくとして、地元の不動産業者にとっては悩みの種となっている。グアムなどでは、一九歳や二〇歳の若者が集まって、地元の人々にはまず手が届かない、ぜいたくな海辺の家を共同で借りたりすることもある）。

その上さらに、軍の単一支払者医療制度があり、家族全員に保険が適用される。また、広範囲にわたる教育をオンライン、オフラインで受ける機会が提供されている。海外に住むという冒険を心ゆくまで満喫するため、現地での旅行や異文化体験、語学学習、軍のリゾート地での休暇といった機会も与えられる。国防総省が「軍の子供たち」と呼ぶ児童には、おおむねは良質で、国防総省が潤沢な資金により運営する公立学校が用意されている。生徒ひとり当たりの年間支出額は、計算方法にもよるが、国内公立学校の平均額である一万二六〇八ドルのほぼ二倍、おそらくは二万ドル以上と考えられる。[13] しかも、これは至れり尽くせりの待遇や恩恵の始まりにすぎないのだ。

「社会主義が最も純粋な形で適用された好例だ」と、四つ星記章の退役将官であるウェスリー・クラークは皮肉を込めて言う。「多くの思惑がすくい上げられた真に公平な制度だ。人々はそれに見事に対応している[14]」

犠牲

初めてグアンタナモ湾収容キャンプを訪問したとき、起床ラッパの放送時間中に印象的なできごとがあった。金属的な録音が拡声器ごしに基地中に鳴り響くなか、ある海軍兵の妻が、それが鳴っている間は夫と同じように、自分も直立不動で国旗に敬礼しなければならないのかという疑問を口にしたのだ。

その疑問に対する答えは、建前としてはノーだ。だが、そもそも彼女にそうした疑問が浮かんだということ自体、基地における配偶者と家族が、いかに微妙な役割を背負わされているかを意味している。正式には軍の一員ではなくても、基地に住むということが彼らの時間や行動を形づくり、思想や感情さえ形成していく。本人が気づかないうちに、その代償は驚くほど高くつくことがある。

私のクラスのひとつに自分を「軍人の子」（最も意味が広い表現）と呼ぶ学生がいて、当人に子供時代のことを書いてもらったことがある。それによると、世界を転々とする生活から得られるものは確かに多いが、やはり軍人の子供の人生は「とても孤立したものになりがち」だという。たとえば、その学生は最近まで食料品店というものを知らなかった。いつも軍の売店に行っていたからだ。また、「軍人の子供たちは、絶え間ない転校による影響を受ける」という。「いつも新入り扱いされ、いつも周囲についていけるようにアンテナを張り、いつもみんなと違うのはつらいことだ」。クラスで発表したとき、彼女は自分が周囲になじんでおらず、いつもよそ者扱いされているという感覚があり、それは大学生になっても変わらず心中で尾を引いていると認めた。「寮の部屋で泣くときもあります」

配偶者も、基地から基地への頻繁《ひんぱん》な移動によって生活の中断を余儀なくされる。外国で生活する配偶者は、通常、現地経済のもとで働くことができない。優先的雇用制度の恩恵をこうむる配偶者も一部は存在するが、多くは家の外での仕事を続けられないことに苦しむ。二〇一二年における現役兵士配偶者の失業率は二五パーセントだった。仕事が見つかっても、軍人配偶者の収入は、民間人と結婚した同等地位の女性の六〇パーセント程度にとどまる。[15]

子育てと家事についても同じく、一日二四時間体制の軍の生活は、配偶者たち――繰り返しになるが、その九五パーセントを占める女性たち――にとって重荷となる。軍人の配偶者は、通常は二四時間体制の託児所をいつでも利用できるという点で、アメリカの親たちの大半と比べて恵まれてはいるが、パートナーが派兵されることになれば、次の瞬間から何の前触れもなく、子育てと家事のすべてを引き受ける覚悟が必要になる。

戦地に派兵された軍人や、家族が同行できない地域（ホンジュラス、カタール、タイなど）に一時的または長期間配属された軍人の配偶者は、ほとんどの場合、ひとりで子育てをすることになる。この間は、別居することになった民間人の家族と同じように、配偶者、子供たち、そして軍人本人の誰もが苦しみ、家族全体が活気を失う。軍人の仕事は通常、ほかのほとんどの仕事と比べて死の危険が高い過酷な仕事であるということも、別離の影響を大きくすると言えよう。

軍人家族の児童の心理を研究するスザンヌ・ロジャース博士（希望により仮名）は、兵士の派兵などによって親との別離を体験した子供たちの問題をその目で見てきた。だから、そうした問題を認識してはいたが、自分自身の子供たちが、父親のイラク派兵に伴い、多くの同じ問題を抱えたときには驚いたという。「子供たちは、私が研究室で見てきたのと同じぐらい大きなストレスに、私の想像以上に苦しみました」と、彼女はドイツのアンスバッハでの任期中に語ってくれた。「子供たちが苦しみを克服できるように、私も親を対象に研修を開いてはいます。それでも、どんな手段を使っても、子供たちがストレスを受けないようにすることはできません」

別離の苦しみをいくらか緩和するため、スカイプや電子メールなどのテクノロジーを用いても、場合によってはそれが裏目に出ることをロジャースは発見した。「スカイプで画面ごしに父親とたっぷり話したあと、それでもまだ［子供は］『パパといられない』、『パパに抱きしめてもらえない』、『パパに抱きつけない』、『ママは僕の野球の試合を見ないじゃない』と言って、本当に元気をなくしてしまうんです」

「父親を軍に連れて行かれた子供には、のちのち影響が出ます」と、ロジャースは言う。

夫が派兵される、されないにかかわらず、その配偶者は精神的、社会的に大きな重荷を背負わされる。その重荷は、異様にストレスが多くすべてを消耗しつくす仕事にパートナーを送り出すことから来るものだ。基地の専門家であるキャサリン・ラッツは、配偶者も兵士自身と同じように「招集がかかり次第、軍務に就く実戦要員なのです」と言う。[16]

軍人の配偶者にも、招集がかかり次第、家の外で果たすべき多くの仕事がある。メイベリーの町のような基地のコミュニティ感覚は、何もないところから魔法のように現れたりしない。それは少なからず、特に在外基地では、配偶者たちがコミュニティ構築のために働いてこそ生まれてくる。配偶者たちに基地の活動に参加するように、あるいは軍務を直接手伝うようにという正式な要求が来るわけではないが、参加しなければパートナーの業績評価に響くかもしれないことを暗に示す微妙なプレッシャーが存在するのだ。

かつては、高級将校の妻たちが集まって「妻のクラブ」をつくった。そこには夫の階級に対応するヒエラルキーが存在し、いちばん階級が高い将校の妻は「その下」の女性たち、つまり夫が家父長的な権力をふるった軍服姿の下級将校の妻たちの「母」とみなされた。その下級将校の妻たちは、下士官の妻たちの相談役になり、家族のための総合的な支援ネットワークを形成することを非公式に期待された。[17]現在、各軍には、部隊ごとに家族たちのための公的補助機関がある。陸軍では、家族は自動的にファミリー・レディネス・グループ（Family Readiness Group）に入れられる。家族のための活動や家族間交流を組織的に支援するグループであり、その活動は、ほぼ全面的に配偶者たちのボランティア労働に頼っている。過去の妻たちのクラブと同じように、各グループのリーダーは、部隊の最高階級の将校の妻であることが多い。

その他の家族支援を現在担っているのは、有給で「士気・福祉・臨戦態勢」向上のために働く職員や、兵士と家族を支援するために雇われた心理学者などの民間人である。だが、今でも将校の妻たちは、下級将校や下士官の家族を導く相談役になることを期待されている。「その役割を辞退すれば、夫のキャリアに傷がつくかもしれないと、多くの妻が恐れている」と、かつては自らも軍人家族であった歴史家のアンニ・ベーカーは書く[18]。退役陸軍大佐のダグラス・マクレガーは、次のように説明する。「指揮官は――大尉でも、大佐でも、大将でも――その妻が、夫が責任を果たすのと同じように、ものごとの手本となることを期待される……妻が抱えるプレッシャーはとてつもなく大きい[19]」。下士官の妻たちも、基地の生活に加わるときには同じようなプレッシャーをしばしば抱える。ほかの家族の夫が派兵されたり戦死したりした場合などの緊急時には、子供を預かり、励まし、手伝いを申し出るといった、さまざまな方法で支援することが求められるのだ。

全制的施設

配偶者たちが抱えるプレッシャーの一部は、軍というところが、社会学者の定義するいわゆる「全制的施設」〔似た境遇にある人々が長期間にわたり閉鎖的な生活を送る場所のこと〕であることによる。全制的施設には――軍、寄宿学校、刑務所、収容所のように――個人生活の事実上すべての部分を支配する力がある。こうした施設は通常、個人をほぼ絶え間ない監視下に置き、その体を管理下に置き、命令に従わせることができる（そして軍隊では、この命令によって個人が死に至ることがある[20]）。米軍の全制的施設としての力は、きわめて幅広い事柄に及び、かつての兵士は結婚するにも許可を求めなければならないほどだった。最近ですら、妊娠の許可を求めなければならないのではないかと考える者がいるほどだという[21]。

二〇一一年まで、軍は兵士たちの性生活や性的嗜好も広範囲にわたって規制し、同性間の性交を禁じたり、異性間以外の関係に目を光らせたりした。基地によっては、憲兵隊がゲイバーの駐車場を巡回し、兵士たちの車のナンバープレートを記録していることもあった[22]。多くの兵士は同性愛関係を秘密のまま続けたが、なかには秘密にしない者もいた。どんな全制的施設の力にも限界がないわけではない。だが、人々を内密の関係に閉じ込めることの心理的、社会的影響やその他の影響は、過小評価すべきではない。

基地は、全制的施設としての軍隊を（艦艇のように）物理的に体現したものだ。何といっても、基地というものは敵が入らないように設計されているため、その住人も、刑務所や収容所の囚人のように、なかに閉じ込められて管理される。指揮官は常に、部下になかにとどまるように命令したり、門を閉めたりすることによって、基地を文字通り刑務所のようにする力を与えられている。

そのため、配偶者や家族も、全制的施設としての軍の力にほぼ全面的に支配されることになる。軍そのものに属しているわけではないが、軍は彼らの生活の大部分を、とりわけ基地内に住む家族の生活の大部分を形づくる力をもつ。家族が口にする食事、身に付ける衣服、購入するもの、受ける教育、接する考え方、消費するメディア（基地周辺の誰もが受信できるテレビでよく放映されるFOXニュースや、AFNラジオで放送されるラッシュ・リンボーのトークショーからナショナル・パブリック・ラジオまで）は、すべて軍から供給されるものだ。そして在外基地では、故郷やコミュニティや、より大きな社会のネットワークから切り離され、往々にして言葉も話せない異国の社会に住む家族は、とりわけ強大な軍の力の支配下に置かれることになる。

したがって、配偶者や家族も、ほぼ常に監視されている兵士のように、日々厳しい目で観察されている。基地内ではプライバシーはないに等しく、基地外でも完全にプライバシーを保てるわけではない。「基地内でも基地外でも、家の飾り付けからレクリエーション活動に着ていく服に至るまで、共通の行動規範に従わなければという大きなプレッシャーがあった」と、ベーカーは言う。ベーカー自身、海外で家族の一員としてこうしたプレッシャーを経験した。「家族に起きた問題は、ほぼ確実に、指揮命令系統を通して知られるところとなった[23]」。指揮官が「手に負えない配偶者」を執務室に呼び出したり[24]、兵士に対して妻に「言うことを聞かせる」よう忠告したりした時代はずいぶん長く続いた。近年では、そうした命令は巧妙になり、以前ほどあからさまではなくなったが、完全になくなってはいない[25]。

ドアのノック

マット・ロジャース博士は一五か月間イラクに派兵されたとき、任務のひとつとして、遺体袋に入った兵士の身元を確認し、正式に死亡宣告を行うという仕事をしていた。ドイツのアンスバッハ基地に戻ったあとも、死亡告知班の一員として、派兵された兵士の死を配偶者に知らせるという任務を何度か課された。それは誰にとっても最も難しい仕事のひとつだったという。ロジャース（これも偽名）

は、配偶者は通常、完全に泣き崩れてしまい、班でいちばん階級が高い将校は、「陸軍長官に代わり、ご夫君のご逝去を衷心からお悔やみ申し上げ……」という定められた文言を、最後まで言い終えることができなかったと語ってくれた。

方々の基地の訪問中を通じて、私は何度も、戦争で彼らが果たす役割を自分に言い聞かせなければならなかった。すべてが快適で便利で、きれいに整えられたリトルアメリカでは、それほど戦争を遠いもののように感じるのだ。そして軍人やその家族も、基地と流血の場とのつながりを忘れられずつらい時期もあるが、普段は同じように隔たりを感じているという。グアンタナモ湾収容キャンプでは、基地の反対側にある収容所のことも忘れるぐらいなのに、ましてや数千マイル向こうで荒れ狂う戦争のことなどは、という。戦地にいてさえ、インターネットやスカイプ、その他の快適な設備があれば、自分が戦争のただ中にいることなど忘れることができると、軍人たちは証言する。そうした機器は「血まみれの戦闘」をまるで「安全で衛生的な離れた場所から、望遠鏡を通して見ている群像劇のように」思わせてしまうのだと、元陸軍広報担当官で小説家のデビッド・エイブラムスは言う。[26]

だが、真実から逃れることはできない。ロジャースによると、死亡告知班は通常、家族の家に黒っぽいSUVで行く。人目を引かないようにはするのだが、告知班はひと目でそれとわかるため、基地のあらゆる方向から人々が振り向く。兵士が「クラスA」の制服［正式な軍服］を着る機会は実質的に二回――公式写真を撮影するときと、死亡告知班に加わるときだけだ。だから、配偶者や家族にとって、基地内でも基地外でもクラスAの制服を着た軍人の一団が近づいてきたとき、それが意味することはたったひとつだ。

たいてい、配偶者はすでに誰かが訪ねてくることを知っている。部隊の一員が亡くなると、死後三日間、その部隊とはインターネットも電話もつながらなくなる。そうなると、誰かが亡くなったことが全員にわかる。残る疑問はただひとつ、「どの家のドアがノックされるのか」だ[27]。そのため、配偶者たちは家の窓際で待つ。〝誰なのか〟がわかるまで、基地では時間が止まったようになる。

陸軍では通常、死亡告知班は少なくとも三人で構成されるとロジャースは説明する。三人とも将校か階級の高い下士官でなければならない。戦死を告知する役目の将校は、その知らせを配偶者、親またはその他の最近親者に知らせる。従軍牧師は、家族を精神的に支える。告知を補助する役目の将校は、近親者に陸軍からの給付金について説明し、事務手続きを助け、必要な手配を行うことができるようにアメリカへの無制限通話を提供する。

告知班は通常、配偶者をすぐそばで支えられる親しい友人も待機させる。ロジャースの場合、これまで告知した相手は女性ばかりで、それには助かっているという。配偶者の死亡を告知されたとき、女性は自分を傷つけるが、男性は周囲の人間を傷つけるそうだ。

ロジャースのような医師が告知班に入るのは、ひとつは将校としての地位をもっているから、もうひとつは薬を処方できるからだという。女性が眠れないときや、しっかり対応する気力を失うとき、とりわけ子供がいるときは、睡眠薬や抗うつ薬が役に立つのだ。配偶者に薬を処方しすぎる医師が問題視されたことがあるが、母親が子供の面倒をみることができないままにしておくのはよくない。ロジャースはそう付け加えた。

告知班の家族訪問が終了すると、一員を失った部隊は、基地内外のすべての家族に「レッドライン・

メッセージ」を送る。死亡者の名前と死亡日を知らせる短い公式通知が、通常は兵士の妻たちが回す電話連絡網によって部隊全体に伝えられるのだ。

レッドライン・メッセージを受け取った配偶者たちは、一瞬は安心するだろう。クラスAの制服を着た将校が自分の家のドアをノックすることはないとわかるからだ。だがすぐに、よその家の前に、あの黒っぽいSUVが止まったのだと知って心の痛みを覚える。しかし、そんな感情をひとまずはできるだけ抑え、いつもの行動を起こす。基地での告別式を手配し、家族に支援を申し入れ、食べ物をもって訪ね、そばに座り、悲しみに耳を傾ける。部隊によっては、フリーザーに食べ物をストックしておいて、次の家族に備えるところもある。

だが、メッセージを受け取るまで、それが誰かよその人のことだとわかるまで、妻たちは窓際で外をうかがいながら待つのだ。クラスAの制服を着た班が今度ノックするのは、うちだろうかとおびえながら。

第九章　商品としての性

見過ごされがちではあるが、女性の労働力は、米軍がその仕事を遂行する上で、時代や場所にかかわりなく欠くことができないものだ。たとえば、洗濯や料理、負傷兵が回復するまでの看護を担う女性たちの働きや、子育てという大変な役割を果たし、基地のコミュニティ感覚を培うことを期待されてきた兵士の妻たちの働きがそうだ。[1] そして、同じことがセックスについても言える。有史以来、男性兵士を満足させるため——少なくとも喜々として軍のために働く意欲を維持させるために、女性の性的労働が利用されてきた。

世界中の米軍基地周辺に風俗街が建設されている。ほとんどどこも同じ外観だ。酒屋、ファストフード店、タトゥー・パーラー、バーやクラブがひしめきあい、そんななかで形態はどうであれ売春行為が行われている。ドイツのバウムホルダーやカイザースラウテルン、沖縄の嘉手納《かでな》や金武町《きんちょう》では、門を一歩外に出ればすぐにそれとわかる証拠が転がっている。アフガニスタンやイラクでの戦争中でさえ、米軍の兵士や請負企業がかかわった売春や、性行為を目的とする人身売買が多数報告されている。[2]

韓国、キャンプ・ケイシーの外で〝ジューシーガール〟として知られるフィリピン人女性の脇を通り過ぎる兵士たち。© ジョン・ラビロフ、2009 年、*Stars and Stripes*、許可を得て転載

フォート・ブラッグ、ノース・カロライナといった国内基地の近隣にも赤線地区は形成されている。だが、性的取引にかかわる問題がとりわけ大きいのは国外である。特に韓国では、基地周辺の「基地村」が国の経済、政治、文化を深く侵食するに至っている。その起源は、一九四五年にアメリカが韓国を占領し、兵士たちがタバコと同じぐらい気軽にセックスをもち込んだころにさかのぼる。それ以来、基地村は、搾取と騒乱に満ちた性的産業の中心地なのである。

「汚名を着せられた中間地帯」

第二次世界大戦が終結しようとしていたころ、韓国の米軍指導者たちは、在ドイツの指導者たちと同じく、米軍兵士と地元女性とのかかわりを憂慮していた。「アメリカ人は韓国人を被征服民のように扱い、解放された国民とは考えていない」と、総司令部は記録している。「韓国女性とは手を切れ」が合言葉となった。だが、この〝女性〟のなかに、売春宿やダンスホールの女性と街娼たちは含まれていなかった[3]。それどころか、性病やその他の伝染性感染症の広がりを受けて、米軍政府は性病管理所を設置し、「接待婦」の定期的な検査と治療を行うようになった。接待婦というカテゴリーに含まれたのは、公娼、ダンサー、「バーガール」、ウェイトレスだった。一九四七年五月から一九四八年七月にかけて、医師の検査を受けた女性は、一万五〇〇〇人近くにのぼった[4]。

実に情けないことに、韓国を戦後占領した米軍当局は、一九世紀から日本の軍事機構の中心を担ってきた「慰安所」をいくつかそのまま引き継いだ。かつての東アジアにおける領土紛争のさなか、日本軍は韓国、中国、沖縄、日本の農村地帯、その他のアジア地域から何十万人もの女性を強制連行して性的奴隷とし、天皇からの「ご下賜品」としてこの女性たちを「慰安所」で兵士たちに与えていた。米軍当局は、韓国政府筋の援助を受け、表面的には女性を性的奴隷として扱っているようには見えない慰安婦制度を継続したが、そこで働かされる女性たちは、極度に選択肢に乏しい労働条件を強いられた。[5]

一九五〇年に朝鮮戦争が勃発したのち、この取り決めは成文化された。「当局はすでに、連合国軍の労役と引き換えに国連軍慰安所を設置する許可証を発行している」と、『釜山《ぷさん》日報』は報じている。「数日以内に新・旧馬山《まさん》の市内に五か所が設置される。当局は今後、市民の多大な協力を求めることになる」[6]

一九五三年の米韓相互防衛条約（これが現在でも米軍がアメリカと韓国の基地に駐屯する法的根拠となっている）調印後、基地村は急速に発展した。一九五〇年代だけでも一八の新しい基地村が設置された。政治学者で基地村を専門とするキャサリン・ムーンの説明によると、基地村とは「韓国の統治権が失われ、米軍当局による支配が取って代わった事実上の植民地だった」という。基地村における韓国の活気は、ほとんど全面的に兵士たちの購買力に依存したものであり、その基地村経済の最重要部分を担うのが性的産業だった。基地村は、セックス、犯罪、暴力で知られる「屈辱的な汚名を着せられた中間地帯」となった。一九五八年には、総人口が二二〇〇万人にすぎないこの国で、性的労働者の数は推定三〇万人にのぼった。半分以上が基地村で働く者だった。[7] ソウル繁華街の真ん中には、もとは日本人入植者が建設した面積六四〇エーカーの陸軍龍山《よんさん》基地が置かれており、その基地に隣接する梨泰院《いてうぉん》にはバーや売春宿がひしめく。兵士たちはここを「フッカーヒル」［売春宿密集地帯という意味］と名付けた。[8]

「同居」という植民地女性との西洋式の内縁関係も、よく見られるようになった。「多くの男性が特定の女性と付き合っていました」と、ある従軍牧師は言う。「〝自分の〟女に家具付きの茅葺家《フーチ》を与える者もいました。韓国を去ることになると、次に配属されてきた男性に家ごと女を売るのです」[9]

一九六一年のクーデターで革命軍が政権を握った韓国では、当局が、米軍兵向けに慰安を提供することを法的に認めた韓国人立入禁止の「特別区域」を設置した。そこでは、米軍警察が衛生検査証を所持しない売春婦を逮捕でき、性行為感染症をもつ女性は「モンキーハウス」と呼ばれる拘置所で米軍医による治療を受けた。一九六五年の調査では、兵士の八五パーセントが売春婦と「関係している」、「以前は関係していた」と回答している。[10]

こうして基地村と売春業は、戦争による荒廃から立ち直ろうともがいていた韓国経済において重要な役割を果たすようになった。政府文書によると、米軍兵が休暇中に日本ではなく韓国で女性に金を使うようにするため、国を挙げての政策が進められた。女性たちに簡単な英語講座とエチケット講座を開き、より巧妙に米軍兵に身売りしてたくさんの金を儲けるよう奨励したのだ。「もっともっと身売りして稼ぎまくれとせっついて、私たちのことを『ドルを稼ぐ愛国者』とほめそやしました」と、かつて売春婦だったアエラン・キムは語る。「韓国政府は米軍相手のポン引きの大元締めでした」[11]

米軍兵のドルを巡る激しい競争は、沖縄、南ベトナム、タイ、フィリピンでも繰り広げられた。沖縄では、一九七二年に米軍占領が終了するまで公娼制が続いていた。朝鮮戦争が勃発するまであと三か月という時期に、沖縄の八重島では当局によって公認売春街が設置され、一九六九年には、一〇歳から六〇歳までの沖縄女性総数の約二パーセントにあたる七四〇〇人の女性が、基地周辺での売春に従事していた[12]。一方、アメリカによるベトナム戦争は、タイのパタヤビーチを世界最大の赤線地区に変えた。あたり一帯がR&R（保養と休暇）、あるいは一部でひそやかにささやかれたI&I（酩酊と性交）に最適の地となったのである。米軍が南ベトナムを引き揚げたとき、そこには推定七〇万人の売春婦が残された[13]。

「売春は明らかに組織的な不正行為です」と、ソウルのアメリカ大使館のある高官が、一九八〇年代初期に韓国に駐在していた当時を振り返ってこう話す。「何というか、汚らわしいという感情がつきまといます」。「既婚男性でさえ」かかわっていたという（日本、ドイツ、イタリアなど、基地がある諸外国とは異なり、朝鮮戦争はいわば終わらない戦争であったため、韓国に赴任する兵士の九〇パーセントは最近まで家族を同行させなかった[14]）。「いわば結託して出かけ、バー巡りをしたのです。次々とバーからバーへ行きました」

「女性を手に入れるのは簡単でした」と、その高官は言った。彼女たちは飲み物をおごってくれとは言わない――家へ連れて行ってほしいと言ってくる。「ちょっとしたジョークがありました。男が二〇ドル札を一枚取り出し、それをひとなめし、女性の額に貼り付けるのです」。すると、それだけで女性を買えたという。

現在、当時の制度のもとで慰安婦をしていた女性の多くは、今も基地村に住む。彼女たちの心に付きまとう恥辱の感情はそう簡単に消えるものではない。元慰安婦のひとりで「ジオン」としか名乗らない女性は、一九五六年に基地村に来た当時、一八歳の戦争孤児だった。数年で妊娠したが、生まれた男児はアメリカへ養子に出した。そこでいい人生を送ってほしいと思ったからだ。二〇〇八年、米軍兵となって戻ってきた息子は彼女を探しだした。ジオンは生活保護を受け、廃品から拾った物を売って生活していた。彼女は、助けたいという息子の申し出を拒否し、自分のことは忘れるように言った。「私は母親失格です。今さら息子に頼る権利はありません」[15]

「私のような女性は、私の国と米軍の結託による最大の被害者です。思い返してみれば、私は自分の体を自分のものと思わず、政府と米軍のものだと思っていました」[16]

「ジューシーガール」

一九九〇年代の中盤以降は、韓国経済が劇的な成長を遂げたことに伴い、基地村の韓国女性の多くが、バーやクラブの労働条件による搾取から逃れることができるようになった。基地村の性的労働者の大半を占めていた韓国女性に取って代わったのは、主にフィリピン人女性だった。少数ながらロシアや旧ソ連邦構成諸国からの女性たちもいた。韓国政府は「芸術興業」を行う者を対象とするＥ－６というビザのカテゴリーを設け、韓国の「興行主」が、フィリピンその他の国々から法的根拠に則って女性たちを入国させることができるようにした。Ｅ－６ビザは、ＨＩＶ検査を受けることが義務付けられる韓国で唯一のビザだ。入国後も三か月ごとの性病検査受診が求められる。[17] このビザで入国する女性の九〇パーセント以上が性的産業従事者と推定されている。[18]

興行主は多くの場合、女性を募集する際に歌手やダンサーの仕事を提供すると約束する。応募者は歌唱能力を示すためという名目でビデオを提出させられる。エージェントは集めた女性たちを韓国に入国させるときに手数料を課し、女性たちはその手数料を、基地村などのバーやクラブで働いて返さなければならない。[19]

女性たちは、雇用主と給料が明記された契約書に母国で署名するが、結局は別のクラブに雇われ、約束した金額より安い給料で働かされることが多い。興行主と店のオーナーは、不明瞭な手数料を上乗せしたり、給料から金を差し引いたりして、彼女たちを永久的に借金漬けにする。契約で約束された住居や食事も、たいていはバーの上階にある荒れ果てた共同部屋とラーメンだ。クラブによっては、オーナーから「ＶＩＰルーム」などの部屋で売春を強要される。クラブで強要しない場合でも、借金と心理的圧力から女性は売春に走る。韓国語をほとんど話せない女性たちは、頼れるところがないに等しい。興行主やバーのオーナーは女性たちのパスポートを取り上げていることも多い。雇われている場所から逃げ出せば、すぐに逮捕、罰金、収監、韓国からの退去命令が待っている。おそらくは借金を負う相手から暴力の応酬にあうだろう。[20]

二〇〇二年、クリーブランドのテレビ局がある番組を放映した。基地村のバーの店内で、客である兵士が、競売で売られてきたと知る女性とどんなやり取りを交わすのか、そして軍警察がそんなバーや兵士をどのようにかばうのかという実態を暴露したのだ。[21]「女の子にパンを買ってくれって言われたら、何か変だと思いますよね」と、兵士のひとりが言う。「その子たちはクラブを離れられないいんですよ。ほとんど食べさせてもらってもいない」。もうひとりの兵士が言う。「そういうクラブにはアメリカ人しかいないんです。そんな女の子を連れ出して俺たちのために働いてもらえば、いい賃金が手に入るはずだ。それに一日ぐらい休みをやらなきゃ[22]」（ほとんどの女性の休暇は月一日だった）。国務省は二〇〇二年の報告書で、韓国は人身売買された女性の最終的な行き先のひとつであると認めている。[23]そして、二〇〇七年には、三人の調査官により、在韓米軍の基地は「アジア太平洋やユーラシア大陸から韓国とアメリカへの、女性の国際売買の中継地」であることが確認された。[24]

このような事実が明るみに出たことに伴い、在韓米軍基地周辺での売春を非難する国民の声が高まり、フェミニストや宗教団体、国会議員が事態の変革を訴えるようになった。韓国政府は断固とした取り締りを行うようになり、国防総省も間髪を入れず、人身売買については例外なくこれを処分するという「ゼロ・トレランス」政策を発表した。[25]二〇〇四年、韓国政府は売春を非合法化し、翌年にはジョージ・W・ブッシュ大統領が、軍事司法統一法典に基づき、売春を違法とする大統領令に署名した。軍は基地村のバーやクラブの監視を強化しはじめ、人身売買にかかわっていると考えられる店は、軍人用の「立入禁止店」のリストに掲載された。

だが、そうしたリストは基地の兵士たちに、どこへ行く〝べきではない〟かではなく、どこへ行く〝べき〟かを教える情報源になっていると話してくれた退役軍人はひとりではない。そして売春が非合法化されても、バーやクラブは、その商売の性質をあいまいにごまかす新手の方法を編み出すだけだ。たとえば、ジューシーバーと呼ばれるバーでは、男が小さなグラスに入った果汁入りアルコール飲料らしき飲み物を、露出度の高い服をまとう「ジューシーガール」に買い与える。そうした女性の大部分は、フィリピンや旧ソ連から人身売買されてきた女性だ。バーによってルールは多少異なるが、基本的に、男は決められた金額以上の飲み物を買えば、女性を外に連れ出せる。バーでは、明白にセックスを目的とした金銭取引は行われないが、ふたりが店外に出た時点で取引は成立だ。

実にうまくうわべを取り繕ったごまかしだ。軍の新聞『星条旗』が新たな暴露記事を掲載すると、韓国の軍についての記事をブログで発信する兵士がこう書いた。「誰もがショックを受けるニュースが出た。『星条旗』が調査したところによれば（なんと！）、ジューシーバーは売春の最前線なんだって」[26]

キャンプ・スタンレーのすぐ外側にある議政府市《ウィジョンブ》の基地村で、かつて〝ママさん〟だったキム夫人が、この新手のシステムについて語ってくれた。まず、男は「女の子に一杯おごらなければいけないの」。一杯は二〇ドルから四〇ドル、クラブによっては一〇〇ドルだ。「一杯で二〇分」だという。時間切れになると、もう一杯買うように〝ママさん〟に言われる。

男が決められた金額以上――通常は一五〇ドル以上だそうだ――の飲み物をおごったところで、男は女性に「明日、ランチに行かない？」と聞くことができる。男は〝ママさん〟にも「連れ出し料」を払う。翌日は女性に店を休ませることになるので、その分の彼女の稼ぎを穴埋めするためだ。連れ出し料を払ってすぐに店を出ることもある――だいたいはホテルに行くためだ。どちらの場合も、セックスについては別料金をふたりの間で交渉する。

食事に行くことを「表向きはどちらも『売春』とは言いません」と、キム夫人は言う。「ふたりがどこに行くかは、誰も知りません。それは女の子次第です」。翌日は服や靴のショッピングに行くこともあるかもしれない。「そのあと何をするかも、誰も知りません」

「食事に行くか行かないかは、女性が選べるのですね?」と私は尋ねた。

「女の子が選びます」と、キム夫人。だが、女性が行かないと言えば「男は大声で罵倒して、クラブに来なくなります……。二度と来ない」。キム夫人は男性をまねて「『ちくしょう!』」と言って見せた。

客を失ったバーのオーナーも「ちくしょう!」と言うのだろう。どんなふうに言うのだろう。それに、女性側に選択権があると言っても、すでに借金を背負っているプレッシャーが選択を左右するのではないだろうか。

その場には、ユ・ヨンニムも加わってくれていた。性的産業に従事する女性たちを一九八六年から支援してきた韓国の組織〈ドゥレバン〉(「わが姉妹の場所」の意)の代表者だ。彼女の説明によると、バーによってルールは異なるが、女性は通常、ひと晩で少なくとも約二〇〇ドルを稼ぎ出さなければならないという。稼ぎがその金額に足りなければ、オーナーは女性にも「連れ出し料」を払わせる。その穴を埋めるには、女性は男性と出かけなければならない。

女性を入国させた興行主は、月一回、女性たちに給料を払いに来る。バーのオーナーは興行主に、飲み物の売上げから一定の割合の金額を支払う。ほとんどの場合、少なくとも半分が興行主の取り分だ。興行主は、政府に対しては、韓国の公定最低月給である約九〇〇ドルを支払っていると報告する。だが女性が実際に受け取るのは、普通は月に約三〇〇ドルから五〇〇ドル程度だ。

「彼女たちは怖いんです」

七月の焼けつくように暑い日の真昼頃、私は烏山《オサン》空軍基地の門外に広がる松炭《ソンタン》の基地村の通りにいた。松炭は、韓国に現在一八〇も存在する基地村のひとつだ。烏山の正門から四〇〇ヤード以内に、九二軒ものバーがある。二六フィートに約一軒だ。二〇〇七年の調査では、この地区には部屋を時間貸しするホテルが二一軒あった。[27]

私が松炭にいたのは、ユ・ヨンニムの組織〈ドゥレバン〉から来たふたりの女性、ヴァレリアとソーヒーに同行するためだった。ふたりはこの「特別観光地区」で性的労働に従事する女性たちを探し、組織で何かできることはないかと声をかけるつもりだった。

特別観光地区は、法的にはそこで働いていない韓国人は立入禁止であるため、通りを歩く人のほとんどは烏山空軍基地の人間だった。バーやクラブがまだ静かな真昼、目に入るのは制服を着た空軍の男性兵や女性兵だ。少ないながら、砕けた服装でベビーカーを押して歩く家族連れも見かけられた。私服姿の男性数人が、若いフィリピン人女性の脇を通り過ぎてファストフード店やレストランへ向かう。たまに、韓国人女性と手に手を取って歩く男性もいた。

数分ごとにフィリピン人女性を見かけた。子供連れの女性もいた。そのたびに、ヴァレリアとソーヒーは彼女たちに、タガログ語で書かれたドゥレバンの名刺と、化粧品類を数品、そして支援者が寄付した「KOREA」と書かれているシャツを渡した。松炭の大きな歩道で、私たちはほかの支援活動家たちと話をするため立ち止まった。すぐそばのクラブ、Club Join Usには「フィリピン料理／フィリピン女性」という広告が貼りだされている。若いフィリピン人のカップルが「ごめんなさい、急いでいるので」と言いながら通り過ぎる。さらに、ウエスタンユニオン［国際送金サービスの会社］から出て来たふたり連れが「フィリピンへ低コストで送金！」とタガログ語で書かれた看板を担ぎ、足早に去って行った。

私はヴァレリアに、相手の女性たちと何を話しているのかと尋ねてみた。すると、彼女たちは、給料をもらっていないと訴えているという。オーナーや客に暴力を振るわれるという人もいた。ほとんどの人が、韓国への入国ビザを取得したときに多額の借金を背負わされている上に、故郷の子供や家族に送金していた。「みんなクラブにしがみついているんです」と、ヴァレリアは言う。クラブが提供するアパートは、たいていはバーと同じ建物のなかにある。オーナーはたいてい、女性たちの外出を一日二時間しか許可しない。制限時間がないこともあるが、その場合は「常に誰かが見張っている」という。

大半の女性は韓国語がわからず、バーを辞めれば違法になると、ヴァレリアは言う。〈ドゥレバン〉は、ある程度は彼女たちを法的に支援できるし、場合によっては金銭的支援もできる。だが、ビザの在留資格については「何もできない」と、私たちの一行に加わっていたヨンニムは言う。だから、バーを辞めれば国外退去を命じられるか、不法滞在者として拘留される。

「なかには女性を閉じ込めておく悪質なクラブもありますが、それよりも、みんな怖いから逃げられないんです」。そう話してくれたのは、ヴェロニカという二四歳のロシア人女性だ。松炭のクラブのオーナーのひとりが同意する。「閉じ込められている女性もいます。火事が起これば逃げられません。でも、何よりも心理的に怖くて逃げられないんです。彼女たちには知り合いがいない。金もない。金を手に入れるには、売春するしかありません」[28]。フィリピン大使館の労働担当官、レイダグラス・コンフェリドは、次のような話によって説明する努力はしているという。「誰かを家から遠くまで連れてきたとします。すると条件次第で、その人はあなたのどんな命令にも従うようになりますよね。それは誰にでも起こりうることなんですよ[29]」

女性たちは、米軍兵をつかまえて「クラブから出よう」とすることが多いと、ヨンニムは言う。日ごと違う客の相手をする生活はつらい。だから、恋人となった米軍兵についていき、一緒に住もうとする。だが、ヨンニムによれば「実際には九〇パーセントの女性が捨てられます」。多くは妊娠し、子供を産む。結婚する女性もいる。しかしその後、兵士は韓国での任期が終わればひと言もなく、金銭的にも法的にも問題を抱える女性を残して去る。女性の多くはクラブを辞めているので、韓国に住むために必要な身元保証人を突然失う。正式に離婚していないため中途半端な法的立場に置かれ、養育費の申請もできないことがある[30]。場合によっては、男性に言われるまま、何が書かれているのかを理解できないまま書類に署名させられ、それが実は離婚届であったため、何もかも失って置き去りにされる女性もいる。

一九七〇年代以降は、韓国人女性と偽装結婚してアメリカへ連れて行く米軍兵も出てきた。韓国風マッサージパーラーで売春させるためだ。合法的に結婚したのち離婚された女性も、マッサージパーラーの求人に応募することになりがちだ。現に、調査や警察によると、アメリカのマッサージパーラーで働く韓国人女性の大半は、米軍兵と結婚していたことがあるという[31]。

その日の夜、私は〈ドゥレバン〉の支援活動家たちと別れたのち、沖縄から来たという女性と会った。

全身白ずくめの流れるような衣装に、透けるような青白い肌、長い黒髪をもつその女性は幽霊のように見えた。女性は、歩道に置いた大きなズック製の雑嚢《ざつのう》と、なかに何かが入ったビニール袋数個を指さし、自分を「浮浪者」だと言った。助けを求めているという。海軍兵と結婚していたのだが、現在は海軍の銀行からお金を引き落とせない。もう、基地には入らせてもらえない。烏山にもいられないそうだ。「何の因果だというのでしょう。こんなことになるなんて」

第二次世界大戦以後、アジア人女性と男性米軍兵との結婚は五〇万件以上にのぼるが、言葉の壁、固定観念や偏見、家族の反対、文化の違いなど、さまざまな問題が重なって破局に至る確率が高い。また、軍人は非常に若くして結婚する傾向がある。同年齢の陸軍下士官と民間人を比べると、既婚下士官の割合がほぼ二〇パーセントであるのに対し、民間人の既婚者は五パーセントにすぎない。ある意味では、アジア人女性と米軍兵の結婚のうち、推定八〇パーセントが離婚に至るのも無理はないと考えるべきなのかもしれない[32]。

米軍兵については、他国の男性駐屯兵も同じように、現地の女性と子供を捨てるという話が聞かれる。日本、ホンジュラス、ドイツをはじめ、基地がある世界のすべての町にそうした話がある。在外米軍基地は、何世代にもわたり、離婚や未婚の母子の置き去りを生んできた。沖縄では、米軍兵が置き去りにした子供は四万人にのぼると推定されており、その多くが最終的には児童養護施設に入れられている[33]。占領下の西ドイツだけでも、一九四六年一二月にドイツ人とアメリカ人の結婚が禁止されたこともあって、約九万人の「非嫡出」児が生まれている[34]。ドイツの米軍基地では、今も多くの子供が置き去りにされている。現に、アメリカ男子サッカー代表チームでこれまでにプレーした選手には、彼らの母親をドイツに残して去った米軍兵の父親を知らないまま育った者も多い。[35]

世界の不平等

その夜、私は烏山空軍基地の外の基地村、松炭の通りをぶらついていた。日が暮れてからはざわめきが増し、人が増える一方だ。まだ通りにたくさんいるカップルや子供たちは、ジューシーバーを通り過ぎて買い物や食事に行くところだ。夜がふけるにつれて、大きな歩行者遊歩道に立ち並ぶバーや、建物の二階にClub Woody's、Pleasure World、Whisky a-Go-Go、Hook Up Clubといった店名のネオンが光るクラブからヒップホップが響いてくる。そうしたバーの多くには、ストリッパーがポールダンスを踊るステージがあり、そこでは女性がステージライトの閃光と音楽の大音響のなか（着衣で）回転技を披露する。ほかに、体にぴったりしたスカートやドレスをまとうフィリピン人女性のグループが、互いにしゃべりながらビリヤードテーブルに寄りかかり、ショットを打つ光景が見られるバーもある。両腕を老いた米軍兵、若い米軍兵の体に回して、それぞれと話す女性もいる。若い米軍兵の一行が、赤線地区と歩行者遊歩道の合流地点を歩きながらバーをのぞき込み、どこに入ろうかと物色している。安いホテルのぎらぎら光る看板が客を招き寄せている。食べ物の屋台の近くには「男性専用マッサージ・プリンス・ホテル」と書かれた看板が見える。

私はバーの一軒に入ろうかと思ったが、それはすでに何人ものジャーナリストが実践済みだ。ジューシーバー体験記については、そうした記事を拝借しよう。

一時間とかからないうちに、四〇ドル分の飲み物をおごるだけで、騒がしいバーの若くてかわいい女の子から携帯電話の番号を聞き出し、「フィリピン女との快楽」を適正価格で約束してもらうことができた……女の子は何度も誘うように客の体に触れ、体をぎりぎりしか覆い隠していない衣装と同じように、薄いベールで包んだだけの取引条件を提案してくる。[36]

『星条旗』紙の記者が、あっという間に五人のフィリピン人女性から電話番号を聞き出したという記事もある。

そこの女性のうち三人から「いつでも歓迎するわ」と声をかけられ、もうひとりは「ふたりだけで」食事をしながらお話ししましょうと誘いをかけてきた。食事のあと、ホテルの男の部屋まで同伴する料金については、そのときにね、というわけだ。あるバーなど、若い女の子が自己紹介しながら、お尻を客の体にこすりつけてきた。[37]

最近まで、基地村では性的取引が禁止されていなかった。人目をはばかる者など、ほとんどいなかった。ジャーナリストのトム・メリマンは、二〇〇二年に改革を求める声のきっかけとなる暴露記事を書いた人物だが、彼は「隠しカメラなんかまったく使っていない。旅行者として入り込んだだけだ」と言う。すべては「実に大っぴらに行われていた[38]」

韓国のクラブやバーの大半が、フィリピン人女性ばかりなのは、悲しいことながら不思議でも何でもない。フィリピンでは、一八九八年に米軍に占領されて以来、性的産業が急速に発展した。一九九二年にフィリピン政府が米軍を立ち退かせるまでに、この国の性的産業は世界最大規模となり、スービック海軍基地周辺だけで二万人にのぼる女性が性的産業に従事するに至っていた。[39] アメリカによる植民地支配でフィリピンが貧困に陥ったこと、そして、一九四六年に独立を宣言しながら実質的にはアメリカの支配が形を変えて存続し、貧困から抜け出せなかったことを考えると、多くのフィリピン人女性が出稼ぎをして、売春という巨大産業に飲み込まれつづける理由は容易に理解できる。

その日の昼間、〈ドゥレバン〉の支援活動家たちに同行した松炭の探訪が終わりに近づいた頃、私はヴァレリアに、ここへ来る前から自分がどうなるかを知っている女性はいるのだろうか、と尋ねてみた。

「今では、みんなこのシステムのことを知っています。ほとんどの人は、自分が何をすることになるのかを知っているわ」

自分もフィリピンから来たヴァレリアは、こう説明した。「彼女たちは大金を約束されてここに来るの。ドルの力よ」。女性の多くは、フィリピン諸島のなかでも最も貧しい南部出身で、家族を養わなければならない。「みんな耐えているの。フィリピンでは絶対に、こんなお金は稼げないから」

これはつまり、基地村の性的産業の根底にあるのは、男女間の不平等と、持つ者と持たざる者を生み出した世界経済の不平等ということになる。韓国経済が成長するにつれて、韓国女性の大半が低報酬しかもらえない基地村での売春を逃れたが、彼女たちに代わって、世界経済における階層がぐっと低いフィリピンのような国の女性が入り込むことになったというわけだ。

こうした女性が韓国に到着してからの体験談は、不運なきっかけから転落の一途をたどった物語を聞くかのようだ。現在では多くの女性が、芸術興業のビザで入国した者が通常従事することになる仕事の性質を知っているようではあるが、人をだます求人戦略も、明らかな不実表示も、契約違反した雇用主が刑事責任を逃れられることも、すべてが当たり前のようにまかり通っている。だが、韓国語を話せず、借金を背負わされ、故郷の家族に仕送りをしなければならない貧しい出稼ぎ労働者である女性たちの立場は、きわめて弱い。だから、給料を払ってもらえない、パスポートを取り上げられる、屈辱的な労働条件や居住条件を強いられる、暴力を振るわれる、レイプされるなどの憂き目にあっても、なすすべがない。性的奴隷と言ってもよい環境に置かれることもある。ほとんどの場合、女性たちはきわめて非力で、頼れるところもない。

二〇〇五年にフィリピンで、韓国へ行くため芸術興業のビザを取得したロリという女性は、到着するまで「システム」の真実を何も知らなかったという。「歌手として契約書に署名したから、本当に歌えると思っていました」。現在、彼女はクラブにはめられたと感じ、売春を憎んでいるが、金銭的な理由で逃げ出すことができない。「ほかの女の子たちと話したときに、『本当にもう耐えられない。出かけたくない。男となんか出かけたくない』と言ったんです」と、ロリは訴える。「でも、こう言われました。『家族や子供や、ほかの大好きな人たちのためだと思えば、男全員を客にとって、自分のことなんか考えないようにしなきゃ』って。フィリピンで払わなきゃいけない借金さえなければ、絶対にフィリピンに帰ります。こんなところには一秒だっていたくない[40]」

「一時間いくら、一晩いくら、買い上げでいくら」

米陸軍のボスニア作戦で起きたケースは、極端な帰結に至った事例だ。ベン・ジョンストンは陸軍に六年在籍したのち、一九九八年の終わりごろに、最大の軍事請負企業ダインコープの航空機整備士としてボスニアのキャンプ・コマンチェに派遣された。まもなくジョンストンは、何人かの同僚が女性を性的奴隷として買ったと自慢するのを聞くようになった。「基本的に、気に入ったらどんな女の子でも買えました」と、のちにジョンストンはテキサス州の裁判所で陳述した。「女を買えよ、家に性的奴隷を置くのはいいぞと話す人が大勢いました」。「俺のは、まだ一二歳だ」と自慢する者もいれば、ある四五歳の男の「持ち物だった女の子」は「どう見ても一四歳を超えていませんでした」と、ジョンストンは証言した[41]。

何らかの措置をとるようダインコープの幹部に訴えたものの説得できなかったジョンストンは、CIDすなわち陸軍犯罪捜査司令部に、ダインコープの社員八名が女性を買ったと公言していることを報告した。ダインコープの社員とセルビアのマフィアが、主に東欧諸国からボスニアに、どんな手段で女性や少女を入国させ売買しているのかを説明したのだ。「ダインコープの上層部は現地のマフィアと一〇〇パーセント結託しています」と、ジョンストンは言った。彼の上司であったジョン・ヒルツは「新入社員を次々に売春宿に連れて行って罠にはめ」、その見返りとして「セルビアのマフィアはヒルツに女性をただで与えていたんです[42]」

同社のケルヴィン・ワーナーという社員も捜査を受けて、女性を買ったと認めている。「ハーレーズというナイトクラブが売春を斡旋しているんです」と、ワーナーはＣＩＤに供述した（ボスニアでは売春は違法行為だ）。「女性は一時間いくら、ひと晩いくら、買い上げでいくら、というように売られていました」。ワーナーはそこで、女とウジというマシンガン〔イスラエルの兵器メーカー、ＩＭＩ社が製造・供給するサブマシンガン〕を七四〇ドルで買った。「その後、〔彼女は〕同居人として私と暮らしました。あまり英語は話せませんでしたが、出て行きたければいつでも出て行けることは、ちゃんと知っていました」と、ワーナーは主張した[43]。

ダインコープで社員のそうした行為が発覚するのは、これが初めてではない。ジョンストンがＣＩＤに報告する数か月前の一九九九年、同社の別の社員五名が、やはりセルビアのマフィアから女性をパスポートごと買ったことをボスニアのメディアに突き止められている。同じころ、国連警察要員として勤務していたダインコープの社員キャスリン・ボルコヴァクも、同社の社員と国連職員が性的取引に関与しているという告発を行っている。国連の任務の合間を縫って犠牲者の女性数人から話を聞いたボルコヴァクは、人身売買された東欧の女性たちが、売春仲介業者への借金返済のために働かされ、レイプ、暴力、拷問にあうことを暴露した。あるクラブで、彼女と地元の警察官はこんな光景を発見する。「七人の女性が床のすりきれたマットレスの上で身を寄せあっていた。コンドームがひものようにゴミ箱のふちから垂れ下がり、街着や作業服がビニール袋に詰め込まれて、おぞましいのひと言だった。ぶたれておびえていた[44]」

陸軍の指示に従い、ダインコープの幹部は少なくとも社員一八人をボスニアから退去させ、一二人以上を解雇した。問題に関与していた社員がまだいると同社幹部は知っていたことが電子メールの通信記録から浮かび上がったが、これ以上の措置はとられなかった。それどころか幹部のひとりは、この迅速な対応によってダインコープは「今回の不名誉をばねに市場での再起を図る」というコメントを発表している。だが、解雇された社員のなかには、セルビアのマフィアから女性を買った上司のジョン・ヒルツとともに、ふたりの内部告発者、ジョンストンとボルコヴァクもいたのである。ジョンストンが受け取った解雇通知によると、彼は「社と米国陸軍の信用をおとしめた」ため解雇されたそうだ。[45]

ボルコヴァクとジョンストンは、解雇を不当としてダインコープを告訴した（このふたりの話をもとに、映画『トゥルース　闇の告発』が二〇一一年に制作されている）。ボルコヴァクは最終的にイギリスの法廷で勝訴したが、ジョンストンはダインコープとの和解に持ち込まれた。金額は公表されていない。陸軍CIDはこの事件をボスニアの地元警察に委託し、人身取引の申し立てを取り調べることも、関与した女性たちから実態を聴取することもなく、自身の調査を打ち切った。被告発者もダインコープの役員も、誰ひとりとして起訴されなかった。[46]

証拠がなかったわけではない。調査中、陸軍CIDは、ふたりの女性とセックスするジョン・ヒルツを写したビデオを発見している。そこでは、ひとりの女性が何度も「ノー」とヒルツに言っているのが聞き取れた。[47]

「ビデオに映っているこのふたり目の女性とも性交したのか？」と、CIDの調査官はヒルツに尋問した。

「しました」とヒルツは答えた。

「このふたり目の女性が『ノー』と言ったあと、性交したんだな?」

「彼女がそう言ったかどうかは、憶えていませんね。『ノー』なんて言っていないと思いますが」

「お前に再生して見せたビデオで、お前が目撃したところによれば」と、調査官は続ける。「このふたり目の女性が『ノー』と言ったあと、彼女と性交したんだな?」

「しました」と、ヒルツ。

「同意しない相手に自分の意志を押しつけるのは、犯罪だと知っていただろうな?」

「はい」

録画されたレイプに関する調査は、以上で終了した。CIDの報告書は次のように締めくくられている。「本件の加害者である民間人はすでに〔軍事司法統一法典〕の適用対象外であるため、この人物を連邦犯罪法違反により摘発することはできず、ほかに陸軍が利害得失を有する事項も存在しない」

基地村で起きていること

過去数世紀にわたり、軍は恒常的な労働力不足をさまざまな手段で穴埋めしようとしてきた。兵士たちに金、食料、住居を与え、商業的なセックスに手を伸ばしやすい環境を整えるのは、最も常套的な手段だ。兵士はセックスに金を払わされるが、それは軍にとって好都合だった。労働者階級の男たちが金を使うほど（借金を背負うこともまれではない）、軍の給料に依存することになるため、いつまでも軍に引き留めておくことができたからだ。

しかし、金や食料や住居とは異なり、セックスは軍の指導者にリスクをもたらす。まず考えられるのが性行為感染症だ。また、男性兵同士あるいは地元男性との間で女性を巡る争いが起こりうることもリスクのひとつだ。さらに、表面化しにくい問題ではあるが、セックスによってもたらされたパートナーと子供が、軍に対して兵士が捧げるべき時間、忠誠心、帰属意識を兵士から奪う存在になる可能性もある。

だから、軍の指導者は何世紀もの間、兵士にセックスをただ供給するのではなく、あくまでも監視の目を光らせながら供給してきた。つまり、女性とその性的労働を特定の地域内に制限する、衛生検査証の所持を義務化するなどの手段で管理してきたのだ。植民地時代のインドでは、イギリスが一八六四年に制定した宿営地法（Cantonment Acts）によって、イギリス軍の指導者がインド人の性的労働者を軍の基地内に連れてきて売春許可証を発行し、健康診断を受けさせ、兵舎から見える〈チャクラ〉と呼ばれた売春宿に収容した。元空軍士官で基地専門家であるマーク・ギレムによると、これは女性たちを兵士の「目につきやすい存在」として、だが「兵舎から都合よく離れた場所」に置くための仕組みだったという。二〇世紀から二一世紀にかけての基地村とまったく同じように、この仕組みの目的も結局は男性とその労働を管理し、軍の機能を維持することにあった。政治学者シンシア・エンローの表現を借りるなら、軍の指導者は売春宿を基地の重要な乾ドックと位置付けたのだ。[48]

性的労働の適法性や倫理を問うまでもなく、性的産業を保護するのは軍法に背く行為であるのはもちろん、米軍の基地と兵士が駐屯する大半の国々（ドイツ、オランダなど少数の国々は除く）の法にも抵触する。この産業において人身売買が広く行われていることを考えると、[49]兵士たちは、そうした売買への加担を禁じる国内法、国際法にも違反していることになる。

性的産業の保護の弊害は、さらに広がる恐れがある。私がそのことにはっきりと気がついたのは、沖縄の嘉手納基地の門のすぐ外で営業していたバーを訪ねたときだった。そこで私はかなり酔った女性と会った。会ってすぐに、女性はふたりの子供と航空機操縦士の夫がいること、夫は最近グアムとタイの臨時勤務から帰ってきたばかりであることを話してくれた。だが、夫はもっと勤務を続けたいと思っていたのだろうと、彼女は嘆く。向こうで夫が何をしていたかがわかったのだ。「私が淋病《りんびょう》にかかってしまったんですもの！」そう言って、彼女は泣き崩れたのだった。

今は、どうしたらいいかわからないという。夫とは別れたいが、家に子供たちがおり、外国に住んでいて、経済的には夫に頼っている。子供たちは父親が大好きだから、やはり離婚はしたくない。

結局、軍にはびこる売春の影響をこうむるのは、体を酷使され、しばしば虐待され、売買され、搾取される外国の女性たちだけではない。家族や同僚、そして兵士の生活と接点をもつその他の人々にも影響は及ぶ。ラスベガスで演じられる夢物語とは異なり、基地村で起きることは基地村のなかだけでは収まらない。次章で見ていくが、性的産業の場と軍隊によって培われた男性の態度、より広く言えば男性と女性の関係は、基地でも家庭でも兵士の生活を支配し、危険な力を振るうようになる。

2003年の第二次イラク戦争で派兵された兵士たちのために、米軍慰問団（USO）のショーでパフォーマンスを披露するダラス・カウボーイズのチアリーダー、ミーガン・ウィルジー。米国海軍航空隊下士官兵シーン・C・コール撮影

第一〇章　軍事化された男性性

兵士たちが韓国のような国で性的産業を利用し、往々にして女性を搾取する側に立つことを非難するのは簡単だ。だが、韓国の軍に関する人気ブログ ROK Drop を運営する兵士も指摘する通り、兵士だけを責めるのは間違っている。「[在韓米軍は]あらゆる美辞麗句を連ねて人身売買、売春、アルコール乱用と闘おうと主張しているが、そもそも軍の方針がある限り、米軍基地の周辺でこの種の行動がなくなることはない」[1]。きれいごとだと、このブロガーは言う。訓練プログラムでは「飲酒の際には節度を保ち、ジューシーガールには近づくな、などと兵士たちは言われる。だが、兵士が自由時間のほとんどを過ごす場所として、われわれがつくってきた環境はどうだ？　安酒と売春婦であふれた町［基地村］ではないか[2]」

韓国の基地には、ほかに娯楽がないことも要因のひとつではあろう。だが、広くは米軍文化の問題でもあり、さらにはアメリカや韓国をはじめ、ほぼ世界中の社会全体に共通して見られる性差別主義と家父長制の問題でもある。性的産業を利用して女性を搾取する男性のふるまいは「男はそういうものだから」という、単に男性兵の自然なふるまいとして片付けられてしまうことが多い。だが、これは自然なふるまいでも何でもない。基地の男性と基地村の女性ならわかることだが、彼らがいるのはきわめて〝不自然な〟環境だ。それは人間（その大半が男性の軍士官と政府高官）が長い時間をかけてひとつひとつの決断を積み重ね、つくりあげてきたものだ。そうした決断の連続が男性優位の軍環境をつくりだし、そのなかで目に入る女性は、圧倒的にひとつの役割を求められるだけの存在となっていった。その役割がセックスだ。一九六〇年代の韓国で実施された研究調査によると、「米軍兵士たちにのしかかる『売春婦を試してみろ』というプレッシャー」を突きつけてくるのは、仲間のアメリカ人だったという。たとえば、フィリピンや韓国の基地に船を入港させる前、軍医が船の男たちを集めてコンドームを配ってくるときのメッセージが、どれほど強烈かを考えてみてほしい。「まるで認可証のようでした」と、海軍兵のひとりは語った。[3]

このように基地村でのセックスが組織ぐるみで公認された世界が、男性兵の〝男性としての〟アイデンティティー形成とふるまいをどのように助長するか、そしてそのプロセスにおいて、軍の機能をどのように強化するかをシンシア・エンローが論じている。軍の組織ぐるみの売買春は、性別に関する既存概念――男であり、女であるとはどういうことかという、文化に染みついた概念――から生まれたものだが、こうした概念を逆に強化するシステムでもある。このシステムの存在により、男性は、女性の性的サービスを受けるのは自分が兵士であり、男であるということの意味の一部だと考えるようになる。それが、エンローたちの言う「軍事化された男性性」、つまり自分が女性より力のある優位な存在であり、自分より劣ると思われる存在に対しては暴力を振るってもかまわないという感覚の形成を助長する。[4]

ROK Dropのブロガーは、こうした感覚や世界に対する見方が、どのように形成されるのかを書いている。「クラブで［ママさんに］酒を飲まされる一八歳から二〇歳の兵士たちがいるとしよう。そして、兵士を王様のような気分にさせる酔っ払った半裸のロシア娘やフィリッピン娘が乗っかってくる。みんな若いから、そんな誘惑には抵抗できない。だから兵士たちは飲み、酔っ払った女の子に夢中になり、自分はこの街の王様なんだという態度を身に付けて、そのまま韓国中に出かけるようになる」[5]

この「自分は王様」という態度は、ある種のヒエラルキーを必然的に伴う。そのヒエラルキーは軍の訓練において基本となるものだ。軍にとって最も難しいのは、人に人を殺せと教え込むことであり、それを教え込むには、他人が自分より「劣る」生き物だという考え方を吹き込んで、周囲の人間を人間ではないと思わせることだという研究結果がある。あとで述べるが、軍の訓練と軍の日常生活の文化によって助長される、周囲の人間など人間ではないという観念の中心となるのが女性蔑視——女性は男性より劣るという考え方だ。軍の組織ぐるみの売買春は、女性など人間ではないと思わせる重要な装置であり、その考え方を不滅のものにするのが、軍事化された男性性だ。兵士と売春婦が別の民族である場合、軍の売買春は人種的・民族的優越性に関する社会的偏見をも強化し、世の中に仕える者と仕えられる者が存在するのは当然だと思わせるようになる。[6]

とりわけ韓国の基地村では至るところで売春が行われていることを考えると、この国に派兵されてきた男性は、男であるとはどういうことかという概念の転換をたびたび迫られることになる——ちょうど、男子だけの寄宿学校やサマーキャンプ、スポーツクラブ、社交クラブで少年が体験するように。だから、沖縄などで兵士がレイプや性的暴行事件を何度も起こすのはなぜか、軍内での女性に対する性的暴行・暴力事件の発生率が高いのはなぜかを理解するためには、男性が基地村で体験することを見落とすことはできない。軍における性的暴力の被害者を支援するひとりはこう言う。「基地の外で女性を搾取するように若い兵士にけしかけておきながら、その舌の根も乾かないうちに、軍の女性を仲間のひとりとして扱えなどと言うのが、そもそも無理な注文なのだ[7]」

「声をあげることもできなかった」

トミタ・ユミは沖縄の嘉手納基地の近くで育った。[8]ある日、高校からの帰り道をひとりで歩いていると、赤土の野球場に近い細い脇道の歩道沿いで、すぐそばに車が停まった。「車の兵士は友人の家の方角を聞いてきました」と、彼女は当時を振り返って言う。「教えようとしたけど、私の片言の英語では、わからないようでした」

「そこで、車の窓に近づいて、もう一度教えようとしたんです。すると、隠れていた別の兵士が私のうしろに来て背中にナイフを突き付け、『殺されたくなければ、言う通りにしろ』と言いました」。約二〇年後、ドキュメンタリー映画のためにインタビューを受けたユミは、顔を見られないように大きなサングラスをかけていた。朝鮮戦争中の嘉手納地区は、バー密集地帯に変えられたと、彼女は話す。「沖縄女性を『守る』ためでした。あまりにレイプが多かったからです。それ以前は、武器を持った米軍兵が、女性を探してたびたび民家に押し入りました。地元の住民は、兵士が近づいてきたら警報ベルを押すのが習慣のようになっていました。ベルを聞いたら、みんな女の人を押し入れに隠して守ったんです」

朝鮮戦争後も危険は去らなかった。ユミは学童だった頃、「道を歩いていたら、米軍兵に追いかけられたことが何度かありました。近所で女性がレイプされているのが聞こえたこともあります。でも、そういう事件が［警察に］通報されることはありませんでした」

歩道でナイフを突き付けられたその日、兵士たちはユミを車に押しこんで近くの公園まで連れ去り、レイプした。「木々のすぐ向こう側の運動場から、人の声が聞こえました。でも、私は最後まで声をあげることもできなかった。その後、何とか立ち上がって家に帰りました」。ユミは、両親に助けを求めることはできないと思った。悩んだ末に、法律を学ぶ兄の友人に相談した。その友人はユミに、警察に言えば犯行現場に連れていかれ、男性警官の前で、そこで起きたことを再現させられると教えたという。裁判に持ち込まれれば、そこでまた同じことをさせられる、と。「そんなことができるかい？と言われました。私はできないと思いました。だから警察には通報しなかったんです」

「小学校六年生の女の子が、三人の米軍兵に基地の近くでレイプされたと聞いたとき、私は自分にも責任があると思いました。自分に起きたことを誰にも言わなかったからだ、と」

トミタ・ユミの事件は、〈基地・軍隊を許さない行動する女たちの会〉がまとめた文書によると、一九四五年から二〇一一年にかけて米軍兵が沖縄女性に対して犯した三五〇件の婦女暴行、強制わいせつなどの犯罪のうちの一件だ（強制わいせつは報告件数がとりわけ少なくなる傾向があるため、実際の件数はもっと多いと考えられる）[9]。ユミが言う六年生の少女の事件は、なかでも最も悪質なものとして知られている。一九九五年九月四日、海兵隊のロドリゴ・ハープとケンドリック・レデット、そして海軍水兵のマーカス・ギルは、海兵隊のキャンプ・ハンセンに近い金武町《きんちょう》の路上で一二歳の少女をナイフで脅して拉致《らち》した。三人は少女をレンタカーに押し込み、両眼と口をテープで覆い、手足をしばり、何度もレイプした後、血まみれの少女を放置して去った。[10]

一二歳の少女は何とか安全な場所までたどり着くと、男たちと車について詳しく話した。数時間以内に三人は軍によって拘束された。ニュースはすぐには広まらなかったが、広まると国民の怒りが爆発した。さらに米太平洋軍司令官リチャード・C・マッキーは、次のような発言で火に油を注いだ。「愚かのきわみだ。これまで何度も言ってきたではないか。レンタカーを借りるお金で女を買えたのに」[11]

犯行に及んだ三人のうち、ギルとハープのふたりは懲役七年の判決を受けた。三人目のレデット(ギルを恐れて少女をレイプするふりをしただけと主張)は懲役六年半の判決を受けた。三人が日本の刑務所を出た三年後、レデットは自殺した。ジョージア州ケネソーの警察がレデットを発見したとき、その隣には、彼に性的暴行を加えられ、棍棒で殴られ、絞殺された元同僚が横たわっていた。[12]

軍による性的暴行

基地村式の売買春に加えて、軍は女性を性的対象として楽しむ風潮に満ちている。諸外国に米軍が駐屯している目的は国防でありながら、まさにその国の地元の人々が米軍兵によるレイプや暴行の犠牲者となるのは、そんな風潮にも原因がある。韓国などの基地周辺で発展してきた基地村のと同じく、第二次世界大戦にさかのぼる伝統をもつのが「キャンプ・ショー」だ。米軍慰問団(USO)から派遣された何百人ものミュージシャン、俳優、コメディアンが、兵士の士気高揚のため海外を訪問するようになったのが、このショーの始まりである。以来、USOのショーは在外基地における定番的娯楽となり、ボブ・ホープ、ジョン・ウェイン、スティーブン・コルベアをはじめ、マリリン・モンロー、リタ・ヘイワース、ベティ・グレイブルのような「ピンナップ・ガール」も訪問した。二〇〇五年にイラクのキャンプ・ヴィクトリーで開催されたUSOのショーでは、アル・フランケンがいつものように陸軍の食事がらみのコメディーを演じたあと、ダラス・カウボーイズのチアリーダーたちが、トレードマークの短いショーツ、ホルタートップ、そしてカウボーイブーツという姿で、会場に殺到した兵士たちを前にダンスを披露した。[13]

ダラス・カウボーイズのチアリーダーは、プレイボーイ・バニーと並んでUSOで最も有名なパフォーマーだ。フランシス・フォード・コッポラ監督の『地獄の黙示録』を観た者は、この伝統を永遠に忘れることがないだろう。映画では、ベトナムで何百人という男性兵が歓声をあげるなか、ビキニ姿のプレイメイト三人が踊るシーンがある。ショーが始まってまもなく、兵士たちは「ビキニを取れ！」「出し惜しみするな！」と叫びだしてステージへなだれ込み、ダンサーたちはヘリコプターに逃げ込んで混乱を逃れるのだ。

政府が資金を提供するこのショーの効果を疑問視する人はほとんどいない。しかし、環境衛生の専門家であるH・パトリシア・ハインズは、「戦場と兵舎における女性（*Women in the Battlefield and the Barracks*）」と題した一連の記事のなかで、女性を性的対象として楽しむこの種の娯楽が、軍を現在動揺させている性的暴行やセクシャルハラスメントの広がりを後押ししているのだと指摘する。どこの軍でも見かけられるポルノも同様だ。ある兵士は、イラクの部隊ではポルノがまるで通貨のように貴重品扱いされると話してくれた。[14]

アフガニスタンやイラクにおける最近の戦争では、「軍内性的トラウマ」(MST)がとりわけ深刻な問題として公式に認知されるようになっている。これらの戦争では女性軍人も戦闘のなかでかつてないほど大きな役割を果たしたが、彼女たちは敵の兵士に殺されるよりも、軍の仲間であるはずの男性兵の手でレイプされることのほうが多かったという。二〇一二年の推計によれば七万人の女性が犠牲となり、そのほぼすべてが、ふたつの国の国内または周辺の基地内での行為だった。[15] ある女性が言った。「私にとっては、毎日のようにあった迫撃砲の一斉射撃のほうが、食べ物を分け合った男たちよりも安全だったわ[16]」。別の女性兵はこんなふうに言った。「軍の男は本質的に、同僚の女が自分とセックスするのは当然の義務だと思っているの[17]」

ダラス・カウボーイズのふたりのチアリーダーが、アル・フランケンとともにパフォーマンスを披露したキャンプ・ヴィクトリーでは、イラク侵攻の最初の数年のうちに、兵舎で数人の女性が脱水症により死亡している。それは、華氏一二〇度(摂氏四八・八度)の暑さにもかかわらず、午後には水を飲まないようにしたことが原因だった。なぜ水を飲まなくなったかというと、夜間に明かりがついていない便所用の囲い地を使用するときに、ほかの兵士にレイプされるのを怖れたからだった。[18] ハインズたちは、これを「ふたつの前線に立つ戦争」と呼ぶ。アフガニスタンやイラクの女性兵は「ふたつ目のもっと危険な戦争――兵舎での個人的な、先手をとるべき戦争」を闘わなければならないのだ、と。[19]

望まない性的接触事件のうち約三分の二が軍の施設で起きたものであり、この問題は軍全体に蔓延《まんえん》する正真正銘の病と化している[20]。ベトナム戦争から一九九一年の湾岸戦争にかけて軍に在籍していた女性退役軍人を対象として、二〇〇三年に軍が実施した調査によると、ほぼ三人にひとりが在籍期間中にレイプされていた。在籍期間は平均してわずか二年から六年であるのに、アメリカで（一生のうちに）レイプされる女性の割合のほぼ二倍に達している。軍でレイプされたと回答した女性のうち、二回以上レイプされた女性が三七パーセントおり、集団レイプされた女性が一四パーセントいた。そして、軍全体の女性退役軍人の八〇パーセントがセクシャルハラスメントにあったと回答した[21]。国防総省の最新データによると、二〇一四年度だけで、性的暴行を受けた兵士は一万九〇〇〇人と推定されている。これは女性兵の四・三パーセント、男性兵の〇・九パーセントを占める数字だ（だが、この数字には私的パートナーによる性的暴行や、子供に対する暴行は含まれていない[22]）。

在外基地は、とりわけ女性にとって危険な場所であるようだ。二〇一三年にアメリカから海外（戦地を含む）に配属された軍人は約一七パーセントにすぎないが、同年に軍で報告されたすべての性的暴行事件のうち四分の一から三分の一が国外で起きている[23]。アフガニスタンとイラク国内とその周辺の基地における性的暴行はとりわけ多いが、戦地以外でも、在外基地ではアメリカ国内の基地と比べて性的暴行のリスクが大きいようだ。軍の数人が婉曲に話してくれたところによると、韓国など、兵士が家族や故郷のコミュニティから遠く離れて単身で配属される国では、あらゆる種類の犯罪が起きやすくなるらしい[24]。

二〇一一年、〈女性兵士アクションネットワーク（*Service Women's Action Network*）〉が軍内性的トラウマの問題に関する会議を開いた。会議の講演者のひとりであった退役准将トーマス・クスバートは、この問題に関して軍の相談役となってきた人物だ。ところが、軍内性的トラウマの体験者、その他の退役軍人、メディアのメンバーなどの聴衆を前に、クスバートは軍法を「かなりよく機能しています」と語った。会場からは、失笑やあざけるようなささやき声が聞こえよがしに漏れた。

数分後、クスバートは、海軍と陸軍で過去二〇年間に起きた性的暴行のスキャンダルについて話していた。彼が被害者の女性たちについて「誰も適切にノーと言う術を学んでいなかったのです」と言うと、会場にはうめき声が広がり、首を横に振って不賛成の意思表示をする人が続出した。さらにクスバートが、性的犯罪は監督役の上官に報告すべきだと言うと、反対を表明する大きな咳払いの大合唱が会場じゅうに広がった。聴衆のひとりが怒りを込めて、上官に「レイプされたぐらいで報告なんかするな」と言われたら、どうするのかと尋ねた。

すると「もうひとつの方法として、CIDに報告するという手があります」と、クスバートは応じた。各方面で非難されている陸軍犯罪捜査司令部の名前が出ると、会場は爆笑の渦に包まれ、当てこすりの拍手がわき起こった。二〇一一年にCIDに報告された暴行のうち、懲戒手続きに処すのが適切と判断された案件は半数に満たなかった。審理に持ち込まれたのは八パーセント未満だ。告発された犯罪のうち一〇パーセントは、除隊により起訴を免れたと推定されている。[25] そして、この起訴率や有罪率の低さとともに、暴行やハラスメントを報告した女性が報復されたという証拠が方々であがっている。[26]

軍の男性指導者たちは、性的暴行の問題の本質を把握し、女性兵を守るための手段を講じ、軍内の法規を執行することができない場合が多いようだ。二〇一二年に空軍で多数の女性士官候補生が指導官に性的暴行を受けたとき、空軍は、以後女性の訓練は女性指導官のみが担当するという方針変更をしただけで、男性指導官にセックスに関する規則や規制や法律を守らせるという対策はとられなかった。[27]これと同じく軍の内幕を垣間見せるのが、ウィスコンシン州陸軍州兵で導入された「酔っていない女性からは承諾を得よう（Ask her when she's sober）」キャンペーンだ。広報担当官によれば「（誘った側にとっての）法的トラブルを避けるため」だという。このことからは、パトリシア・ハインズが指摘する通り、次のような軍の論理がうかがい知れる。つまり、男はセックスを交渉するときに素面《しらふ》でいる必要はない。そして「軍のトップが懸念するのは、いかに男性兵がレイプの罪を負わないようにさせるかであって、いかに女性兵がレイプされないように守るかではない[28]」

〈女性兵士行動ネットワーク〉の会議では、聴衆の男性ひとりが、なぜ軍では犯罪者が拘置もされず、性的犯罪者のリストにも載せられないのかと尋ねて拍手喝采を浴びた。彼は言った。なぜ、軍はテレビ広告でレイプは許さないと言わないのか。「自分と同じ国の人間の罪を問えないのなら、どうやってこの世の秩序を保てるというのでしょうか」

侵入と支配

軍内性的トラウマに悩むのは女性だけではない。軍で男性が性的暴行を受ける確率は女性よりずっと低いが、絶対数で言えば、女性より多くの男性が被害にあっている。[29]

軍におけるセクシュアリティの専門家であるアーロン・ベルキンは、かつて米海軍士官学校の教官から、男子学生は「常に」互いにレイプしあうと聞かされたことがあった[30]。最初、ベルキンは比喩かと思ったのだが、その教官はあくまでも「言ったとおりの意味だ」と言った。その後、ベルキンは数年にわたる調査で、教官の言うことは、掛け値なしの真実だったことを確認した。「米軍男性兵は」本当に「『常に』互いの体に侵入しあっていた」と彼は書く。

彼らは互いの肛門にほうきの柄、指、陰茎を無理やり挿入した。筋肉や骨にピンを突き刺した。相手の口のなかに腐った食べ物を嘔吐し、喉に押し込んだ。肛門の空洞にチューブを挿入し、そのチューブからグリースをポンプで注入した[31]。

こんなさまざまな虐待行為の横行ぶりからうかがえるのは、侵入という営みが——そして、この言葉が暗に意味するありとあらゆる複雑な形の支配が——いかに軍にとって重要であり、基地の生活という知られざる世界の一部を成しているかということだ。世界中どこの基地でも、侵入と支配は、軍が理想とする男性性に欠かせない二大要素なのだ。兵士たちの称賛の的となり、自ら進んでその洗礼を受けようとする男性化とは、そうしたものだ。

軍の訓練では、人を殺すことを禁じる社会的概念を克服するよう兵士に叩き込むため、教官は、侵入し支配するという行為を男性や男性らしさと結び付け、侵入され服従するという行為を女性や女らしさと結び付ける[32]。ある兵士が見せてくれた新兵訓練所での日記には、実に印象的なできごとが記録されている。

今日、練兵係軍曹から、なかば時間つぶしの啓発スピーチなるものを聞いた。こっけいなジョークだ。軍曹が言うには、男はみんな卒業まで陰核をくっつけている。卒業が近付くと、その陰核は俺たちが興奮すればするほど早く動くようになり、卒業と同時に陰茎になって、俺たちはやっと男になるらしい。わかりやすいたとえ話だ。

このスピーチは、軍では兵士になるということと、ジェンダー、性、そしてセクシュアリティが密接に結び付けられていることの証明だ。この練兵係軍曹によると、兵士になるとは、未熟な男が性的興奮のプロセスのなかで女性的要素をすべて削ぎ落とし、一人前の男に変身するということなのだ。

男は生まれつきの強姦者ではなく、軍でも大半の男性兵は、どれほど服従を強いられているかにかかわらず、性的暴行に及んだりはしない。だが人間の社会では、ある種の条件でレイプや性的暴行が起きやすくなる。そうした条件がおおむね揃っているのが米軍であり、世界の在外基地だ。そこでは女性が男性より劣った存在とみなされる。基地村やポルノ、USOのショーでは、女性が往々にしてセックスの対象としておとしめられる。男性は、男らしさを発揮するよう教え込まれ、そそのかされる。その男らしさの概念の中心を占めるのは、自分より弱く劣っていて、支配されてもしかたがない人間に対しては、いくら力と権力を振るってもかまわないという思想なのだ。

普段から「あばずれ」「レズ」「売女」といった女性を侮辱する言葉が飛びかう軍隊で、女性全般がさげすみの対象であることは疑いようがない[33]。ハインズは、ベトナム戦争中の軍隊における訓練は「女性嫌悪の言葉とイメージや、暗に武器を男根に見立てる思想を吹き込むかのようだった……戦場での攻撃性を高め、武器の使用をあおるためだ」と述べている。それは多くの意味で今もほとんど変わっていない。「女性差別的な悪口雑言や女性嫌悪の掛け声が教練で使われ、女性が練兵係軍曹に選び出されて、みんなの前で嫌がらせを言われるとき、男性新兵は同じようにしていいというメッセージを受けとる。新兵がそんな風潮になじむことによって、将来の軍にセクシャルハラスメントや性的暴行の悪しき慣習が残されていく[34]」

男性が軍で体験するこうした条件付け、この種の非公式な訓練の影響は統計に反映されている。米軍在籍経験がある男性は、その経験がない民間人男性と比べて性的犯罪で刑務所に入る割合がはるかに高い。だが、驚くべきことに、その他の暴力犯罪、窃盗、強盗、薬物犯罪で刑務所に入る割合は、米軍在籍経験がある男性のほうが、その経験がない成人男性と比べてずっと低い。性的犯罪が唯一の例外なのである[35]。基地や兵舎で起こることを経験した男性が、他人に性的被害を与える確率がはっきりと高くなるのであれば、そこには何かがあると考えるしかない。

軍における女性嫌悪の風潮のなかでのレイプのリスクをいっそう大きくする事実がひとつだけある。それは、軍では自分自身が暴力被害者であった男性の数が格段に多いことだ。ふたつの研究調査によると、男性下士官の半数が身体的虐待を受けた経験があると回答し、六人にひとりが性的虐待を受けた経験があると回答している。一一パーセントの男性が両方を経験している。虐待被害者は、のちに自分自身が虐待者になりやすいとの研究結果もある[36]。それを考えると、性的暴行以外にも、軍では民間と比べてドメスティックバイオレンスの発生率が五倍にのぼるという調査結果にも納得がいく。陸軍の家庭では三つにひとつで発生しているのだ。[37]

性的暴行の問題は、アフガニスタンとイラクでの戦争によって悪化したように思われる。このふたつの戦争で兵士が足りなかったばかりに、軍は多くの徴兵基準を緩和して新兵を増やした。二〇〇六年には、軍が「不法行為に関する不適格基準の適用除外（Moral Waivers）」を認めたため、下士官五人のうちひとりが、性的暴行やドメスティックバイオレンスの犯罪歴を有する者となった。[38] いわゆるストレスが大きい仕事や生活環境のなかで、薬物やアルコールの乱用も広がりつつあり、身体的暴力や性的暴力といった問題に発展している。[39]

基地での生活は、設備が整った快適さ、住民同士の礼儀正しさから、その多くが一見して一九五〇年代のメイベリーのような牧歌的な印象を与えるが、よく見れば、むしろデヴィッド・リンチの『ブルー・ベルベット』や『ツイン・ピークス』に登場する都市郊外の闇の部分を思わせる現実があらわになる。端的に言えば、基地は危険で不健全なところなのだ。

第四部　金

第二次イラク戦争中の主要展開基地、クウェートのキャンプ・アリフジャンにおける耐地雷・伏撃防護（MRAP）車両とハンヴィー。米陸軍曹長デビッド・ラージェント撮影

第一一章　費用勘定書

アメリカの在外基地が現地の住民、軍人、その家族にどれほどの人的負担を課しているかを数値に置き換えることはできない。だが、金銭的な費用をひとつひとつ洗い出し、合計を算出してみようとすることはできる。しかし、一見単純に思えるこの作業も、実際にやってみるとそう簡単ではないことがすぐに判明した。

米軍基地の費用勘定書を作成する上で、その品目がどのようなものになるかを知るため、私がまず訪ねたのは、ジョージ・W・ブッシュ政権時代の元国防副次官補、アンディ・ホーンだ。ホーンのオフィスは政府が出資するシンクタンク、ランド研究所にある。そこで彼は私に、「前方駐留を支持する」人々の多くは、その費用の大半を受け入れ国が支払っていると考えていることを話してくれた。

だが、そういった人々は多くの費用を見落としていると、ホーンは言う。たとえば、渡航する家族のための飛行機代、家財の輸送費などもそのひとつだ。そこに、海外での住居購入手当や生活手当、軍人宿舎に落ち着くまでのホテル代、食事代、旅費日当などが加わる。さらに、家族が来るとなれば、基地は学校、病院、教会など多くのものを建築しなければならない。

「相当な金額になりますね」と私は言った。

「相当な金額になります。そして、それが慣例なのです」とホーンは言う。「その上、［国外での］任期は通常、かなり短期です。せいぜい三年、ときにはそれ以下です」

問題は、そうした諸々の費用総額をわざわざ計算しようとした者が誰もいないことだ。結局、「軍にもそれはわかっていません」とホーンは語った。

二〇一三年、ホーンのランド研究所がついにそれを算出した。在外基地に関する五〇〇ページ近くにのぼる調査の結果、「受け入れ国から金銭、現物による多大な支援を受けているにもかかわらず、国外における軍の駐屯および基地の維持には、国内基地よりも高額の直接的金銭費用がかかっている」ことがわかった。[1] ヨーロッパの場合、空軍基地ひとつを運営するだけでも（人件費加算前）、その平均年間費用は二億ドル以上と推定される。アメリカ国内の空軍基地の倍額以上だ。[2]

人件費となると、空軍の在外基地では〝ひとり当たり〟の人件費が国内基地と比べて平均で年間ほぼ四万ドル高くなる。海軍のヨーロッパでのひとり当たりの年間人件費も、国内よりほぼ三万ドル高くなり、日本では、陸軍のひとり当たりの年間人件費も国内より平均で二万五〇〇〇ドル近く高くなる。[3] 国内人件費と比べた加算額が最も少ないのは、日本の海兵隊であるが、それでもアメリカ大陸内の地域と比べて、駐屯する海兵隊員ひとり当たりで年間一万ドルから一万五〇〇〇ドルの費用が余分にかかる。海兵隊員は一万一〇〇〇人であるため、納税者は日本に海兵隊員を駐屯させるためにアメリカ国内の海兵隊員よりも毎年一億一〇〇〇万ドルから一億六五〇〇万ドル多くを支払っているのだ。[4] 世界の駐屯兵すべてを合わせると、信じがたいほど厖大な金額にのぼる。

費用の大きさを感覚的につかむ方法はもうひとつある。海外に数百もの基地をもつ米軍は、おそらく世界最大の国際引っ越し集団だ。なぜか？　一時的な任務以外で、国外に配属された軍人はその期間を問わず、誰もが家族全員と自家用車を海外の駐屯地から駐屯地へと運ばせる権利をもつ。任期は一般に一年から三年であるため、毎年約三分の一の軍人が移動する。

つまり軍は、自家用車だけでも毎年何万台という車を国外の基地から基地へ輸送しているということだ。[6]最近の輸送請負契約に基づいて計算すると、政府と納税者は毎年約二億ドルを支払っていることになる。[7]

もちろん車だけではなく、家具や本、テレビ、料理用の鍋やフライパン、フォークにスプーン、自転車や子供のおもちゃ、その他の細々とした正規軍人の家財道具も一切合切、五〇〇〇ポンドから一万八〇〇〇ポンドまでという重量制限付き（階級と家族の有無による）ではあるが輸送しなければならない。[8]在外軍人の家財道具には長期保管費用もかかるが、それも軍が支払う。さらに、ペットの検疫費用などの雑費も、一回の引っ越し当たり五五〇ドルまでは軍が負担する。[9]年間引っ越し費用の総額だけで、費用はあっさりと数億ドルに達するのだ。

公式費用勘定書

在外基地は明らかに国内基地より高く付くわけだが、海外の数百もの基地を維持し、数十万人もの兵士を養うための総費用は依然として謎に包まれている。[10]本来なら、我々は総額を知らなければならないはずだ。国防総省は法律に基づき、海外の基地や大使館、その他の施設における軍の活動すべてに対する支出額を「海外経費要覧」（ＯＣＳ）と呼ばれる年間報告書にまとめて議会で報告しなければならない。[11] これは、すべての基地敷地、駐屯地、飛行場、港、倉庫、弾薬の臨時集積所、レーダー基地、無人機基地の建設、運営、維持費用に加え、在外アメリカ軍人とその家族の生活を維持するために支払う給料、住居、学校、教師、病院、引っ越し費用、芝刈り、水道光熱費のほか、まだまだ多くの費用をすべて計算することを意味する。

二〇一二年度のＯＣＳには、総額二二七億ドルと記載されている。[12] これは司法省または農務省の総予算に匹敵する金額だ。同年度における国務省の総予算の約半分に相当する金額でもある。その大部分が、実際には武器取引、海外での軍事訓練やその他の軍事上の目的に使われている。[13]

だが同時に、この国防総省による公式の数字は、もうひとつ存在する最近の唯一の推定金額とは著しい対照を示す。二〇〇九年、経済学者のアニタ・ダンクスは、国外の基地と兵士にかかる費用総額を二五〇〇億ドルと推定した。実に一〇倍以上の金額だ。[14] この差は、ダンクスが戦費を総額に含めたことにも一因がある。ＯＣＳでは、議会の指針により、イラク、アフガニスタンなど世界各地での戦争に費やした数十億ドルもの戦費を算入していない。しかし、戦費を除外してもダンクスの推定は約一四〇〇億ドルにのぼり、国防総省が示す数字を約一二〇〇億ドルも上回る。

これほど大きな不一致を目の当たりにして、私は、国外に多くの基地と兵士を置くための真のコストを自分で計算したくなった。さまざまな数字の扱い方を理解するために、私は予算専門家、国防総省の現職員や旧職員、在外基地に関する予算担当職員の話を聞いた。だが、多くの人が暗に、それは無駄なのではないかと丁重に忠告してくれた。関係する基地の数は多く、国外支出と国内支出を仕分けするのは複雑な作業であり、国防総省の予算は秘密主義に守られている。国防総省の会計が「往々にして虚構」であることも問題だった。何しろ、国防総省はいまだに会計監査に合格できない唯一の連邦政府関係機関なのだ。[15]議会が国防総省に監査を受ける準備を整えるよう最初に命じたのは一九九七年だが、それ以後も国防総省は何度も期限を破りつづけ、最終目標は二〇一七年に迫っている状況だ。[16]

確かに無駄かもしれないとは思いながら、私は国防総省の予算の世界に没入した。そこではいまだに手書きの帳簿もあれば、四捨五入のミスで一〇億ドルもの誤差が生じていることもある。[17]私は何千ページという予算文書、政府や独立機関の報告書にはじまり、ショッピングモールや軍事情報、郵便補助金にまで至る数百もの項目すべてに目を通した。できるだけ控えめに算出したかったため、議会の指針でOCSについて定められた基本的方法[18]に従った上で、国防総省や議会が忘れたか無視したのかもしれない海外支出を算入した。たとえば、コソボでの兵士の費用、アフガニスタンの基地への支出、アメリカの海外統治領の基地の経費を除外するのは、どう考えても道理にかなうとは思えない。[19]真のコストを知るために、私がたどった旅路を要約して以下に述べる。

消えた国と建造物

OCSは一見すると細大漏らさず作成されているかのようだが、私はすぐに、この報告書には米軍基地の受け入れ国として広く知られているいくつかの国名が見当たらないことに気づいた。国防総省の在外基地リストには載っているのに、ＯＣＳからは消えている数多くの国や海外統治領がある。ひょっとしたら「経費が五〇〇万ドル未満の国または不特定の国外地域」に該当する「その他」のカテゴリーにまとめられているのかもしれないが、コソボ、ボスニア、コロンビアといった地名が見当たらないとは思ってもみなかった。バルカン半島には、軍は一九九〇年代の終わり頃から大きな基地を複数設置し、数百部隊を駐屯させている。国防総省による別の報告書では、コソボとボスニアにおける二〇一二年の経費として三億一三八〇万ドルが報告されているのだ[20]。また、同報告書により、ＯＣＳではホンジュラスとグアンタナモ湾の基地の経費が約三分の一、すなわち八六〇〇万ドルほど控えめに報告されていることを私は発見した。

ＯＣＳでは、コロンビア、イエメン、タイ、ウガンダについても、それぞれ経費は五〇〇万ドル未満と報告されている。だが、現在の各国における軍の活動レベルを考えると、とうていこんな金額ではありえない。二〇〇〇年以来、コロンビア計画のために九〇億ドル以上を財政支援していることを考えると、コロンビアでの軍の駐屯費用だけであっさりと年間数千万ドルに届くだろう。この国々における真の支出額は正確にはわからない。だが、私は慎重を期して、ＯＣＳの数字をそのまま使用し、事実を踏まえた推測でしかない別の数字とは置き換えないことにした。それでも、この国々での真の費用総額による加算額は数千万ドルになるだろう。

さらにＯＣＳを入念に検討すると、ほかにも奇妙な点があった。オーストラリアやカタールなどの国々について、国防総省は兵士の給料は報告しているが、「運営と維持管理」の金額は報告していない。

これでは光熱費、食費、定期修繕費などを支払っていないことになる。一方、ディエゴ・ガルシア島などでは人件費が報告されていない。明らかにこれらに関連する数字が書き落とされているか、算入すべきデータが集計されていない。そこで、他の国々に関して報告されている経費を参考にして、これらの国々について抜け落ちた経費を推定したところ、三五〇〇万ドルとなった。こうして私はまず〈消えた国と経費、四億三五〇〇万ドル〉[21]を見つけ出した。

国防総省による推定額の二二〇億ドルを思えば小さな数字であり、国防総省の予算総額と比べると微々たる金額には違いないが、これはまだ序の口だ。

統治領、領有地、太平洋諸島の国々

議会の指針により、OCSではアメリカの一部であることが忘れられがちな、民主主義が完全に浸透していない地域に置かれた基地の経費が無視されている。その地域とは、プエルトリコ、グアム、アメリカ領サモア、北マリアナ諸島、アメリカ領バージン諸島などだ。これらの地域は、むろん文字通り海外にあり、国防総省は、会計その他の目的上では同地域を「海外」とみなしているわけだが、基地の経費を無視するのは、やはり奇妙なことだ。

米軍基地の費用勘定書を作成する上で、さらに重要なのは、ダンクスが指摘するように、「アメリカが統治領を保有しているのは、主に軍のためであり、軍事力を誇示するためである」という事実だ。これまで見てきたように、第二次世界大戦以来、政府が海外統治領の島々を手放さない大きな理由は、そこに重要な基地があるからだ。グアムのアンダーセン空軍基地しかり、北マリアナ諸島のサイパン島やテニアン島に置かれた基地しかりである。この事実を踏まえれば、連邦政府がそれぞれの海外統治領につぎ込んでいる支出はすべて、基地と部隊を維持するためだと見ることができる。連邦政府によるプエルトリコへの支出だけで二〇一〇年は一七〇億ドルを超えており、海外統治領すべてを合わせると二〇〇億ドル近くになるだろう。[22]だが、ここでは慎重を期して、明らかな軍事支出だけに焦点を絞ることにする。支出額が特に大きいのはグアムであり、軍を沖縄に移動させる計画のため国防総省などの機関に割り当てられた金額を含めて控えめに見積もっても一四億ドルになる。[23]民主主義が完全に浸透していない他の島々に対する支出総額は一二億ドルに届くと推定される。[24]これでOCSに算入されていない金額は約二六億ドルとなった。

そして、グアムやプエルトリコなどの現在のアメリカ統治領以外にも、かつてアメリカの「戦略的信託統治領」であった太平洋諸島の国々、すなわちマーシャル諸島、ミクロネシア連邦、パラオのことも考える必要がある。のちに、これらの地域はアメリカとの自由連合協定に署名することによって正式に独立を勝ち取ったが、協定では国防がアメリカの責務として委ねられ、アメリカ政府が島に対する軍事支配を維持することを許している。それと引き換えに、これらの島国は毎年財政支援を得られ、島の住民はアメリカに居住する際には他の国々の市民より幅広い権利を与えられることになった(米軍に入隊する権利もある。ミクロネシア連邦はひとり当たりの入隊率および戦死率がアメリカ国内のどの州より高い)。[25]マーシャル諸島のクェゼリン環礁にあるロナルド・レーガン弾道ミサイル防衛試験場は別として、島々では現在、軍事的活動はほとんど行われておらず、アメリカ政府が支払いを行っているのは基本的に、この試験場と戦時の基地建設権のためだ。

では、何に費用がかかっているのか。毎年、内務省島嶼《とうしょ》局から自由連合協定の一部として支払われている金額がある。その内訳は、クェゼリン環礁の土地所有者への借地料、医療費、そして核実験で被曝したビキニ環礁やマーシャル諸島で現在行われている浄化作業の補助費だ。また、軍が貨物の空輸によりグアム島に不用意に持ち込んだ侵入者、すなわちミナミオオガシラというヘビの駆除対策の経費も島嶼局の受け持ちだ。二〇一二年のこれらの支払い総額は五億七〇六〇万ドルであり、これで〈海外統治領と太平洋諸島に対する経費、三二億ドル〉が加算された。

アメリカ領海外の船舶と人員、事前集積された船舶と物資

海外経費要覧という名称を考えると、海外に配備している海軍艦艇の維持費用がそこから（議会の指針によって）除外されているのは、ある意味ではおかしい。海軍と海兵隊の艦艇は基本的に、世界の海上で軍の存在の脅威を示すために維持されている潜水可能な浮かぶ基地だ。海軍と海兵隊の人員のうち約三・五パーセントは、常にアメリカ領海外を航海中なのだから、海軍と海兵隊の人件費、運営費、維持費の合計一〇八〇億ドルのうち、この三・五パーセントという人員の割合だけから推定される三八億ドルは、海外予算として加算されるべき金額だ。むろん、遠方での活動費用と、海軍と海兵隊の予算総額一八一〇億ドルを考えると、これがきわめて控えめな推定額ではあるのは承知している。故国から遠く離れる燃料費やその他の必要経費は、アメリカ領海外では国内と比べてかなりの高

額となるだろう。[26]

そして、ディエゴ・ガルシア島やサイパン島などの世界各地に事前集積され、錨を降ろしている海軍船の費用がある。こうした船舶はまるで、兵器類、軍需資材、その他の補給品が保管された海に浮かぶ倉庫基地だ。陸軍もクウェートやイタリアなどに物資を事前集積しているが、それもＯＣＳには算入されていない。こうした物を合わせた推定額は年間六億ドルにのぼる。また、国防総省は海外への「海上輸送」や「空輸」や「その他の動員」の費用八億六〇〇〇万ドルも無視しているようだ。[27]

世界に配備された海軍、事前集積された装備や物資、海上輸送や空輸の費用を基地の海外経費に算入するべきではないという見解もあるかもしれない。こうしたものは、在外基地がすべて閉鎖されれば、軍が「回収する」ものであるからだ。だが、それはアメリカが世界に軍事力を維持〝しなければならない〟という前提に立った議論であり、その前提はいかなる意味でも「自明の理」というわけではない。そして、この主張に同意するかしないかにかかわらず、アメリカ領海外に事前集積された物資や船舶は、明らかに国内ではなく国外でかかった費用だ。これで〈海軍艦艇と人員、海上輸送・空輸された資産、五三億ドル〉が加算された。

医療費、軍人とその家族の住居建設、ＰＸ、郵便補助金

ＯＣＳには在外軍人の給料と特別手当が含まれているが、国防総省に確認すると、ここには奇妙にも兵士に支払われる医療費その他の給付金が含まれていないらしい。[28] 国防医療プログラム（Defense

Health Program）やその他の軍人給付金は、戦争関連のものを除くと、二〇一二年は世界全体でそれぞれ三一二億ドルと五一八億ドルにのぼった。[29] すべての在外アメリカ軍人のうち、アメリカによる戦争に直接関与していない者を除外すると、残りの兵士の割合は一四パーセントとなる。この割合により控えめに海外での費用を推定すると、一一六億ドルをわずかに上回る金額となる。一方、海軍の遠征者保健医療制度（Expeditionary Health Services System）の支出額は年間で約六六二〇万ドルである。この一部は国内支出であるため、国外予算に含めるのは半分のみとした。その結果、国外の医療費と給付金は一一七億ドルとなった。

ＯＣＳには、各軍から提出された軍人とその家族の住居建設費用が計上されているが、国防総省全体の予算から支出された軍人と家族の住居建設費用は含まれていないようだ。国防総省の予算からの支出総額は三六億ドルであり、国外の基地敷地の割合は一五パーセントだから、そこでの建設費用もざっと同じ割合だと考えることができる。[30] これを計算すると、推定五億三七六〇万ドルの建設費用の追加となる。また、国防総省の予算には、世界の「不特定地域」での軍事施設建設費用として四六億ドルという非常に高額の項目が見られるが、これもＯＣＳでは書き落とされている。[31] この支出額のうち、国外地域が占める割合がわからないので、ここでも控えめに一五パーセントと想定した（実際には大半が国外だろう）。これで六億九〇〇〇万ドルの加算となる。

これらと比べてはるかに少額ではあるが重要な計上漏れもある。基地における生活の質を向上させるため、アメリカの納税者が補助金として支払っている金だ。たとえば、国内外の陸軍基地の生活における象徴的存在である駐屯地売店、すなわちＰＸに出している資金もその一部だ（同様の売店は他の各軍にもあり、空軍ではBX、海軍ではNEX、海兵隊ではMCXと呼ばれている）。これはウォルマートのようなショッピングモールであり、議会から委任された政府の再販組織が小売権を得て世界の基地で運営している。こうした再販組織である陸空軍生活品販売業務（AAFES）や海軍と海兵隊の同様組織は、「正当に得た収入」の一部を基地でのスポーツ、図書館、その他の娯楽施設やプログラムに出資することを条件として、建物や土地、光熱設備を無償で利用し、国外地域への物資輸送費の支払いも免除されている。また、非課税で運営していることもあって、これらの組織は数十年にわたってブラックマーケットと「PX経済」の繁栄を謳歌してきた。[32]

納税者が提供している建物、土地、光熱設備の金額をこれまで誰も推定したことがないようだが、AAFESや海軍、海兵隊の同様組織は、受け取っている補助金についていくらかのデータを公表している。この三つの組織が二〇一二年度に受け取った補助金は約二億五八〇〇万ドルであり、その内訳は輸送補助金、「無償奉仕」、納税者立替金だ。[33] さらに、この金額に加算される過去の連邦税、州税、地方税が数千万ドルにのぼるだろう。また、国外の基地向け・基地発の郵便物に使われる郵便補助金として一億三〇七〇万ドルが加わる。[34] これで〈医療費、軍人とその家族の住居建設費、買物および郵便補助金、一三三億ドル〉が加算された。

「借地料」の支払いとNATO拠出金

OCSからもうひとつ除外されている金額として、国防総省が土地を借用している諸外国に支払っている金額がある。在外基地のためアメリカに補助金を支払ってくれている国も数か国存在するが、基地専門家のケント・カルダーによれば、「アメリカが基地の受け入れ国に〝支払う〟ケース」が大半だという。[35]公式にはそうとは銘打たれていないが、これは借地料と考えていいだろう。

基地協定の秘密主義的な性格と、基地関連の交渉にまつわる政治的、経済的交換条件の複雑さを考えると、借地料に準じる金額を正確に算定するのは不可能だ。だが、カルダーが言うように、「アメリカは通常、外国に置く基地に大金を支払っている」ぐらいの結論は下してもいい。[36]カルダーが代表的な事例により試算したところ、ある国がアメリカに対して自国の領土内に新基地の設置を許可した場合、基地設置後の最初の二年間は、その国に対する軍事援助と経済援助は、それぞれ平均で二一八パーセントと一六四パーセント増加する。二〇〇一年にウズベキスタンに基地を設置した翌年、アメリカによる軍事援助は二九〇万ドルから三七一〇万ドルに増加し、経済援助は六二三〇万ドルから一億六七三〇万ドルに増加した（一方、米軍基地を閉鎖した国では、閉鎖後最初の二年間は、軍事援助が平均で四一パーセント、経済援助は三〇パーセント減少する）。[37]

カルダーの調査からは、基地利用権がいかに高く付くかということがわかるが、計算根拠としている事例が少ない。私はできるだけ控えめに推定したかったため、前国防副次官補ジェームズ・ブレーカーによる推定を用いることにした。ブレーカーは、国防総省やその他の政府機関によるデータをもとに、国外への軍事援助と経済援助総額のうち、アメリカ国際開発庁（ＵＳＡＩＤ）の資金を差し引いた約一八パーセントが、基地利用権の獲得費用だ。[38]二〇一二年の援助は三一五億ドルなので、[39]国外経費総額には約五七億ドルが加算されることになる。

その一方で、ＯＣＳからは、アメリカが日本、クウェート、韓国から受け取っている金銭支払いの額が書かれていない。この各国が自国領土内の米軍基地の維持を補助するために支払っている金額だ。二〇一二年の予算文書には、アメリカが「負担分担」金として八億八九〇〇万ドル、基地移転に対する「受け入れ国からの支援」として二億二五〇〇万ドル、合計で約一一億ドルを同年の国外駐屯費用として受け取っていることが記載されている。[40] 金銭支払いではなく現物支給として、水道光熱設備やその利用を無償で提供してくれている国もあるが、そうした支給はアメリカが受け取っている収入ではないため計算から除外した。[41]

アメリカが支払う「借地料」と受け取る「負担分担」金のほかにも、ＯＣＳからは北大西洋条約機構（ＮＡＴＯ）に対する支出が除外されている。二〇一二年度の国防総省予算にはＮＡＴＯ安全保障投資計画に対するアメリカからの拠出金額として二億四七六〇万ドルが計上されている。これは「北大西洋条約締結地域の共同防衛を目的として、軍事施設と設備（国際軍司令部を含む）の取得と建設のため支払われる費用および関連費用」だ。[42] さらに、国防総省はベルギーにおけるＮＡＴＯの米軍任務のため三〇〇万ドルを支払い、[43] 陸海空軍はＮＡＴＯ支援と「その他の国々に対する諸支援」のため総額で五億三三七〇万ドルを支払っている。[44] また、アメリカはＮＡＴＯ加盟国とその他の同盟国を支援するための負担分担金として、八億八九〇〇万ドルを拠出している。[45]

以上をまとめると、借地料に準じる支払いが五七億ドル、ＮＡＴＯ拠出金が一七億ドルと推定され、他国から受領している一一億ドルをここから差し引くと、〈ＮＡＴＯ拠出金と差引き後の「借地料」〉六三億ドル〉が加算された。

統合軍

ＯＣＳでは、国防総省の統合軍に直接使われる運営維持費とその他の支出も見落とされているようだ。[46]この統合軍は、六つの地域別統合軍——アフリカ軍、中央軍、欧州軍、北方軍、太平洋軍、南方軍——に別れて地球のそれぞれの地域を担当し、そのすべてが常時または断続的に海外で活動している。特殊作戦軍や輸送軍もそうだ。

北方軍は主に北米大陸を担当しているが、メキシコ、メキシコ湾、カリブ海域、カナダ、北極も巡回している。国外活動に割かれる予算を北方軍については控えめに五パーセントと推定し、[47]ほかの七つの統合軍については半分と推定すると、〈統合軍の国外活動費用の推定額、二八億ドル〉が加算された。[48]

麻薬対策、人道支援、環境保護プログラム、海外研究

ＯＣＳでは海外での軍事活動〝すべて〟の費用を報告しなければならないことになっているが、国防総省に確認してみると、麻薬対策活動の約五億五〇〇〇万ドルが見落とされていることが分かった。[49]人道支援や市民援助のための支出金額も除外されている。人道支援の一部は確かに軍事活動ではないと考えることができるが、予算文書で説明されているように、人道支援は「国外における強固なプレゼンスを維持し」、「アメリカの国益にとって重要な地域へ接近する」ための格好の手段として展

開されることもある。[50] したがって、私はここでも慎重を期して、人道支援支出のうち半分のみ、すなわち五四〇〇万ドルを加算した。国防総省は国外の環境保護プロジェクトにも二四〇〇万ドルを支出している。これは、基地による環境汚染を監視、軽減し、有害廃棄物やその他の廃棄物を処理し、「基地の世界的展開と運営を支援するべく先手を打つ」ためだ。[51]

また、軍は国外に多くの調査研究所を保有している。CIAがオサマ・ビン・ラディンの潜伏先を突き止めるため、偽の小児ワクチン集団接種を実施したことを思うと、軍の研究活動のすべてが純粋な科学的研究であるかどうかは疑わしい。どう考えても、国防総省が軍と軍の連携を構築し、影響力を高め、国外における米軍のプレゼンスを強大にする手段として科学的研究を利用しているという可能性はぬぐい切れない。

国防総省の予算全体のなかに、こうした研究所への支出を見つけ出すのは難しいが、わかりやすい一例として、生物兵器の脅威と戦うための国際協同プログラム（Cooperative Biological Engagement program）がある。これは生物兵器の脅威に対抗するため、アフガニスタン、アゼルバイジャン、ブルンジといった国々に研究所をつくって運営するなどの活動を行うプログラムであり、二億五九〇〇万ドルの予算が組まれている。[52] このプログラム予算の一部は国内で支出されると思われるが、ほかの海外研究所に振り向けられる予算を突き止めにくいため、その分と相殺されると考えていいだろう。以上をまとめると、〈麻薬対策費、人道支援費、環境保護プログラムおよび国外研究の費用、八億八七〇〇万ドル〉が加算されることとなった。

機密計画、軍事諜報《ちょうほう》活動、CIAの準軍事的活動

国防総省の会計文書の項目から、海外の秘密基地や機密計画の費用が抜け落ちているのは無理もない。二〇一二年における国防総省の機密予算は五一〇億ドルと推定される[53]。その総額のうち、OCSと同じ方法を用いて、運営・維持費用だけの金額を一五八億ドルと推定した[54]。そして、ここでもこれまでと同じように海外支出分の割合を一五パーセント（在外基地の割合）と控えめに推定し、在外基地の費用として二四億ドルを加算した。機密計画の支出は国内よりも国外のほうが多いと考えられるため、この推定額が過小評価であることは、ほぼ確実だろう。

そして、二一五億ドルの軍事諜報活動プログラムがある[55]。アメリカ法では一般に、軍が国内でのスパイ活動に従事することを禁じているため（それでも国家安全保障局の活動が暴露されているが）、このうち半分の一〇八億ドルを海外支出と推定する。

対テロ戦争が始まって以来、CIAの準軍事的活動は劇的に増加した[56]。この活動の一環として、パキスタン、ソマリア、リビヤなどの中東地域に秘密基地が設置された[57]。つまり、情報部は重要な戦力になっているということだ。CIAの作戦によって数千人もの人々が殺されるのだから、CIAからの支出は軍事費と考えるよりほかはない。『ワシントン・ポスト』紙が暴露した二〇一三年度の闇予算によると、CIAは「秘密工作費」として二六億ドルを受け取っている。ここには無人機暗殺計画や、その他の国外での準軍事的活動の予算が含まれる。さらに約二五億ドルを軍事活動費として受け取っている[58]。このふたつの数字には重複部分もあると思われるため、「秘密工作費」は半分のみを加算する。これで〈機密計画費、軍事諜報活動費およびCIAの準軍事的活動費、一七〇億ドル〉が加算された。

費用勘定書の総額

ＯＣＳの数字二二六億ドルから出発した私の計算による総額は七一八億ドルに達した。国防総省による算出金額の三倍以上だ。非常に控えめに推定したことを考えると、真の総額はこれよりはるかに大きな数字になるだろう。たとえば、国防総省が国外に設立した学校の経費の総額がＯＣＳに含まれているかどうかも国防総省に問い合わせたが、返事は来なかった。もし含まれていなければ、学校の経費としてさらに一三億ドル以上が、私の勘定書に加算されることになる。[59]

それよりもっと重要なのは、私が算出した七一八億ドルには、アフガニスタンやイラクなどの戦地で基地や兵力を維持する費用が含まれていないことだ。議会の指針により、国外で基地や人員を維持するための費用が軍事歳出予算から出ていれば、その費用はＯＣＳから除外し、海外緊急事態作戦（Overseas Contingency Operations）の年次予算からの支出として別途計上することとなっている。だが、一方では、軍事予算〝全体〟を計上すべきだとも言えるだろう。アフガニスタンやイラクなどの国々において、戦費はやはり米軍基地の物理的安全性を保証し、政治的正当性を擁護する上で、きわめて重要な役割を果たしている。こうした地域の基地を中心に展開される「緊急事態作戦」の莫大な費用を含めずに在外基地の費用を計算するのは、海辺の豪華な貸別荘で過ごす休暇の費用を計算に入れずに家計の予算を立てたり、ニューヨーク・ヤンキースの巨額のフリーエージェント契約費用を除外してチームの財政を論じたりするのと似たところがある。

それでも、海外の基地や兵力を維持するために、戦費がいくらかかっているのかを算出する上で、私はあくまでもＯＣＳの方法に従って、資材調達、調査研究などの活動費用を除外し、軍の人件費、運営維持費、軍事施設建設費、医療費に限定した。これらの費用は総軍事予算の約七五パーセントを占める。[60] 本章全体で算出方法を合わせるために二〇一一年度のデータを用いて、アフガニスタンの戦費とイラク侵攻の最後の数か月のため議会が承認した軍事歳出予算の一〇七五億ドルにこの割合を当てはめた。これにより、推定八〇六億ドルの戦費が追加された。[61]

ただ、二〇一一年度の公式軍事歳出予算である一〇七五億ドル自体、かなりの過小評価であることはおそらく間違いない。議会が海外緊急事態作戦の予算に含めなかった戦費はまだまだほかにもあるからだ。退役軍人の医療費や障害者介護費、過去の収用に対する金利支払い、そしておそらくは、アメリカの軍事活動に対するテロリストの報復攻撃の脅威が増していることにより、国土安全保障省が必要としている追加予算もあるだろう。ブラウン大学戦争費用調査プロジェクトが提供している数字から、そうした諸々の費用を割り出して実際の戦費と思われる金額を推定すると、二〇一一年だけで総額はほぼ一三〇〇億ドルに達する。[62] 退役軍人に今後も支払われる医療費と障害者介護費によって、費用はさらに膨らむだろう。

しかし、ここでもできるだけ控えめな推定額とするため、私は前段の不明金額を計算に含めなかった。さらに、私が先ほど推定した戦費八〇六億ドルという数字には、別の意味でも不完全な点がある。軍事歳出予算から払われるのは、国防総省の通常予算以外の「増分」費用だけなのだ。このため、戦地の軍人の基本給とその他の人件費も計算しなければならない。これを算出すると約一四三億ドルだ（兵士ひとり当たりの年俸として広く使われている推定額一二万五〇〇〇ドルを採用した）。また、国防総省の予算にひっそりと紛れ込んでいた「負傷兵治療費」七四九〇万ドルも見つけ出した。[63] 最後に、アフガニスタンとイラクの基地に対して軍事援助と経済援助の形で支払われていた「借地料」も算出したところ、ほぼ二〇億ドルとなった。計算に際しては、ジェームズ・ブレーカーがすでに詳細に紹介している方法を用いた[64]。

以上を合わせて、二〇一二年の戦地費用は、軍事施設建設費と維持費、兵士の給料などの歳出予算も入れて推定九七〇億ドルとなった。世界の米軍基地と兵力を維持する費用の推定総額は、戦地もそれ以外の地域も合わせると、二〇一二年度で約一七〇〇億ドルに達した。

二〇一二年以降は、イラクにおける米軍活動の終了、アフガニスタンからの軍の漸次撤退、議会の予算執行差止手続きによって国防総省の支出がいくぶん減少した。これらの減少を考慮し、私の推定額を現時点での会計最終年度二〇一四年分として調整すると、戦地以外の在外基地と兵力の費用は推定六四四億ドルとなる。アフガニスタンな

在外米軍基地と駐屯軍の費用算出表

ペンタゴンによる総額と見落とされている費用	計
ペンタゴンによる「海外経費要覧」の総額	226億7040万ドル
消えた国に関する費用	4億3540万4000ドル
統治領、領有地、太平洋諸島の国々に関する費用*	31億8167万2562ドル
米国領海外の海軍、事前集積、海上輸送・空輸・動員	52億4456万2000ドル
医療費、軍人／家族の住居建設費、ＰＸ、郵便補助金	134億311万4900ドル
「借地領」支払いとＮＡＴＯ拠出金（諸外国からの受領金差引き後*）	62億3006万3000ドル
統合軍予算	28億4474万3150ドル
麻薬対策費、人道支援費、環境保護プログラムと調査プログラムの費用	8億8762万8000ドル
機密計画費、軍事諜報活動費、ＣＩＡの準軍事的活動費	168億7555万8250ドル
計	717億7314万5862ドル
軍事予算からの追加費用（運営維持費、軍事施設建設費、人件費）	969億9656万8660ドル
総額（軍事予算からの支出を加算）	1687億6971万4522ドル

すべて2012年度のデータをもとに算出しているが、*マーク付きの項目は最新データが2004年、2008年または2011年のものしか入手できなかった。

どの戦地の基地と兵力の費用を加算すると、二〇一四年の総額は約一三六〇億ドルだ。

米軍基地の最終的な費用勘定書から、アフガニスタンでの戦争支出を除外するとしても、ペルシャ湾、中央アジア、アフリカ、ヨーロッパその他の地域を含めた国々の基地や兵力、そしてそこで常時展開されている活動に対して、実際に使われている数十億ドルもの軍事支出を無視する理由はほとんどないだろう。近年、国防総省は、予算執行差止手続きを施行した財政管理法によって通常の「基地」予算に支出上限を課されないようにするため、徐々に軍事予算の利用を増加させつつある。二〇一四年度にアフガニスタン〝以外〟の「戦域内支援」として少なくとも一九九億ドルが支出されたこともそのひとつだ。[65] この数字を二〇一四年の推定額である六四四億ドルに加算すると、同年の在外基地と兵力の維持費用総額は最低でも約八五〇億ドルになる。

これに加えて、私が計上できなかった支出がある。予算の隅々にひそかに紛れ込んでいることが確実な金額があるほか、国防総省が明らかに在外基地の支援に使っているのに、確実な推定額を出しにくい支出があるのだ。たとえば、在外基地と兵士の支援を担当しているが、国防総省や大使館、その他の政府機関の内部にあるオフィスとその人員の経費がそうだ。また、在外基地は、アメリカ国内の訓練施設、物資集積所、病院、そして墓地さえ利用している（当然、費用も発生している）。ほかにも、沿岸警備隊の海外活動の費用、外貨交換手数料、弁護士費用、軍人に対する外国訴訟で支払った損害賠償金、海外での短期「一時的任務」、米軍基地兵士の海外演習参加、NASAの軍事機能の一部、宇宙に設置された国防総省の兵器、在外基地の人員補充に必要な徴募費用の一部、過去の在外基地経費に起因する負債の金利支払い、退役軍人省の費用と海外勤務した退役軍人に支払われるその他の費用などがある。

最近は軍事支出が減っているとはいえ、私の推定額が控えめな金額であること、国防総省が軍事予算を非軍事活動に支出していることを考えると、在外基地と兵力を維持するため納税者に今後何年も課される年間費用は、あっけなく一〇〇〇億ドル以上に達するだろう。国防総省の国外支出がそれ自体、ひとつの政府機関によるものだとすれば、それは国防総省を除くほかのどの連邦機関よりも大きな裁量的予算をもつ機関ということになる。アフガニスタンやイラクといった戦地の基地と兵力を維持する費用を含めれば、米軍基地の費用勘定書総額は一六〇〇億ドルから二〇〇〇億ドルにもなりうる。これは教育省の裁量的予算の二倍から三倍に相当する。[66]

スピルオーバーコスト

ところで、これまでの推定は、アメリカ政府の予算が直接負担する項目だけを計算したものだ。在外基地と兵力を維持するアメリカ経済の負担の総額は、それ以上に高く付く。考えてみてほしい。兵士がドイツ、イタリア、あるいは日本のレストランやバーで飲食し、服を買い、家を借りるとき、(アメリカの納税者の懐から出た)その兵士の給料はどこに行くのか。これは経済学で「スピルオーバー」または「乗数効果」と言われる現象だ。二〇一〇年に沖縄を訪ねたとき、海兵隊の代表者は、自分たちの存在が、いかに地元経済に貢献しているかを自慢げに話してくれた。その額は基地の建設、雇用、現地での購入、その他の支出などにより一九億ドルにのぼるという。この数字が正確かどうかには懐疑的にならざるをえないが（海兵隊の経済的影響の大部分は、日本政府が土地の賃貸料や補助金を払うことによって生み出されるものだからというのが、理由のひとつだ）、これほど影響が大きいと聞けば、在外基地を国内に引き返させたいと考える米議会の議員がいるのも納得だ。自分の選挙区や州の経済がいっそう多くの支出によって潤うであろうからだ。[67]

基地にからむ真のコストは、その代償、機会費用を考えに入れればさらに大きくなる。一〇億ドルあたりの軍事支出が生み出す仕事は、教育、医療、エネルギー効率のために同じ金額を投資した場合よりも少ない。学校への投資によって生み出される仕事と比べれば半分に満たない。[68] さらに、軍事支出によってロッキード・マーティンやＫＢＲといった軍事請負企業が直接的利益を得るとしても、そうした企業へ投資したところで、インフラ投資した場合のように長期にわたって経済的生産性を押し上げる効果など得られない。[69]

一九五三年にドワイト・アイゼンハワー大統領が言ったことは有名だ。

ひとつの銃が製造され、ひとつの軍艦が進水し、ひとつのロケット弾が発射されるたびに、飢えている者から食べ物が奪われ、寒さに震えている者から衣服が奪われている。この武器にあふれた世界で費やされるのは金だけではない。労働者の汗、科学者の天分が費やされ、子供たちの希望が奪われるのだ。ひとつの近代的重爆撃機を買う金があれば……

三〇以上の都市に近代的なレンガ造りの学校をひとつ建てることができる。

人口六万人の町に電力を供給できる発電所をふたつ建設できる。

設備が整ったいい病院をふたつ建てられる。

コンクリートで幹線道路を約五〇マイル舗装できる。

ひとつの戦闘機を買う金で、小麦五〇万ブッシェル（三〇〇〇万ポンド）が買える。ひとつの駆逐艦を買う金で、八〇〇〇人以上の人々に新しい家が買える。[70]

つまり、国外にひとつの基地が設置されるたびに、それはアメリカ社会からさまざまなものが奪われているのだ。在外基地に費やされる年間支出総額の七五〇億ドルから一〇〇〇億ドルがあれば、たとえば連邦政府の教育関連支出を約二倍にできる。現代にアイゼンハワー大統領がいれば、近代的基地ひとつの費用を次のように言うだろう。


六万三〇〇〇人の学生が大学奨学金を一年間もらえる。

二九万五〇〇〇世帯が再生可能太陽エネルギーの供給を一年間受けられる。

二六万人の低所得世帯の子供たちが医療費を一年間受給できる。

六万三〇〇〇人の子供たちが育児支援のヘッド・スタートプログラムを一年間受けられる。

六万四〇〇〇人の退役軍人が医療を一年間受けられる。

七二〇〇人の警察官を一年間雇える。[71]

一方、受け入れ国も途方もないコストを負担している。汚染された環境の浄化、一般家庭の住宅防音工事、米軍兵士による犯罪の被害に対する損害賠償といった金銭的支出もそのひとつだ。[72] さらに、すでに述べたように、金銭以外のスピルオーバーコストとして、環境が破壊され、政府の横暴を許すことになり、さらには性的暴行やレイプまで生み出される。これが巡り巡って、経済学者ダンクスが「敵意の高まりというコスト」と呼ぶものをアメリカとアメリカ市民に課すことになる。それによって、この国の国際的評価や世界における立場は傷を負うだろう。

数十億ドルという無駄金から、数値に換算できない人的負担に至るまで、すべてを支払っているのは私たちだ。だとすれば、こんな疑問が残る。こうしたすべての支出から、利益を得ているのは誰だろうか。

兵士の食事を準備するKBRの従業員。イラクのキャンプ・ファルージャにて、2008年11月。米国海兵隊上等兵グラント・ウォーカー撮影

第一二章　「ぼろ儲けする側」

「そんなことは請負企業に丸投げしてしまえばいい」と、副官ティム・エリオットはそっけなく言った。それは二〇一二年四月のことで、私はロンドン中心街のしゃれたホテルで「前方作戦基地二〇一二」という、世界の軍事基地の建設、物資供給、維持を担う請負企業が集まった会議に出席していた。この会議を運営した民間会社ＩＰＱＣは、会議には「各国の高官や世界の業界の意思決定者が参加」して「需要側と供給側が一堂に集まる」こと請け合いだと言い、「混み合う展示会ではできないような対面取引」によって、「新しいビジネス関係を切り開く絶好の機会」と宣伝していた。[1] 会議には、ジェネラル・ダイナミクス、アフガン戦争で数十億ドルの契約を勝ち取った食品サービス会社シュプリーム・グループといった大手請負企業も、QinetiQ（基地で使われる音響センサーや監視装置の製造会社）などの中小企業も代表者を送りこんできていた。ある請負企業の代表者は、聴衆に向かって何かの拍子に、ほんの少しの皮肉を込めて「われわれはぼろ儲けする側というわけです」と漏らした。

企業の代表者たちのほか、ＮＡＴＯ加盟国の軍の高官数人が登壇者として出席していた。ロイヤルスコットランド連隊の旅団副官エリオットが、そのそっけない「丸投げ」云々を口にしたのは、基地の司令官が「基地そのものを忘れて」――つまり、基地の運営業務を忘れて、基地の壁の外で最大限の能力を発揮できるように建設された基地とはどんな基地かを述べていたときだった。[2]
むろん、戦時には「たっぷりとはずまなければ」基地を運営してくれる請負企業などないし、時には「基地の運営を維持するためだけに」莫大な「時間、労力、資源」を費やさなければならないこともあると、エリオットは言った。アフガニスタンではあまりにもひどい光景を見たという。ある基地で民間警備員が民間請負企業のコックを警護していたが、そのコックがつくっているのが、自分を守ってくれている民間警備員の食事であり、その民間警備員がまたコックを警護し、そのコックがさらに同じ民間警備員の食事をつくり……そんなことが延々と続けられていたというのだ。
政府の支出項目のデータと請負契約の中身を幅広く調査した結果、私の計算では、二〇〇一年の終わりごろ（アフガニスタンで戦争が始まった年）から二〇一三年までに、国防総省は民間請負企業と契約したアメリカ国外での業務に約三八五〇億ドルもの税金を費やしている。この金額の大半が在外基地に使われたのだ。契約のなかには、兵器調達など基地に関連しない項目もあるが、計上ミスによって書き落とされた契約は何千件もあると考えられるため、この総額三八五〇億ドルという金額は、世界の米軍基地を支援するため民間請負企業に流れた資金を反映していると考えていいと思う。それどころか、国防総省のお粗末な会計慣行と軍事予算の秘密主義を考えると、真の総額はこれをはるかに上回るかもしれない。
この総額の約三分の一に当たる一一五〇億ドル以上が、契約総額上位一〇位までの民間企業に集中して流れている。多くはよく知られた会社であり、かつてハリバートンの子会社だったケロッグ・ブラウン・アンド・ルート、民間軍事会社ダインコープ、BPといった名前が並ぶ。知名度は多少劣るが、アジリティ、フルオール、バーレーン国営石油会社といった名前もある。政府の契約発注先企業の全一覧には、大手の多国籍建設会社、巨大な食品サービス提供業者、世界最大の石油会社、そして何千もの中小企業の名前がずらりと並ぶ。

こうした基地の支出のすべてが、非競合的契約（したがって、コスト抑制意欲を欠いた契約）の増加と明白なごまかしの悪循環によって増加の一途をたどっている。過去にごまかしや濫費《らんぴ》を重ねてきたことでよく知られる企業でさえ、何度も非競合的な談合契約を許されている。変則的な会計処理があまりに当然視されているため、税金の在外基地への不正流用を突き止めようとすれば途方もない労力を必要とするだろう。アメリカ議会が浪費や濫費を調査するため設立した戦時契約委員会の推定によると、アフガニスタンやイラクの戦争だけで三一〇億ドルから六〇〇億ドルの不正契約が存在し、その大半に両国の国内や周辺の基地がかかわっていたという。[3] シンガポールでは最近、少なくとも四人の海軍士官が告発された。賄賂――現金、贈与、性的サービス――を受け取り、それと引き換えに請負企業に内部情報を流したり、請求額の釣り上げに手を貸したりしていたのだ。世界的に見れば、毎年何十億ドルもの金額が浪費され、不正使用されている可能性が高い。

在外基地の建設、運営、物資供給の外部委託を支持する立場の人に言わせれば、請負企業は政府と納税者のお金を節約し、エリオット副官が言うように、軍が戦闘任務に集中できるよう貢献しているということになる。だが、調査からは、そうではないケースが多いという現状がうかがえる。請負企業が基地内外で提供する業務は、軍自身で行うより高く付く傾向がある。[4] 世界の軍事基地は企業にとって、国内で必要とされる何千億ドルもの税金を国外へ持ち出してくれる重要な利益の源となっているのだ。

ジャガイモの皮むきをして生活費を稼ぐ

かつては請負企業ではなく米軍自身が基地を建設し、運営していた。兵士や海軍兵、海兵隊員、空軍兵、女性空軍兵が仮設小屋を建て、衣服を洗濯し、ジャガイモの皮をむいた。だが、それが変わりはじめたのは、ベトナム戦争でブラウン・アンド・ルートが請負契約による共同事業体のひとつとして南ベトナムに主要な軍事施設を建設したときからだ。ブラウン・アンド・ルートは一九三〇年代からリンドン・ジョンソン大統領と密接につながっており、大統領が個人的に同社との契約を進めたことは、ほぼ確実とされている。[5]

ベトナム戦争が長引くにつれて、請負企業に頼ることが増えていった。アメリカ全土で徴兵への抵抗が広がるなか、請負企業は軍の労働問題を解決するひとつの手段となり、一九七三年の徴兵制廃止と同時に、その方法は定着した。兵士がすべて志願兵となった時代に請負企業を雇うことで、軍が新兵を募る必要はなくなっていった。一方、労働問題の処理を任された請負企業は、世界でも特に安価な労働力を探すようになった。多くの場合、それはフィリピン人あるいは世界の旧植民地であった地域の国民であった。彼らは正規軍よりはるかに安い報酬で喜んで働いた。外国人労働者を雇えば、政府も請負企業も、米軍兵士になら支払われる医療費や退職金、その他の給付金の支払いを往々にして回避することができた。行政サービスの民営化という全般的な流れに後押しされて、軍でもこの傾向は加速の一途をたどった。

徴兵制が廃止されたため、軍にはすでに入隊させた新兵を引き留めなければならないというプレッシャーもあった。そのため、兵士と家族にとって快適な施設や設備を増やしていくことが、軍の兵力維持に重要な役割を果たすことになった。とりわけ在外基地では、軍の指導者が国外勤務に伴う困難を嫌い、誰もが下士官よりも安楽な生活ができる環境を要求した。そのうちに、兵士や家族、さらには警察官までもが、平時の基地だけではなく戦地の基地でも生活レベルの向上を求めるようになり、それが今に至るまで続いている。彼らが求めるレベルの生活を提供するため、軍は徐々に請負業者に多くの金を使うようになっていった。

一九九一年の湾岸戦争では、配備された人員一〇〇人のうちひとりが請負企業から派遣された者だった。その後、一九九〇年代に、ソマリア、ルワンダ、ハイチ、サウジアラビア、クウェート、そしてなかでもバルカン半島で展開された軍事作戦では、ブラウン・アンド・ルートが二〇億ドル以上を受け取って、基地の建設と維持、食品サービス、廃棄物処理、水の生産、輸送サービスなど、広範囲の項目に及ぶ基地支援と兵站に関する契約を請け負った。[6]バルカン半島だけでも、ブラウン・アンド・ルートは三四の基地を建設した。そのなかでも最大の基地であるコソボのキャンプ・ボンドスティールでは、面積九五五エーカーの敷地内に、ジムがふたつ、映画館がふたつ、広々とした食事と娯楽の施設、喫茶軽食堂、ショッピングモールのPXが建設された。米国陸軍のある軍人は、勤務時間外の兵士に関して『USAトゥデイ』紙にこう語った。「われわれは彼らに重量挙げをさせたり、アイスクリームを舐めさせたり、何でもしたいことをさせる必要があるんですよ」。一方、他のNATO加盟国の軍人は、既存の共同住宅や工場に住んでいた。[7]

第二次湾岸戦争のころには、イラクに配備された総人員の約半分を請負企業からの派遣人員が占めるようになっていた。ブラウン・アンド・ルート、現在のKBRは戦地で五万人以上を雇用した――陸軍の師団五個または大隊一〇〇個に相当する人員である。[8] 軍の人員のほとんどにとって、ジャガイモの皮をむいたのは遠い過去の話になった。

無数の契約

徐々に快適さを追求していった軍人たちの生活によって、誰が利益を得ていたのかを突き止めるのは難しい。契約落札業者を集計した多数のリストを政府がまとめていないため、私は公表データから何十万もの記録をひとつひとつ拾い上げ、世界の多くの企業を調べなければならなかった。私は手に入れたリストをもとに、戦時契約委員会の方法を踏まえて資金の流れを追跡した。[9] 最終的に、私は二〇〇一年一〇月から二〇一三年五月までの期間について、国防総省の請負契約のうち「実施場所」――契約業務が主に遂行された国――がアメリカ国外である契約すべてをひとつのリストにまとめあげた。

一七〇万件の契約があった。

最も大きい契約を落札した企業はだいたいが、建築、運営と維持、食品、燃料、警備業務の五項目のうちひとつ以上を手がける企業だった。一七〇万件すべての行（マイクロソフトのエクセルでは一枚のスプレッドシートでもっと多くの行を扱える）をスクロールしていくと、国防総省の活動のあまりの多さと世界で使われた金額のあまりの莫大さに、めまいが起きそうな感覚に襲われる。その多様さは驚くほどだった。韓国で砂に四三ドルが支払われた契約もあれば、ホンジュラスのフィットネスセンターに一七〇万ドルが支払われた契約もある。クウェートではスポーツドリンクに二万三〇〇〇ドル、アフガニスタンでは基地支援業務に五三〇〇万ドル、イラクではペンに七三ドルから陸軍への工業製品供給に三億一〇〇万ドルというように、ありとあらゆる契約が結ばれていた。

ぎっしり並んだリストには、実に基本的な業務も、平凡そのものの買い物も、ひどく不穏な購入物もあった。国防総省は請負企業に、コンクリート舗装した歩道、信号機、ディーゼル燃料、虫除けスプレー、シャワーヘッド、黒トナー、五九インチの机、五〇インチのプラズマスクリーン、不熟練労働者、従軍牧師の支給品、「著名な訪問客」用客室のリネン類、安楽椅子、運動用具、フラメンコダンサー、レンタルしたセダン六台の料金を支払っていた。テレホンカード、ビリヤードのキュー、Xボックス360のゲームと付属品、フローズンカクテルマシンの部品、ホットドッグローラーといった買物もある。ホタテガイ、エビ、イチゴ、アスパラガス、トースターで焼いて食べるスナック類から、有害廃棄物の処理業務、焼却場、弾薬と挿弾子《そうだんし》、爆弾処理業務、監禁用建築物、抑留者用の遮光ゴーグルといったものまで購入されている。

最近の戦争を考慮に入れれば当然ではあるが、請負企業が納税者のドルを最も多く勝ち取ったのはアフガニスタンとイラクだ。二〇〇一年から二〇一三年までの契約により、企業はこのふたつの国に合計一三〇〇以上の施設を設置し、総額で約一六〇〇億ドルを受け取っている。イラクに配備された数十万の兵士を受け入れたクウェートで、企業が勝ち取った契約金額は三七二億ドルにのぼる。このふたつの国に次いで請負企業による契約金額が多かった国は、第二次世界大戦以後、常に最も多くの基地と兵士を受け入れてきたドイツ（契約総額二七八億ドル）、韓国（一八二億ドル）、日本（一五二億ドル）、イギリス（一四七億ドル）の四か国だ。[10]

連邦のデータシステムが「機能不全」と言われていることを考えると、真の総額がもっと大きくなるのは、ほぼ確実だ。[11] 闇予算とＣＩＡの準軍事的活動の契約を入れると、さらに数百億ドルが在外基地への支出に加わることになるだろう。[12]

記録に残され、手に入れることができたデータにしても、不明瞭な点があり信頼できるものとは言えない。国防総省の海外契約の発注先の最上位に書かれているのが、ひとつの企業名ではなく「その他の外国請負業者」であるという事実にも、そのことは明瞭に表われている。[13] 大量の契約のほぼ四分の一の合計金額四七一億ドル——契約総額の約一二パーセントに相当する金額——を、国防総省が公表していない発注先が受け取っているのだ。戦時契約委員会の説明によれば、「その他の外国請負業者」とは「実際の請負業者を特定できないようにするためによく使われる」総称だという。[14]

さらに、請負企業が複雑な下請け契約を締結し、外国子会社を利用し、頻繁に社名を変更することや、全般に透明性を欠く企業風土などがあいまって、個々の企業が受け取る契約額を明らかにするのは、ますます難しい。だが、だいたいの場合は面倒な構造を経て、利益の大部分が比較的少数の民間請負企業に流れ込んでいる。実際のところ、世界にばらまかれる三八五〇億ドルのほぼ三分の一の行先は、わずか一〇社の請負企業だ。リスト最上位の「その他の外国請負業者」はさておき、この一〇社を詳細に見ていくのは有益だろうと思う。

KBR

契約金額が数十億ドルにのぼる請負企業のなかでも、群を抜いているのがケロッグ・ブラウン・アンド・ルート（KBR）だ。その契約金額はリスト三位の企業のほぼ五倍であり、契約システムに潜むさまざまな問題の象徴的存在となっている。

KBRは、ベトナム戦争で米軍の軍事施設を建設したブラウン・アンド・ルートを前身とする会社である。ブラウン・アンド・ルートは、一九一九年にテキサス州の道路建設業者として創業したのち、アメリカ最大の土木建設企業に成長し、一九六二年に国際的な石油サービス会社、ハリバートンに買収された。ジョージ・H・W・ブッシュ政権で国防長官を務めたディック・チェイニーは、同政権時代に国防総省の民間軍事会社への依存度を飛躍的に高めた人物だが、そのチェイニーがハリバートンの社長兼CEOに就任したのが一九九五年である。その後五年間、チェイニーが同社の経営に参画した間に、現KBRは米軍から総額二三億ドルの契約を落札し、それ以前の五年間に勝ち取った一二億ドルからの大幅な増益を果たした。[15]

のちに、チェイニーがアメリカの副大統領であった時期、ハリバートンと子会社KBRはイラクとアフガニスタンでそれまでにない大きな戦時契約を勝ち取った。KBRが両国の紛争でどれほどの

ペンタゴンが海外契約を発注した上位25社

契約落札企業	総額 （単位は10億ドル）
1. その他の外国請負業者	47.1
2. ＫＢＲ	44.4
3. シュプリーム・グループ	9.3
4. アジリティ・ロジスティクス（ＰＷＣ）	9.0
5. ダインコープ・インターナショナル	8.6
6. フルオール・インターコンチネンタル	8.6
7. ＩＴＴエクセリス	7.4
8. ＢＰ	5.6
9. バーレーン国営石油会社	5.1
10. アブダビ石油会社	4.5
11. ＳＫコーポレーション	3.8
12. レッド・スター・エンタープライズ（ミナ・コーポレーション）	3.8
13. ワールド・フューエル・サービス・コーポレーション	3.8
14. モーターオイル（ヘラス）、コリンス・リファイナリーズ	3.7
15. コンバット・サポート・アソシエイツ	3.6
16. リファイナリー・アソシエイツ・オブ・テキサス	3.3
17. ロッキード・マーティン・コーポレーション	3.2
18. レイセオン・カンパニー	3.1
19. エスオイル・コーポレーション	3.0
20. インターナショナル・オイル・トレーディング／トリジアン	2.7
21. フェデックス・コーポレーション	2.2
22. コントラック・インターナショナル	2.0
23. ＧＳ／ＬＧカルテックス（シェブロン・コーポレーション）	1.9
24. ワシントン・グループ／ＵＳＲコーポレーション	1.6
25. チューター・ペリーニ・コーポレーション（ペリーニ）	1.5
小計	201.8
〈その他の請負企業〉	183.4
総計	385.2

注：数字は四捨五入した金額であるため、合計金額は合っていない。

役割を果たしたかは筆舌に尽くしがたい。ＫＢＲの働きがなければ戦争などなかったかもしれない。二〇〇五年、ハリバートンの前副社長ポール・セルジャンが述べたところによると、ＫＢＲはイラクで二〇万以上の多国籍軍を支援し、「戦争に必要なすべてのもの」を提供したという。つまり「兵員用宿舎の提供、食事の提供、飲料水の供給、下水処理施設――都市運営で必要となるであろうすべてのものを含めた基地支援業務」だ。それはまた「輸送、ＰＯＬ［石油、油脂、潤滑油］供給品の運搬、ガスの供給から、スペアパーツ、弾薬に至るまで、すべてを含む兵站機能」について陸軍の面倒を見るということでもあった。[16]

海外の基地と兵士を支援するＫＢＲの契約の大半は、数十億ドルの民間兵站補強計画（Logistics Civil Augmentation Program）、通称ＬＯＧＣＡＰのもとで締結されたものだ。二〇〇一年、ＫＢＲは量不明、金額不明の「戦時特別業務」を提供するＬＯＧＣＡＰ一年契約を落札した。その後、数回にわたる一年契約の延長を経て、同社は八年間近くも競争入札を行うことなく業務を受注しつづけた。二〇〇一年から二〇一〇年にかけて、国防総省が発注する非競合的契約の件数は三倍近くに増加した。「まるで巨大独占企業のようだった」と、常識ある納税者の会（Taxpayers for Common Sense）の代表者はＬＯＧＣＡＰのことをそう語っている。[17]

ＫＢＲがＬＯＧＣＡＰのもとで遂行した業務は、国防総省が頻繁に利用する「コスト・プラス」方式を反映した契約でもある。この契約では、企業に費用が支払われる上、さらに一定の割合の手数料が上乗せされる。つまり、議会調査局が言うように「費用が増えるほど請負企業の手数料も増える」ため、「企業にしてみれば、政府の費用を抑制する意欲などわきようがない」のだ。[18] 議会の委員会でハリバートンの役員のひとりが無愛想に語ったところによれば、イラクでは「値段は気にするな。〃コスト・プラス〃だ」と、内輪で合言葉のようにささやかれていたという[19]。

二〇〇九年、国防契約監査局のトップはKBRが戦時中の詐欺の「大部分」に関与していたと証言した[20]。兵士への食事や燃料、住居の供給から基地の警備までのありとあらゆる業務について、何件もの過剰請求の告発を受けたのだ[21]。これは意外でも何でもない。二〇〇六年にも、ハリバートン／KBRはコソボのキャンプ・ボンドスティールで提供した業務について、二重請求、価格釣り上げなどの詐欺を働いたとして政府から訴訟を起こされ、それに対する和解金として八〇〇万ドルを支払っていたからだ[22]。

二〇〇七年、ハリバートンはそれまで何年も悪評が絶えなかったKBRを切り離して独立させ、自身の本社をヒューストンからドバイに移転した。だがそれ以後もKBRは、二〇〇九年にはナイジェリア政府高官にガスプロジェクトの契約を勝ち取るため贈賄したとの容疑を受けて有罪答弁をするなど、数々の汚点を残してきたにもかかわらず、国防総省から巨額の契約金を受け取りつづけている。同社が受注した最新のLOGCAP契約は五〇〇億ドルに相当するとも言われており、契約満了は二〇一八年になる予定だ[23]。

二〇一四年の初め頃、司法省がKBRと下請け業者二社を訴えた。KBRは下請け業者から「著しい欠陥がある、あるいは納品、遂行されていない商品や業務の費用について、価格釣り上げや過剰な不当請求を受けた」という内容で虚偽の被害を申し立てて、その被害に対する補償を政府に求め、代わりに下請け業者からリベートを受け取っていたという。また、同訴訟では、KBRが兵士の食用の氷を運ぶため、一時的に死体保管用として使用していたトレーラーを消毒しないまま使用したことも告発されている。[24]

シュプリーム・グループ

国防総省の上位請負企業のリストでＫＢＲの次に来るのは「アフガン戦争のＫＢＲ」と言われる企業だ。シュプリーム・グループは、アフガニスタンをはじめとする世界各国で兵士に食事を輸送提供し、基地に燃料を供給する契約で、これまでにゆうに九〇億ドルを勝ち取っている。[25] 同社の成長ぶりは、ジャガイモの皮をむく者が兵士から請負業者に変わっていった経緯をまさに象徴するものだ。

シュプリームは、退役陸軍軍人のアルフレッド・オルンステインが一九五七年に創業した。ドイツで数百もの米軍基地が建設されるのを見て、そこに食事供給の需要があると見込んだのだ。それから数十年、会社は数十年を経て中東、アフリカ、バルカン半島諸国へと事業を拡張し、アフガニスタンでは、戦時を通して食事供給を実質的に独占できる数十億ドルの「単独供給契約」を勝ち取った。二〇〇一年の戦争勃発以後の一〇年間で、同社の収益は五〇倍以上増加して五五億ドルに達した。二〇〇八年から二〇一一年までの同社の利益率は一八パーセントから二三パーセントだ。同社の収益の九〇パーセントは戦時契約によるものであり、現在はＫＢＲと同様に本社をドバイに置いている。同社株式の過半数を保有する創業者の息子、ステファン・オルンステインは億万長者となった。

シュプリームの最高営業責任者である前米陸軍中将、ロバート・デイルは、国防総省から請負企業へ天下りした典型例だ。二〇〇六年八月から二〇〇八年一一月までデイルが長官を務めた国防兵站局は、国防総省の食品契約を担当する部署だ。二〇〇七年、デイルはシュプリームに「今年最も貢献した新規請負企業賞（New Contractor of the Year Award）」を授与した。国防総省を去った四か月後、デイルは米国シュプリーム・グループの社長に就任した。

国防総省は現在、シュプリームが軍に対して七五七〇億ドルを過剰請求したと訴えている。国防総省以外からも、同社が非競合契約を勝ち取った手段を疑問視する声や、七五パーセントもの手数料を上乗せしたと非難する声が上がりはじめている。シュプリーム側は過剰請求を否定し、逆に政府が同社に対する負債一八億ドルの支払いを滞らせていると主張している。二〇一三年には、国防総省はアフガニスタンでの新たな一〇〇億ドル分の食事業供給業務に関して、シュプリームより一四億ドル安い金額を提示した競合他社と契約を結び、シュプリームはこれを契約違反として国防総省を訴えた。しかし、シュプリーム側の敗訴に終わった。[26]

アジリティ・ロジスティクス

シュプリームの次にリストに挙がっているのは、クウェートの会社アジリティ・ロジスティクスである。前身はパブリック・ウェアハウジング・カンパニーKSCとPWCロジスティクスとして知られていた。同社はイラクの兵士へ食品を輸送する数十億ドルの契約を勝ち取った。国防総省が、アフガニスタン関連の類似契約を一社と結んできた慣行の廃止を決断したとき、アジリティは、収益に三・

五パーセントの謝礼金を上乗せすることを条件にシュプリームと提携した。アジリティはシュプリームと同じく、国防兵站局（DLA）の高官であった前陸軍少将ダン・モンジオンを同社の幹部に迎え、現在、同氏は国防・政府関連業務の米国最高責任者を務めている。モンジオンはDLAの兵站運用部を率いていた人物であり、DLAがアジリティと二度目の数十億ドルの契約を締結してからわずか数か月後に同社に入社した。[27]

二〇〇九年と二〇一〇年、アジリティは総額六〇億ドルの虚偽請求と価格操作を行ったとの刑事責任で大陪審から起訴された。[28] 二〇一一年、さらに新たな告発を受けたアジリティを調査する一環として、大陪審はモンジオンを召喚した。[29] 訴訟中、国防総省は同社および一二五の関連会社の業務停止命令を下し、新規契約の受注を差し止めた。これを受けて、アジリティはDLAに対し、二億二五〇〇万ドルを請求する契約違反の訴訟を提起した。だが不思議なことに、軍とDLAはアジリティとの取引を続け、少なくとも七回は、業務停止より優先させざるをえない「やむをえない事情」により契約を延長している。[30]

その他の上位一〇位までの企業：不正のパターン

リストをさらに追っても状況はほとんど変わらない。上位一〇位に入る企業としてアジリティに続く二社、ダインコープ・インターナショナルとフルオール・インターコンチネンタルは、KBRとともに最新のLOGCAP契約を勝ち取った企業である。契約が一社ではなく三社と締結されたのは、競合性を高めるためだ。だが、戦時契約委員会によると、各社ともアフガニスタンその他の地域の兵站業務で「ちょっとした独占市場」をほしいままにしているという。ダインコープもまた、大きな戦時民間軍事契約を落札した企業であるが、過去には、過剰請求、手抜き工事、基地へ派遣する労働者の密入国、セクシャルハラスメント、性行為を目的とする人身売買などで度重なる告発を受けている。一方、フルオールでは、ある従業員が二〇一二年にイラクで軍装備品の窃盗と販売を企てたとの罪を認める騒動があった。

だが、いい側面もある。フルオールは、企業の腐敗防止に対する取り組みを評価するNGO、トランスペアレンシー・インターナショナルから、腐敗防止指数Aの高評価を受けている世界で唯一の軍事企業だ。また、リスト七位のITTエクセリスも同NGOから腐敗防止指数Cの評価を受けている。KBRとダインコープもそうだ[31]。

上位一〇位の残り三社は、BP（アメリカ政府を監視する非営利組織である政府監視プロジェクト（Project on Government Oversight）の連邦政府契約取引業者不正リストでは第一位だ[32]）にバーレーン国営石油会社、アラブ首長国連邦のアブダビ石油会社だ。上位二五社のうち一〇社が石油会社であり、一〇社を合わせた海外石油供給契約は総額三七〇億ドル以上になる。軍は二〇一一年度だけで五〇億ガロンの石油を消費した[33]。

国防総省と軍は、多くの請負企業との取引を、効率的であるという思い込みのもとに正当化するのが常だが、現実は逆のようだ。調査によると、請負企業を使った場合の費用は、国防総省の文官が同じ業務を遂行したときの二倍から三倍にのぼることが明らかにされている。陸軍からの委託業務の半分以上は、企業との業務契約ではなく管理部門の間接費により処理されている。[34] 軍の会計検査官は、請負企業の利用については「何の抵抗も受けずに拡大してしまった」ことを認めている。「節約するなら、うちに限ります」と、会計検査官は締めくくった。[35]

愛国心の特典

ロンドンの〈前方作戦基地二〇一二〉（FOB2012）会議の登壇者のなかに、米海兵隊少佐パトリック・レイノルズがいた。レイノルズは、海兵隊で実験しているエネルギー節約型前方作戦基地について話したのち、今後の入札予定のリストを示して場内の請負企業の注目を集めた。パワーポイントスライドの一枚を読み上げながら、「もうすぐFEDBIZOPPSにRFP（提案依頼書）が載ります！」と、政府調達案件を公告するウェブサイトに言及した。

「業界の皆さんは万難を排してこの会議に出席なさったわけですから」と、レイノルズは語った。だから、この場から「お土産に持ち帰ってもらえるような耳寄りの情報」を提供するべきだと考えたのだった。突如として部屋の雰囲気が活気づいた。誰もが椅子から身を乗り出し、レイノルズが話し出してから初めて、ほとんど真っ白だった手帳にメモを取りはじめた。

レイノルズの話のなかで、もうひとつ同じぐらい印象的だったのは、時間が経つにつれて基地がどんどん大きくなるからくりを話してくれた部分だった。「最初は小さなものです」。ほんの前哨基地にすぎないと彼は言う。「そこにいたままで一週間経ったと考えてみて下さい。……そして二週間、一か月、二か月が経ったとしたら」。そのうち、基地にはいろいろな施設が加わり、よりおいしい食べ物が求められるようになり、快適な娯楽施設ができていく。ステーキにロブスター、薄型テレビ、インターネット接続環境が入り込んでくる。少佐たちは軍で、こうした快適さを提供するものをまとめて「アイスクリーム」と呼んでいる。

現在のところ、小さな前哨基地に「〝アイスクリーム〟はありません」と、レイノルズは聴衆に語った。本部と前方作戦基地にしかないという。「ですが、いずれはもっと広まる時が来るでしょう」前哨基地にも、と彼は言った。「積み木をひとつずつ積み重ねていくようなものですから」

レイノルズ少佐が語ったプロセスは、アフガニスタンやイラク国内とその周辺の基地で起こったことそのものだ。議会調査局の報告書によると、国防総省は「兵士を支援して装備を維持するために、予想をはるかに上回る幅広いインフラを構築した」という。基地の運営と維持に必要な資金は、食べ物や快適な設備も含めて、派兵数の伸びから見込まれた速度の三倍の速さで増えていった[36]。

質疑応答の時間、シュプリーム・グループの代表者はレイノルズに、海兵隊はテレビなどの設備を減らそうとしているのかと尋ねた。

本当はそうしたいと思う、と少佐は答えた。では、そうなるのか。「何と言えばいいでしょうね……私たちにアイスクリームは必要でしょうか。ケーブルテレビは必要でしょうか。高速インターネットの類は必要でしょうか。そうは思わない」。だが、上院議員や下院議員がやって来て「有権者を訪ねます。そして、何か支援を提供したいと考えるんです」。レイノルズは、ここで間を置いた。「私に言えるのは、おそらくここまでです」

レイノルズが言葉を慎重に選びながら話したのは、基地社会を形づくる一部の政界関係者のことだ。アフガニスタンやイラクでは、議員が基地環境を快適にするものを提供して面目を施すという形で、愛国心と兵士支援の姿勢を誇示してきた。元兵士のひとりがイラクのキャンプ・リバティに到着したときの感想を話してくれた。「こりゃすごい！」と、思ったという。ほかの何千人もの兵士と同じように、彼が見たのは居心地のいい部屋、気持ちのいいベッド、快適な設備だった。無制限のインターネット接続までできる。どれもこれも請負企業KBRが整えたものだった。「なんてぜいたくなんだ、と思ったよ。あれは麻薬だ」。その後、彼は「もっと厳しい環境じゃないことが恥ずかしくなったよ」と告白してくれた。

在外基地生活の特典は、将官クラスではもっと増えて、ひとりひとりに補佐やコック、車、自家用飛行機が与えられる。さらに、そうした特権的な特典に加えて、かつてアフリカ軍の司令官だった大将ウイリアム・〝キップ〟・ワードのようなケースもある。国防総省の調査官たちは、ワードが「さまざまな不正行為にかかわっていた」こと――数十万ドルもの個人旅行の費用を政府に請求したり、政府の資金を流用してぜいたくなホテルに泊まり、五台の車を引き連れ、温泉やショッピングを妻と楽しむ旅行に出かけたりしていたことを突き止めたのだ。また、名前は伏せられているが国防総省から数百万という契約を受注している「建設管理、工学、科学技術、エネルギーサービスの会社」から、無料の食事やブロードウェイのミュージカルのチケットを受け取ったりもしていたという。[37]

選挙献金

請負企業は、非合法的な手段の限りを尽くして基地建設に食い込もうとするだけではなく、議員の選挙運動にも数百万ドルもの献金をする。政治資金の調査・監視センター（Center for Responsive Politics）によると、軍事請負企業の息がかかった個人や政治活動委員会（ＰＡＣ）からの献金額は二〇一二年だけで二七〇〇万ドル、一九九〇年からの累計はほぼ二億ドルにのぼるという。[38]

献金の大部分の行き先は、上院や下院の歳出委員会や軍事委員会のメンバーである。軍に予算を割く権限のほとんどは、これらの委員会が握っている。二〇一二年の選挙では、バージニア州に本社を置くダインコープの政治活動委員会が、下院軍事委員会の委員長と最有力メンバーのそれぞれに法定上限額の一万ドルを献金した。また、下院と上院の軍事委員会のその他三三人のメンバーや、両院の歳出委員会の一六人のメンバーにも献金している。[39]

軍事予算委員や政策担当者を動かそうとする一方で、請負企業はロビイストにも数百万ドル以上を使っている。ＫＢＲとハリバートンは、二〇〇二年から二〇一二年にかけて、ロビー活動に五五〇万ドル近くを支出した。[40] この間、ＫＢＲは二〇〇八年に四二万ドルを支出して、最新のＬＯＧＣＡＰ契約を落札し、翌年、クウェートでの入札を阻止されたことに対して異議を申し立てたときには六二万ドルを支出している。[41] シュプリームは二〇一二年だけでロビー活動に六六万ドルを支出した。[42] アジリティは二〇一一年、二度目の詐欺で起訴されたのちに二〇万ドルを支出した。[43] フルオールは、二〇〇二年から二〇一二年にかけて、九五〇万ドル近くをロビー活動に使った。[44] 主要な軍事請負企業一〇社を合わせると、二〇〇一年だけで総額三二〇〇万ドル以上がロビー活動に使われている。[45]

租税回避

請負企業は、税金を資金とする数十億ドルという金を手中に収める一方で、多くは合法、非合法を問わずあらゆる手段を使って、自分たちの利益に課されるアメリカの税金を最小限に抑えようとしている。航空宇宙産業と軍事産業全体で、二〇一〇年の実効税率はわずか一〇・六パーセントだったのに対し、連邦法で定められた最高法人税率は三五パーセント、収益力が高いアメリカの大企業に対する平均実効税率は一二・六パーセントだった[46]。

二〇〇四年、アメリカ会計検査院の調査により、国防総省の契約請負企業二万七一〇〇社――約九社に一社――が非合法な手段で税金逃れをしながらも、なお平然として政府との契約による金を受け取っていることが判明した。プライバシー規定により政府は社名を公表できないが、あるケースでは、基地業務を提供する請負企業の一社が約一〇〇〇万ドルの税金を払わないまま、国防総省から三五〇万ドルを受け取っていた。軍事請負企業が支払っていない税金総額は三〇億ドルにのぼると、政府は推定している[47]。

近年、主要な軍事請負企業は、外国で認可を受けて子会社を設立することにより、合法的に税金を抑えることが多くなっている。在外基地で基地との契約の大部分を結ぶのは、多くの場合はアメリカの企業ではなく地元の会社だ。こうした会社が法的にアメリカの税を課されることはほとんどない。この仕組みを利用して、アメリカの企業のなかには外国に子会社を設立し、在外基地との業務契約の大部分をその子会社と結ばせるところがある。たとえば、ＫＢＲはコンピューターファイル上にしか名前の存在しないケイマン諸島のペーパーカンパニーを使って、イラクでの受注契約に課される税金の支払いを回避した。また、法的手続き上ではケイマン諸島のふたつの子会社で二万一〇〇〇人以上の従業員を雇用することにより、社会保障費や公的医療保険メディケアへの支出、そしてテキサス州失業保険の支払いを逃れている。[48]

KBRの幹部は、この方法により業務を安価に遂行できたのだから軍の資金が節約された、と主張する。だが『ボストン・グローブ』紙の調査によると、この戦術は「政府の歳入全体に大幅な損失をもたらした」一方で、KBRはこの抜け穴を使わない他社との競争で優位に立ったという。[49] ペーパーカンパニーを利用することにより、KBRは社会保障費やメディケア信託基金への拠出金支出を抑えただけではなく、法的には外国企業に雇われている従業員は、仕事を失っても失業給付金を受け取ることができないということになる。〈税金の正義を求める市民の会〉(Citizens for Tax Justice)という権利擁護団体の会長、ロバート・マッキンタイヤーは『ボストン・グローブ』紙に次のように話した。「税金を支払わないという手段で政府の金を節約したなどという主張が、道理に合うわけがない」[50]

同様に、ハリバートンが二〇〇七年にKBRを別会社として切り離したときに本社をドバイに移転したのも、ドバイでなら法人所得税や従業員の給料への税金が課されないことと、おそらく無関係ではない(当時、ハリバートンはすでに一七の外国子会社をタックスヘイブン諸国に所有していた)。同社は法律上はアメリカ法人でありながら、経営幹部をドバイに移せば給与税の一部を回避でき、利益全体のうち一部はアメリカ国外での業務によるものだからとの理由で法人税を抑えられる。[51]

一般に、アメリカの税法では、海外業務を行うアメリカの会社は、外国に設立した子会社を通して行った海外業務からの収入に課される法人税の支払いを、無期限に延期することができる。会社の国外収入が子会社の管理下にあり、国外で再投資される限り、アメリカの法人所得税の支払いは「延期」できる。子会社を通して得た国外収入に対する米国税は、その外国子会社から親会社に社内配当金またはその他の収入として「返って」きたときだけ支払えばいい。[52]二〇一二年にJ・P・モルガンが実施した調査によると、アメリカの多国籍企業がこの方法で海外に「預けた」ままにしてあるため米国税を逃れている国外収入の総額は一兆七〇〇〇億ドルにのぼる。[53]

アメリカ会計検査院の調査では、主要な軍事請負企業数社が次のように認めている。「外国法に準拠する海外子会社を利用すれば米国税を減額できる。防衛企業が海外子会社組織をひとつもつと、アメリカの実効税率を約一パーセント抑えられ、数百万ドルに相当する税金を節税できる」。また、外国子会社を持てば、企業は法的責任と訴訟のリスクもある程度回避できる。[54]

アメリカの企業の場合、海外子会社による国外収入については、それがアメリカ国内に返ってこなければ課税されないため、現行の税制では、企業は国外収入をそのまま海外に保有しようとする動きを強める一方だ。[55]この連邦議会で立法化された税法上の旨味は、軍事請負企業だけではなくすべての産業を引き寄せる。だが、米軍在外基地の業務請負企業の場合、アメリカの税収が失われるだけにとどまらず、それよりはるかに大きな問題がある。たとえば、テキサス州の基地とアラブ首長国連邦の基地で、同等の業務を提供する契約が結ばれたとすると、アラブ首長国連邦の基地では、米国税を無期限に減額できる方法がいろいろと存在するわけだ。つまり、アメリカの税法は請負企業に、国内ではなく、海外の基地と兵力を支援するよう奨励しているようなものなのである。

自らを舐めるアイスクリームコーン

ＦＯＢ２０１２会議が終わりに近づいた頃、私は別の会議参加者（匿名希望）に、戦時下のイラクに派遣されたとき、エリオット副官が話したような問題――基地で民間警備員が民間請負企業のコックを警護する以外に何もせず、コックはコックでその民間警備員の食事をつくっているだけというような問題――を見たかと尋ねてみた。

「いくらでも」というのが、彼の返事だった。「自らを舐めるアイスクリームコーン」のようだったという。何の目的も機能も持たず、永遠に自己を維持するだけのシステム、という意味だ。

イラクでは「日曜日はアイスクリームと最高級のリブステーキが出た」と、彼は話を続けた。二〇〇一年以来、ずっとそうだったという。コソボ以来かもしれない。無駄が多く、効率が悪かった。基地の環境整備にあたっていた兵站請負企業については「全部クビにして最初からやり直しさせたほうがいいんじゃないか」という意見だった。

会議の最後では、請負企業と軍の代表者の間で、アメリカやヨーロッパ諸国の軍事予算削減による軍事市場の干上がりに関する不安が話題にのぼった。軍事請負企業の仕事はそのうち、国連その他の和平国際監視団を相手とした基地の建設、物資供給、維持が多くなっていくと同時に、石油会社や鉱業会社（その採掘施設がもともと軍事基地に似ている）関連の業務にも軸足が移っていくだろうとの話には、多くの人がうなずいていた。

ジェネラル・ダイナミクス（私がつくった海外契約発注先の上位二五社のリストから惜しくも漏れた企業）の代表者、ピーター・エバールがこう尋ねた。アメリカとＮＡＴＯがアフガニスタンから撤退して「突然、平和が来たらどうします?」

「そんなことは断じてない」。エリオット副官は言った。

イタリア、ヴィチェンツァの古い空港に建設中のカセルマ・ダル・モリン（現在はカセルマ・デル・ディンとして知られている）。この基地を主に本拠地とするのは空挺旅団だが、建設業者が空港に唯一存在していた滑走路を破壊した。その残骸が右下隅に見える。ロゼール・インターナショナルの許可により転載

第一三章　軍事施設建設（ミルコン）反対論

陸軍はそれを「不滅のコミュニティ」と呼ぶ。ブッシュ政権が世界的な米軍基地再編計画を発表後、陸軍は、ヨーロッパの兵力を大きく分けて七つの、それぞれに複数の基地を有するコミュニティに併合すると表明した。その不滅のコミュニティのうち、五つはドイツに、ひとつはベルギー／オランダ／ルクセンブルグ地区に、もうひとつはイタリアのヴィチェンツァに置く。基地併合の一環として、陸軍は二〇〇六年、議会に軍事施設建設――「MilCon」――の資金六億一〇〇〇万ドルを申請した。ヴィチェンツァのダル・モリンと呼ばれる古い空港に新しい基地を建設するためだ。それまでは最強の即応部隊である第一七三空挺旅団をヴィチェンツァの一基地とドイツの閉鎖予定の二基地に分割配備していたのだが、これらの兵力を統合するために新しい基地を建設する必要があるという。ヴィチェンツァのほかの基地は「ほとんどが定員オーバー」だというのが陸軍当局の言い分だった。[1]

テキサス州の共和党上院議員ケイ・ベイリー・ハッチソンは、当時のこの要請に疑問を呈した数少ない議員のひとりだった。聴聞会で彼女は質問した。なぜ、飛行場その他の離陸設備がない基地に〝空挺〟旅団を併合するのか（事実、ダル・モリンで予定していた建設業者は、一九五〇年代中ごろから米軍の航空機数機が使ってきた当時の唯一の滑走路を破壊してしまうことになる)。旅団を展開するには、兵士はヴィチェンツァ北東のアヴィアノ空軍基地まで二時間から三時間かけて移動しなければならない。なぜ「即応部隊」をそんな不都合な場所に置くのか。なぜ、第一七三空挺旅団をアヴィアノ周辺で併合しないのか。

「この件はよく検討した結果ですか?」と、ハッチソンは陸軍の代表者に尋ねた。

「徹底的に検討した結果です」と、陸軍次官補のキース・イースティンは主張した。アヴィアノでは土地取得に法外な費用がかかるが、ダル・モリンなら無料だ(イタリアでは、すべてではないものの、基地用地のほとんどはイタリア政府から無償で提供される)。

「ハンニバル以来、アルプスの片方ともう片方に兵力を分散させるのは上策とは思えません」とイースティンは、ヴィチェンツァとドイツの二基地に分かれている状況をそのようにたとえた。「ですから、ひとつの場所に、本件ではアルプスの南にまとめたいのです。そうすれば作戦上、格段に展開しやすくなると聞いています。一国の領空で離着陸許可を得るだけで済み、複数の国から、本件ではドイツですが、許可を得る必要がなくなるわけですから」

ほかの質疑応答はほとんどなく、議会はすぐに陸軍の予算要請を承認した。しかし七年後の二〇一三年春、陸軍は驚くべきことを発表した。ヴィチェンツァでの基地建設に割り振られた予算六億一〇〇〇万ドルをほとんど使い果たし、ほぼ完成した基地に移動を始めてからわずか数週間後、ヴィチェンツァには第一七三空挺旅団すべてを収容できないと言いだしたのだ。旅団を一か所に併合するというのが、そもそも基地建設を正当化する根拠であったはずが、その計画は変更となり、旅団の大隊六個のうち二個は、そのままドイツの別基地に移動させるという。ヴィチェンツァに移るのは、約一〇〇〇人の兵士とほぼ同数の家族だけ――計画のおよそ半数になる。

その発表から間もなく、上院歳出委員会の報告書には、この計画変更に対する強い「懸念」が表明された。「今回の決定は、［併合の］本来の目的にまったく反するものである」[2]

基地の集まり

多くの旅行者がイタリアと聞いて思い浮かべるのは、ヴェネチアの運河、ローマの遺跡、フィレンツェの宮殿、そして、もちろんピザにパスタにワインだ。旅行者用ガイドブックには基地のことなどほとんど書かれておらず、イタリアを米軍基地の国と考える人は、まずいない。だが、五〇の「基地所在地」があるイタリアは、日本、ドイツ、韓国を除けば、世界のどの国よりも多くの米軍基地が置かれた国だ。

南アルプスの丘陵地帯に近い、イタリアの豊かな土地ヴェネト州のヴィチェンツァは、現在のアメリカではまず見られない都市だ。富裕であると同時に産業の中心地でもある。ヴィチェンツァの工場では、金のジュエリーや高級自転車の部品のほか、ジェットコースターなど、ブルックリンのコニーアイランドにあるような遊園地の乗り物まで製造されている。ヴィチェンツァの中心地には、この都市が生んだ最も有名な人物であるルネサンス時代の建築家、アンドレア・パラディオの建築物が多く残っている。古代ローマ建築の影響を受けたパラディオの作品の様式は、コンスタンチノープルからロンドンの建築物に引き継がれ、トーマス・ジェファーソンの邸宅モンティチェロにも色濃く反映されている。[3]

今のヴィチェンツァは金色に彩られた街だ。とりわけ夜は、ルネサンス時代の琥珀《こはく》色、クリーム色、桃色、カナリア色に塗られた三階建て、四階建ての建物の壁に、街灯がひときわ鮮やかに映える。市の歴史的な中心地では、細い道や路地のほとんどが今でも小さな敷石で舗装されている。弧を描く道では敷石にすき間ができ、その道をたどると、市の中心街であるコルソ・パラディオ（パラディオ大通り）に出る。歩行者や自転車に乗る人々であふれる人通りは、アーケードで覆われた歩道にふちどられ、そこにはしゃれたカフェやジェラートの店、意匠を凝らしたチョコレート店や香水店、高級ブティックのウィンドウ・ディスプレイが並ぶ。

第二次世界大戦中のヴィチェンツァとは強烈な対照をなす光景だ。当時、この都市の住民は飢えに苦しむあまり、ネコを食べると言われたほどだった。イタリアを占領していたドイツ兵たちはヴィチェンツァの町を、イタリア空軍の飛行場だったダル・モリンも含めて一大兵站拠点に変えた。町と飛行場は連合国軍による激しい空爆を数か月にわたって受けつづけた。ドイツ軍が撤退する際には、ヴィチェンツァの家屋という家屋がすさまじい襲撃にあった。連合国軍がようやくドイツ軍をヴィチェンツァから追い出したのは一九四五年四月二八日のことだった。翌日、イタリアのドイツ軍は降伏文書に署名した。

一九四七年にイタリアが平和条約に署名したのち、米軍はイタリアを引き揚げてオーストリアに移動したが、すぐに戻ってきた。イタリアがNATOに加盟すると、一九五一年のNATO軍地位協定により、米軍はナポリ、ヴェローナなどのイタリアの基地を使えるようになったのだ。まだ戦争の苦しみから立ち直れず、冷戦の高まる緊張から自らを守ることができなかったイタリアは、またもや米軍に国の通信回線を運用する権利と、ピサ近辺の広い海岸沿いの土地をキャンプ・ダービーとして使用する権利を与えてしまった。一九五〇年代半ばには、米軍はヴィチェンツァの主要基地カゼルマ・イデーレを含めて、イタリア北東の基地にも移転してきた。[4]

前陸軍士官フレッド・グレンは、一九五五年にヴィチェンツァに来たとき、まだ市街のあちこちに爆撃の被害の跡がまざまざと見てとれたことを憶えている。「あの町を襲った戦争の傷跡がまだ残っていたよ」と、グレンは語ってくれた。わずか二か月目だったカゼルマ・イデーレは「まだまだ未開の地」だったという。「晴れた日は黄塵にまみれ、雨の日は泥だらけになった」。だが、技師たちがすぐに建物の内部をすべて取り壊し、新しい建築物に何百万とつぎ込み、「できる限りのことをして」改装した。

最終的には、一万人の陸軍兵がキャンプ・ダービー、カゼルマ・イデーレ、そしてイタリア北部の近隣の基地に分散して駐屯した。この兵たちは南欧任務部隊となり、主に兵站部隊として、北東から東側諸国が侵攻してきた場合には大量の援軍を受け入れてイタリアを守る役目を担うことになった。[5]

現在、ヴェネチア国際空港（ヴェネチア・テッセラ空港）に着くと、英語でVICENZA COMMUNITY（ヴィチェンツァ・コミュニティ）という札が貼られた小さな目立たないオフィスがある。ヴィチェンツァにいる一万人の英語話者のためのオフィスだ。市の人口のほぼ一〇パーセントに相当するこの人々は、市内に広がる一群の基地内と周辺に住み、働く軍人とその家族、そして民間人だ。ダル・

モリンが建設される以前でさえ、施設にはすでに主要本部、地下の武器貯蔵施設（冷戦中は核兵器が貯蔵されていた）、もうひとつ別の地下基地、物資集積所、そしてアメリカ平和村（Villagio della Pace）という、門のある大きな住宅地が存在していた。

最終準備

ヴィチェンツァでの第一七三空挺旅団併合を取りやめるという決断を陸軍が発表した数か月後、私は新しく稼動する基地の見学会に出かけた。基地の公式名称は、二〇一二年のイタリア当局による名称変更を経て「カゼルマ・デル・ディン」となっていた。基地建設計画に対し、イタリア全土の支援を集めて盛り上がりを見せていた反対運動「ノー・ダル・モリン」の矛先をかわすためだったのだろう。だが、まだ基地の消防車には「ダル・モリン」と書かれていたし、多くの人が旧名を使っていた。

遠目には、巨大な総合病院か大学のキャンパスのように見えた。細長い敷地に、桃色とクリーム色の壁、明るい赤の屋根、長方形のずらりと並ぶ窓をもつ三一の箱型の建物が立ち並んでいた。軍事境界線を取り巻く金網のフェンスの上には、蛇腹鉄条網が設置され、なかをのぞき込まれないように、地上から緑色のメッシュのスクリーンが張られていた。基地と比べるとヴィチェンツァにあるものすべてが小さく見えた。一帯の地平線をほぼ独占する基地は、市でいちばん大きい緑地よりはるかに大きいのだ。

入場門に着くと、基地に出入りする六つの通路の周辺にイタリアの警官と民間警備員が配備されていた。来訪者案内所の隣はコミュニティの銀行だった。建物の前にバンク・オブ・アメリカのATMが二台設置されている——そのうち一台はまだ梱包ビニールに覆われ、もう一台には「ドルとユーロを使えます」と書かれていた。その脇にはビールの空きビンが二本、ローリング・ロックとレッド・ストライプが置かれていた。

身振りで合図するガイドたちを追って基地に入ると、彼らは私を新しい（ほぼ満杯の）六階建て駐車場のひとつの屋上に連れていってくれた。そこからは、駐屯地の北から南まで一四五エーカーを一望できる。下ではイタリア人の作業員がまだ英語の道路標識を据え付け、いくつかの建物で工事の最終段階の仕上げをしていた。ブルドーザーが野球とソフトボールのグラウンドの土をならしていた。

駐車場の近くには、大きな旅団本部、六〇〇人を収容できる兵舎二棟、消防署、フィットネスセンター、マルチメディア娯楽施設と温水プール、大きなカフェテリアがあった。小さなPXの隣には、コンビニエンスストア、サンドイッチ店のサブウェイ、イタリア式の喫茶軽食堂がある。場所を移し、旅団の各種編成部隊別に並ぶ建物や、古いイタリア空軍基地を再利用した建物、駐車場、室内射撃場、天然ガスを動力源とするエネルギープラントを見て回った。ここは「歩く基地」として設計されており、まとまりなく広がるリトルアメリカとは違って、ひとつの建物から別の建物に行こうとするたびに車を使う必要がないので、平日の昼間だというのに静かで車の通行がほとんどなかった（ガレージにほぼ満杯だった車は、基地へ通勤する人々のものだった）。陸軍によると、ダル・モリンは基地としては初めて、LEEDグリーンビルディング認証を取得する予定だという。[6] いずれはLEEDゴールドを取得できるだろうとも言っていた。

米軍基地の多くが、外国の郊外住宅地を模倣したようなぜいたくな造りであるのに反して、ダル・モリンは徹底的に実用的だ。この基地に住む家族はいないだろう。住むとすれば単身の兵士だけだ。新しい病院、ふたつの新しい学校、その他の家族向けの快適な施設は、市を横切ったカゼルマ・イデーレとアメリカ村にある。ヴィチェンツァ一帯の建設費用としての推定六億一〇〇〇万ドルに加え、陸軍は周辺のコミュニティに建築中の注文住宅二四〇邸を賃貸借する計画だった――そこに兵士と家族を住まわせるというその計画も、第一七三空挺旅団のうち三分の一をドイツに置き去りにするという陸軍の決定によって、突然問題視されるようになったのだが。

次々に沸き起こる疑問

第一七三空挺旅団をアルプスの南に併合することが戦略面で生む利益を考えると、この空挺旅団をイタリアとドイツに分割したままにするという決定は、純粋な軍事的見地からは不可解だと言える。第一七三空挺旅団は、軍事的緊急事態に対する迅速な対応を期待される部隊だ。陸軍のキース・イースティンが二〇〇六年に議会に説明した通り、旅団を一国の基地に分散配備させておけば、ドイツにとどまる二個大隊は、ほぼ間違いなく、ヴィチェンツァの四個大隊と比べて配置につくまで格段に時間がかかることになる。

ヴィチェンツァのダル・モリンをはじめとする基地にたいした訓練場がないことを考えると、当初の併合計画は軍事上なおさら奇妙に思えてくる。ヴィチェンツァを訪れたとき、軍の士官のひとり(公の場で話す許可を得ていないということで匿名希望）は、ダル・モリンやカゼルマ・イデーレでは訓練機会が「極端に限られる」と話してくれた。一部の訓練はアヴィアノ近辺のイタリアの基地で実施されるが、「訓練場のほとんどはドイツにある」という。

ヴィチェンツァの第一七三空挺旅団は「すぐ近くに十分な訓練場がなく、高度な訓練を行うには、六時間かけてドイツまで北上しなければならない」という問題があることは有名だとの記事が、二〇一二年の『アームド・フォース・ジャーナル』に掲載されている。[7] 事実、第一七三旅団がイタリアで空挺旅団として訓練できるのは、イタリア西海岸沖のサルデーニャ島だけだろうが、ヴィチェンツァからサルデーニャまではドイツの訓練場よりもさらに遠い。

ここで疑問が生じる。なぜ陸軍は兵士たちを、訓練のため定期的にドイツに送り返さなければならないという負担が生じるだけでありながら、ドイツからイタリアに移動させたいのか。新たな決断に従って旅団を分割配備したままにすれば、訓練場まで往復九〇〇マイル近くの距離を移動させるのが四個大隊だけだとしても、三分の二を定期的にドイツに輸送すれば、新基地にかかる実質的な費用総額がその分高くなるのは明らかだ。

私は在欧陸軍の広報担当官であるブルース・アンダーソンに問い合わせた。なぜ、陸軍は旅団をイタリアとドイツに分割配備したままにすると決断したのか。第一七三空挺旅団の併合が基地建設の明確な根拠ではなかったのか。アンダーソンは電子メールで次のように返信してきた。在欧軍を縮小した結果、ドイツに思いがけない空き場所ができた。第一七三空挺旅団の大隊二個をイタリアに移すのではなくドイツ国内で移転させれば、陸軍は移転費用を節約できるし、ドイツで定期訓練を行う必要があるときの輸送費用や、ドイツで空くふたつの基地の閉鎖費用も節約できる。

私は再度、アンダーソンやほかの陸軍報道担当官に電話や電子メールで問い合わせた。陸軍は、その主張を裏付ける費用分析を行ったのか。その分析の結果は議会に提出されたのか。その費用データを見ることはできるのか。だが、返信はなかった。

アンダーソンからの最初の返信メールには、私の目を引く記述がもうひとつあった。「完全な併合が最も望ましいことは確かではありますが、過去六年の経験において旅団は十分な機能を示しており、ドイツで他の部隊と合同訓練を行うことは旅団の利益にもなります」。どうやら「分割配備」には何の問題もなかったらしい。

イタリアにいる別の米軍士官に、私はこう聞いてみた。皮肉な見方をすれば、陸軍は最初から第一七三空挺旅団をヴィチェンツァに併合するつもりなどなく、ダル・モリンに新基地を建設するため議会の予算を確保する口実として、併合というアイディアをもち出しただけなのではないか、と。

「そういう見方があることは否定しない」と、その士官（匿名希望）は答えた。だが、陸軍が計画を変更する動機となったのは、ヨーロッパの「至宝」、五万七〇〇〇エーカー以上の面積をもつグラーフェンヴェーア訓練場を手放したくないという思惑かもしれない、ということも話してくれた。[8]グラーフェンヴェーアで新たな兵力削減が重なれば、そこに大きな空きができてしまうため、陸軍はおそらく、ここをはっきり人目に付く形で利用する必要を感じたのだろう。二〇〇〇年以来、議会がグラーフェンヴェーアに七億ドル以上を投じているとなれば、なおさらだ。第一七三空挺旅団の一部をグラーフェンヴェーアに駐屯させれば、その目的は達成できる。

仮に、併合というアイディアが議会の予算を獲得するためではなかったとしても、少なくとも併合しないという決断は、きわめて重要な基地を失わないようにするため、そして不必要で中途半端にしか使えない施設に何億ドルという金を費やしたことに対する顰蹙《ひんしゅく》をかわすためとしか思われず、冷笑を禁じえない。いずれにせよ、軍事的必要性は第一の動機ではないようだ。

それだけではない。国防総省がヴィチェンツァの新基地建設に六億ドル以上を要請する根拠としたのは、第一七三空挺旅団のイタリア・ドイツ分割配備問題を新基地建設により解決するとの主張だったはずだ。だが、私が詳細に調べてみた結果、その「問題」は陸軍によるまったくの捏造だったことがわかった。第一七三空挺旅団はベトナム戦争後に任務を解かれ、二〇〇〇年に復活した。復活後、第一七三空挺旅団は六年ほど、旅団全体がヴィチェンツァに配備されていた。つまり、過去一〇年のうち前半の五年以上、分割配備問題などまったく存在していなかったのだ。

ウィキリークスが暴露した国務省外電も含めたいくつかの情報源から、陸軍がイタリア政府にダル・モリンでの基地建設を最初に願い出たのは、現在わかっている限りでは二〇〇二年か二〇〇三年だ[9](陸軍はこの要請によってイタリア当局との約束をひとつ破ったことになる。二〇〇〇年当時ヴィチェンツァで確定していた兵力を上限として、「それを維持するが、増強はしない」と明言していたのだ[10])。二〇〇五年四月、イタリア政府はダル・モリンでの建設許可を与えた。そのすぐ翌年の二〇〇六年、国防総省が議会に最初にダル・モリン建設予算を申請した頃、陸軍はヴィチェンツァの二個大隊にドイツの別の四個大隊を加えて第一七三空挺旅団を拡大した。ここで初めて分割配備問題が生み出されたのである。[11]

要するに、新基地の計画が浮上してから数年が経ち、陸軍が予算獲得の根拠を必要としたまさにその段階で、陸軍自身が第一七三空挺旅団の分割配備「問題」をつくりだしたということのようなのだ。

制度上の問題

ダル・モリンの基地につぎ込まれた税金は、海外での軍事施設建設制度が長年にわたって孕《はら》み続けているさまざまな問題を反映している。たとえば、予算申請の根拠とするため議会に提出される情報が不完全で誤解を招くものであること、ときにはそれが、予算確保を狙ってもっともらしく創造された虚構でさえあるということ、そうした問題点だ[12]。

一例を挙げると、一九六〇年代の終わりごろから一九七〇年代初めにかけて、海軍が議会にディエゴ・ガルシア島の基地建設予算を申請したとき、海軍当局は五年以上にわたってさまざまな根拠を並べ上げた末に、やっとのことで議会からミルコン予算の承認を取り付けた。議会から何度も否決された国防長官メルヴィン・ライアードは海軍に対し、次のような単純な指示を出したのだ。最初に申請した予算を減額して「通信施設用にしろ」と。海軍はその指示に応じ、すぐに議会に「通信施設用」の予算一七八〇万ドルを申請した[13]。しかし、海軍の予算を詳細に調べると、「通信施設」用の費用の半分は、わずか八〇万ドル相当の通信機器を備えつけた施設に、ディエゴ・ガルシア島の礁湖《しょうこ》を浚渫《しゅんせつ》して八〇〇〇フィートの滑走路を建設することに使われていた。そして公式には「切り詰めた」としていた計画で、一七マイルの道路網、小さなナイトクラブ、映画館、ジムを建設していたのである[14]。

表向きには通信施設の建設を申請したその陰で、海軍が求めていたのは、もっと巨大な基地を建設するための突破口だった。かねてから構想していた施設を早く実現したかったのである。[15] 海軍が基地を形容するとき、決まって「限られた」とか「ささやかな」という言葉が使われるが、高官たちがいつも思い描いているのは、見渡す限りの広々とした港湾、飛行場、インド洋を巡回する潜水艦の調整センターだ。ある海軍の高官が言う通り、「通信施設なんか本当はどうでもよかったのさ」。[16] ディエゴ・ガルシア島の基地が稼動する前から、高官たちはすでに多額の拡張予算を議会に申請する計画を練っていた。そして、実際に拡張しはじめると、ディエゴ・ガルシアは一〇年以内に一〇億ドル級の基地となった。[17] この基地だけではない。ひとたび軍が議会の反対を乗り越えれば、最初のミルコン予算は、たちまちのうちに高額の支出に膨れ上がっていくのが常だ。

二〇一三年四月の上院軍事委員会の報告書では、ほかにも制度上の問題が公表された。たとえば、基地を受け入れ国に返還する際、国防総省は返還する施設の「残存価値」の支払交渉を行う。一九九一年以来、アメリカ政府はその支払いにより九億二〇〇〇万ドル以上を受け取っている。国防総省は、法的にはその支払いを現金決済により受け取ることが求められており、現物支給による支払いの受け入れは、現金交渉が決裂した場合の最終手段としてのみ認められている。だが実際には、そうした決済の九五パーセント以上が、なかでも一九九七年以後はすべてが現物支給により行われている。法律の規定にもかかわらず、今では軍の交渉担当者は現金決済の可能性を検討しようともしない。また、法律では、現物支給の交渉を開始するとき、国防総省は事前に議会に知らせなければならないが、実際にはまったく「その要求に応じようとしない」ことが、上院軍事委員会の調査で判明している。[18]

さらに、現物支給を利用する場合、国防長官は法律により、将来要請する予算の代わりにそうした現物支給を利用することを文書で証明するよう求められている。別の言い方をすれば、軍は将来のプロジェクトに対して現物支給を受けられる可能性がない場合に、ミルコン資金を要請するということだ。だが、現物支給が利用されたプロジェクト一二件を上院軍事委員会が調査した結果、ミルコン予算配分の検討対象となったプロジェクトは〝一件も〟ないことがわかった。これがどういうことかというと、軍は議会の予算配分優先リストに「入れてもらえる見込みがない」プロジェクトについて、特に重点的に現物支給を利用しているのだ。その結果、現物支給が利用されているのは「疑問の余地があるプロジェクト」ばかりであること、たとえば家具倉庫六〇〇万ドル、高官自宅に設置したサンルーム二〇万ドルなどであることを委員会は突き止めている。[19]

おそらく最も悪質と思われるケースでは、国防総省はドイツ政府に対し―議会に無断で―将来ドイツに返還するという計画のもとに六〇〇〇万ドル相当の軍事施設の〝事前〟現物支給を要請し、受け取っている。上院委員会は「このような立替えを要請し、支払わせるという行為が、会計法と相容れるかどうかは大いに疑問である」との結論を下している。[20]

韓国でも同様に、在韓米軍は議会の承認を得ず無断で、また陸軍、太平洋軍、国防総省による審議もほとんどまったく受けずに、韓国から建築物の現物支給を受けている。この在韓米軍のプロジェクトのなかには、一〇四〇万ドルの陸軍第二歩兵師団の博物館という項目もある。当局によれば「指揮官の要望」だという。[21] このプロジェクト以外にも、陸軍は韓国に賃貸住宅を建設する計画を立てているが、その費用は標準的な海外住宅手当［軍人家族に二〇年間支払われる標準的手当］を七億五五〇〇万ドルも上回る。上院委員会はこの件についても「この計画の適法性には疑問がある」としている。[22]

「独り歩きを始める」

「米軍の在外基地は、一度できると独り歩きを始める」。これは、第二次世界大戦以後ほとんど気にする者がいなかった在外基地の広がりぶりについて、めったに行われることがなかった議会の調査が出した結論だ。「当初の使命が時代遅れになることはあるが、施設を維持するため、さらに多くの場合は実は拡大を目的として、新たな使命がつくりだされる」[23]

この言葉は、ヴィチェンツァやホンジュラスのソト・カノをはじめ、世界の多くの基地で起こっていることをよく言い表している。四〇年以上前の言葉だ。一九六九年から一九七〇年にかけての八か月間、ウォルター・ピンカス——軍事、諜報《ちようほう》活動、外交政策の問題点を書く『ワシントン・ポスト』紙のピュリッツァー賞受賞コラムニスト——は、上院の米安全保障協定・対外公約分科委員会に代わって世界を回り、当時すでにとめどなく広がりはじめていた米軍基地について、注目に値する調査をまとめている。

中央の政界が選んだのが旧弊な記者なら、ブルックリン生まれのピンカスほど広い視野からの考察は得られなかっただろう。ワシントン・ポスト本社に近いコーヒー・ショップで会った彼は、グレーのフランネルのズボンに、わずかに擦り切れた白いストライプのシャツからネクタイをぶら下げ、その襟を青いブレザーの襟の上に出すという姿だった。髪は真っ白で、眉はふさふさしていた。右脚を痛めていて、歩くと身体が前後に揺れた。

ピンカスは調査のため、米軍を受け入れているヨーロッパ、アジア、アフリカの二五か国を訪れた。分科委員会の聴聞会は三八日間に及んだが、一般には一切公開されなかった。聴聞会の議事録と、ピンカスが執筆を手伝った分科委員会の最終公開報告書は、全部で二四四二ページに及んだ――国防総省と国務省から削除を要求された部分は入っていない。

「基地がある場所はすべて行ったよ」と、ピンカスは言った。非民主主義政府の指導者たちは、米軍の基地があることを喜んでいた。自国政権の維持を支援してくれるからだ。ピンカスはそれを見て、在外基地には「受け入れ国に公約を果たす側面」と「受け入れ国を買収する側面」があると感じた。公約を果たす側面によってアメリカは受け入れ国を守る。だが、買収する側面によって「私たちは基地を受け入れる政権をも守ることになる」。その政権の崩壊は基地の存在を脅かすからだ。

フランシスコ・フランコ将軍支配下のスペインは特に印象的だったと、ピンカスは語った。「『なぜ私たちはモロン［空軍基地］をもちつづける必要があるんだ？』と、何度も尋ねたよ」。返ってきた答えは、演習に「重要な基地」だからだというものだった。

「それでは、いったいなぜスペインで演習するんだ？」と、彼は尋ねた。それは、毎年演習を行えば、独裁政権に対する反乱が起きないからだということをピンカスは悟った。また、演習は、スペイン最大のお祭りであるセビリアの春祭りが始まるころに終わるように、わざと設定されていることにも気がついた。南スペインの気候が穏やかなのも都合がいい。これが在外基地の「ずうずうしい側面」だと、ピンカスは言った。

スペインでは、安い免税品を買えるＰＸ制度の特典も知ったという。海外でＰＸから利益を享受しているのは軍だけではない。空軍のジェット機は、スペインの首都マドリッドの真上を飛んでも、何の罪にも問われなかった。それは、スペインの高官がＰＸや将校クラブへの出入りを許されているからだ。国務省外交局の高官もＰＸの店で買い物をする。ピンカスによれば、それが彼らを地元の指導者と同じように「買収することになる」という。ＰＸがあるため、多くの人が基地の必要性を批判的に見ないようになってしまう（今日でも、たとえばルクセンブルクの外交局の高官や家族は、ＰＸで安く買物をするためにドイツの基地へ何時間も車を走らせて往復する）。

「国防総省は議会の面倒まで見る」と、ピンカスは続けた。議員が在外基地を訪れると、軍は、一日三つの会議という楽なスケジュールに加えて「ディナーに買物その他もろもろのくだらないこと」すべてを手配するのだ。「監視役を務めているらしい」者がいるという。「こいつがどこへでもつきまとってくる」。ピンカス自身の調査中、彼は自分の手綱を握る監視役を振り切り、自分で基地中に電話をかけて会議を設定しなければならなかった。ついには軍に基地の電話番号簿をもらえなくなったという。

こうしたすべての調査の結果、ピンカスが執筆を手伝った分科委員会の最終報告書によれば、「在外基地との直接的な関係が最も深い政府機関――国務省と国防総省――において、これらの在外施設の縮小または削減を率先的に行う姿勢はほとんど見られなかった」[24]。それどころか、国務省と国防総省の高官にとって、基地の閉鎖がキャリアの後押しに役立つ面はほとんどなかった。「海外の大使館でも軍の在外施設でも、自分たちの特権的領域の存続を正当化することだけが期待されていた」というのが、分科委員会の報告書の説明だ。「そうしなければ、降格させられる」[25]

その結果、基地の存続、そして往々にして基地の拡大を正当化する一連の根拠が代わる代わる持ち出される。設置されてから何十年にもなる基地の多くがいまだに存在するが、その理由はおおかたあいまいではっきりしないものばかりだ。「議論が起こることはあっても、ほとんどすべての施設の存続を正当化することだけに終始する」と、分科委員会は結んでいる。「軍にとっては、緊急時の使用理由などいつでも見いだせる。外交官にとっては、基地の閉鎖や縮小は、受け入れ国やその他の諸国との関係が悪化したときに、いつでもできることだ」[26]（心理的にも、自分が取り組んできた何かが「無駄だった」と宣告されることを望む人は、ほとんどいない）。

こうして永遠に惰性と拡大に向かう傾向があるから、基地の高官はあらゆることを動機として、基地にはもっと金が必要だと暗に主張しつづける。国防総省では、他省の大半と同じく、予算管理担当者は割り当てられた予算を最後の最後まで使い切ろうとするのが常だ。そうしなければ、次の会計年度で予算を削られてしまうからだ。陸軍の元費用分析官は、不必要な支出に潜む「病理」と彼自身が呼んでいたもののことを語ってくれた。「金を節約できるかどうかが問われることなど、一切なかった」と、ビル・ウィザリントン（仮名）は言う。「こう言われるのを［はっきり］聞いた。『使わなければ、来年からもらえなくなる』と」

国防総省では通常、使われなかった資金が会計年度の終わりまで残されるという。そこで「指揮官たちはよくこう言ったものだ。『さて、金が少し残っている。使えば来年も申請できるんだから、何かに使おうじゃないか』」

「使わなければ、どうなるんですか」と、私は尋ねた。

「そんなことは〝絶対に〟起こらない」と、ウィザリントンは答えた。「暗黙の了解で金の使い道は任されるし、それでもまだ［金がないという］『要望』」には事欠かなかった。金が使い残されることなど「けっして」なかったという。「そんなことがあれば、キャリアの終わりだ」

「不一致な点、記載漏れ、計算ミス」

基地は独り歩きしはじめる傾向があるにもかかわらず、ブッシュ政権が着手し、アンディ・ホーンらが実行した世界の基地再編計画は、冷戦終結後の最初の四年間以来、どの時期よりも多くの基地を閉鎖することに成功した。多くがヨーロッパの基地で、二〇〇一年以後、一五〇以上の基地が閉鎖され、何万人もの兵士が引き揚げた。大部分はドイツとイギリスからの引き揚げだ。

だが、軍による多くの基地の閉鎖と受け入れ国への返還が続く一方、世界各地の米軍基地では一斉に巨大な建設ブームが起きている。[27]「第二次世界大戦以後、最大の軍事施設建設予算で、いくつかの最大施設が陸軍の資産となるほか、最新の近代的施設の導入予定もある」と、雑誌『ソルジャーズ』の二〇〇八年の記事にある。[28]

在外米軍配置の見直し（Global Defense Posture Review）では、見直しに基づく再編の実行に必要な建設費用その他として数十億ドルを見込んでいるが、再編計画だけを見る限り、すべてのミルコン支出を説明するのは難しい。世界で支出されるミルコン資金総額の拡大ぶりは息をのむほどで、二〇〇二年度には一三六億ドルと通例の額であったが、二〇〇九年度には三二六億ドルと約三倍になり、第二次世界大戦以後は目にすることがなかったほどの高額に達している。[29] この三三六億ドルは、軍の別途軍事予算に含まれる約一〇億ドルのミルコン資金が加算される前の金額であるが、[30] これだけですでに、ベトナムでの軍事増強により戦後最高額となった一九六六年の金額の約二倍だ。[31] 対テロ戦争を開始して以来、国防総省は主に韓国、日本、グアム、オーストラリア、その他のアジア各地、マーシャル諸島、アフガニスタンとその他の中央アジア各地、イラクとその他のペルシャ湾岸各国（イランを除く）、そして東欧で大きな建設事業に着手しているほか、アフリカと中南米での建設も増加している。二〇〇二年から二〇一三年までに、軍が在外基地向けのミルコン資金として受け取った金額は総額三〇〇億ドル以上にのぼり、それ以外にも国内外の「不特定地域」向けの資金として九二六億ドルを受け取っている。[32]

ヨーロッパでのミルコン支出は、大陸での基地閉鎖すべてを考慮に入れると驚くしかない。イタリアではヴィチェンツァに加え、二〇〇一年度以後、シチリアのシニョネッラ海軍航空基地での建設事業にほぼ三億ドルを支出している。ドイツではグラーフェンヴェーア以外にも、ヨーロッパ本部をハイデルベルグからヴィースバーデンへ移転させるための費用として、陸軍が現時点で約五億ドルを使っている。アメリカ会計検査院（GAO）の報告書によれば、この移転に伴って陸軍が節約できるとしている推定額は、倍近くに膨らませた額であり、さらに建設の遅れによる費用の増額が節約額に食い込んでいるという。「当初の分析は裏付けに乏しく、見通しも甘く、前提条件にも疑問がある」と、GAOは付け加えている。[33] ましてや今は、なぜ陸軍がドイツとヨーロッパに駐屯しているのかということに、数多くの疑問が集まっている時期でもある。

ドイツのラムシュタイン空軍基地に隣接するライン軍需品部兵舎に、陸軍はヨーロッパの主要医療施設であるラントシュトゥール地域医療センターに代わる新たな病院を一〇億ドルかけて建設している。一九五三年に開院したラントシュトゥールは寿命的に限界であり、修繕では現代の基準に追いつかせることができないからだと陸軍は言う。この病院建設計画もGAOは批判している。国防総省は、当初に要請した資金一二億ドルの算出根拠を示す基本的文書を提出できていないからだ。GAOが見たところ、国防総省の「計画文書には、不一致な点、記載漏れ、計算ミス」があまりに多い[34]。

まだ世界的な医療施設として通用する病院を、陸軍はなぜ建て替えたいのかという好奇心に駆られて、私はラントシュトゥールに一〇年ほど勤務していた外科医に、現在の病院の状態と建て替えの必要性があるのかどうかを尋ねてみた。この外科医は、匿名でという条件にもかかわらず、コメントできないと言った。私はあきらめきれずに再度、現在の施設について話してほしいと依頼した。すると外科医は「一流の」レベル1の――取得しうる最高のグレードの――評価を受けている外傷センターで、世界中を探しても、あれほどの病院は多くはないと言う（レベル1の病院としてはほかに、ロサンゼルスのシーダーズ・サイナイ医療センター、ボストンのマサチューセッツ総合病院がある）。ラントシュトゥールはしばらく前にレベル1の評価を失ったが、それはアメリカがアフガニスタンへ関与しなくなって以来、患者が減って評価対象外となったからだ。

「病院に不備な点や最高と言えない点はありませんか」と、私は尋ねた。

「ありません」というのが、外科医の答えだった。どこかに不備な点があれば、すぐに改善していなければレベル1評価を維持できなかったはずだと説明してくれた[35]。

新しい施設の建設にはもうひとつ、ラムシュタインの滑走路から病院までの搬送時間を短縮するという理由があった。そこで私は、ラムシュタインからラントシュトゥールまで一五分から二〇分の搬送時間がかかることに、医学的問題点があったかどうかを尋ねた。「ない」というのが外科医の答えだった。「とても近い」という。病院に勤めていた間、「不幸な事故は一件も」見たことがなく、搬送中にもそのような事故はなかったと思うと話してくれた（ほかの病院スタッフに聞いても同じ答えだった）。アフガニスタンから七時間から八時間かけて空路で搬送されてきたあとに、そんな短い時間で手違いなど生じない、と。

二〇一四年終わりの時点で、新病院は二〇二二年に開院予定だ。陸軍によれば、ラムシュタインから新病院に到着するまでは「約一五分」だという。現在の搬送時間と比べて、その差はあるかなきかというところだ[36]。

新病院に一〇億ドル以上が支出されることについて、どう思うかとウォルター・ピンカスに聞いてみた。「これからも戦い続けなければいけないということだね」と、彼は答えてくれた。

故意のコスト無視

時として節約のために支出が必要なときはあるが、今ほど多くのスペースが空きつつあり、駐屯兵の数が劇的に減らされ、軍全体の大きさを万単位で縮小し、国内基地でも多くの余剰スペースができているときに、ヨーロッパの新基地建設や基地の拡張に数十億ドルを支出するという論理には疑問を感じざるをえない[37]。

それどころか、ヨーロッパで閉鎖されつつある基地では、閉鎖間近だというのに多くの工事と設備の改善が行われることがある。たとえば、国防総省の高官が二〇〇六年までに閉鎖すると明かしたドイツ、バンベルクの基地では、二〇〇〇年から二〇〇三年までに八七六〇万ドルが、兵舎、フィットネスセンター、託児所に投じられた。同じ期間、陸軍は二〇〇七年から閉鎖が始まったマンハイムの基地に六七七〇万ドルを投じている[38]。

二〇一三年、国防総省はヨーロッパ各地の基地をさらに併合するための検討を実施していた。だが、その検討が終わるのを待ちもせず、軍はヨーロッパにおける新たなミルコン資金として、次年度単年で七億五〇〇〇万ドル以上を要請している。上院歳出委員会は、「国防総省がどの機能を併合または移転できるか、どの施設を受け入れ国に返還できるかを決定しもしないうちに、こうしたプロジェクトの資金を要請する根拠」を尋ねた。委員会が不審に思った項目としては、ドイツとイギリスでの学校五校の建設資金に三億二八〇〇万ドルというものがある。「任務の併合によって基地の人口が変わり、必要となる学校の大きさや場所が変わるかもしれない」ことを考慮していないというわけだ[39]。二〇〇八年以後の予算文書によると、国防総省はすでに学校建設資金としてドイツだけで三億二〇〇〇万ドル以上を受け取っている。二〇一二年には、国防総省は三年以内に閉鎖する予定であったシュヴァインフルトの基地に新しい学校を開校している（事実、同基地は二〇一四年に閉鎖された）[40]。二〇一四年、国防総省はついにヨーロッパの基地見直しの結果を発表し、大陸の施設二一か所の閉鎖を決定した。だが、主要な施設は一か所も閉鎖されず、ほとんどが無駄な娯楽施設、物資集積所、小さな訓練場、ラジオ放送局、貯水場だった[41]。

GAOによる最近の報告書二通によると、欧州軍と太平洋軍は、基地構成の大きな変更に際して、どちらもその変更による「費用面での総合的利益に関する情報を提示しておらず、別の変更を実施した場合との比較分析も行っていない」という。統合軍で基地や兵士の配置、各構成軍の任務を決定する責任者は統合軍司令官だが、国防総省は、統合軍司令官が総合的な費用データを見ることさえないということを認めている[42]。米軍とアメリカ政府全体で最も強大な権力を握る人々（その権力は、大使や国務省高官よりも大きい）の一部にとって、費用は意思決定プロセスで一考するにも値しない事柄なのだ。

こうした金銭的問題への無関心ぶりをよく表している事例がある。国防総省は二〇一三年、シュトゥットガルトのアフリカ軍司令部本部の据え置きを決定した。この本部をアメリカに移転すれば年間六〇〇〇万ドルから七〇〇〇万ドルの節約になり、四三〇〇人の雇用を創出でき、アメリカ国内での経済的影響は年間三億五〇〇〇万ドルから四億五〇〇〇万ドルに及ぶとの結論が、国防総省自身の分析で得られていたにもかかわらずである。国防総省によれば、アフリカ軍司令官は本部をドイツに置いたほうが運用上効率的であると決定したため、それに従ったという。GAOは国防総省の評価を「包括的かつ十分なデータ分析による裏付けがなく、経済分析における主要な原則にも、ろくに則していない」と批判した。こうした外部からの評価を国防総省は部分的には認めたが、「軍の判断については容易に数値化できない側面がある」として、決断をひるがえさなかった。

「軍の判断に容易に数値化できない側面があることは理解できる」と、GAOは応じた。「それでも、正確で信頼性が高い分析結果を示すことによって、運用上の利益と費用がどのように天秤にかけられたのかを周囲によく説明することができるはずだ。国防総省が黙殺しようとしている費用節約の可能性を考えれば、なおさらだ[43]」

国防総省は再三再四にわたって、不完全なデータとぞんざいな計算をもとに、できるだけ費用を抑えられる手段がほかにないかと考えようともせず、不適切な、あるいは意図的操作が加わっているであろう費用分析に基づいて、何億ドルもの税金を使おうとしている。そうした問題があることは、GAOが長年にわたって定期的に作成してきた報告書の数々が十分に証明している。残念な点は、それぞれの報告書がばらばらに、ひとつひとつの問題を相互に無関係な偶発的事象として扱っていることだ。めったに指摘されないことだが、それらの問題には一貫した大きなパターンがある。それは、国防総省や軍や、それぞれの多くの構成部署が何十億ドルという莫大なミルコン資金を使うとき、そこにあるのはコストや法律を故意に無視しているとしか思えない姿勢であり、それに対して議会の監視機能がほとんど働いていないということだ。

むろん、こうした無節操で恥知らずな浪費は、軍事予算全体や、軍と軍事産業との複雑な癒着構造全体に広がる病でもある。アイゼンハワー大統領が私たちに警告した通りだ。だが今や、すでに誰かが指摘したように、ミルコンは完全に暴走している。

「官僚主義の自動機械」

幸い、議会の予算執行差止手続きに基づく国防総省の予算の削減によって、暴走の一途をたどっていた最近のミルコン支出に歯止めがかかるようになってきた。二〇一四年度の海外ミルコン支出は約一五億ドルであり、これに世界の不特定地域向けの二八億ドルが加わる。世界全体での総額は一〇二億ドルだ。[44] 軍人給与、兵器調達、研究開発などの資金と比べると見劣りがするが、それでも二〇一四年度の世界の軍事施設建設には、商務省、環境保護庁、アメリカ国立科学財団、中小企業庁、全国コミュニティサービス協会（Corporation for National and Community Service）のそれぞれと比べて多額の金が支出されている。

ヨーロッパであれほど多くの基地が空きつつあるなか、なぜ軍がこれほど多くの基地を建設しているのかを別の観点から考えてみるために、私は、かの保守派の学者、エドワード・N・ルトワックの話を聞くことにした。ルトワックは、ダル・モリンの新基地に対して公に支持を表明し、かつては基地に反対する者のことを「汚い共産主義者」、「観念だけで物を言う否定論者」と呼んだ人物だ。[45]

「新しい基地をつくる代わりに」ほかの空く基地のどれかを使って併合すればいいなどと「言うのは簡単だ」と、ルトワックは言った。だが、こう続ける。国防総省にとってミルコンは「議会の誰かが『もう十分だ。もう基地に金を使いたくない。もうきみの出番は終わりだ！』とでも言って止めなければ、止まらない官僚主義の自動機械なんだよ」

その効果はあるはずだと、彼は言う。「議会がやろうと思えば、できると思う」。だが、「何かをやり遂げようとすれば大変なエネルギーを必要とする」システムにおいて、惰性は強い力をもつという。

一度プロジェクトが開始されれば、当局は「それが何であれ、中止することに対しては大変な及び腰になる」。今も、議会の議員たちや軍の指導者はみんな揃って「目が見えない動物が地下を掘り進めるように、進みつづけているんだ」と、ルトワックは言う。

「それでは、ヴィチェンツァの六億ドルもの基地は、必要だったんでしょうか」と、私は尋ねた。

「いや、必要なかった」と、彼は答えた。それどころか「イタリアに兵士を駐屯させる必要もない。そう、だから閉鎖しようと思えばできるさ」

第五部　選択

「世界で最も危険な基地」――沖縄の多くの人々が海兵隊普天間飛行場をそう呼ぶ。この基地は日本の沖縄県宜野湾市の中心部にある。須田慎太郎の厚意により掲載

第一四章　沖縄に海兵隊は必要か

二〇一〇年の暮れ、私は、米軍基地について学ぶ学生らが研修で沖縄を訪れる準備を手伝うために、フォギー・ボトムの国務省でケビン・メアと会う約束を取り付けた。メアは三〇年にわたって外交官を務め、そのうち、国務省の日本部長となる以前の一八年間には、日本各地でさまざまな外交官のポストを歴任していた。[1]糊のきいたシャツにネクタイ、ぴかぴかの革靴、きっちり分け目を入れた赤毛に、念入りに整えた小さな赤い口髭をたくわえたその姿は、国の安全を司る官僚組織で経験を積んだ役人そのものだった。

沖縄県は日本の国土に占める面積がわずか〇・六パーセントにもかかわらず、米軍専用に確保された日本の軍事施設の七五パーセント近く――合わせて三〇以上の基地――を抱えている。訓練目的で米軍に広大な海と空を利用されている上に、本島のほぼ二〇パーセントを基地に占有されているのだ。そして一九九五年に一二歳の少女が集団暴行される事件があって以降、沖縄は世界で最も物議をかもし、激しい反発を招く基地拠点のひとつとなっている。[2]

「地図をごらんなさい」と言ってメアは、沖縄がそれほどまでに多くの土地を米軍に占有されている

日本、沖縄県

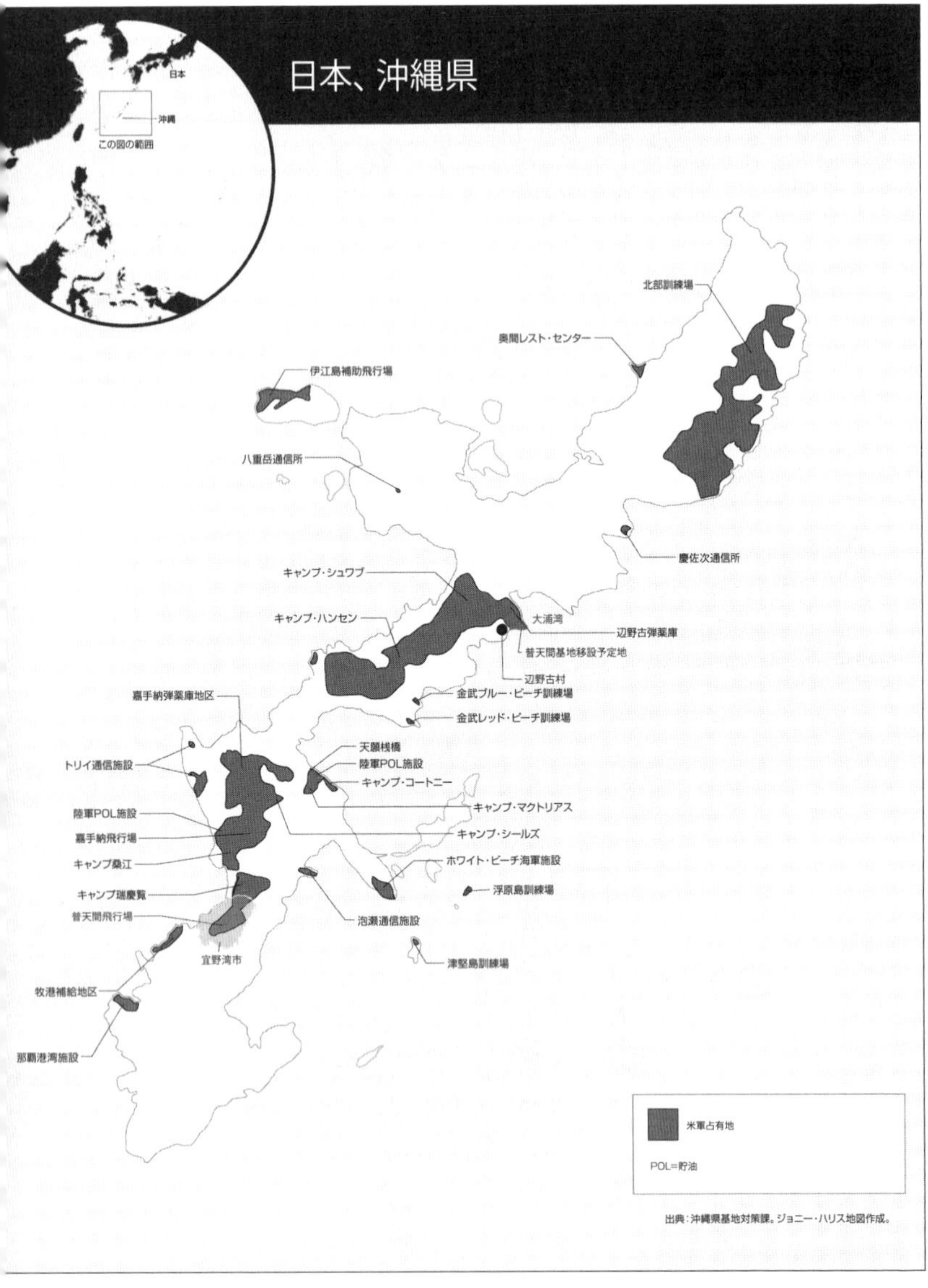

出典:沖縄県基地対策課。ジョニー・ハリス地図作成。

理由を私たちに説明した。彼の指摘によれば、沖縄は東京との距離よりも北朝鮮や中国に近く、地域の安全を保障するには軍の駐留が欠かせないため、ある意味「地理上の犠牲者」だという。メアはさらに、「しかもわれわれは、アメリカ人にとって地の利のいい場所に〝居心地のいいすばらしい施設〟を確保している」とも付け加えた。

そうして彼は沖縄の歴史について解説を始めた。メアいわく、沖縄は一八七九年に日本に併合されており、県内の米軍基地の多くは、第二次世界大戦後にアメリカが日本を占領したことに起因するという。そのため沖縄は、日本とアメリカとの「興味深い三角関係」にあるという。「こう言っては道徳的ではないが」と前置きした上でメアは言った。「沖縄のある男が言っていたように、あそこはいわば日本のプエルトリコだ」。プエルトリコ人のように、沖縄県民はほかの日本人より「肌が黒く」「背が低く」「なまりがある」というのだ。

私たちはまさか外交の職歴をもつ人間からそのような説明を受けるとは思ってもみなかった。メアはさらに、沖縄県民は「東京（政府）から金をゆすり取る名人だ」と続けた。基地の大半は、日本政府がアメリカに賃貸する私有地にある。その賃貸契約の更新時期になると沖縄の政治家や何やらが大勢基地の撤去を要求するのを目にするが、彼らは本気で基地がなくなることを望んでいるわけではないだろう。「それが賃料をつり上げるやり口だから」というのである。

その上日本政府は建設契約の形で沖縄に補償金を支払っている、とメアの説明は続いた。契約の大部分をとるのは政治家の親類縁者だという。「日本文化」は「集団の和を重んじ」、「合意の形成」に力を入れると昔から言われている――だがメアに言わせれば「そんなものはたわごと」だという。「その〝集団〟というのは自分とその場にいる仲間のことなのだから」と。またメアは、日本の文化では賄賂が日常茶飯事だとも言った。「沖縄人は名人」、つまり政府から金をせしめたり、第二次世界大戦中に沖縄の人々が味わった苦しみに対する「罪悪感」を利用したりするのがうまいというのである。

メアによれば、件《くだん》の建設契約があるにもかかわらず、沖縄はいまだに日本で最も貧しい県だという。「理由のひとつには、沖縄が一九七二年までアメリカに占領」され、日本経済に組み込まれなかったことがある。だが「例の島国根性のせいもある」と彼は付け加えた。その島国根性のおかげで、県民は昔からサトウキビやゴーヤ（鮮やかな緑色をしたキュウリのような形の、沖縄の特産品であるニガウリ）を植え、あとは収穫のころまでただ待つのみ。そして近ごろでは、「怠惰がすぎてそのゴーヤさえ育てられない」[3]という。講義の締めくくりにメアは、沖縄県民の離婚率や飲酒運転、家庭内暴力、出生率の高さは、彼らが泡盛好きのせいだと言ってのけた。

講義後、面食らった私たち一行は近くのカフェに集まった。ほぼ全員がメアの沖縄描写にショックを受けていた。沖縄県民の祖父母をもつある学生などは、あまりのことに口もきけないほどだった。数日後、グループの一員である日本人大学院生の提案により、数人の学生が、このとき聞いた話を研修旅行の際に日本のジャーナリストに伝えることを決めた。私は、彼らの話に異議を唱える者がいれば加勢すると請け合った。講義を録音してはいなかったが、詳細にメモをとっていたからだ。その後起きる騒動のことなど、私たちの誰もまるで考えていなかった。

二〇一一年三月、学生たちが日本からワシントンに戻って二か月後に、日本の通信社である共同通信が、研修旅行前にケビン・メアが行った講義について記事を出した。記事には、学生がジャーナリストの石井永一郎に伝えたメアの話が引用されていた。沖縄県民らは激怒し、とりわけメアが県民を「ゆすり屋」や「怠け者」呼ばわりしたことは激しい怒りを買った。記事は日本でトップニュースとなり、メアの発言は世界中で転載された。そうして三日のうちにはカート・キャンベル国務次官補が日本政府に対して公式な謝罪を表明し、国務省はメアを更迭することとなったのである。[4]

この「メア事件」は日本でトップニュースとして報じられ、福島第一原発の事故を引き起こした地震と津波が発生するまでその座を譲ることはなかった。福島の事故発生時、メアはアメリカ政府の人道的対応の重要な役割を果たしたと言われる。翌月、彼は国務省を退職した。そうして『ウォール・ストリート・ジャーナル』とのビデオインタビューで初めて騒動について語った。インタビューのなかでメアは、彼が言ったとされる発言は一切していないと否定し、「でっち上げのようなもの」だと断じている。発言内容は学生らのねつ造だと言ってのけたのである。[5]

私は激怒し、同紙の編集者に宛てて、学生の報告書が正確であると請け合う手紙を書いた。また、『ウォール・ストリート・ジャーナル』の記述とは違い、あの講義が「オフレコ」だとは、いかなるタイミングであれ、メアにも国務省の職員の誰にも言われていないことにも言及した。[6]

多くの人はメアが侮蔑的な発言をしたことにほとんど驚きを示さなかった。元沖縄県知事の大田昌秀は、メアには「そうした失言――明らかに彼の本音を表す発言――の前歴」があると書いている。[7] 沖縄総領事時代、メアの嫌われぶりは相当なもので、一九七二年まで沖縄を統治していた米国高等弁務官らになぞらえて「高等弁務官」と異名をとったほどだ。長年アメリカで記者を務め、日米関係の分析を行ってきたピーター・エニスは、国務省と日本政府の当局者にはメアを弁護しようとする者が誰ひとりいないことを指摘した。「『ケビン、きみの発言をあれほど歪曲するとは信じられないよ』とか、『心配するな、きみがあんなことを言っていないのはみんなわかっているから』という趣旨のコメント」は一切なかったのである。[8] むしろエニスが引用したのは、「前にもわれわれはケビンがあの手のことを言うのを聞いたことがある」というワシントンの日本人上級記者の言葉だった。[9]

メアの発言は沖縄の、ひいては日本の多くの人々を傷つけた。沖縄県民を「怠け者」で「島国根性」の持ち主と断じ、蔑むようにプエルトリコ人になぞらえ——一方だけでなく、両者をみごとに怒らせた——ことは、あまりに侮蔑的な人種的固定観念を開陳するもので、その事実は説明の必要もない（「怠け者」うんぬんの発言は、何千人もの沖縄県従業員が米軍基地の運営維持に一役買っていることを考えれば、なおさら驚くばかりだ）。一方、プエルトリコ人と沖縄県民を関連付けたことは、心ならずも的を射ていた。残念ながらどちらのケースも、アメリカの基地や軍隊による占領が、植民地的な関係の一環として働くことを如実に示している。占領が土地を疲弊させ、ふたつの島に見られる非常に現実的な社会問題を数々生み出しているのだ。

メアの発言に傷つけられたとはいえ、彼の考えが公にされたことを喜んだ人は少なくなかった。多くの人にとってこの一件はけっして特異なものではなく、アメリカによる沖縄での基地設置方針の根底にずっと前からあった態度を一部さらしたにすぎない。『沖縄タイムス』の社説は、メアの発言はアメリカ当局者が「心の底では沖縄を蔑み、基地問題を軽視しているらしきこと」の表れだと書いた。[10] そして沖縄のもうひとつの有力日刊紙『琉球新報』は、メアが「図らずもアメリカの本音を露呈した」と伝えた。[11]

沖縄戦

沖縄は、二時間半のフライトから想像される以上に東京とは大きな隔たりを感じている。何世紀もの間、沖縄諸島は独立した琉球王国として存在していた。琉球王国は、武器を捨て、空手を考案したことで特によく知られている。日本はその琉球を植民地化すると、アジアへのさらなる帝国侵出を図る前哨基地として利用した。日本政府は人前での琉球語の使用を禁じ、ほかにも琉球民族に対する差別的政策を実施した。[12] 東京の料理店にはかつて「琉球人お断り」の看板がかかっていた。

沖縄本島はニューヨーク市ほどの大きさで、人口の大半は島の南三分の一の、道がほぼ途切れなく舗装された唯一の市街地に暮らしている。衛星画像にはくっきりとした境界線が見える。上部には豊かな緑、下部には灰色。ぴかぴかの首都の外では多くの市や町が、くたびれた店の建ち並ぶアメリカの郊外のような姿をさらしている。道路には車が渋滞し、自動車販売店やファストフード店、小さなパチンコ屋、一〇〇円ショップ（一ドルショップの日本版）がずらりと並んでいる。密集した建物はほぼすべてが第二次世界大戦以降のものだ。この島の町と村のほとんどが一九四五年の沖縄戦で爆撃されるか、焼かれるか、破壊しつくされたためである。

アメリカではほとんど記憶に残っていないが、三か月におよんだ沖縄戦は、太平洋戦争最大にして最も激しい戦いだった。アメリカの戦略家たちは、日本侵攻の拠点とするために沖縄を占領したいと考え、日本軍は、本土の防備を固めて戦争を有利に終わらせる交渉をするためにアメリカの動きを沖縄でできるかぎり食い止めたいと考えた。アメリカと連合国の海軍艦艇は、「鉄の暴風」として知られることとなる戦闘で、四万発近くの砲弾を沖縄に浴びせた。[13] 一〇万から一四万の人々――沖縄の人口の四分の一から三分の一――がこの戦いで死んだものと思われる。彼らは日本の指導者らから米兵の残忍さについて忠告されていたために、ある者は岩のとがった崖から身を投げ、ある者は日本軍からわたされた手榴弾で自殺した。また家族を殺すように強要された者もいる。集団自決は合わせて一二〇二件が文書に残されている。[14] 戦闘で死んだ米兵一万二五二〇人と日本兵および沖縄の徴集兵九万人以上を含めると、沖縄戦では、原爆による広島と長崎の犠牲者を合わせたのと同じくらいの人々が亡くなった可能性がある。[15]

沖縄戦当時、将来の県知事となる大田昌秀は十代だった。日本軍によって大田も高校のほかの生徒たちも徴兵された。級友一二五人のうち、生き残ったのはわずか三七人。大田自身は死にかけたものの、捕らえられて捕虜収容所に送られた。件の学生たちとの面談で大田は、当初「沖縄の人々はアメリカ兵にとても感謝していた」と語った。戦闘中に日本兵が大勢の沖縄の人々を見捨てたり殺したりしたのに対し、アメリカ人は「命を救ってくれた」からと。ところが大田によれば、アメリカ人は一九五〇年代の初め、「沖縄県民の土地を力ずくで取り上げた……以来、県民の意識は変わった」という。

多くの人々が沖縄戦の際に強制疎開させられて土地を失っていた。大田のような何万もの沖縄の人々が難民キャンプで何か月も過ごし、帰宅を禁じられた。といっても多くの場合、帰るところなどほとんどなかった。連合軍の爆撃で島はほぼ壊滅状態だったからだ。首都、那覇は九割が破壊されていた。[16] 米軍は計画通り日本を侵略するために、そうした村や畑の上にすぐさま基地の建設を始めた。

そうして一年のうちに四万エーカー――沖縄本島の耕地の二割に相当する――土地を占拠していたのである。[17]

一九四九年に島を訪れた『タイム』誌の記者が知ったのは、「沖縄戦が農業と漁業で成り立っていた島の単純な経済を完全に破壊してしまったこと、一世紀以上にわたって沖縄の人々が苦心してつくりあげた段々畑をアメリカのブルドーザーがものの数分で踏みつぶしてしまったこと」だった。四年後、沖縄は見捨てられた場所になっていた。「世界中に散らばる米軍のなかでも士気と規律がおそらく最悪な一万五〇〇〇人を超える隊員が、絶望的な貧困のなかに生きる六〇万の地元民の治安維持をしていた」のである。[18]

戦後の日本占領時、アメリカの交渉担当者は沖縄に関して、名目的に日本に返還されたあともアメリカが統治しつづけることを主張した。[19] そうして一九五二年に日本の占領は終わったが、アメリカはなおも沖縄と、それよりも小さな硫黄島のような島々を統治しつづけた。日本にはそうした島々に対する残存主権があると説明しつつも、アメリカ政府はそこに軍事施設を置き、思うまま効果的に運営する権利を保有した。[20] この取り決めが日本の指導者らに政治的に受け入れられたのは、基地や軍隊を日本の植民地化地域に集中させれば、それ以外の地域では米軍の影響が軽減されるからだった。[21]

沖縄では、新たな（アメリカに押し付けられた）日本国憲法も合衆国憲法も適用されなかった。占領政府は沖縄県民に対して日本（本土）を訪れるにはアメリカが発給するパスポートを入手するように求めたり、沖縄を訪問する日本人の移動を規制したりした。そして米軍は、朝鮮戦争に出兵していた兵士らが戻ると、大規模な基地増強を開始した。一九五〇年代半ばには、沖縄の人口の半分近くが強制退去させられ、農地の約半分が交渉の上、あるいは力ずくで、接収された。[22]

大田の説明によれば、県民の八割以上が農業を生業としていたため、土地がなければ「暮らしを立てることができなかった」という。また土地の接収は、「最も重要な地域」が基地に占領されているおかげで、「都市の開発にも支障を来した」（現在、沖縄の人々は、フェンスで囲われた基地区域内にある祖先の墓参りをするために、特別な許可を取らなければならない）。日本が主権を回復したのに沖縄が占領されていたのは不公平だと大田は言った。「われわれが戦争を始めたわけではないのだから」と。

「事件・事故」

沖縄では、占領や土地の接収、そして年中高圧的なアメリカの占領当局に対する抗議が終戦の数か月後から始まり、その後も散発的に発生した。一九五〇年代と六〇年代に抗議が激化したのは、戦争中に沖縄の基地が重要な役割を果たしたベトナム戦争への反対もある。また激しい抗議は、犠牲者を出した一連のジェット機墜落や自動車事故、さらに米兵による度重なる強姦、殺人、その他犯罪でさらに勢いを増した。[23]

沖縄県民は、米軍がかかわったいわゆる「事件・事故」に長年注目してきた。たとえば一九五一年、空軍の戦闘機が燃料タンクを落下させ、沖縄の民家が全焼して住民六人が死亡した。その八年後、空軍のジェット戦闘機が小学校に墜落し、児童や教師ら一七人が死亡、一〇〇人以上［記録によれば負傷者は二一二人］が負傷した。一九五九年から六四年の間には、軍当局が言うところの〝狩猟事故〟や〝訓練の流れ弾〟によって、少なくとも四人の沖縄県民が射殺された。一九六二年から六八年にかけては、軍用機のからむ墜落や事故が少なくとも四件あり、最低でも死者八名、負傷者一二名を出している。また米軍車両に轢かれて少なくとも一四名が亡くなり、そのなかにはクレーンで轢かれた四歳の子供も含まれている。[24]

事故による死ばかりではない。一九五五年、裁判所は、米軍曹を六歳の少女に対する誘拐、強姦、および殺人の罪で有罪とした。報道によれば、ベトナム戦争中、沖縄に配備されたり休暇で滞在したりした米軍関係者が一七人の女性を殺害している。被害者のうち一一人はバーのホステスやサウナ嬢だった。[25]

一九六二年、沖縄議会［当時は「琉球立法院」と呼ばれた］は、植民地支配を行うアメリカに対する非難を全会一致で可決し、一九六八年には、調査に回答した沖縄および日本の人々の八五パーセントが沖縄の本土への即時復帰に賛成していた。[26]そうしてついに佐藤栄作首相とリチャード・ニクソン大統領が協議し、一九七二年までに沖縄が本土復帰されることとなった。しかし実際に返還される基地用地は最小限にとどまった。沖縄の米軍基地負担率は、日本のそのほかの地域とは対照的に、実のところ増加することとなったのだ。この取り決めに沖縄の多くの人々の不満はおさまらなかった。

一九九五年に女児が暴行されて大騒動が巻き起こると、ようやくケビン・メアその他の日米政府関係者が沖縄の基地負担を減らすことを決めたのである。一九九六年の合意により、アメリカ側は沖縄の土地一万二三六一エーカーの返還を約束した。さらに近隣市町村との摩擦を減らすため、騒音軽減措置の導入と訓練手続きの変更も約束した。

何より重要なのは、米軍が論争の的となっている海兵隊普天間《ふてんま》飛行場の閉鎖にも同意したことだった。第二次世界大戦中に破壊された五つの村の上に建設された普天間飛行場は、現在、一〇万人近くの人口密集都市である宜野湾《ぎのわん》市の中心にある。たくさんの学校や育児施設、共同住宅、病院などから数百メートルしか離れていない。なかには民家や遊び場が基地のフェンスからわずか数十センチというケースもある。低空飛行のヘリコプターや飛行機が常に視界に入り、絶えず音が響いているような状況だ。飛行場からほんの数百メートルにある沖縄国際大学で、私たち研修ツアーの一行は、エアコンのない非常に蒸し暑い建物なかで、学生や教員が窓を閉めざるをえない光景を目の当たりにした。ヘリコプターの騒音があまりにひどく、おたがいの話が聞こえないからだ。さらに深刻なのは、アメリカの法律で軍や民間の飛行場に義務付けられている「利用禁止区域（クリアゾーン）」が、普天間の滑走路の延長上に設定されていないことである。世界中で空港は市街地にあることが多いとはいえ、普天間飛行場の場合、宜野湾市が周囲をぐるりと囲んで、まるで誰かが街の真ん中に一一八八エーカーの穴を掘ったように見える。

退役空軍将校のマーク・ギレムは「アメリカ国内なら、ここまで民間地域を侵害している基地はいずれ閉鎖リスト入りすることになるだろう」と書いている。[27] 沖縄県民は、普天間を「世界で最も危険な基地」と呼んだドナルド・ラムズフェルド元国防長官の言葉をたびたび引き合いに出す。

ところが日米両政府が一九九六年の合意書に署名した際、そこには落とし穴があった。米軍は、日本政府が新たな海兵隊基地を建設するまでは普天間を閉鎖しない。しかもほとんどの沖縄県民は基地が県外に移設されるものと期待していたが、両政府が移設先に選んだのは沖縄の東岸、キャンプ・シュワブと呼ばれる現存の基地のほど近くだったのである。

当初、日本側は、洋上のフロート〔人工浮島〕基地の新設を提案した。しかしこの案は激しい批判にさらされた。アメリカ側は技術的な実現可能性に懸念を示した。アメリカの会計検査院は、その場合の年間維持費が推定で普天間の七〇倍になると指摘した。また弾薬を滑走路の下に保管するという計画の安全性を不安視する者も多かった。環境保護主義者は、新基地が海洋環境を著しく損なうと懸念した。マナティの仲間である絶滅寸前のジュゴンを脅かす可能性があるため、国防総省を相手取って訴訟を起こし、建設を一時的に阻止することに成功した。移設先候補地である名護《なご》市の有権者は、新基地に再三にわたって反対を続けている。[28]

二〇〇五年、日米両政府はついに計画の変更に合意した。新たな基地をキャンプ・シュワブに建設し、滑走路を名護市大浦湾に拡張すると発表したのである。しかし新たな建設案がサンゴ礁やジュゴンなどの海洋生物に影響を及ぼすとして、環境保護主義者らが再び懸念を表明した。名護市辺野古《へのこ》の村民のなかには、建設を阻止するために命がけで海に出て抗議を行う人もいた。ある抗議者は私たち一行に「自分は死んだあとも戦いつづける」と語った。二〇一四年の時点で、辺野古村の活動家やその支援者による新基地反対の座り込みは一〇年を迎えていた。[29]

軍の地位

痛ましい事故や暴力的な犯罪、地元民の怒りは、基地を抱えるほぼすべての場所で常態化している。世界中で米兵が、自分たちは刑事罰を受けない、力があると感じていることで、窃盗や暴行、強姦、殺人につながることがあるのは明らかだ。事件にかかわっているのはごく一部でも、こうした加害行為の影響は犠牲者にとってだけでなく、地元住民にとっても甚大である。彼らは、自分たちの土地を占拠している武装した外国人の犯罪を単発の出来事とはまず考えない。

軍上層部のなかには、「人口比でいえば兵士の犯す犯罪は受け入れ国の住民の犯罪より少ないと、役にも立たない説明をする人間もいるだろう」と前出のマーク・ギレムは言う。「一方で、数の問題ではないとわかっている上層部もいる。米兵によるどんな犯罪も無条件で国際的事件になる」。元在日米軍報道官が説明するように、そうした犯罪は「加法的なものととらえられる。住民は犯罪を割合――一〇〇〇人当たりの犯罪件数や一〇万人当たりの犯罪件数――としては見ない。積年の違法行為にさらなる犯罪が積み重なるのみだ[30]」

ドイツでは、ベトナム戦争時に米兵が犯した犯罪のせいで、多くの人々がアメリカの占領の最盛期に対して幻滅を感じるようになった。米軍はベトナム戦争が長引くと、軍のなかでもとりわけ訓練の不十分な部隊をドイツに駐留させた。基地の状況は悪化し、その結果、不和や無秩序が増大した。その上マルクに対するドルの価値が大幅に下がったことで、米兵は急に自分をみすぼらしく感じ、多くのドイツ人の目にもそう映るようになった。あちらこちらで薬物に手を出す者が出た。米兵によるひったくりや強盗、暴行、強姦、放火が日常的に報じられるようになった。一九七一年には、ヴィースバーデンの兵士らが訓練に参加するのを拒否するという、あからさまな「反乱」を起こしている。西ドイツのある新聞は「ベトナムがヴィースバーデンの米兵を毒した」と見出しを打った。また、「かつてないほどのアメリカの脅威」と言い放った新聞もある。同紙は、「本来、彼らはわれわれを守ることになっている。ところがしていることといえば盗みと殺人とレイプだ。ドイツに駐留する米兵がむき出しの恐怖をかき立てている」と言い立てた。さらに、軍内部での人種間の緊張も目に見えるほどに高まるなか、一九七二年、新聞は、シュトゥットガルトで起きたアフリカ系アメリカ人兵らとドイツ警察との衝突を「路上で凄惨極まりない激戦……第二次世界大戦以来のこと」と伝えた。[31]

こうしたさまざまな問題――経済的負担、犯罪、ドラッグ、人種対立――が重なった結果、歴史学者のダニエル・ネルソンが言うように、「NATO（北大西洋条約機構）と米軍の駐留に対する下支えが、ドイツ国内で長期的に衰退しはじめることになった」。その支えは「けっして再生することはできない」であろう。[32]

フィリピンでも、同じように米兵の犯罪が起爆剤となって抗議運動が活発になり、一九九〇年代初めに米軍を追い出すに至った。そののち、二〇〇二年以降に数百人の米兵がフィリピンに戻っており、そのうちのひとりである海兵隊員が、ホテルの部屋のトイレで首を折られて発見されたトランスジェンダーのフィリピン人を殺害したとして起訴されている。[33] 韓国では、米軍は共産主義者の侵略から韓国を守ってくれていると長らく信じられてきた。しかし二〇〇二年、訓練演習中に米軍装甲車が十代の少女ふたりを轢き殺す事件が起きると、その米軍に対する支持は大きく揺らいだ。事件を受け、米軍駐留に対する過去最大の抗議が起きたのである。

しかも地位協定（ＳＯＦＡ）のおかげで米兵は罪を犯しても受け入れ国の起訴を免れることが多く、事態は悪くなるばかりだ。アメリカ国内ではあまり知られていないが、国外に駐留するほとんどの米軍にはＳＯＦＡが適用され、その項目は課税から運転免許、米兵が受け入れ国の法を犯した場合に至るまで、すべてが網羅されている。内容はそれぞれ異なる。以前、基地専門家のジョセフ・ガーソンに聞いた話では、ＳＯＦＡの長さはたいていアメリカと受け入れ国との力の差と反比例の関係にあるという。受け入れ国に比べてアメリカの力が強いほどＳＯＦＡは短く、軍とその関係者に課される規制は少なくなる。

一九九八年、イタリアで超低空を高速飛行していた海兵隊のジェット機がゴンドラのケーブルを切断してスキーヤー二〇人の犠牲者を出した際には、パイロットがイタリアで訴追されることを避け、その後ノースカロライナの軍法会議で無罪判決を受けると、多くのイタリア人が激怒した。同じように、かつてアメリカの軍事法廷は、五五歳の沖縄人女性を射殺した軍曹がイノシシと間違って撃ったと主張したのを受けて、無罪を言いわたしたことがある。[34] そして一九九五年に起きた女児暴行事件のあと、沖縄県民は、正式に起訴されるまでは日本の警察が事件の容疑者に接触することを軍が拒否できるとする日米地位協定の条項に憤怒したのである。[35]

動かぬ日々

一九九五年の女児暴行事件と一九九六年の普天間移設合意から二〇年近くになる。いろいろな意味で、ほとんど何も起きていない。米軍は土地の一部を返したものの、返還予定の基地の多くを今も使っている。普天間はなおも運用中で、少なくとも二〇二一年までは運用が続くこととなる。日本政府が県に対して年間二九億ドル［三〇〇〇億円強］の補助金を支払うと新たに約束しているにもかかわらず、名護市代替施設の建設は激しい抗議にあい、遅々として進んでいない。抗議は高まり、島全体に広がりを見せている。海兵隊のジャングル戦闘訓練センターを抱える沖縄北部の森林地帯、高江では、六か所のヘリパッド（ヘリポート）新設に対して二〇〇七年以降、地元民とその支援者らによる抗議が続いている。[36]

またこの間、沖縄県民は、米軍関係者が建前的には守っているはずの島で相変わらず犯罪や事故にかかわりつづけているのを注視してきた。一九九五年の女児暴行事件以後の一六年間で、沖縄に駐留する米軍人による婦女暴行および強制わいせつ事件は少なくともさらに二三件報じられている。[37]たとえば二〇〇〇年には、酒に酔った一九歳の海兵隊員がアパートに侵入し、一四歳の少女に強制わいせつ行為を働いた。[38]一九七二年（沖縄の本土返還）から二〇一一年までの合計で、沖縄県庁が記録した米兵による刑事事件は、一〇〇〇件以上の暴力犯罪を含めて五七四七件にのぼる。また同期間に記録した「事件・事故」は、スピード違反から軍事演習による被害まで一六〇九件、軍用機がからむ事故や森林火災も一〇〇〇件を超える。一九八一年から二〇一一年に起きた交通事故は二七六四件をかぞえ、多くは酒気帯び運転によるものだった。[39]非政府組織の〈基地・軍隊を許さない行動する女たちの会〉は、一九四五年から二〇一一年までの女性に対する婦女暴行、強制わいせつ、その他犯罪について、記録に残る三五〇件ほどをリストにまとめている。しかし強制わいせつは特に実際より少なく報告される傾向にあるため、統計に入っていない犯罪や事故はもっと多いと考えられる。[40]

沖縄以外でも日本では米兵による犯罪が発生し、表向き日本国民を守っている米軍の評判はさらに落ちるばかりだ。二〇〇二年、空母キティホークがアフガニスタンでの軍事作戦の支援に派遣されたのち、東京の南に位置する横須賀海軍基地に帰港した。それから数日のうちに、警察は強盗傷害事件、自動車の強奪、麻薬密輸でそれぞれ海軍兵ひとりずつを逮捕している。[41]

二〇一二年、アメリカ海兵隊はMV－22オスプレイ二四機ほどを普天間に移す計画を発表し、さらなる反発を招いた。飛行機とヘリコプターのハイブリッド航空機であるオスプレイは事故記録が喧伝されており、住民らの反発は一九九五年の抗議運動をも超えかねないデモへとつながって、その参加者は八万五〇〇〇人と推定された。『ニューヨーク・タイムズ』紙の社説はこの配備を「傷口に塩をすり込む行為」と伝えた。[42] オスプレイの第一陣が到着してわずか数日後、ふたりの海軍兵が駐車場で沖縄の女性を襲い、暴行の上金品を奪ったとして逮捕され、のちに有罪判決を受けた。米軍当局は午後一一時以降の夜間外出禁止令を出して「基本理念の教育」を行うとしたが、その後もさらなる逮捕者が続出している。[43]

止むことなく続く沖縄の抵抗にあい、二〇一二年、オバマ政権はついに態度を軟化したようだ。それまでは普天間を閉鎖する前に代替施設を用意しろと要求していたが、代替施設のあるなしにかかわらず、約九〇〇〇人の海兵隊員と同数程度の家族を沖縄から移転させると発表したのである。このうち五〇〇〇人の海兵隊員はグアムに移り、残り四〇〇〇人ほどはハワイ、オーストラリア、東南アジアの基地に分散されることとなった。[44] 日本側は三一億ドルの移転費用を提供することに同意した。[45] ところが海兵隊は同時に、その撤兵の前に、沖縄に駐留する兵力を実際には一万九〇〇〇人に増員すると発表したのである[46]。

普天間飛行場の閉鎖と沖縄からの海兵隊員の移転についてはほとんど何も動いていないのに引き換え、一九九六年合意のもとで何が動いたかといえば、数々の基地が新設されたことだ。具体的には、嘉手納《かでな》空軍基地の一四七三世帯とキャンプ・フォスターの一七七七世帯の移転計画の一環として、日本は住宅の新設に二〇億ドルを拠出することにすでに同意していた(しかもアメリカの納税者たちも、嘉手納で五六〇世帯の集合住宅をリノベーションし、駐車場を一世帯当たり二・五台分という非常に贅沢な広さに拡張するための九五〇〇万ドルの計画を税金で賄っている)。「つまり強姦事件への対応として始まったものが、結果的に大規模な住宅建設計画、つまりアメリカに無償で新築の住宅を提供する話になってしまった」とマーク・ギレムは指摘する[47]。

アメリカの政府と軍の関係者、日本、および沖縄は、普天間の閉鎖と海兵隊の島外移転がなかなか進まないことにたびたび不満を表明している。しかしながら、彼らの多くにとって現状はそう悪いものではない。米軍にはなおも基地とたくさんの新築住宅がある。日本の政府関係者は納税者たる国民の大金を支払ってきたが、その大半は東京の建設会社やその他日本の企業に入っている。土地の所有者、政治家、数千人もの基地従業員、および沖縄の一部の商売は恩恵を受けつづけている。ケビン・メアは去ったが、すべての当時者のなかでメアのような官僚が沖縄問題を話し合う雇用を安定的に受けている。私は、学生らとともに二週間の基地視察を終えるころには、多くの人がただ現状を維持することに十分満足しているのではないかと考えるようになっていた。

見返り

多くの受け入れ国で基地問題の駆け引きが複雑になるのも、地元の受ける利益の分配が不公平なことを考えれば納得がいく。たとえば普天間の移設については沖縄県民のほぼすべてが望んでいるものの、島内のほかの基地に対する反対は、すべての人に思いが共有されているとはけっして言えない。日本政府から土地の賃料を受け取っている地主の大半は現行の米軍駐留を支持しており[48]、米兵に物を売って利益を得ている事業主の多くも協力的だ。基地従業員に代表される組合も同じように基地に賛成している一方、沖縄には抗議運動の重要な一端を担っている労働組合もある。

私が沖縄を初めて訪問した際、同行した学生たちに沖縄国際大学教授で政治学者の佐藤学が語ったところでは、沖縄は究極的には基地を受け入れている、なぜなら島が隔絶し、面積も小さく、天然資源がないことを考えれば、基地によってもたらされる国の援助が必要だからだという。したがって日本政府は、普天間移設を受け入れさせるための〝賄賂〟として多額の金を沖縄につぎ込んできた、というのである。

基地専門家のアレクサンダー・クーリーがこの制度の仕組みを詳細に説明している。「一九七二年の本土復帰後、東京（政府）は、米軍基地の民間人地権者三万人以上に支払う賃料を六〇〇パーセント引き上げた」が、これは市場価値をゆうに超えるものだった。さらにクーリーは、「建設会社とその下請けが県と東京と結託して何百もの……新規の公共事業と開発計画を分配して請け負った」と書いている。そして米軍の駐留を地元が黙認するのと引き換えに経済的な投資を受けるという「この見返りは、それ以来制度化し、いまだに沖縄と本土との関係の特徴になっている」と語る[49]。一九七八年、日本政府はアメリカの要請に応じて、米軍基地で働く日本の民間人数千人の給与を、のちのいわゆる「思いやり予算」で負担するようになり、基地の直接的な経済効果が衰えつつあるなかで沖縄県民の支持をさらに強固なものにした。

一九九五年の女児暴行事件後に基地反対運動が高まって以降、この制度は返って膨れ上がっている。「闘争性と基地反対」で追い込まれた政府は、財政移転や公共事業予算、島の重要な関係者を対象とする支出など、包括的な仕組みを構築および制度化させてきた」とクーリーは説明する。政府の「恒久的で資金の潤沢な国家官僚機構」のおかげで、「こうしたかなりの財政移転が基地補償という政治的経済を築きあげ、結果的には、沖縄で政治的にやや多数派を占める人々が暗にではあるが、米軍駐留を支持しつづけることを確かなものにしている[50]」

しかし同時に、補助金の大半はほとんど使われていないレクリエーションセンターや必要のない記念建造物など、佐藤の言う「無用な公共施設」の建設にまわされていることは多くの人が認めるところだ。沖縄の政治家が金を受け取るのは、それが建設工事を意味するからだと佐藤は語った。ところが、沖縄はそうした施設の維持費で身動きがとれなくなっている。一方で、補助金の多くは結局のところ東京に戻っていくと佐藤は補足した。なぜなら、契約を取るのはほとんどが東京の大手建設会社だからだ[51]。

アメリカによる占領が一九七二年に終わって以降、日本は沖縄の発展レベルを国の水準まで引き上げるためにおよそ七〇〇億ドルを費やしているが、沖縄のひとり当たりの所得はいまだ日本の四七都道府県のなかで最低のまま、全国平均の七割程度しかない。失業率は七・五パーセントと、全国一のままだ。[52] 佐藤によれば、県民は「この金が持続可能な経済を構築するものではない」と気づきはじめている。米軍の訓練基地のほとんどが集中する県北部の村落では、政府の財政支出が「深刻な依存問題」を引き起こしている。

隠れたコスト

日本が米軍基地のために「思いやり予算」やその他支援に巨費をあてていることを考えれば、ケビン・メアが沖縄県民を「ゆすり屋」呼ばわりしたことはなおさら皮肉というものだ。なにしろアメリカ側こそ、米軍の東アジア駐留にさらに手厚い支援金を出すようにと、長年、日本政府に迫ってきたのだから。少なくとも一九七二年以降で見れば、日本は米軍の基地と駐留にほかのどの受け入れ国よりも多くの金を出してきたと言える。長年支払ってきたその額は何百億ドルにものぼっている。

一九七二年の沖縄返還協定は一般に「本土復帰」と呼ばれたが、日本側は交渉のなかで沖縄返還との引き換えに、アメリカへの繊維製品の輸出規定に従うことと、六億八五〇〇万ドル支払うことに密かに同意している。この金額には、日本に返還される建物やアメリカが整備したインフラの費用と、沖縄から核兵器を撤去する費用が含まれていた（実は別の密約によって、緊急時には再び核兵器が持ち込めるとされていた）。また日本政府は、当時のドル安傾向へのテコ入れに力を貸すため、ニューヨーク連邦準備銀行に一億一二〇〇万ドルを二五年間、しかも無利子で預け入れることにも同意している。さらにそれとは別に、基地の維持費と沖縄の防衛費として二億五〇〇〇万ドルを五年にわたって支払った。日米関係の専門家であるガヴァン・マコーマックの語るように、「一九七二年の〝返還〟は実際には買い取りであって、日本はその後ずっと莫大な金を払いつづけている。実質的にそれは逆レンタル料であり、家主たる日本が賃借人であるアメリカに金を支払っている」のである。[53]

現在、日本の思いやり予算は、米軍の駐留に対して軍人ひとりにつき年間一五万ドルほどを助成している。[54]二〇一一年だけ見ても、日本の納税者は七一億ドル、すなわち駐留経費全体の四分の三近くを賄っている。[55]日本政府は、普天間基地の閉鎖と海兵隊の県外移転を援助するために六〇億九〇〇〇万ドルの支払いを約束したばかりか、沖縄、グアム、北マリアナ諸島、岩国などの大規模な基地再編にむけて、一五九億ドルほどを負担することも約束した。[56]一九七二年のときと同じように、日本は国土を取りもどすために、事実上、金を支払うことになるのだ。

さらに日本国民は、騒音の激しい沖縄空軍基地周辺の民家の防音工事にこれまで一〇億ドル近くを支出し、しかも騒音公害訴訟で課された何百万ドルもの損害賠償額まで負担している。米軍は、有利な基地使用協定のおかげで、日本、韓国、その他の国で環境浄化の費用を支払う必要はまずない。こうした費用も受け入れ国の国民の税金で賄われており、国の純利益をさらに減らしている。アメリカ側のほとんど、そして日本の保守的な当局者も、日本はアメリカが安全を保障してくれることに対価を支払っているにすぎないと言うだろう。なるほど冷戦時代であればこうした主張も納得がいったかもしれないが、今となってはその正当性を認めるのは難しくなっているようだ。確かに中国の脅威は存在し、とりわけ東シナ海における緊張状態は脅威ではあるものの、中国の軍事力はいまだアメリカの軍事力に肩を並べるものではない。アメリカが草稿を書いた日本国憲法は、戦争を放棄し、「戦力を保持しない」と謳ってはいるが、日本のいわゆる自衛隊も世界屈指の強力な軍隊だ。日本は世界有数の軍事支出国に常に名を連ねている（二〇一二年は世界第五位、二〇一三年は第八位）[57]。二〇〇一年以降は、対アフガニスタンとイラクにおいて金銭的貢献と「自衛隊派遣《ブーツ・オン・ザ・グラウンド》［アメリカのアーミテージ元国務副長官が金銭面だけでなく軍事面でも「目に見える貢献をしろ」と日本の国際貢献を迫った言葉。地上部隊をそこに置いてプレゼンスを示すという意味が含まれている］」を行ってきた。そして自衛には十分に自信をもっているようだ。なにしろ日本としては第二次世界大戦後初となる在外基地を、アフリカ東部のジブチに置いているくらいである。

「沖縄に海兵隊はいらない」

米軍の沖縄駐留に疑問をもちはじめた軍事アナリストはしだいに増えてきている。政治や社会的な理由ではなく、あくまでも軍事的な理由に基づくものだ。中国と北朝鮮のミサイルの射程距離や精度があがっているために、彼らの多くは、アジア大陸に近すぎる基地は攻撃を受けやすく、ほとんど価値がないとの結論に至っている[58]。

さらに重要なことに、政治関連のアナリストたちは、根底にある基地の正当化や論拠にだんだんと疑問をもちはじめている。これまでアメリカが日本の沖縄その他に基地を置いてきた間、駐留を正当化する主な理由は、アメリカ、日本、および周辺地域の治安を確保することだった。当初、日本の基地は、ソ連の領土拡張論者の欲望を抑え込むのに役立つと言われた。そして冷戦後、今度は多くの者が、ソ連に代わって中国と北朝鮮を「封じ込めおよび抑止」の枠組みに当てはめた。しかし北朝鮮は貧困にあえぐ小国で、ひょっとすると崩壊寸前かもしれない。また中国にしたところで、軍事力は近年高まってはいるものの、冷戦時代のソ連の軍事力に迫るものではない。その上、他国の玄関先に基地や軍隊を置くことは、それ自体が侵略行為ともとれ、こうした戦略が本来防ぐことを目的としていたはずの軍事的反応を引き起こしかねない。

たとえ封じ込めと抑止の一環であったとしても、米軍の沖縄駐留は最適な編制とは思えない。たとえば、今や専門家の間では、海兵隊が沖縄に――論争の的となっている普天間基地や、議論されている移設先も含めて――駐留しても、抑止効果はほとんどないとの意見が多くを占める。ブッシュ政権時代に国防総省の職員だったバリー・ポーゼンは、沖縄の嘉手納基地や日本の本土に空軍と海軍が大規模に配置されているのだから、海兵隊が沖縄を去ったところで「抑止力は変わらない」だろうと言う。さらにポーゼンは、周辺地域で起こりうる「軍事行動のなかで海兵隊がどんな役割を果たすのかが見えない」とも語っている。[59] また元民主党下院議員のバーニー・フランクも、「この先一万五〇〇〇人の海兵隊が中国本土に上陸して数百万の中国兵と対決することはないだろう。沖縄に海兵隊を置いておく必要はない。海兵隊は六五年前に終結した戦争の遺物だ」と発言している。[60]

おまけに、海兵隊は沖縄に一万五〇〇〇人――現状維持の賛成派がよく引き合いに出す人数――もいなかったことがたびたびある。アフガニスタンやイラクとの戦争時には、数千の海兵隊が沖縄から動員され、部隊の人員は戦前の平均の四分の一から三分の一にまで減少した。[61] 海兵隊の沖縄駐留が抑止のためにそれほど欠かせないというのなら、なぜ軍はその海兵隊を沖縄から出したのか。

また沖縄の海兵隊は、緊急時に重要な活動に参加するための輸送手段をもたない。部隊の配備には、佐世保に停泊している海軍の輸送船が頼りとなる。二〇一三年、領有権問題が争われている尖閣《せんかく》諸島（中国名・釣魚《ちょうぎょ》島群島）などが中国に奪われたと想定した訓練では、サンディエゴを拠点とする船に人員と兵器を輸送してもらった[62]。物議をかもしている海兵隊のティルト・ローター機［可動式のローターを有し、ヘリコプターの垂直飛行と飛行機の長距離高速飛行の両特性をもつ］であるオスプレイには、空中給油なしに尖閣諸島（釣魚島群島）まで兵員を運ぶだけの航続距離がない。しかも沖縄にはそのオスプレイが二四機しかないため、一度の配備で運べるのは最大で六〇〇人にも満たない[63]。沖縄から単独かつ迅速に作戦行動をとれないなら、この地域で海兵隊にどんな抑止力があるというのだろう。

　実は、海兵隊の沖縄駐留そのものが、さまざまな意味で、軍事戦略や安全保障とはほとんど関係がない。海兵隊が沖縄に配属されるのは、ひとつには、訓練に絶好の場所だからだ（戦地に派兵されていないときに軍隊のすることといえば、ほとんどは訓練である）。海兵隊は、沖縄の大規模なジャングル戦闘訓練センター（最近まで隊唯一のジャングル訓練場だった）のような施設を手放したくはない。さらに、彼らが制度的に沖縄に配属されることには大きな意義もある。海兵隊は太平洋戦争の激戦で多大な犠牲者を沖縄で出しているため、彼らの歴史上、その土地は神聖な位置付けにあり、長らく〝自分たちのもの〟と考えてきた。だからどうしても手放したくないのだ。

　また、彼らが沖縄を手放したがらないのは、近年、海兵隊の存在そのものに不安を覚えている隊員が多いからでもある。対アフガニスタンとイラクの戦争において、彼らは陸軍とほぼ同じような戦いをしている。海兵隊が最後に海からの上陸作戦を行ったのは、もう五〇年以上前の朝鮮戦争だ。そのため、実質的には第二の陸軍でありながら上陸作戦を行う軍がなぜ存在するのかと、多くの人が疑問を抱くようになっている。沖縄の基地を手放し、同時に、東アジアの平和維持に海兵隊が必要だという考えを捨ててしまえば、海兵隊は主要な戦闘師団三つのうちのひとつを失うかもしれない[64]。国防総省元職員のレイ・デュボアはこう説明する。「海兵隊がひどく恐れているのは、移転の決定がなされれば、今度はその隊員たちを辞めさせる決定がなされるかもしれないからだ」。隊員数の一部を失えば、国防総省内での予算が減額され、そもそも海兵隊が必要なのかと疑問視する声がますます高まることになる。海兵隊を普天間から嘉手納空軍基地の空きスペースに移転させるという一部上院議員の提案でさえ、そんなことをすればよその軍に権力を引き渡すことになるため、海兵隊には忌み嫌われている。

さらに広い意味で見ると、アメリカは、基地と兵を沖縄から移転させることは米日軍事同盟の弱体化になると見ており、これは歴代の政権が二国間の軍事協力を強化しようと努めてきたのに反することになる。一説には、これまでアメリカは、日本をいわば〝アジアのイギリス〟にしようとしてきた。そして日本の政府関係者の多くも、その役割がイギリスにもたらしてきた力と金銭的利益を考えて、これを担うことに大乗り気だという[65]。アメリカとしては、自らが主導する軍事体制に同盟軍を取り込まなければ成り立たなくなってきている世界の軍事構造のなかで、日本の自衛隊を配下の軍として利用したい考えがある。アメリカの指導者らは、その過程で日本には、冷戦時代の属国的な地位のままじっとしていてほしいと願っている。冷戦時の同盟を維持する根拠はもはやなく、日本はもっと自立を主張できる可能性をもっているし、東アジアにおけるアメリカの政治的、経済的、軍事的支配が中国その他の新興国に脅かされつつある新たな時代だというのに。沖縄の基地にしがみつくことが、日本という操り人形を手放さないための、そして同時に、アメリカの政治的、経済的優位性を手放さないための手段となるのだ。

この戦略が賢明か、有効か、倫理的かという問題はとりあえずさておき、財政的コストだけを考えても重大な疑問が生じるはずだ。日本政府から多額の出資があるとはいえ、アメリカの納税者は、約一万五〇〇〇人の海兵隊員を沖縄に置いておくために、国内の基地に配属させるより年間でおそらく一億五〇〇〇万から二億二五〇〇万ドル多くの税金を支払っている。それ以上に、陸・海・空軍の隊員を沖縄その他の日本に駐留させるのは、国内に置くのに比べて、アメリカ政府にとってさらに負担が大きい[66]。日本に一〇九か所の基地と五万人以上の兵を維持するためにアメリカ国民にかかる追加負担の総額は、年間一〇億ドルをゆうに超える可能性がある。皮肉にも、日本の沖縄その他で人々が金を巻き上げられているだけでなく、アメリカ人もまた金を巻き上げられているのだ。

第一五章 「もうたくさん」

ブルン、ブルン、ブルルルルン。ひとりの兵士がカッターバッハ兵営《カゼルネ》のゲートで信号待ちしながら、数メートル離れて立つ一〇人ほどの活動家たちにいかにもムッとしたようすで、馬力のあるアメ車、ダッジ・チャージャーのエンジンを派手にふかした。二〇一〇年の夏、抗議者たちは、ドイツのアンスバッハに数か所ある大規模な基地のひとつ、カッターバッハの外で毎週行われているデモに参加しているところだった。ほとんどは地元住民主体のグループか、〈エッツ・ラングツ〉――土地のフランコニア語で「もうたくさん」の意味――という別の活動グループのメンバーだ。その多くはデモのシンボルマークを入れた白いTシャツを着ている。「ノー」を示す赤い斜線を引いた円のなかにヘリコプターを描いたマークだ。ひとりの手には虹色の平和の旗《ピース・フラッグ》が握られている。ほかのメンバーは、ドイツ語と英語で「ヘリの騒音を止めろ」「ヘリを風力タービンに使え」、またごくシンプルに「出てってくれてけっこう」などと書いたポスターを掲げている。

基地に対する激しい抵抗はけっして沖縄だけの問題ではなかった。米軍基地の新設や既存基地の運営は世界各地でますます抗議の的となってきている。こうした状況は今やドイツやイタリアなど、長

イタリアのヴィチェンツァで米軍の基地拡張に抗議する〈ノー・ダル・モリン〉。フィリッポ・トマソ・カテランの厚意により掲載

い間最も友好的で、とりわけ安定した国外の基地拠点と考えられてきた国々でもいえることだ。

アンスバッハはバイエルン州にある人口四万人ほどの小さな街で、第二次世界大戦以降、大規模な米軍駐留におおむね協力的な土地だった。アメリカ国防総省は、ヨーロッパの基地再編計画を発表した際に、ヨーロッパにおける陸軍の七つの「恒久的地域」のひとつとしてアンスバッハを指名した。以来、アンスバッハと周辺の町にある主要な五つの「カゼルネ」には、大型の建設計画が次々ともちあがっている。計画にはタウンハウス型住宅団地やショッピングセンターの新設のほか、何千万ドルもかけた家族住宅のリフォームや、娯楽施設、フィットネスセンターなども含まれている。[1]

デモの現場で私は、ソーシャルワーカーのアン・クローゼ（仮名）に参加の理由を尋ねた。「何よりまずは騒音ね」と彼女は答えた。アンスバッハに駐留するのは主に陸軍最大規模の航空旅団のひとつで、同旅団はアパッチ、ブラックホーク、ふたつのローターをもつ大型のチヌークなど、おびただしい数のヘリコプターを飛ばしている。[2] ある男性は、カッターバッハ・カゼルネのフェンスから五〇〇メートルと離れていないところに暮らし、耳のなかにヘリコプターの音がして夜目を覚ます生活について語った。「まったく、眠れたもんじゃない」。ヘリコプターのブレード（回転翼の羽）の振動でキッチンの皿がカタカタ揺れるという。「ウォーン、ウォーン、ウォーン、ウォーン」と彼はその音をまねてみせた。あまりのひどさに、近所では家を売ろうと考えている人も多いらしい。彼らはフェンスの外に暮らしていながら、あまりの騒音で、まるで基地のなかに暮らしているような気になることがあるという。

大半の人は騒音が理由でデモに参加しているのだと、前出のクローゼは語った。彼女の説明によれば、ヘリコプターがアンスバッハで訓練しているときには、もっと多くの人が抗議にやって来るという。私が訪れたときのように、兵とヘリコプターのほとんどが散開されていると、抗議活動は小規模になった。歩道の縁には抗議のプラカードが使われずに山積みされていた。

クローゼが抗議に参加しているのは、地元アンスバッハの行政が米軍の拡張計画を知りながら市民に隠そうとしている節があるからでもあった。政治家とマスコミの間に「一種の沈黙の申し合わせ」があるとのことだった。

だがそれだけではない。クローゼが手にしているプラカードには「ドイツ発の戦争はもうお断り」と書かれており、彼女は、基地反対が単にヘリコプターの騒音や拡張計画にまつわる秘密主義の問題ではないと進んで打ち明けた。彼女にしてもほかの参加者にしても、米軍基地に反対するのは、アメリカが自分たちの土地からイラクに侵攻して戦争を行っていたことに大なり小なり原因があった。クローゼらの話では、アンスバッハの人々を不快にさせている一端は、騒音そのものよりも、むしろ騒音が象徴するものにあった。ぐるぐると回転するブレードの「ウォーン、ウォーン」という音は、そのヘリコプターがかかわってきた戦争を象徴し、自分たちの街にそのヘリコプターを受け入れることで、住民は戦争に加担している気がしてしまう。「われわれはみんなで戦っている」という駐屯軍のモットーが、ある人にとってはひどい皮肉に聞こえるのである。

爆発寸前の不満

イタリアのヴィチェンツァにある陸軍駐屯地もまた、基地反対の激しい抗議活動で多くの人を驚かせてきた。イタリアの抗議活動は長い間規模の小さなものばかりで、ナポリやピサなどにぱらぱらと抗議者が集まったり、一九八〇年代にシチリアのミサイル基地に反対する運動が起きたりした程度だった。アメリカ側はつねづね、豊かで保守色の強いイタリアの北東部を、米軍の基地受け入れにとりわけ協力的な土地と見ていた。ところが、ヴィチェンツァのダル・モリン空港に新基地を建設する計画が、思いがけず大規模な抗議のうねりを引き起こしたのである。そして同じく驚いたことに、この抗議運動は実に多様な様相を呈した。参加者の顔ぶれは、自称主婦にビジネスマン、一九六〇年代の急進派に無政府主義の若者、大学生に宗教団体、平和主義者に露骨な人種差別主義で反移民を掲げる北部同盟の不満分子など。そんな彼らが、ときに不安定ながらも、効果的で非常に独創的な連合を組んだのである。

従来、ヴィチェンツァでは、米軍基地を受け入れているほかの地域で見られるような抗議活動はほとんどなかった。しかし前々から緊張状態にはあり、それがダル・モリンに対する反対が起きるまではあらかた抑えられていたにすぎない。陸軍士官のフレッド・グレンは、一九五五年に米軍がヴィチェンツァに帰還した直後に現地入りしたところ、アメリカ人の大半が〝つんと澄ましていた〟と回想する。基地の外に住みたがる者は少なく、一部のイタリア系アメリカ人を除いて「現地の言葉をわざわざ習得する者はほとんどいなかった」。グレンはときおり現地雇用者への給与支払いを担当したことがあった。順番待ちをする雇用者に現金を手渡しするときには、「とにかく拳銃をはっきり目立つように携帯することが義務付けられていた」。というより「テーブルの上に置いておくこと」が義務付けられ

イタリア、ヴィチェンツァ

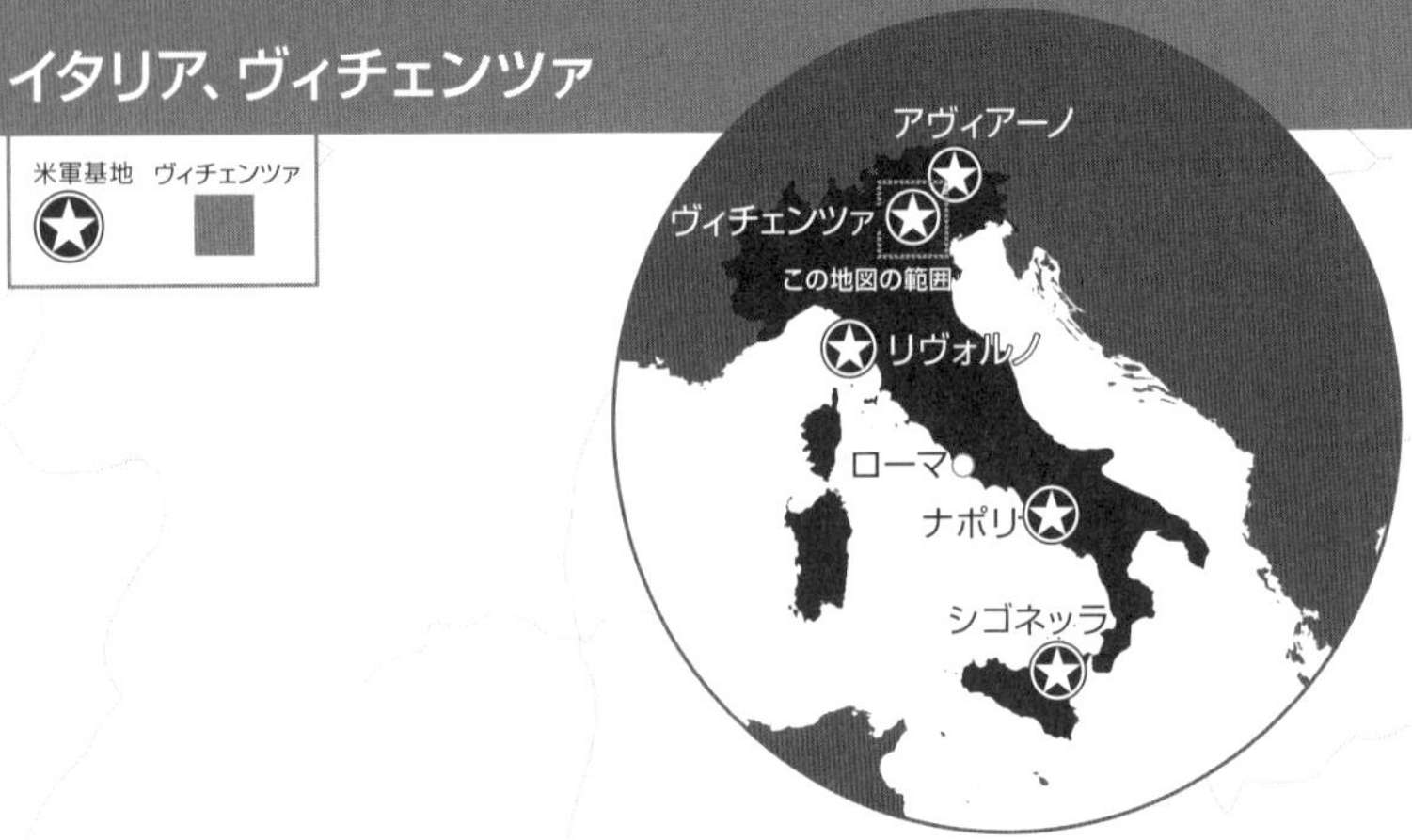

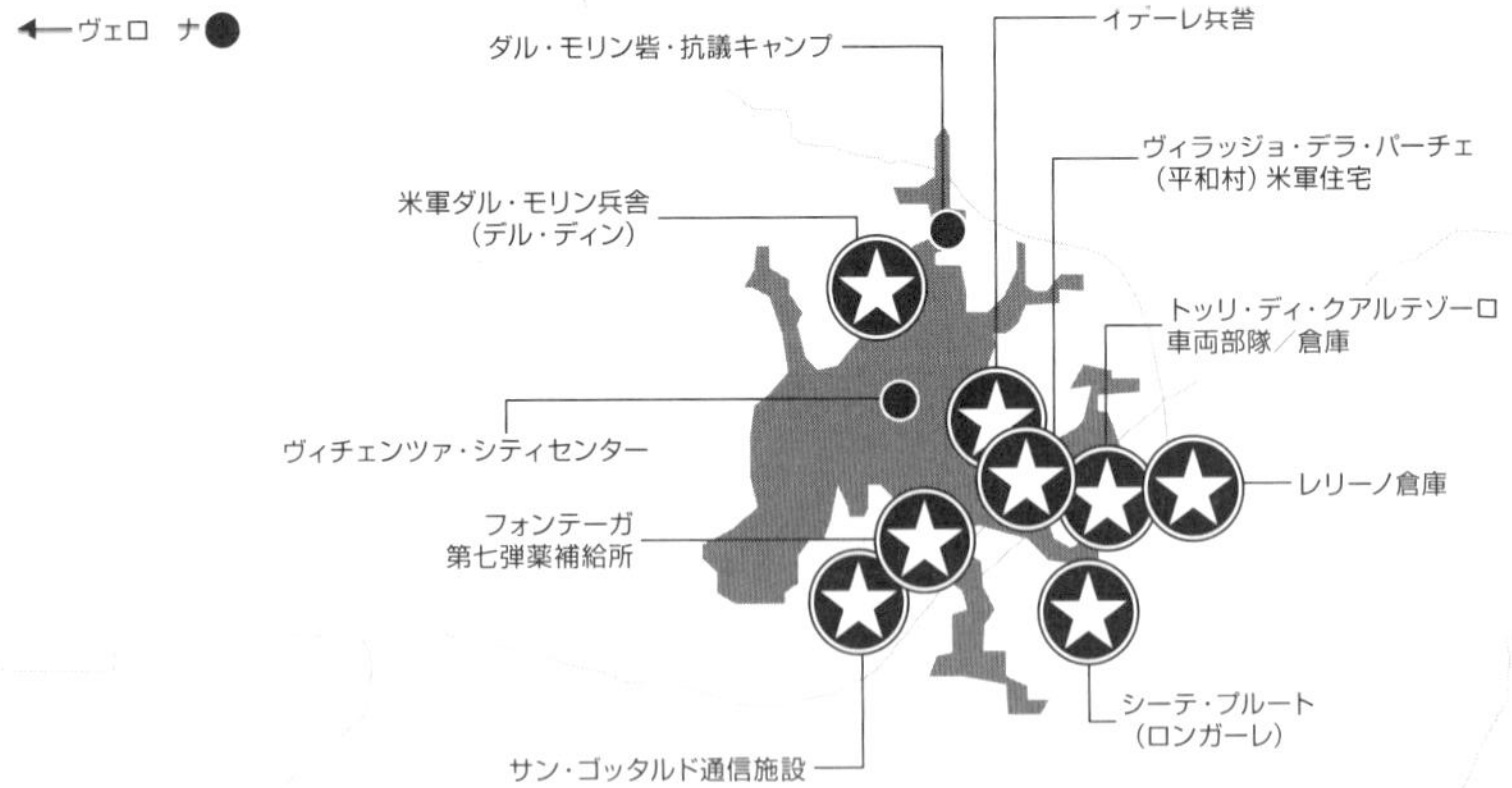

ヴィチェンツァ周辺の主要な米軍基地。
円内はイタリアにおける主要な米軍基地の位置。
参考文献：ヴィチェンツァ市〈ノー・ダル・モリン市民調整委員会〉2007年版地図；ヴィチェンツァ米軍駐屯地。

ていた。彼はそんな規則を「無礼」に感じたという。

ほかの多くの基地拠点と同じように、ヴィチェンツァ周辺も米軍が駐留していることで現地の住宅市場がゆがめられた。ヴィチェンツァ生まれのエンツォ・チスカートは、一九八〇年代の新婚当時に、アメリカ生まれのアンネッタ・リアムスと家探しを始めたころ、米軍の家族に家を貸したがる家主ばかりで、アパートを見つけるのに苦労したと振り返る。結局、ヴィチェンツァの主要基地、カゼルマ・イデーレの住宅課の職員を友人に紹介してもらった。職員はリアムスがアメリカ人だとわかると「そりゃあいい！」と声をあげ、チスカートには、アパートを見学に行くときには「黙っているように」と言った。「アメリカ人夫婦みたいにしていること。家主にイタリア人だと知られたら貸してもらえないから」

「そりゃありがたい話だ」とチスカートは感じたという。「この町に生まれた人間が、この町で家を探すのに、貸してもらうには米兵のふりをするときたもんだ」

また別のヴィチェンツァ住民は、冷戦時代にカゼルマ・イデーレの近くで育ったころを思い出し、町の通りや店のいたるところで米兵を見かけたと語った。「朝は軍歌の練習で目が覚めるのがふつうだった」という。「腹が立ったしムカついた」ものの、誰もがとにかく「耐えなきゃならない、我慢しなきゃならないと思ってた……どうしようもないじゃない？」

表面下ではすでにそうした不満がくすぶっていたなか、二〇〇三年、アメリカのイラク侵攻に向けた兵力増強が、ヴィチェンツァの基地反対活動家を動かす大きなポイントになった。まさにアンスバッハや、世界の多くの地域と同じ流れだ。数百人もの人々が抗議に集まり、カゼルマ・イデーレの周辺を行進したのである。なかにはイデーレ基地からイラクに動員される大隊の軍需品を運ぶ列車を阻もうとする者もいた。[3]

グイド・ラナーロもそのデモに参加したひとりで、二〇〇三年か二〇〇四年、ちょうどデモと同じころに初めて新基地の噂を聞いたのを憶えていた。エンツォ・チスカートの場合は、地元自治委員会のメンバーだったときに初めて、旧ダル・モリン空港に関して気がかりな話を耳にした。市議会議員のひとりが「アメリカ側に何か動きがありそうだ」と委員会に告げたのだ。「きな臭くなってきたのはそのときですよ」とチスカートは言った。「何か、と言ったきり、あとは何も教えてもらえませんでしたから」

ノー・ダル・モリン

二〇〇六年五月、米軍が連邦議会にダル・モリン建設計画への拠出を要請したころ、ヴィチェンツァ市の職員と米軍の代表がついに新基地の詳細な計画を市議会に示した。説明にはパワーポイントのスライドや書類、地図、完成予想図がそろって準備され、多くの人にとっては、市長と市議会がしばらく前から計画を知っていたのではないかとの疑念を裏付けるものだった。ラナーロいわく、多くの人が「市民には意図的に隠されていた」に違いないと考えたという。[4]

リアムスも同じように感じたのを憶えている。みな、政治家や密約によって「自分たちの権利が奪われようとしている」と感じた。「むこうの言い種はこう、『ほら、プレゼントだよ。きみたちの意見はどうでもいい。好きでも嫌いでもとにかく受け取りなさい』」
　ヴィチェンツァ市民は、意思決定のプロセスから外されたと感じたのはもちろんだが、それにも増して、新基地の詳細が明らかになるにつれてますます不安を募らせていった。基地はダル・モリン空港および隣接する広い緑地一三五エーカーを占拠することとなる。多くの市民は、ヴィチェンツァの残り少ない緑地が消失してしまうと心配した。環境科学や環境工学の専門家は、建物の基礎を支えるために何百本ものパイロン（支柱）を地中に埋め込む米軍の計画は、市の帯水層と飲用水の主要な水源を貫き、そのほかの環境破壊も引き起こす危険があることを示した。市民らは、国際的に有名な市の建築的・文化的構造物が損なわれ、その上新たに何千人もの兵士やその家族を迎えることで、ただでさえ混雑した町なかにますます交通量が増えることを危惧した。また、アフガニスタンとイラクの戦闘で第一七三空挺旅団が果たす重要な役割を考えれば、帰還兵が戦争のトラウマをヴィチェンツァに持ち帰るのではないかと不安だった。多くの市民が指摘したのは、かつてイラク派兵から帰還した兵士が性産業で働く女性を残忍にレイプした上、戦争で体験した「長期にわたる精神的ストレス」を理由に減刑を勝ち取った事件だった。[5]
　チスカートは、冷戦以降、米軍のヴィチェンツァ駐留の性質が変わったと指摘する。彼によれば、当時イタリア国内の基地は〝ソ連の侵略者たち〟を防ぐために戦略的に配置されたものだったが、今では「実働拠点になっているんです。ここの連中は――彼らはここにとどまっているわけじゃない……ここから戦争に行って、戻ってくる。受けたダメージをもち帰って。そして休んで、また戦争に行く」。今、と彼は話を続けた。「われわれが話しているのは、ここに戦闘部隊がいるということです。

昔とはちょっとわけが違う」

ダル・モリンの計画が正式に発表されると、基地への抗議活動はますます大規模になっていった。市議会で説明があってからひと月ちょっとたったころ、数百人の人々が空港の入り口を何時間にもわたってふさいだ。その夏、数千人の人々がヴィチェンツァの中心に建つ歴史建造物、バシリカ・パッラディアーナを二四時間にわたって平和的に占拠し、階段にすわって夜通し話したり、「ノー・ダル・モリン」の横断幕やピース・フラッグをアーチ形のバルコニーから垂らしたりした。これは「尊厳を求めた」闘いなのだと、デモ参加者のひとりが私に語った。「世界中で人を殺してまわる兵士たちの暮らす街の一員にならないために。だってこんなの嫌です……『どこに住んでるの？』って訊かれたら、胸を張って『ヴィチェンツァです。きれいな街ですよ』って答えたいじゃないですか」。彼女はいったん言葉を切った。「でも今は、あまり胸を張れません。だってヴィチェンツァといえば、基地の話ばかりで——世間的に聞こえがよくありません」

ほどなく、〈ノー・ダル・モリン〉の活動家らは、“砦”と呼ぶ自分たちの基地——ダル・モリン建設現場に隣接する活動本部——も築いた。[6] 砦は、トウモロコシ畑に停めた一台のトレーラーから始まり、やがて大型テントふた張りと、本格的なキッチン、収納、トイレを備えた運送用コンテナ三台が加わるまでになった。〈ノー・ダル・モリン〉のメンバーは二〇〇七年から二年以上にわたって二四時間体制で砦に陣取り、常時、野営して、常時、基地に反対の声を上げつづけた。砦は一種のコミュニティ・センター、人々が顔を合わせ、政治的にも社会的にもさまざまな経歴の人々とつながる共通の基盤となった。単なる活動本部ではない。グイド・ラナーロの言葉を借りれば、「第二の我が家のよう」

になったのである。

砦がつくられ、絶えず抗議を続けたおかげで――その活動には、人口わずか一一万五〇〇〇人の街にあって、最大で推定一〇万人を引き込んだ――〈ノー・ダル・モリン〉は国内外の注目を集めた。[7]「すごく力を感じました」と、組織の広報担当者、マルコ・パルマは語った。「よもや基地の建設はありえないと感じました。こちらはあれだけたくさんの人から、あれだけたくさんのエネルギーをもらっていましたから、何でもできるような気がしたんです」

基地経済

アンスバッハやヴィチェンツァのようなコミュニティでは、基地存続に関する世論は割れることが多い。ダル・モリン計画がヴィチェンツァ市議会に提出された際、シルヴィオ・ベルルスコーニ首相の政党と連合を組む中道右派の二一人が、中道左派連合一七人の票を制した。このころ、街の主要紙――経営権をもつのは同市の商工会議所に相当するところ――は、ダル・モリンに基地を建設できなければ米軍はカゼルマ・イデーレを閉鎖するだろうとほのめかす記事を掲載しはじめた。「イデーレから必死のSOS――『私たちの仕事を守って』」と見出しを打ったものもある。記事は、基地建設を拒否すれば地元経済に打撃を与えるだろうと不安を煽った。

基地計画を支持するために、カゼルマ・イデーレで働くイタリア人のロベルト・カッターネオが〈イエス・トゥー・ダル・モリン委員会〉を結成した。その〝イエス委員会〟のウェブサイトには、新基地ができれば「街と周辺全域に経済発展と雇用創出の機会が生まれる」と謳われていた。同委員会は、ダル・モリン基地建設で得られる経済的利益が合計で一五億ユーロを超えると言いつのった。[8]

ダル・モリン基地の建設を拒めば地元経済に打撃を与える――ヴィチェンツァの基地賛成派によるその意見は、米軍基地をめぐる議論でたびたびテーマとなる。私は、アンスバッハのカッターバッハ・カゼルネの外で抗議活動を見ていたとき、門番のうちのふたりに声をかけた。ふたりとも地元に暮らし、バイエルン州の米軍基地の警備契約を結んでいる企業で働いていた。ひとりは、音は確かにやかましく、ヘリコプターが近隣をかなり低空飛行していることを認めた。とはいえ、アンスバッハは経済的に基地に依存しているから、と彼は言った。

それが共通認識だ。ドイツその他の国々では、アメリカ国内の各地と同じように、基地は一般に経済的な恩恵とみなされている。そして実際、基地が地域を豊かにしている例もある。[v] ドイツのバウムホルダーなどに見られる〝黄金時代〟がそれをよく示している。なにしろアメリカの納税者は、国外の基地と兵を維持するために毎年何百億ドルも費やしている。その金は当然、すべてどこかに流れているのだから。

とはいえ、ドイツ、アメリカ、その他の基地の経済効果を調べると、その結果は常に、恩恵が思ったほどではないことを示している。恩恵を享受するのは比較的少数の個人や産業にかたより、経済効

v　唯一明らかな例外がグアンタナモ湾で、ここは地元の経済効果が完全なマイナスに等しい。基地は一〇〇パーセント自給自足で、基地とグアンタナモ市や周辺地域とをつなぐ経済活動は存在しない。

果による純益を大きく減らす基地関連のさまざまなコストは度外視される傾向にある。さらに、基地は経済投資の形としては効率が悪い。それどころか、もっと生産的で利益になる経済活動を阻害してしまう。たとえば沖縄は、いまだに日本で最も貧しい県のままである。貧しさの原因は複合的だが、一九七二年まで続いたアメリカによる正式な占領の時代が沖縄の経済成長を妨げたのは明らかだ。近年、基地が減少するにつれて沖縄の経済は成長し、観光産業やＩＴ、コールセンター、物流を中心に多様化している。[9]

またバウムホルダーは、〝黄金時代〟というものが多くの場合、いかにして色あせていくのかも示している。マルクに対するドル安が進むにつれ、兵士らが経済にもたらす影響は低下した。一方、一九五〇年代後半に始まった西ドイツの〝奇跡的な経済成長〟のおかげで、基地とその周辺の仕事よりも条件のいい——特に女性には——仕事が登場するようになった。基地内で地元住民が就くことのできる仕事の大半は清掃員や造園スタッフなど、どちらかというと高い技術のいらない低賃金の職である場合が多い。また基地外にも、基地があることで一部支えられている仕事がサービス業や建設業、工業の分野で登場しているが、より高い技術を要する高賃金の仕事はアメリカの軍人と民間人に行く。地域社会からしてみれば、外国の基地で働いている人の大半は言うまでもなく外国人であり——基地は、肥大化するその大きさのわりに、提供する仕事はずっと少ない。[10]

また基地は、ほかの形で使えるはずの貴重な土地を占有する傾向にある。ハイデルベルク、ヴュルツブルク、ベルリンなどのドイツの都市や、過密に都市化された日本、ソウルの繁華街の真ん中では、特にその傾向が強い。おまけに基地は、沖縄やグアム、ディエゴ・ガルシアなどの貴重な海辺でも広大な土地を占領している。

さらにここ何十年か、米軍基地が自給自足化して地元経済からの隔絶が進むにつれ、基地がもつ経済効果も低下している。ドイツのラムシュタインのような基地は飲食店や娯楽施設、買い物のできる店が充実しており、隊員も家族も基地を出る必要がない。つまり彼らの金のほとんどは地元経済には届かないということだ。

もちろん、隊員による消費は全体の一部にすぎない。すでに触れたように、アメリカ国民の税金の大半は建設工事と物資の調達、基地の日常業務や維持、修繕に使われる。ドイツでは、そうしたアメリカの契約の一部がドイツ企業にまわる――しかし多くは、そうではない。契約の多くはたいてい、アメリカに拠点を置く企業のものとなる（二〇一五年度で見れば、議会は外国企業に大口契約を与えることにかなりの制限を加えている）[11]。アメリカの企業が地元の会社を下請けに使うこともあるが、どちらにしろ、契約金の大部分は大企業の取り分となる。これまで見てきたように、二〇〇一年から二〇一三年にかけて国防総省が国外での仕事に対して民間企業に支払ったおよそ三八五〇億ドルのうち、約三分の一は上位一〇社の受注企業――ハリバートンの元子会社ケロッグ・ブラウン・アンド・ルート（ＫＢＲ）や、ダインコープ・インターナショナル、ＩＴＴエクセリスといった大手の軍事請負企業、石油大手のＢＰ社など――に集中している。これは基地によって生じた金の大半が地元社会から企業の本社に（そして往々にして、さまざまなオフショア金融という避難地に）流出していることを意味する。この傾向は沖縄でとりわけ強く、米軍の駐留でもたらされる金の大半が地元企業ではなく、東京に本社のある建設会社に流れている。

外国軍の基地があることで実際に恩恵を受けている地元民のなかでもきわめて恵まれているのが不動産関係者だ。国防総省は軍関係者の住宅費を出しており、しかも気前よく——たいていは相場よりはるかに高く——支払っている。その結果、不動産所有者や不動産開発業者、土地の投機家、不動産業者、建設会社などが大きな利益を得ることが多い。イタリアのある基地従業員は、軍の住宅手当が「たいてい、地元住民が家賃に出せる金額を大幅に上回り」、おかげでアメリカ人のコミュニティが「不動産市場の需要側として最も歓迎を受け、大切にされている」と手紙に書いている。この従業員は、アメリカ人のほうが高い家賃を払うので、やがて家主たちは「アメリカ人仕様にした家の設計と施工をするようになった……一部地域では、通り一帯や新しく建つ建物がまるごとアメリカ人に賃貸されている」と記している。その結果、気づけば家賃が高すぎるために、賃借人自身が自分の地元に住めないというケースも出ている。[12] また地元住民には、アメリカ政府が請求書の支払いをしてくれるような金融保証が付いていていない。ヴィチェンツァ在住の人類学者、グイド・ラナーロはこう説明した。「アメリカ人に貸すのはとても都合がいい、なぜなら一〇〇パーセント確実に家賃を払ってもらえるから」

住宅ほどの額ではないが、レストランやバー、タクシーなどの地元のサービス産業にも基地から金が流れ込む傾向にある。ドイツの基地専門家、エルザ・ラスバッハが指摘したところでは、アンスバッハのような町ではタクシー運転手が米軍にとても好意的で、それは米軍がその地区内の移動によく高いタクシー代を払ってくれるからだという。それは意図的だと思うかと、私はラスバッハに尋ねた。「もちろん」と彼女は答えた。「コミュニティ・リレーションですよ［地域社会との良好な関係を保つこと］」

地元住民が目に見える基地の経済的メリットばかりに注目すると、もっと目に見えにくい基地のコストを見落としてしまいがちになる。たとえば、受け入れ国はふつう、アメリカに賃貸料や土地にかかる税金の支払いを求めずに土地を提供する。住民が知っているかどうかはともかく、これは地方自治体と地元住民による補助金だ。また受け入れ国は、「負担の分担金」や「思いやり予算」を通じて、そして徐々に現物出資を増やすことで、何十年にもわたって米軍基地を支援してきた（現物出資には、ドイツやその他の国々では担保の提供、ペルシャ湾周辺の数か国では基地の建設、イタリアでは建物と射撃訓練場の無償利用などがある）。二〇〇四年、国防総省がはじき出した基地受け入れ国による現物出資額は、負担の分担による数十億ドルもの直接的な支払いとは別に、四三億ドルにのぼった。[13]

基地が閉鎖したら

基地の経済効果については、基地が閉鎖したらどうなるかという研究の視点が最も参考になる。基地閉鎖の脅威にさらされているコミュニティでは、住民が悲惨な結末を恐れていることが多い。アンディ・ホーンは、ブッシュ政権による世界的な基地再編の一環として、兵力の「大幅な削減」について話し合うためにドイツに送られた政府高官のひとりで、当時を振り返り、ラインラント＝プファルツやバイエルンなど、基地が集中している州の政治家たちが自分たちの地元は勘弁してほしいと訴えていたと語る。彼はいささか驚いたという。「本当のところ彼らの訴えは……文化と経済のことであって、安全のことではなかった。二〇〇四年、彼らは、大勢の隊員をドイツに残すことに安全上の理由があると論じるためにその場にいたわけではない」。政治家たちはただ「われわれの地元経済は軍の駐留にかかっている」と主張したのである。

「しかもただ訴えていたのではない」とホーンは説明した。「たがいに牽制し合っていました。ですからこんな調子です。『少なくともうちの州からは出ていかないでください……あちらを出ていかなければならないなら、それはかまいません。でもとにかくうちは出ていかないでください』」。そしてホーンは言い添えた。「あれは感情的でした。もう懇願ですよ。彼らは懇願していたんです。どうか出ていかないでくれと」

基地閉鎖の政治的性格を考えれば、米軍基地閉鎖の影響を調べた初期の研究の一部までがたびたび政治的に扱われたのも驚くにはあたらない[14]。しかし世界各国で行われている最近の研究によって、ある明快な結論に達しつつある。その結論とは、「基地を受け入れている地域は、基地の閉鎖が経済に壊滅的な被害をもたらすと想像しがちだが、一般にその影響は、どちらかといえば限定的なものであり、場合によってはむしろプラスに働くこともある」というものだ。実際に地域が激しい経済的損害を被ったケースでも、たいていは数年のうちに回復する傾向にある。

ドイツではボン国際軍民転換センターが、冷戦後の米軍基地閉鎖について、主に国防総省のデータを使って、信頼のおける調査を行った。それによると、米軍は一九九一年から一九九五年にかけて、一〇万エーカーほどの基地用地をドイツ政府に返還し、軍勢の七五パーセント、すなわち約二〇万の隊員を引き揚げている[15]。ドイツ国内における米軍の年間支出は三〇億ドル減少した。米軍の大半はラインラント＝プファルツ、バイエルン、そのほかドイツ南部の三つの州に集中していたため、米軍が駐留していた地域やコミュニティでは、この減少によって「深刻な打撃」を受けたところもあった。全国的には、三万四五〇〇人のドイツ人が民間の仕事を失い、これは人口の〇・〇四パーセント、労働力人口の一パーセントに相当するが、全体として見れば、基地の閉鎖や縮小はドイツ経済に目立った影響を与えなかった。[16]

さらに最近、国内二九八のコミュニティで二〇〇三年から二〇〇七年にかけてドイツ軍自体の基地の閉鎖について調べたところ、「基地閉鎖のマイナス影響は存在しなかった」ことが示された。特に、「世帯収入、地域生産高、失業率、付加価値税（VAT）および所得税による歳入から判断すると、基地周辺コミュニティの経済発展に目立った影響はなかった」。ドイツとアメリカ国内にある米軍基地は、ドイツ軍の基地よりも大きく、地域社会にもより一層組み込まれている傾向にありながら、こうした結果は驚くべきものだ。論文の執筆者らは、地域のコミュニティが元基地だった場所を、病院や観光名所などの別の用途に素早く転じたことがマイナスの影響を埋め合わせるのに役立ったのではないかと仮説を立てている。[17] ドイツで米軍基地の閉鎖に直面している地域は同様の転換に着手し、学校や住宅、オフィス、小売りスペースなどをつくりはじめている。たとえばアンスバッハでは、ヒンデンブルク兵営を米軍から返還されたあと、基地をアンスバッハ応用科学大学と、それとは別にショッピングモールとオフィスを一緒にしたスペースへと変身させた。

アメリカでも、基地閉鎖の影響に関する研究はつぎつぎと同様の結果に至っている。洗練された広範囲の計量経済学的研究を検証すると、〝誤解の余地のない〟結論が示された。「基地の閉鎖は地域への大きな影響がないか、もしくは時がたてば消えてなくなる程度の小さな影響しかなかった」[19] のである。この結果はさらに、スウェーデンにおける国軍の基地閉鎖の影響を調べた研究によって裏付けられた。[20]

特に仕事面の問題に焦点を合わせると、アメリカの会計検査院の調べでは、基地閉鎖の影響を受けたコミュニティの大半で失業率の増加はなかった。[21] 議会調査局の調べでは、基地が閉鎖されたコミュニティの失業率が全国平均に比べてむしろ減少していることがわかった。一九九八年の国防総省の調査によると、連邦政府に雇用された民間人で、基地の閉鎖後に失業保険の請求資格のある人のうち、実際に保険請求したのは一四パーセントのみで、これは彼らが別の仕事を見つけたか自己都合退職したことを示している。また、二〇年にわたって三〇九二の郡と国内九六三か所の基地を調べた結果も、失業に関する〝陰々滅々〟とした予測に反するものだった。むしろ基地の閉鎖は、政府の基地転換支援や「コミュニティの楽観主義(不安のあとの)」のためなのか、わずか二年後には雇用にプラスに働いたことを示していた。つまりこの調査は、基地の仕事が減ることによる長期的な影響は「全体的にプラス」であると結論付けているのである。[22]

沖縄の経験がこうした調査研究の大半を裏付けている。たとえばある陸軍基地が閉鎖されたことで、海辺の土地には遊んだりショッピングを楽しんだりできるエリアが生まれ、今やその場所が三〇〇〇人を雇用して、年間一〇〇万人ほどの観光客を引きつけている。二〇〇七年の調査によると、そのエリアが地元経済に及ぼす影響は、基地による影響の約二一五倍だった。また別の調査によれば、沖縄の県庁所在地である那覇のショッピングモールとオフィスの複合施設には、以前にその場所を占有していた軍の住宅の一六倍の経済的利益がある。[23]

こうした調査結果も驚くにはあたらない。「基地は企業のように資本を蓄積して地域経済を成長させるわけではない」と、沖縄国際大学の経済学博士、富川盛武は説明する。さらに、土地資源を米軍基地に占有されていることは、「県にとって大きな経済損失」だという。経済学者らは、米軍が基地用地を少しずつ返還するにつれて、沖縄の多様な経済は日本のどの県の経済よりも急速に成長すると見込んでいる。[24]

真の民主主義?

こうした明るい統計データはあまり知られていないことが多く、ヴィチェンツァでは、基地賛成派住民のほとんどが、米軍関係者と一緒になって、〈ノー・ダル・モリン〉運動を町のごく一部の少数派と呼ぶ傾向にあった。一方〈ノー・ダル・モリン〉の活動家も、基地に賛成する関係業界や政治家、政府関係者の力は認めつつも、〝イエス〟運動の規模について同じことを言いがちだった。二〇〇六年一〇月にイタリアの著名な政治学者が行った調査によれば、ヴィチェンツァ住民の六一パーセントが基地に反対し、一方で、八五パーセントは基地拡張計画の是非を住民投票で決めることに賛成だった。[25]二〇〇八年、その願いが実現しそうだった。基地反対派が起こした訴訟に対して、地方裁判所が工事の一時差し止めを命じ、ダル・モリンの命運を決める住民投票を行うようにと判決を下したのである。[26]裁判所は、政府が基地計画を承認したのは口約束にすぎず、法律に「完全に反する」と判断したのだった。[27]

イタリアの裁判は時間がかかることでつとに知られている。イタリア全国で上訴待ちの訴訟は約九〇〇万件ある。[28] にもかかわらず、ダル・モリン訴訟においては、ベルルスコーニ政権が地方裁判所の判決をイタリアの最高裁に直接上訴し、四〇日とかからずに勝訴したのである。判事らは、一九五四年にアメリカと秘密裏に交わされた二国間協定や一九二四年にできたムッソリーニ時代の法律をもち出して、基地に関する決定は基本的に政治問題であるため、下級裁判所はその決定に対する裁判権をもたないと述べた。[29] この判決に基づき、イタリアの別の裁判所が、四日後にひかえた住民投票を中止したのである。

しかし住民の有志らはこれに抵抗し、独自の住民投票を行った。ヴィチェンツァのアキーレ・ヴァリアーティ市長の後援のもと、選挙の規定に厳密に従った投票には、二万五〇〇〇人近くが参加した。その結果、九五パーセントが基地建設反対に票を投じた。[30] この結果に支えられ、抗議活動は続いた。二〇〇九年初め、数百人の反対派がダル・モリンのフェンスを破ってなかに入ると、〃平和公園〃を築き、雪の降る身を切るような一月の寒さのなか、三日間にわたって建設現場の一部を占拠した。

数日後、イタリアとアメリカの両政府が基地の最終承認を発表した。その後の数か月、十数台の建設用クレーンが建設現場のそこらじゅうにそそり立ち、周囲数マイル先からも見えるほどだった。

私が二〇一三年に完成間近のダル・モリン基地を見学したとき、米軍で働くあるイタリア市民が言った。「この計画は最初から気に入っていました」。彼女もアメリカ人の同僚も――ふたりとも名前は出さないようにとのことだった――デモ参加者にはほとんど関心がなかった。彼女は皆を「ジプシー・キャンプ」と呼び、アメリカ人のほうはデモ隊の活動をほぼ「破壊行為」とみなしていた（あるとき、

〈ノー・ダル・モリン〉の活動家がダル・モリンの近くに新しい光ファイバー・ケーブルが適正な許可なく敷かれているのを見つけ、作業員に変装した、〇〇人ほどが通りに集結して、ケーブルへのアクセスポイントをコンクリートでふさいだことがある[31]。「連中はデモ活動にあらゆる手を尽くしました」とアメリカ人は言った。しかし彼の考えでは、地域の大半の人は気にも留めていないという。どのみち、と彼は言葉を続けた。「ローカルな反対運動で国の政策の方向性は変わりませんよ」

従来の政治学であれば、その見立てに賛同するのがふつうだろう。多くの政治学者が、こうした状況では一般にローカルな反対運動は的外れだと言うはずだ。たとえヴィチェンツァの住民の大半が基地に反対だろうが、新しく選ばれた市長と市議会が計画を否決（二〇〇八年の暮れにそうしたように）しようが、軍事問題やその他の外交政策にかかわる決定は自治体ではなく、全国の選挙で選ばれた政治家が行うべきというのだ。そしてこのケースでは、イタリア政府は基地を承認したのである[32]。それが民主主義というものだと多くの人は言うだろう。わかりやすい比較として、エクアドルのマンタにある米軍基地を挙げる人もいるかもしれない。マンタの場合、地元住民の大半は基地に賛成だったが、政府が反対し、最終的に基地は撤去されている[33]。

それでもヴィチェンツァの多くの住民は疑問を投げかける。米軍のイタリア駐留が国会やアメリカの議会の同意もなく承認された一九五四年の密約をもとに認められているなら、ダル・モリン基地建設の決定のどこが民主的なのか。イタリアとアメリカの当局者がダル・モリンの交渉を秘密裏に行い、最初の合意を交わすまでは国レベルでも地域レベルでも公の議論ができないようにしておいて、その決定が本当に民主的なのか。真の民主的な決定であれば、地方裁判所に断じられたように、イタリアとヨーロッパの入札規則を破るものだろうか。民主的な決定が、環境省による環境アセスメントを無視するものだろうか。環境アセスメントが国内法で義務付けられていることは、やはり地方裁判所が断じている（ある手紙がリークされ、そのなかで基地計画を担当する専任の監督官は、基地がもたらす環境への影響を認め、環境アセスメントが最終決定を〝危うくする〟可能性があるために、これをかわす方策を話し合っている）[34]。そしてヴィチェンツァ市民の多くがこう問いかける。外国勢力――アメリカ――が、イタリア人が本当は何を望んでいるかなどおかまいなしに、二国間の合意を最後まで守るようにとイタリア政府にかなりの圧力らしきものをかけておきながら、いったいそれが本当に民主的なのだろうか[35]。

運動の多様性

〈ノー・ダル・モリン〉は、ヴィチェンツァの新基地建設を止めることはできなかったものの、譲歩は確かに引き出した。米軍が基地を、当初予定していたダル・モリン用地東側の民間空港から、元イタリア空軍基地のある西側に移すことに同意したのである。市長は、東側半分を恒久的な〝平和公園〟にすると宣言した。ただし市でも、その公園がどんなものになるかはまだ決まっていない。基地反対の活動家らの間では、公園が何を象徴するかについて考えはまちまちだ。近隣住民の団体のいくつかは、ダル・モリン用地全体をヴィチェンツァ市民から盗まれたものと見ており、公園は運動の敗北を思い出させるものだととらえている。一方で、公園を形ある勝利、〝美しい空間〟、新基地への〝平和的な挑発〟――兵士らに別の生き方があること、戦争をしてまわらない生き方があることを常に思い出させる手段――と考える団体もある。

エンツォ・チスカートは公園に懐疑的なひとりだった。「くつろぎに行く」場所になるはずがない、と彼は言った。基地の建設を眺めることも、そこが「取り返しのつかない」被害を与えるとわかっていることも、「吐き気を覚える」ほどだった。せめて、と彼は言う。平和公園が軍事化と戦争の害悪について学ぶ学習センター、人々が基地についての怒りを地域のための前向きなものに変えにいく場所になってくれたらと。

グイド・ラナーロも、軍事化と軍事基地についての「資料センター」を建てることが「砦の精神を生かしつづける最善の道」だろうと賛同した。そして、おそらく公園は新たな砦の本拠地となり、別の運動がどこかに基地が建設されるのを止める助けになるかもしれない、と語った

ノー・ダル・モリン運動に参加した一部のメンバーにとっては、二〇一三年に米軍が――基地建設の建前に反して――結局、第一七三空挺旅団をダル・モリンに集約しないと発表したことは、ちょっとした慰めだったかもしれない。結果として、運動は正しかった。新しい基地の必要性などほとんどなかったのだ。

新たな基地建設をやめさせたり、既存の基地を閉鎖させたり、自分の国や地域が基地と軍隊に影響されている状況を変えようとする〈ノー・ダル・モリン〉のような世界各地の運動は、まちまちの成果をあげている。勝敗はかならずしも明確なものではない。たとえば沖縄の場合、抗議者たちは普天間基地を撤去できてはいないものの、海兵隊辺野古基地の新設を劇的に遅らせており、もはや基地の

完成はないかもしれない。

ほかにも、過去数十年の間には、一般市民や政治家の率いる運動が、基地を閉鎖させたり封鎖したり、あるいは米軍から大幅な譲歩を引き出したりしてきた。第二次世界大戦のあと、オーストリアが外国軍の基地の禁止を含む中立を宣言したことを受け、米軍は（ソ連やその他の外国軍とともに）オーストリア国内の基地から引き揚げざるをえなかった。植民地を脱して新たに独立したモロッコやトリニダード・トバゴ、リビアなどの国々は、一九六〇年代に基地の閉鎖を強行した。一九六六年、フランスのシャルル・ド・ゴール大統領は、同国によるＮＡＴＯへの関与をほぼやめ［ＮＡＴＯの軍事機構からは離脱したが、政治機構には残留した］、国内にある米軍基地の一年以内の撤去を命じた。トルコでは、一九六〇年代と七〇年代を通して、米軍基地が大きな論争の種となり、大規模なデモや、基地従業員によるスト、過激派による爆破事件や誘拐事件を引き起こした。これを受け、一九七五年、米軍はトルコ国内の二か所を除くすべての基地から引き揚げた。[36] そのほかにも、こうした激動の数十年、米軍は日本、台湾、エチオピア、イランの基地数か所からの立ち退きを余儀なくされた。

フィリピンは、一九八六年にアメリカが支持するフェルディナンド・マルコス政権が倒れ、外国軍の基地を禁じる新憲法が制定されたあと、国内にある米軍基地の賃貸借契約を更新しなかったことでよく知られている。一九九一年にピナトゥボ山が火山噴火を起こしてクラーク空軍基地に深刻なダメージを与えると、ほどなくして米軍基地と隊員は姿を消した。[37] 一九九九年には、パナマ運河条約が終了したのに伴い、米軍はやはりパナマの基地も明け渡した。

二〇〇三年、ハワイは海軍を説き伏せ、ネイティヴ・ハワイアンにとっての重要な聖地であるカホ

キルギスタン
(2014)
トルコ
(1975)
イラク
(2011)
イラン
(1979)
サウジアラビア
(2003)
エチオピア
(1977)
ディエゴ・ガルシア
(イギリス領)*
韓国
日本
(1972)
沖縄
(1966~)
小笠原諸島
(1969)
台湾
(1979)
フィリピン
(1992)
北マリアナ諸島／
パガン島
グアム
マーシャル諸島
オーストラリア

反基地の抗議および抵抗　1945−2015年

地域の運動や中央政府が、世界各地の米軍基地を閉鎖に追い込んだり基地の新設を阻んだりしている。同様の事例はさらに多いはず。この図にある反基地の抗議活動は、近年でとくに規模が大きく目立った事例を示している。苦情、抗議、抵抗はアメリカ国外のほぼすべての基地で見られる。

参考資料：Robert E. Harkavy, Strategic Basing and the Great Powers, 1200-2000; Catherine Lutz, The Bases of Empire; Joseph Gerson and Bruce Birchard, The Sun Never Sets (ジョセフ・ガーソン、ブルース・バーチャード編著『ザ・サン・ネバー・セッツ――世界を覆う米軍基地』佐藤昌一郎監訳、新日本出版社、1994年) ; Alexander Cooley, Base Politics

＊：強制移住者による帰還する権利を求める運動であって、かならずしも基地閉鎖を求めるものではない。

オラウェ島を返還させた。[38]その年、同じくプエルトリコも、市民による大規模な平和的不服従運動のおかげで海軍を追いやり、ビエケス島を返還させることに成功している。一方米軍は、アルカイダによるコバール・タワーの爆破と二〇〇一年の九・一一テロ事件の余波を受け、二〇〇三年にサウジアラビアからも正式に撤退している（ただし一部の基地と部隊は密かに残っている）。二〇〇九年、エクアドル政府は、マンタの基地の賃貸借契約を更新しなかった。そして近年最も注目すべき〝立ち退かせ〟のひとつに、イラク議会がアメリカに対して、占領終了後に基地と軍隊を国内にとどめておくのを認めなかった例がある。アメリカ国防総省がイラクに五八か所もの〝恒久的〟基地の維持を望んだが、聞き入れなかったのである（とはいえ一部の部隊は出ていかなかった。二〇一四年にISとの戦いに新たな部隊が到着すると、彼らは少なくとも五か所の基地に戻っていった）。[39]

こうして列挙してみると――その顔ぶれはド・ゴール派に反植民地主義の国家主義者、地元の活動家に暴力的な過激派と幅広い――基地運動の背後にある動機の多様性がうかがえる。基地の置かれた国や領土や地域のなかでは、目的も戦術もさまざまに、いくつもの運動が起きていることが少なくない。そして同じ運動のなかでも、多くの場合、目的と戦術については意見が大きく異なる。けっしてすべての運動が米軍基地の撤去を求めているわけではない。たとえばハワイやグアム、沖縄、ドイツで起きている運動には、演習中の航空機騒音の低減や環境保護へのいっそうの配慮を求めているだけのものも多い。チャゴス島民のほとんどはディエゴ・ガルシアの基地撤去を求めているのではなく、ただ自分の島に戻る権利と立ち退きのしかるべき補償を求めているにすぎない。むしろ多くの島民が、基地で働くチャンスを望んでいる。

世界各地の運動で参加者は、自分たちが反対するのは反米主義によるものではないと強調する。ヴィチェンツァで大規模なデモが行われた際には、ローマに拠点を置く〈平和と正義を求めるアメリカ人〉というグループのメンバーが猛烈な支持を得た。「身動きもできないほどでしたよ、みんなに呼び止められて、拍手されたり写真を撮られたり」と、メンバーのステファニー・ウェストブルックが語った。「私たちを抱きしめたり、キスしたり、花をくれたり、グラスワインをくれたり。驚くくらいの、溢れんばかりの愛と思いやりでした[40]」

デモのあと、ジーナ・マーシという、黒づくめに鋲付きメタルでパンクのような服装をした地元に住む一七歳の娘が、抗議に加わったあるアメリカ人に近づいていった。その目には涙を浮かべていた。「仲間のみんなに伝えて、あたしたちは反米じゃないって！　あたしを見て。着てるのはアメリカ製だし、好きな音楽はアメリカのなの。ブーツだってアメリカン・イーグルのなんだから。でもあたしたちは文化とか音楽でアメリカ人と心を通わせたい、基地とか戦争じゃなくて[41]」

ジブチの米軍基地「キャンプ・レモニエ」の外での砂漠演習。米海軍下士官ジョハンセン・ローレル撮影

第一六章　蓮の葉《リリー・パッド》戦略

少なくとも一九五〇年代の非植民地化の時代からアメリカ当局は、ヴィチェンツァやビエケス島、沖縄などで広がりを見せているような抗議活動を危惧していた。軍事計画の立案者らは、反対にあわず、軍事的制約もなく、立ち退かされるリスクとも無縁な、安全で心配いらずの基地を切望している。一九七〇年代の中東戦争の際、ヨーロッパのいくつかの同盟国は、イスラエルの支援のためにアメリカに自国の基地や領空が使われることを拒んだ。二〇〇三年にアメリカが二度目のイラク侵攻に向けて準備していた際にも、やはりトルコなどのヨーロッパ諸国は自国の米軍基地の使用を制限しており、アメリカの立案者らは軍が直面したそうした制約のない基地を望んでいる。国防総省は二〇〇九年のプレゼンテーションのなかで、新たな目標は「国外の米軍の土地専有面積を減らして受け入れ国との摩擦を軽減」し、「受け入れ国と地域の不興」を買わないことだと説明した。[1] 地元住民とマスコミを刺激せず、反発を招かないことがゴールである。そしてその目標を達成するために国防総省は、世界各地に散在する小さなひっそりとした場所——しばしば単純に「リリー・パッド」と呼ばれる「協力的安全保障拠点」——にますます目を向けつつある。

リリー・パッド戦略の魅力のひとつは、大規模な基地から小規模な基地へと相対的に切り替えることで、特に国防総省の予算が削減されているなか、明らかにコストを抑えられている点にある。リリー・パッドはほとんどが、政治経済の面で脆弱で、基地が保証する経済的メリットや政治的見返りに影響されやすく、さらにドイツやイタリア、日本などの強国よりも人件費その他の運営コストが安い国々にある。貧困国では環境規制がさほど厳しくないことも基地の運営を安上がりで容易にしている。

またリリー・パッドは低コストであるため、軍事計画の立案者は、できるだけ多くの国々に新たな基地――国防総省が呼ぶところの「豊富な機能とアクセス」――を建設したいと考えている。[2] たくさんの小さな基地を、ドイツのラムシュタインや韓国のキャンプ・ハンフリーズのような少数の主要作戦基地と結ぶため、どこかの受け入れ国が戦時に国内の米軍基地の使用を拒んだとしても(二〇〇三年に二度目のイラク侵攻に至る過程で、トルコその他のヨーロッパ諸国が大なり小なりそうであったように)、ほかの国を頼ることで「世界中のどこでも危機や非常事態に迅速に対応」できるのではないかと考えている。[3] 基地の数を増やせば、戦時にアメリカの基地を標的にしたがる敵にとっては厄介な仕事が増すことにもなる。そしてリリー・パッドが比較的低コストということは、万が一どこかの受け入れ国に立ち退きにあったとしても、フィリピンのクラークやスービック湾などの基地を失うよりも金銭的被害はずっと小さくてすむということだ。

また、リリー・パッドの人気が高まってもいるのには、国外に大規模な基地を数多く保有することの根拠であったひとつ、派兵のスピードに、政治的に右寄りと左寄り両方の軍事立案者から疑いの声が出てきたためだ。たとえばブッシュ政権の調査によれば、空輸や海上輸送の技術が進歩しているために、紛争に国外の基地から部隊を派遣しても、国内の基地から派遣するのに比べて、時間の節約はできてもわずかなものだという。[4] 多くの軍事アナリストらが、大量の武器と補給品を国外に保有することーー軍事用語のいわゆる「事前集積」ーーのほうが、国外に何万もの兵員を置いて、彼らとその家族を支える不随のコストをかけるよりもずっと重要だと結論を下すようになってきた。ほとんどのリリー・パッドはこの事前集積の機能を果たしながら、危機に際しては、やや大きめの前方作戦拠点のように、より多くの兵員と武器に対応するために簡単かつ迅速に拡張できる「増派能力」ももっている。たとえば二〇〇五年に行われた演習では、ブルガリアでケロッグ・ブラウン・アンド・ルート社（KBR）と現地の請負業者が運営するリリー・パッドに、数百人の兵員をイリノイから派遣できることが示された。[5]

さらに広い意味で言えば、リリー・パッド戦略は、中国や欧州連合、さらにはロシアやインドなどの新興国との経済的、地政学的競争が激化するなかで、アメリカの世界的優位を保つことを狙った、いわゆるアメリカにとっての「新たな戦い方」の決定的に重要な部分でもある。何百もの基地と何十万もの兵がイラクやアフガニスタンを占領する時代は終わったのかもしれないが、ホンジュラスやフィリピン、ニジェールなどにリリー・パッド基地が広がっていくのはーー私たちが気づいているかどうかはともかくーー米軍がこれまでになかった地域、そして新たな争いにどんどん入り込み、悲惨な結果を招くかもしれないという警告である。

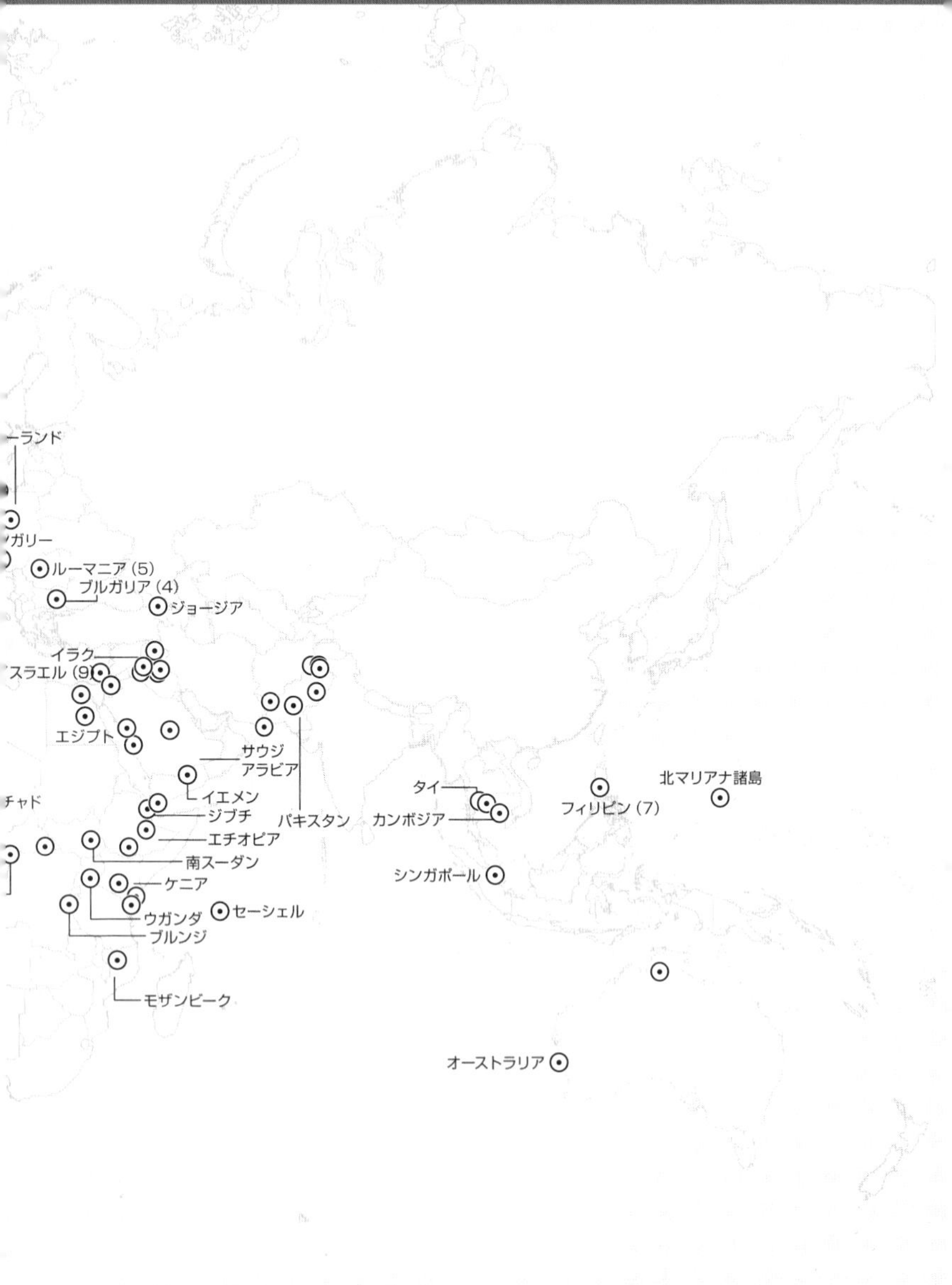
ーランド
ガリー
ルーマニア (5)
ブルガリア (4)
ジョージア
イラク
スラエル (9)
エジプト
サウジ
アラビア
イエメン
チャド
ジブチ
エチオピア
南スーダン
ケニア
ウガンダ
ブルンジ
セーシェル
モザンビーク
パキスタン
タイ
カンボジア
シンガポール
フィリピン (7)
北マリアナ諸島
オーストラリア

世界に増殖するリリー・パッド基地

21世紀に変わる頃からさまざまな軍事目的で建設された小規模なリリー・パッド基地（正式には「協力的安全保障拠点」）。リリー・パッド基地は性格上、意図的に秘密にされており、受入れ国の施設と見分けるのが難しいため、たしかなリストを作るのは不可能に近い。この地図は2015年初めの時点で入手可能な最善の情報を反映している。
参考資料：Nick Turse, TomDispatch.com; Craig Whitlock, Washington Post; John Lindsay-Poland, Fellowship of Reconciliation blog; Michael J. Lostumbo, et al., “Overseas Basing of U.S. Military Forces”; Alexander Cooley, Base Politics; Chalmers Johnson, The Sorrows of Empire and Nemesis; GlobalSecurity.org; news reports.

「プレゼンス」

調査旅行中に会ったアメリカ軍人のなかで、フランク・ダフィー陸軍中佐は、アメリカのレストラン・チェーン以外の店に私を食事に誘ったただひとりの人物だったかもしれない。ホンジュラスで人気の高い、トウモロコシとチーズをベースとしたエルサルバドル名物、ププーサを食べにいこうと提案してきたのである（「フランク・ダフィー」は仮名。ほかの軍人と同じく、本名は出さないようにとのことだった）。

その二〇一一年の夏、私は食事をしながらダフィーに、ホンジュラス国内の「アメリカの新基地」に関する報道について尋ねた。国防総省は、前方作戦拠点や麻薬対策施設、セーフハウス［潜伏や非常時の避難場所として使われる隠れ家］、チームが使う部屋と射撃訓練場など、小さな軍事施設に約四〇〇〇万ドルを投じたばかりだった。[6] また、ホンジュラスの「さまざまな軍事拠点」で使う四八〇〇万ドル分の燃料も購入していた。[7] 使われた金は軍事予算全体から見れば少額とはいえ、多くの人々が不審に思っていた。軍は、今度は中央アメリカのジャングルでいったい何をするつもりなのかと。ホンジュラスの人里離れた場所で米軍が改修や建設を助けているホンジュラスの基地とは、実はアメリカの新たなリリー・パッドなのではないかと疑念を抱いていたのである。

ダフィーは淡々とした口調で、南方軍はしばらく前からホンジュラス軍に財政支援をしているのだと答えた。そして「われわれの最も利益となるミッションをもった基地」にこれからも資金を出すと続けた。

「ミッションとは？」私が聞き返すと、ダフィーは、官僚的な発言によく使われる一本調子な声に切り替え、「できるだけ多くの不法（物）を検知、監視、阻止すること」だと答えた。その目的は、ホンジュラスの海軍と「沿岸の遠隔地など」にある基地を強化して「違法売買を妨害すること」だという。その基地に米軍の〝駐留《プレゼンス》〟はあるのかと私は探りを入れてみた。

ダフィーはナプキンで口をぬぐいながら間をとると、われわれは「施設を運営している人間の安全性と能力は調べますよ」と、またしても大げさな一本調子で返事をした。そして、まっすぐ私の目を見て訊いた。「用心しすぎでしょうか？」

私は何と答えていいかわからなかった。するとダフィーが沈黙を破り、「全体から見ればごくわずかな金です」と付け加えた。ホンジュラス軍には水上をパトロールする十分なガソリンも、隊員に与える十分な食料もない。だから南方軍が資金を援助しているのは、桟橋や兵舎など基本的なものの建設や予備部品なのだという。

施設への米軍の立ち入りについて大まかな取り決めはあるのかと私は尋ねた。

「その質問への答えはイエスです」とダフィーは答えた。「最終用途の監視ですよ。施設が適正に使われるようにするには、最終用途の監視を認めるという条件は付きものですから」

でも米兵がその基地を使ったり出入りしたりはしているんですか？

するとダフィーは言った。最初はつじつまが合わないように思えても、そんなときは一九八〇年代の、アメリカがホンジュラスに提供した基地について考えてみることです。あるいは、トルヒーヨの街について。街には第二次世界大戦のころに建てられたアメリカの海軍病院がある。「すばらしいことじゃないですか、と彼は強調した。

では、その基地には八〇年代なみのアメリカのプレゼンスがあるんですか、と私はさらに尋ねた。

「アメリカのプレゼンスなんてありませんよ」とダフィーはぶっきらぼうに言った。「プレゼンス」という言葉にいら立っているようだった。軍部にとってはしばしば〝恒久〟の含みのある言葉だ。「それからはっきりさせておきましょう、ホンジュラスに米軍基地は一切ありません」。そして彼はテーブルに身を乗り出すと、まばたきひとつせずに、しばらくの間私の顔をじっと見つめ、ついに私が目をそらすまで視線をはずさなかった。

訓練の場

次に会ったとき、私とダフィーは地元のマクドナルドで朝食をとった。その日が七月四日［アメリカの独立記念日］だったこともあり、彼はそれがふさわしいと考えたようだ。

「ひとつ質問させてください……単刀直入に」。私はためらいながら切り出すと、国防総省お得意の、うわべを取り繕った返答をさせない方法を探した。「ホンジュラスに米軍基地（ベース）は一切ない。しかしホンジュラスには米軍の施設（ファシリティ）か設備（インスタレーション）はあるんでしょうか？」

「いいえ」。ダフィーはそっけなく答えながら目を落とし、テーブルに視線を固定した。

「ホンジュラスの基地のどこにもアメリカのプレゼンスはないんですか？」

「ごく限られた人数のチームはいます――いや、〝限られた〟と言うべきではないかな。ケース・バイ・

ケースです」。彼は答えを躊躇していた。「そういうチームが一度に三、四週間か五週間か」。たとえばある空軍チームがホンジュラス人たちとそこで「六週間……一緒に生活したり働いたり」することがあるかもしれないという。

「ほかに恒久的にそこにいる部隊はない」とダフィーは言いながら、しかし、と言葉をついだ。「四か月から半年」現場にとどまる「特殊作戦のケース」はあるのだと。

二〇一二年四月、南方軍は、多少の違いこそあれ、その前年の夏にダフィーが私に言えなかった（あるいは言おうとしなかった）ことを『ニューヨーク・タイムズ』紙に明かした。同紙は、南方軍が遠隔地に少なくとも三か所の「前方作戦基地」をすでに設置し、うち一か所が元コントラの基地であることを報じた。[8] 当局によれば、その新たなリリー・パッド基地は、正式には「ホンジュラスの指揮下」にある。この基地のおかげで、ホンジュラスとアメリカの軍は、周囲と隔絶した人気《ひとけ》のない地域で、麻薬密売人たちと効率的に戦うことができるという。[9]『ニューヨーク・タイムズ』紙の報じたところでは、「基地にはそれぞれ五五人が二週間交代で」働けるように、「簡素ながら居心地のいい兵舎」や燃料、ガスとソーラーの発電機が備えられている。人員のほとんどはホンジュラス軍の兵士とアメリカの特殊作戦訓練教官であるらしい。[10]

今や米軍は、ホンジュラス国内で合わせて少なくとも一二か所の基地と射撃訓練場、その他軍事施設に定期的に出入りしている。米軍の基地や軍隊があるほかの国々では、軍の駐留を規制する地位協定がかならずといっていいほどあるのとは違い、ホンジュラスにはそれが存在しない。一九八二年の二国間協定に基づき、米軍はホンジュラスのすべての軍事施設にほぼ無制限に出入りできるのだ。

そうした軍事施設の多くは、公にされないまま新設されたり改修されたりしている。少なくとも一か所は「訓練関連工事」の名目でつくられており、一九八〇年代に議会の承認を経ずに基地を建設するのに使われた手法を彷彿とさせる。ある意味、そこに目新しさはほとんどない。国防総省は少なくとも一九三〇年代から、資金力のないホンジュラス軍のために、兵器や装備を提供するのと同時に、軍事施設の建設を行ってきた。[11] ただし以前と変わったことといえば、同国の辺境地に増えつづける基地に、米軍が事実上、恒久的に駐留していることだ。ダフィーは「アメリカのプレゼンスなどない」と言ったが、そのあと、米軍のチーム――〝限られた〟人数の場合もあれば、大人数の場合もある――が、基地で訓練を施すために一度に数週間、あるいは数か月過ごしていると認めていた。そしてその後、二〇一一年度だけで一〇〇回を超える訓練があったと話していた。ホンジュラスの別の軍幹部は、「ホンジュラスにはほぼ常時、数名の訓練教官がいる。しかしそれは意図的にそうしているわけではない」と説明した。「さまざまなニーズ」に合わせて出たり入ったりしているにすぎないと語っていたのだ。

しかし、新設した基地やその他の施設に機動訓練チームと教官が常に交代制でいるのは、まさしく意図的なものだ。少なくとも二〇〇八年以降、国防総省は、特殊作戦部隊を世界中に「恒久的」に配備しようとしていると認めている。[12] ホンジュラスで訓練が交代制で頻繁に、そして多くは特殊作戦部隊によって行われているのは、米軍が同国内で駐留範囲を広げながらプレゼンスを増しているということだ。ホンジュラスの軍と警察に提供した新しい基地、そして新しい装備や兵器に対して「最終用途の監視」が必要であることも同様に、米軍の広範囲な配備に理由を与えている。[13] 二〇〇九年にウィキリークスが公開したアメリカ大使館の公電には、海外への展開演習や頻繁に行われる医療任務その他の〝人道的〟行為も同じ役目を果たしていることが詳細に書かれている。たとえば、麻薬の主な中継地点になっている人里離れた大西洋岸地域のラ・モスキティアでは、アメリカがそうした活動を「軍のプレゼンス」の確立や、情報収集、偵察活動の口実に使っている。[14]

歯科医療や予防接種などの人道活動で軍が派遣されるとき、「第一の目的は貧しい人々を治療することではない」。二〇一三年にワシントンで会った際、ダフィーはそう説明した。「受け入れ国の医療スタッフを訓練することでもない。また受け入れ国の兵士を訓練することでもない。第一の目的は、米兵が演習すること、配備に備えて訓練を受けること」だ。国防総省の予算書も同様のことを物語っており、人道作戦によって「国外での強固なプレゼンスを維持」し、「アメリカの国益にとって重要な地域に立ち入ることができる」と説明している。[15]

むろん、自分たちを利用しに来るのだとホンジュラスに思わせないように、そこは駆け引きだとダフィーは言った。相手には、寄付による設備や工事の形で「そちらの国民が恩恵を受けるんです。そちらの医師が恩恵を受けるんです。そちらの地元の政治家が恩恵を受けるんです」と示すことが必要だという。

しかし米軍側からすれば、部隊はほぼ配置について、現実的なシナリオで訓練を実施していればいい。「だからこそアメリカはこれまで戦争がとてもうまかったんです」とダフィーは言った。「戦争をうまくやるには、訓練をしなければならない」。そしてホンジュラスには訓練にうってつけの場所がある。だからアメリカから部隊を連れていき、「配備して、何かを建てて」——軍の施設でも学校でもかまわない――それを置き土産にすれば、「それがこちらの好意の印になる」とダフィーは説明した。「しかし、そんなことを受け入れ国で吹聴したりはしない。第一の目的は協力し合うことだと語るんです」

スービックとクラークへの返り咲き

同じようにリリー・パッドと訓練・演習を一緒にしたおかげで、米軍はフィリピンへのみごとな帰還を果たした。基地の立ち退きにあってからわずか一〇年ほどのことである。

リリー・パッドの前段として、アメリカ側の代表団はまず一九九六年、フィリピンとの「訪問米軍地位協定」に署名した。これは、米軍がさまざまな軍事演習や訓練で同国に戻るのを認めるものだ。フィリピン議会はこの協定を一九九九年に批准した。二〇〇三年の時点で、米軍はそうした演習に年一八回参加している。そして最大の演習では、米兵の数がフィリピン兵を上回った。それからほどなく、年間の演習は三〇回を超えるようになる。二〇〇六年には、五五〇〇人の米兵が参加し、これは二八〇〇人からなるフィリピン派遣隊のほぼ二倍の数だった。二〇〇八年、六〇〇〇人というアメリカ側の人数はフィリピン側の三倍にのぼった。[16] そうして比較的短期間のうちにこの演習は、暴動鎮圧作戦に参加する大勢の米兵をほぼ恒久的に配置しておく隠れ蓑になったのである。ジャーナリストのロバート・D・カプランは、国防総省の文官トップらは「そうした兵を毎年、軍事演習を装って投入しなければならないことが我慢ならない」らしいと伝えている。[17]

フィリピンの安全保障専門家、ハーバート・ドセナはこう説明する。「米軍の戦略家はこうした訓練・演習を、米軍が演習を行っている国に断続的ながら途切れなく確実に入り込む手段と考えている」。そして元太平洋軍司令官、トーマス・ファーゴ海軍大将の発言を引用している。「長い期間かけて入っていくことで、配置された米軍が一定の施設を常時使えるようになる。最終的な目標は、前方作戦拠点に事前集積した装備品その他の重要物資の使用が保証されることだ」。確かに、二〇〇二年に別途合意した相互補給支援協定によって、米軍にはフィリピン国内に兵器や装備類を事前集積し、構造物を建て、総合的な物流体制を構築する権利が与えられた。また二〇〇一年の合意は、フィリピンの領空、飛行場、シーレーン（海上交通路）、および港の利用も可能にした。今やアメリカの海軍艦艇はほぼ途切れることなく港を訪れている。米軍はホンジュラスの場合と同じように、医療や人道にからめた活動を行うことで、いつか戦いに加わるかもしれない地域で訓練の機会を増やし、同時に、地元住民の信頼を得ながら現地の情報網も築いている。[18]

ほどなくして米軍は、スービック湾とクラーク空軍基地を再び利用できるようになった。そして二〇一四年の合意により、さらに大規模な駐留が可能になったのだ。交渉にあたった担当者らは詳細をほとんど明かしていないが、協議は主に、米軍がフィリピン国内に設置する「一時的な」施設をフィリピン側が利用できるのかどうかを中心に展開したようだ。両政府とも、合意はフィリピンの主権を尊重するもので、アメリカの「基地」をつくるものではないと主張した。しかし、フィリピン国内ではその評価に異議を唱え、同計画は外国軍の基地の設置を禁じる憲法に違反するのではないかとの声が出はじめている。[19] 確かに、フィリピン国内にありながらフィリピン軍が出入りできないかもしれない軍事施設となれば外国軍の基地のようであり、国防総省のレイ・デュボアが以前に「旗を立てない、前方駐留しない、家族を連れてこない」と言った約束に対して疑問が生じてくる。

ドセナが言うように、リリー・パッドや演習、寄港、医療活動、軍事協定などもろもろすべて合わせると、米軍は今や「すべてを――そしてほぼ間違いなく――スービック海軍基地とクラーク空軍基地で手にしていた以上を」手中におさめている。ただし今度は、「対立の目に見えるシンボルになりかねない駐屯地的な大きな基地を維持する経済的、政治的コストなしに」こうした大きなプレゼンスを手に入れているのである。[20]

リリー・パッド大陸

アフリカほどリリー・パッドの出現が顕著なところはないだろう。アフリカでは、ホンジュラスやフィリピンと同じ展開が大陸規模で起きている。

国防総省は最近まで、アフリカにほとんど関心を払ってこなかった。二〇〇七年にアフリカ軍（アフリコム）を創設するまで、厳密な意味でアフリカを管轄する部隊はなかった。アフリカ大陸は実質、欧州軍がおまけのように監視していたにすぎない。米軍がアフリカに介入した最大のケースは、一九九〇年代の初め、ソマリアにおける国連の人道作戦の一環として国防総省が二万五〇〇〇人を派兵したときにさかのぼる。一九九三年、モガディシュで米兵に多数の死傷者が出ると、アメリカはソマリアからまたたく間に撤退し、アフリカの戦闘に兵を送るという考えからも手を引いた。

ところが、二〇〇一年九月一一日のテロ事件から九日後、当局はジブチへの基地設置について問い合わせを開始した。ジブチならペルシャ湾への戦略的入り口に近く、中東やアフリカの多くの地域にも驚くほど近距離にある。そうして一年あまりのち、フランス植民地時代に設置されたフランスの軍事施設に隣接するキャンプ・レモニエに、数百人の米兵が降り立つようになった。そのコストは、年間わずか三〇〇〇万ドルとヴォイス・オブ・アメリカ［アメリカの国営ラジオ放送］の送信機のみ。[21]ところが数年のうちには、六〇〇〇エーカーの基地に兵の数は四〇〇〇人を超え、建設費と年間支出は何億ドルにものぼるようになった。[22]

アフリカでの軍事活動のペースは、ジョージ・W・ブッシュがアフリコムを発足させてから加速した。ブッシュは、アフリコムが「アフリカの人々に平和と安全をもたらすわれわれの取り組みを強化し、発展と健康、教育、民主主義および経済成長というわれわれ共通の目標の達成を推進するだろう」と語った。[23]

しかしアフリカその他の多くの国々は乗り気ではなかった。大陸の列強である南アフリカやナイジェリアなど、アフリコムに明確な反対を表明した国は一七か国をくだらない。リベリアを除いて、部隊の受け入れを申し出た国はなかった。ほかの国々や市民社会組織からの批判を考慮し、アフリコムの司令部はドイツのシュツットガルトに残った。多くの人が、アフリコムなど一九世紀の西欧植民地主義の再来、人道主義という言葉で覆いをして、アフリカの石油やその他の資源を支配しようとする魂胆にすぎないとみなした。またアフリコムが国務省や国際開発庁の役割を少なからず奪いはじめていたため、アメリカの批評家の多くも、同軍が外交政策と開発援助の軍事化を象徴するのではないかと危ぶんだ。[24]

以来、アフリコムは、当初予定していた外交面と人道面での役割を一部縮小している。司令部がいまだドイツにあるために、アフリコムの関係者は、キャンプ・レモニエがアフリカ大陸で唯一の米軍基地だとことあるごとに主張してきた。それ以外の施設は〝一時的なもの〟だという。アフリコムのとある関係者は、「運用上の安全と軍隊の保護」や「パートナーである受け入れ国の要望」を理由に挙げて、米軍が占有する施設のリストの提供を拒んだ。[25]

アフリコムはセキュリティが厳重で全容をつかむのは困難だが、証拠が示すところでは、現地での拡大ぶりは急速かつ広範なものだ。陸軍が発行する雑誌『アーミー・サステインメント *Army Sustainment*』の二〇一四年の記事には、アフリカの角［アフリカ大陸東部の地域］だけで九か所の前方作戦拠点が特定されている。[26]同じく『ワシントン・ポスト』紙が報じた一連の記事によれば、国防総省は二〇〇七年以降、アフリカとアラビア半島で無人機による監視と攻撃を行うために、ニジェール、チャド、エチオピア、セーシェルなどに密かに「約一二か所の空軍基地」を設置している。[27]ブルキナファソでは、アメリカの特殊作戦部隊がアフリカのサヘル地域で「危険性の高い活動」を行うためにワガドゥグー国際空港の一部を利用している。さらにモーリタニアでは、マリ近郊のトゥアレグ反乱軍に対して監視作戦を定期的に行うため、前方作戦基地を使っている。また二〇一二年にマリのクーデターで撤退を余儀なくされるまでは、同国のリリー・パッドも利用していた。[28]

ケニアのモンバサでは、米軍がケニア軍の基地二か所で少なくとも六つの建物を使用し、海軍はマンダ湾の小さな基地の改修に少なくとも一〇〇〇万ドルを投じている。[29]南スーダンとコンゴ民主共和

米軍によるアフリカへの関心の高まり

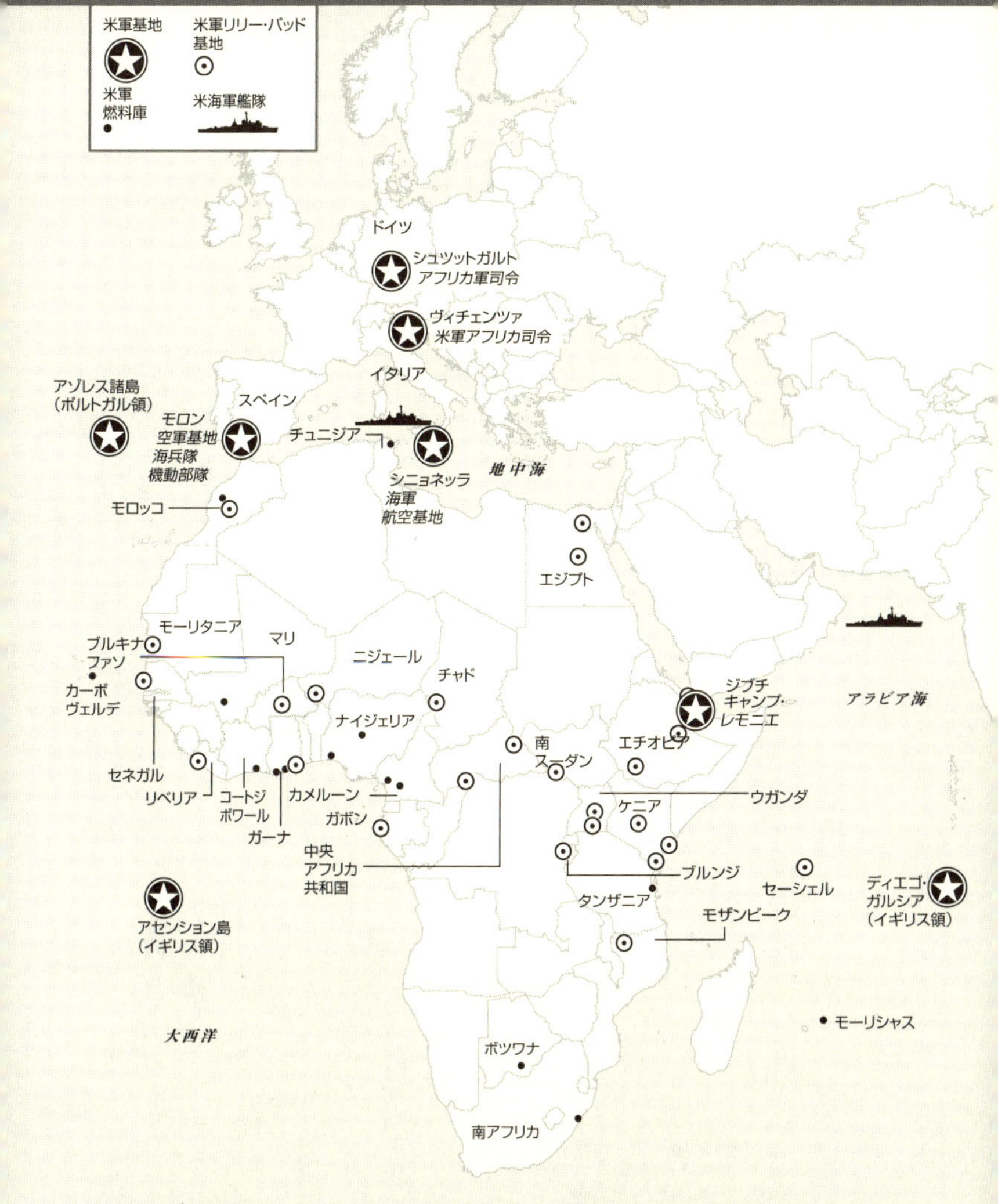

アフリカにおける米軍駐留は、アフリカ軍の運用が秘密主義で透明性に欠けることを考えると、とりわけ解明がむずかしい。この地図は入手可能な最善の情報を反映している。燃料庫を示すのは、基地の存在が確認できていない国のみとする。アメリカのリリー・パッドを受け入れている国はほとんどが燃料庫も受け入れている。また次の国々には基地の存在は確認できていないが、やはり米軍が軍事施設の利用に関する協定を結んでいる：アルジェリア、ボツワナ、ガーナ、ナミビア、シエラレオネ、チュニジア、ザンビア。

参考資料：Lauren Ploch, Congressional Research Service reports; Nick Turse, TomDispatch.com; Craig Whitlock, Washington Post; Richard Reeve and Zoë Pelter, "From New Frontier to New Normal"; Alexander Cooley, *Base Politics*; Chalmers Johnson, *Nemesis*; news reports.

国には特殊作戦の前哨基地があり、中央アフリカ共和国にも同様の基地が二か所存在する。[30] 二〇一三年、調査ジャーナリストのニック・タースは、アメリカがアフリカ大陸に配置している六か所の「簡素な拠点」と、ウガンダのエンテベを含む機密扱いの七か所の協力的安全保障拠点が、ジョセフ・コニーとコニー率いる神の抵抗軍［ウガンダの反政府ゲリラ］の追跡に使われていたと報じた。二〇一一年以降、コニー捜索の一環として一〇〇個ほどの米軍特殊作戦部隊が派遣されていたという。[31]

ブルンジと、ウガンダの首都カンパラ郊外では、アメリカの軍事請負企業と軍事顧問がシンゴ訓練施設でアフリカ兵の訓練を続けている。ソマリアで戦うアフリカ連合軍を訓練して実践能力を保有させるという、五億ドル以上をかけたアメリカの取り組みの一環である。[32] またアフリコムは、アルカイダ系イスラム過激派組織、アルシャバブ打倒の活動を率いるために、二十数名程度の軍事顧問を直接ソマリアに送り込んでいる。米軍はソマリアで密かな戦争を続け、敵を急襲してこれまでに少なくともふたりのアルシャバブ兵を捕らえ、アメリカに引き渡してきた。[33] 中央情報局（CIA）も数年前から人員を密かにソマリアに常駐させている。また米軍は、ソマリアとイエメンでの作戦のため、ジブチ沖のインド洋に「洋上出撃準備基地」も設置し、付近の海軍艦艇を使ってソマリアを砲撃している。[34] 北アフリカのサヘル・サハラ地域全体では、非公表の戦いに従事する特殊作戦部隊がおそらく数百にのぼると見られる。独立非営利組織である〈オックスフォード・リサーチ・グループ〉は、米軍の駐留総数についてこう推論している。「まだ公表されていない数をも大きく上回る駐留が今も進みつつあり、今後も増えると推論するのが妥当かもしれない」[35]

そのほかでは、海軍が、地元の軍隊に訓練その他の〝貢献〟活動を行うための洋上フロート［人工浮島］

基地を伴い、西アフリカにかなり堂々と寄港している。[36] 二〇一三年には米軍機が、中央アフリカ共和国で発生した暴力行為を鎮圧するために、一〇〇〇人ほどのブルンジ兵を輸送した。[37] カメルーン、カーボヴェルデ、コートジボワール（別名アイヴォリー・コースト）、モーリシャス、ナイジェリア、南アフリカ、タンザニアなどの国々には、米軍機と海軍艦艇用の燃料庫がある。米軍がアフリカ各地の飛行場で燃料補給を受けるための協定に署名した数は二九にのぼる。少なくとも一九か国にある二二の飛行場がすでに米軍機に燃料を供給している。[38] 政府の契約書類が示すところでは、軍は民間企業数社に対して、アフリカで隊員を空輸するサービスを提供することと、東西アフリカに基地を短期間で歩合制によって建設することを求めている。[39]

また議会調査局の二〇一一年の報告によれば、軍は、アルジェリア、ボツワナ、ガボン、ガーナ、ナミビア、シエラレオネ、チュニジア、ザンビアに置かれた小さな共用の協力的安全保障拠点も利用している。[40] 当局は、少なくともベナン、カメルーン、赤道ギニア、モロッコ、ナイジェリア、サントメ・プリンシペにもさらに安全保障拠点を置くことを検討中か、もしくは交渉しているものと思われる。またリベリアとセネガル、アイヴォリー・コーストでは、アフリコムがすでに受け入れ国の沿岸警備および海洋作戦の施設を建設したり改修したりしている。[41]

二〇一四年の秋、軍は、西アフリカで大流行したエボラ出血熱対策に動員されると、保健医療施設や兵站施設のネットワークを構築しはじめた。[42] リベリアのモンロヴィアにはベッド数一〇〇の「エボラ治療施設」を一七か所と野戦病院を一か所、セネガルのダカールには「中間展開基地」を一か所建てたりしている。エボラに対する軍のこうした対応を、多くの人は純然たる利他主義のように言ったが、エボラ対策に兵を送る数か月前、国防総省はすでにアフリカ大陸に三か所から五か所の新たな基地と、西アフリカに一か所の中間展開基地——つまり、ちょうどセネガルのダカールに建設中のような基地——の設置計画を立てていた。[43] 私がアフリコムに、軍は西アフリカにまた別の中間展開基地を探すのかと問い合わせると、広報担当のベンジャミン・ベンソンが、軍は「危機の際に作戦を展開できる場所をいくつか選択肢として探っている」とメールで返信してきた。[44]

二〇〇一年後半以降、軍はアフリカに増えつづける軍事インフラとその他の軍事援助やプログラムに対して、合わせて三〇〇億ドルほどをつぎ込んでいる。そのインフラには、一七前後の国にある一九か所のリリー・パッド、それとは別にアメリカが常駐していない八か所かそれ以上の「協力的安全保障拠点」の利用、少なくとも二〇か国に二八か所以上あるジェット機と艦船用の燃料貯蔵、受け入れ国の数々の軍事施設の建設や改修、アフリカでの軍事作戦を支援するためのヨーロッパの大きな基地数か所の拡張、などが含まれる。二〇〇一年以降、アフリカの米軍駐留規模は数百人程度から、今や七〇〇〇から一万一〇〇〇人ほどになっている可能性が高い。[45] 米軍の勢力はアフリカよりヨーロッパや東アジア、中東でのほうがはるかに上回るが、国防総省のアフリカ大陸でのプレゼンスは今や中南米やカリブ海——長らくアメリカの指導者らに〝アメリカの裏庭〟と言われてきた地域——をしのぐ勢いだ。[46] 現在、米軍はアフリカ五四か国のうちの少なくとも四九か国で活動している。五四か国すべてで活動していないとも限らない。[47]

リリー・パッドの備蓄

現在、アフリカのリリー・パッド拠点のひとつとして、石油資源の豊富な西アフリカの海岸沖にある小さな島国、サントメ・プリンシペも検討されているようだ。二〇〇二年ごろ、軍の高官やアメリカの上院議員らがにわかにサントメを訪れるようになった。当時のアメリカ欧州軍の副司令官、チャールズ・ウォルド将軍は、サントメが「もうひとつのディエゴ・ガルシア」になるかもしれないと公の場で発言した。別の高官らは、ふたつの戦争のさなかにそのような大計画を実行する時間も予算もないと言った。しかし、サントメがリリー・パッドにうってつけの場所になるかもしれないとも発言している[48]。

当時のサントメ・プリンシペの大統領、フラディケ・デ・メネゼスはポルトガルのテレビに、「アメリカの国防総省から電話があり、問題は検討中だと言われた」と語った。その話しぶりから、リリー・パッドのことを言っているようだった。「われわれの領土に軍事基地を置くというわけではなく、航空機や軍艦や監視船の補助的な発着所といったところです[49]」

世界でもきわめて小さな貧困国のひとつに突如として関心が向けられたのは、ギニア湾その他の西アフリカで石油が見つかったことに起因している。二一世紀に変わるころから、この地域は世界のエネルギー供給源として重要度が増しており、さらに大量の石油がまだ発見されないまま埋蔵されている可能性がある。エクソン・モービルやノーブル・エナジーなどアメリカ企業数社が、ギニア湾での石油探査権をすでに獲得している。近年、アメリカ国内で石油が生産され、西アフリカからの輸入は減少しているが、数年前に外交評議会は、サハラ以南のアフリカが「今後アメリカにとって中東と同じくらい重要なエネルギーの輸入先になりそうだ」と示唆していた。[50] 石油が豊富にありそうな西アフリカの国々に加え、東アフリカも石油とガスの供給元として重要性が高まっており、また北アフリカが依然として石油の大きな供給元であることは変わらない（しかもアフリカには天然資源だけでなく、広大で、大部分は未開発の消費者市場――企業が参入できる残り少ない市場のひとつ――がある）。案の定、多くの人の目には、「新たなアフリカ争奪戦」が始まったと映っている。アメリカ、中国、ＥＵ（欧州連合）、ロシアその他の国々が、こぞってアフリカ大陸へのアクセスを確保しようと躍起になっているからだ。

この争奪戦のなか、アフリカは、米軍がやはり基地インフラを構築しようとしている中東の、そしてもっと最近の例ではカスピ海沿岸の地域と、同じ基地設置の軌跡をたどりつつあるようだ。[51] 違いは、アフリカでは政治的、財政的制約があるために、ディエゴ・ガルシアやペルシャ湾沿岸の多くの国々で行っているような大規模な新基地を建設できないことである。そのため国防総省は地域の支配権を得ようと、リリー・パッドを増やしたり、別の形で軍のプレゼンスを増したりする戦法に出ている。

新たな戦い方

一九世紀の大陸争奪戦はアフリカをはるかに超えて、今や世界へと広がっている。実際、アメリカと中国やロシア、ブラジルなどの新興国が激化する競争から抜け出せずにいるうちに、経済的、地政学的な覇権争いは、資源の豊富な南アジア、東アジア、中南米、その先の土地へと広がっている。

中国政府はこうした競争や、石油、資源、市場を確保するという課題に対して、おおむね経済力を使って――つまり、世界のあちらこちらで戦略的な投資を行ったり、パナマ運河に対抗することになるニカラグアの運河計画など、開発計画に着手したりして――挑んでいる。[52] 対するアメリカは、局地的にも世界的にも、軍事力を切り札とすること――すなわち、リリー・パッドや軍隊、その他形を変えた軍事力を世界に散りばめること――に執拗に力を入れている。

「ユーラシア大陸の全面的な侵略や広範囲にわたる占領はもう忘れろ」。ジャーナリストのニック・タースは、多くの人がアメリカの「新たな戦い方」と呼ぶ戦略についてそう書いている。「それよりも、今はこうだ。特殊作戦部隊が独自に活動しながら、同盟軍（完全な代理軍とはいかないまでも）を訓練したり、ともに戦ったりする……（中略）スパイ行為と諜報活動の軍事化、無人航空機の活用、サイバー攻撃の実行、国防総省と軍事化の進む〝民間〟の政府機関とが組んだ共同作戦[53]……」

このリストには名目上の人道的任務も加えることができる。その任務が諜報活動や監視や〝人心掌握〟の機能を果たしていることは明らかだ。たとえば、寄港と結びつけて世界中に部隊を順繰りに派遣したり、その他の長期にわたる「目に見える貢献」でアメリカの軍事力を誇示したりしている。また、共同軍事演習を拡大している。軍事請負企業の活用も増やしている。そして常時配備された特殊作戦部隊が定期的に訓練を施し、それが事実上、世界各地で軍の「駐留」となっている。

それに加えて、実に多くのリリー・パッドだ。

実際、リリー・パッドやその他の基地はさまざまな意味でこの「新たな戦い方」の要となっている。

二〇〇一年九月一一日のテロ事件を受け、多くの軍事戦略家が「世界全体が戦場」というネオコンのお題目を信じるようになった。[54] 彼らは、小規模な軍事介入が際限なく続き、地理的に離れた大きな基地が、軍隊をすばやく作戦区域に投入（オペレーショナル・アクセス）するために常に臨戦態勢をとる未来が来ると予測している。そして国防総省は、ほぼ無限の自由度と、世界中のどこでも驚くほど迅速に対応して攻撃を開始できる能力、ひいては、軍による全地球の完全支配に近い状態を夢見ている。

深まる関係

リリー・パッドは、単に軍事的な優位性を誇るだけのものではない。受け入れ国に一連の軍事手段や活動を導入するための一種の裏口でもあり、その先にある究極の目的は軍事的なものであると同時に、政治的かつ経済的なものでもある。リリー・パッドにからんで通常、連絡を取り合ったり交渉したりすることが必要になるため、それがアメリカと外国との軍の関係を深めるチャンスになる。リリー・パッドを設置すれば訓練や人道支援活動の増加につながることもあり、それが軍事演習につながり、さらには兵器の売却その他につながるかもしれない。南方軍司令官のチャールズ・ウィルヘルム将軍は、リリー・パッド空軍基地の新設についてエルサルバドルの最高司令官と話した際に、同じようなことを認めている。「外交上、この計画が麻薬に対抗することのみを目的としているのはわかっています」とウィルヘルムは言った。「しかし実際問題、この合意で両国の軍隊がさまざまな形で接触を増やす最高の機会になることは誰もが承知のことです[55]」

その結果、外国軍やそのリーダーは米軍組織にしだいに取り込まれつつある。米軍当局は「相互運用性」だのと口にするが、この手の関係に上下があるのは言うまでもない。いずれ外国軍は、米軍の代理軍とは言わないまでも、少なくとも機能上の補佐役、または延長線上の組織になるのがおちである。[56] 事実、米軍の狙いは、〝彼らに〟戦闘の大半をさせるように少しずつ仕向けることであり、リリー・パッドは他国の軍隊をその方向へと押しやる手段のひとつになっているのだ。

重要なのは、このように軍のつながりを深めることは、アメリカのリーダーらが相手のリーダーにさまざまな〝贈り物〟——たとえば高性能で高価な装備や兵器、アメリカで一流の訓練を受ける機会など——を提供する、対等とは程遠い関係が生じるということだ。兵器を世界からの援助に完全に依存しているホンジュラス軍のような軍隊にとって、そうした贈り物は非常に貴重である。[57] ところがたいていの贈り物がそうであるように、この贈り物にも義務が伴い、ある程度の忠誠が期待される。義務を負った関係は、のちに米軍の首脳に成果をもたらしてくれる。たとえば、相手の軍高官から有益な情報がほしいとき、あるいは、別の国の兵器購入や軍事政策について判断したいときに。「将校と上級下士官（ＮＣＯ）を見極めるんです」とブッシュ政権の元高官、レイ・デュボアは私にそう語った。「そして彼らが軍曹や大尉のときに仲良くなる……そうすれば大佐や大将になったときにはもう関係ができている」。この関係は「情報源になり、アメリカの装備を買うようにその国の調達方針に影響を与えることができるかもしれない」

人類学者のレスリー・ギルが指摘するところでは、悪名高い〈スクール・オブ・アメリカズ〉で中南米の軍幹部を訓練・養成することで、アメリカの軍と地政学的戦略に対して彼らの「かなりの協力を確保」しているという。〈スクール・オブ・アメリカズ〉は、軍幹部との関係を築き、彼らをアメリカの原理と力に触れされることで、「より密接にアメリカと結び付け、さらに巧みな操作も受け入れるようにして……アメリカの支配に対抗しかねない他国から彼らが軍事支援を受けないように先手を打っている」のである。[58] リリー・パッドやその他の軍事活動を中心にして築かれた関係も似たり寄ったりで、単なる軍事問題をはるかに超えた事柄について、外国政府の決定に影響を与えるチャンスを生み出している。

一九世紀に哨戒基地が中国の門戸を自由貿易へと「開かせる」のに一役買ったように、リリー・パッドもこうして、アメリカがビジネスで利益を増やすことに貢献している可能性がある。おかげでアメリカは国外の市場や資源、投資機会に特権的にアクセスできるのだから。リリー・パッドは、資本主義が安定的によどみなく作用するような状況を生み出している。そして政治的な同盟関係を強固なものにしている。デュボアは、リリー・パッドは「存在することで影響力をもつ」と語った。つまり「政治的影響力」を。米軍は、絡み合い、強まるこうした政治的、経済的、軍事的結び付きによって、結果としてホンジュラスのような国をアメリカにさらに依存させることに一役買っているのだ。

冷戦後、自国の自立を主張したり中国などの新興国に引き寄せられたりする国が増えているなか、中南米などで今初めて、アメリカの政治的、経済的支配が問われている。これに対してアメリカの当局者は、リリー・パッドその他の軍事活動によって築かれた関係が、関係国政府全体をアメリカの軍その他に――そしてアメリカの継続的な政治経済面での覇権に――できるだけしっかりとつなぎとめておければと願っている。

危険なリリー

小さな基地を利用することは、沖縄やヴィチェンツァ、フィリピンなどでたびたび怒りを買う原因となっている大きな基地を維持するよりも、一見、賢明で費用効率も高いように思えるかもしれない。しかし「リリー・パッド」という言葉は誤解を与える可能性がある。小さな基地は、意図的でもそうでないにしても、たちまち巨大化しかねない。すでに見てきたように、海軍は議会に対してディエゴ・ガルシアを「簡素な通信施設」と紹介したが、今や数十億ドル規模の基地になっている。[59] 同じように、二〇〇二年のフィリピンへの軍の配備は、いつしか複数のリリー・パッドと桟橋と飛行場の建設、さらにはクラーク空軍基地とスービック海軍基地への復帰へと発展している。[60] ジャーナリストのロバート・D・カプランは二〇〇六年までに、少なくとも一か所のリリー・パッドについて、「厳格で質素なキャンプ……非恒久的な雰囲気をもったもの」から「きちんとした歩道や快適に生活できる設備をもつ、より強固な恒久的配置に適したもの」へと変貌していることをつかんだ。[61] 通常、リリー・パッドは素早く拡張できるように設計されているため、大きな基地になりやすい構造をしていることが多く、結果的にコストも雪だるま式にふくれ上がる傾向にある。ウォルター・ピンカスがベトナム戦争時代に上院外交委員会を調べてわかったように、リリー・パッドは官僚的傾向によって、惰性で拡大していく方向に独り歩きしかねない。[62]

それが特に危険なのは、小さな基地をできるだけ多くの国に築くという戦略は、かなりの数の独裁的で腐敗した残忍な政権とも協力することになるのが必至だからだ。これまでも見てきたように、基地は大小を問わず、政治改革や民主的な改革を推し進めようとする取り組みを妨げる一方で、非民主的な政権に合法性を与えて支える傾向にある（また対立する側も、基地を利用して愛国心を煽ったり、現政権とアメリカに対する猛反発を呼び起こしたりするかもしれない）。米軍がリリー・パッドの設置に向けて現地の軍隊と協力しているうちに、アメリカの指導者らが事情もよくわからない、多くの場合、罪のない一般市民が犠牲となる現地の紛争や政治闘争にアメリカが巻き込まれる可能性が高まる。資源をめぐる争いがしばしば腐敗や抑圧、暴力へとつながっているアフリカなどの世界の貧困地域では、現地の軍隊を強化することは、支配政権が敵対者に対して軍隊を利用するように仕向けることにもなりかねない。同じように、敵対者が軍事力を、国の富と政治権力の分け前を得る唯一の方法と考えるように仕向け、クーデターや情勢不安の可能性が増すことになるかもしれない[63]。特に二〇一二年のマリのクーデターは、アメリカの広範囲な訓練を受けたひとりの兵士が起こしたものだった。

リリー・パッドなら地元の反対とは無縁でいられそうに思えるが、小さな基地でさえ、やがては地元のコミュニティに被害を与えるようになり、たびたび怒りを買っては抗議運動が起きている。ジブチとセーシェルでは、無人機基地で起きた墜落事故が原因で、地元にはすでに不安や反対が広がっている。コロンビアのリリー・パッドから作戦行動に出た米兵が強姦事件を起こしたこともある。エクアドルでは、アメリカ沿岸警備隊の麻薬対策作戦でこれまで数隻の漁船が沈められ、少なくとも一隻に乗っていた猟師らの死にこの作戦がかかわっている可能性がある。さらにアメリカがリリー・パッドの設置を検討しているオーストラリアのココス諸島では、一部の地元民が、ディエゴ・ガルシアを追われたチャゴス島民と同じ運命に苦しむことになるのではないかと恐れている。[64]

結局のところ、リリー・パッドの増殖は、世界の多くの地域で軍事化を加速させるだけである。水草である実際の蓮の葉《リリー・パッド》のように、基地は止めどなく繁殖していくものだ。[65] 基地は基地を生み、他国との「基地レース」に拍車をかけて、軍事的緊張を高め、紛争を外交的に解決する妨げとなる可能性がある。[66] アフリカでは中国が軍事援助を行ったり武器を提供したりしており、アメリカのリリー・パッドはその中国を刺激して、彼らにもリリー・パッドをつくろうと思わせてしまうかもしれない。そうなれば地域の緊張は高まり、ふたつの大国やその代理の国の間で衝突の危険が増すことになりかねない。[67] リリー・パッドの増殖が続けば、アメリカは新たな紛争や戦争に巻き込まれるリスクを増大させることになるのである。

中国およびロシアとの国境に近いリリー・パッドはとりわけ危険といえる。もし中国やロシアやイランがアメリカの国境付近にひとつでもリリー・パッドをつくれば、きっと軍事行動を求める声がいくつも上がるはずだ。この危険な新戦略の一環としてリリー・パッドが増殖しつづけるなら、アメリカはこの先何年も、未知の、そして致命的な報復の火種《ブローバック》を生み出す危険を冒すことになるだろう。

1992年に米軍がドイツのヒンデンブルク兵舎を返還すると、アンスバッハの街はかつての基地をアンスバッハ応用科学大学に一変させた。アンスバッハ応用科学大学の厚意により掲載

第一七章　真の安全

ヴィチェンツァに何度か調査旅行に出かけていた私は、ある日、ヴィチェンツァとドイツに分散されている第一七三空挺旅団の隊員、ラッセル・マデン上等兵の死について耳にした。マデンはつい数日前の二〇一〇年六月二三日、アフガニスタンで車両がロケット砲に大破され、その際に負った爆風損傷で亡くなっていた。

アフガニスタンとイラクで米兵の戦死者が出ると、私はきまってその聞き取りを行っていたが、マデンの人生についていろいろと知ると、とりわけ痛ましさを覚えた。ケンタッキー州のベルヴューという人口六〇〇〇人の町で育った彼は、高校のフットボールのスター選手だった。二九歳で陸軍に入隊したのは、四歳になる息子の嚢胞性線維症の治療費を賄うために健康保険が必要だったからだ。「兄さんが入隊したのは、それでパーカーがどんな病気でも診てもらえるとわかったからです」とマデンの妹は語った。

何年か前から、私はラッセル・マデンの家族と話がしたいと思っていた。そうしてようやく彼の母親、ペギー・マデン・ダヴィットを見つけた。彼女によれば、ラッセルは、息子を診てほしいと望んでいたメイヨー・クリニックに治療を断られ、その直後に入隊を申し込んだという。「これでもう誰もおれの息子を追い払ったりしない」とラッセルが言っていたのを母親は憶えている。

ラッセルが亡くなったあと、ペギーはオバマ大統領からお決まりの悔み状を受け取った。「ご子息の訃報を知り、深い悲しみを覚えております」と手紙にはあった。「我が国がご子息の犠牲を忘れることはありませんし、ご家族にはどうご恩に報いても報いきれるものではありません」。ペギーは大統領専用の便箋を裏返して、オバマ大統領に宛てて返事を書いた。「もしこの偉大な国でまともな勤め口が見つかり、満足な健康保険に入れていたら、息子は自分の息子のために命を犠牲にする必要などありませんでした」。そうして手紙をホワイトハウスに返送した。返事は返ってこなかった。

ラッセル・マデンの話は、この基地国家につながる選択が生死を分ける重要なものであることを思い知らせるものだ。アメリカが基地を置いている豊かな先進工業国のほぼすべて――ドイツ、日本、韓国、イギリス、スペイン、イタリア、ポルトガル、ノルウェー、ベルギーなど――とは違って、アメリカは国民すべてに保険医療を保障しているわけではない。国民皆保険の案は、金がかかりすぎるとしてたびたび退けられている。その一方でアメリカは、主に何十年も前に終わった世界大戦や冷戦から生まれた世界中の基地インフラの維持に、毎年莫大な金を費やしている。

もちろん、私たちが妥協してしまっている問題は医療分野だけではない。旅行中に私は、ドイツや日本や韓国など、アメリカの基地を受け入れている一部の国で、みごとな公共交通機関に感銘を受けた。鉄道網や公共機関がことあるごとに批判を浴びているイタリアでさえ、各種公共交通機関のスピードと効率は、アメリカよりもはるかに優れている。当初私は、こうした意見を調査のテーマとは分けて、余談としてメモに盛り込んでいた。ふたつの事柄――アメリカの国外の基地インフラと受け入れ国の公共交通インフラ――の相互関連性に気づいたのは、あとになってからのことだった。ドイツ、日本、韓国、イタリアなどの国々は、自国の米軍基地の支援に多額の金を費やしているものの、軍事支出に伴って、国民の生活を向上させるための相当額の投資も行っている。一方アメリカは、基地への投資は、交通機関や医療、教育、住居、インフラその他、人間にとって必要不可欠なものを何十年にもわたってないがしろにしてきた犠牲の上になりたっている。毎年、基地社会に入り込む七〇〇億ドル以上の金の半分でもあれば、国民の生活をよくするために何ができるかを考えてみることだ。

主流派の議論

六年ほど前にこの本を書きはじめたころ、在外基地をめぐる問題は政治論の周縁にあった。それがいまでは、国防総省の予算や二一世紀の米軍のあり方と機能をめぐる議論の中心になりつつある。国外に桁外れな数の基地を維持するには莫大なコストがかかるため、今や在外基地の閉鎖は、リベラル、保守、リバタリアン、極右ティー・パーティーと極左オキュパイアのメンバー、その両党の穏健派などの政治勢力から幅広く支持を得るきわめてまれな意見となっている。

たとえば近年、保守派の共和党上院議員トム・コバーンとアメリカ進捗センターが、二〇二一年までにヨーロッパとアジアの軍隊配備を三分の一に減らして七〇〇億ドルのコスト削減をはかることを提案した。[1] ほかにも、民主党上院議員のジョン・テスターや元テキサス州選出の共和党上院議員ケイ・

ベイリー・ハチソンなどが、在外基地とそこにかかる軍事支出を国内に戻すようにと訴えている。ハチソンは「将来的な米軍の安全状況と……国家財政の健全性」を守るために「アメリカで作れ」政策を提案した。[2]

リバタリアンのロン・ポールは、二〇一二年の大統領選で、在外基地の閉鎖を主要な政策に掲げた。「強い国家防衛力はもたなければならないが、一三〇の国の九〇〇もの基地に軍勢を分散させていては強さは得られない」と共和党候補者による討論会で論じた。「私は国外の部隊を撤退させたい」[3]

さらに『ニューヨーク・タイムズ』紙のコラムニスト、ニコラス・クリストフなどは、疾患研究や教育、外交に投資するほうがドイツに基地をもつより国民を守るために役立つと主張する。二〇一一年、クリストフはこう問いかけた。「ドイツから基地を引き揚げたら、ロシアがドイツに侵攻していくと恐れているのだろうか」[4]（少し前にロシアがほぼ無防備なクリミアを併合したからといって、このとっぴなシナリオの実現性が高まるわけではない。ドイツ単独でも高性能の戦車をロシアと同数近くもっているし、もちろん残りのＮＡＴＯ加盟国も言うまでもない）。

かつては事情通が論じる話題だった在外基地の話は、プライムタイムのコメディのネタにまでなっている。「ヨーロッパの人たちには十分な医療保険保障と手厚い年金、デイケアにたっぷりの有給休暇、産休に無料の大学教育、おまけにおしっこ臭くない公共交通機関がある」と、ケーブルテレビＨＢＯの番組『リアル・タイム』で、司会のビル・マーがジョークを飛ばしたことがある。「一方、われわれの税金はドイツの基地やら石油会社への補助金、どこにも通じていない橋の建設に戦争、それにチーチ・アンド・ジョン［一九七〇年代から八〇年代にかけて活躍したふたり組コメディアン］の片割れを刑務所に入れることにまわされている」[5]

軍内部にさえ、国外に何百もの基地を抱えている余裕がこの国にあるのかと、疑問の声が増している。「いまいましい基地が多すぎる」と、在欧空軍元司令官のロジャー・ブレイディ大将が公式に発言したことがある。「あれを閉じれば大金が節約できる」[6]

また、政治信条もさまざまなさらに多くの基地専門家らが、国外にたくさんの基地——とりわけ無秩序に広がった〝リトルアメリカ〟——を維持する時代は終わりが近いと結論を出しはじめている。空と海における技術進歩によって、今や軍隊と武器はアメリカからじかに、迅速に動かすことができるようになり、国外の恒久基地の戦略的価値は下がっている。ジョージ・W・ブッシュ政権時代の国防総省元高官レイ・デュボアらが指摘するのは、潜在的な戦闘地帯にヨーロッパの基地から派兵するのとアメリカの東海岸から派兵するのとでは、ほとんどの場合、かかる時間の差はごくわずか、あるいは存在しないとする統合参謀本部の研究である。[7] またランド研究所の研究によれば、「ヨーロッパに駐屯している地上部隊は、ほかの戦域への展開にたいしたプラスにはならない……一刻を争う状況であれば、ヨーロッパに駐屯する部隊を派兵するのと同程度の時間で（アメリカから）軽装備の部隊を空輸できる」という。[8] 議会の委託を受けた国防諮問委員会は、国内の軍隊は「数か月などかからず、数時間、あるいは数日以内」に海外に「武力を投入」できる状態にあると示唆している。[9]

アメリカから遠く離れた地域で長期にわたる戦争や平和維持活動に大軍を維持するには、やはりかなりの数の駐留施設が、おそらく同盟国のなかに必要となるだろう。とはいえ、緊急時の迅速な海外派兵に限って言えば、在外基地は断じて必要ない。空と海の高速輸送や、長距離爆撃機、空中給油機能、空母一一隻、大規模潜水艦隊、その他世界最強の海軍と空軍の部隊と、多くの国内基地のおかげで、米軍にはすでに――在外基地などなくても――世界中のどこの軍隊よりも多くの兵力を、はるかに素早く、はるかに遠くまで派遣する能力がある。アメリカの現在の基地ネットワークと大きな軍事戦略ばかりが選択肢ではないということだ。

抑止力?

昔から在外基地と在外駐留の最大の擁護論は、それが平和を保ち、アメリカや世界をより安全で安心な社会にするからというものだった。本書の執筆にかかって六年、この問題を研究しはじめてから一四年たった今、私はその主張にシンプルにこう返したい。証明してみろと。

現状維持派は何十年もの間、安全上のメリットがあるのは自明のことだとただ公言してきた。これまで誰かが立証してみろと迫ったことはほとんどない。軍事力によるさまざまな抑止戦略――別の大国が武力に訴えないように武力に訴えるという脅し――の有効性をめぐる学術的議論は何十年にもわたって激しく続き、際限がない。多くの研究は、ある評価に要約されるように「結果はばらつきが大きく、(有効な)抑止効果を予測する変数について統一見解はほとんどないか、まったくない」との結論に至っている。[10] またさらに批判的なものもあり、たとえば、「抑止力など科学理論のちんけなパロディーとして出てくるものだ。そもそもの行動前提が間違っている。基本条件が明確に定義されていない。一貫性のない矛盾した使われ方をしている。よく引き合いに出される有効な抑止力の例など、たいていは歴史の間違った前提に基づくもので、無知の表れであったり、わざと不正確に伝えている表れだったりする」と断じている[11]。

一部のアナリストは、抑止論は有効であり、引きつづき妥当であると熱心に支持している[12]。しかし彼らの研究は、差し迫った脅威（国境に軍隊が集結して、すぐにも侵攻してこようとしているような）を前にした抑止力について分析したものばかりだ。在外米軍基地によってもたらされると言われている長期的な抑止力についてはほとんど調査されていない[13]。

なにも国外の基地が安全に貢献しないと言っているわけではない。正直、理屈的には、在外基地が安全にどう影響するかを判断するのはきわめて難しい。軍事力と外交政策については、かならずとは言わないまでも多くの場合、人は証拠ではなく、内にある信念や思い込みをもとにどちらに賛成かを決めている。

在外基地や軍の国外駐留に価値があると信じる大前提には、一九三〇年代にフランス、イギリス、アメリカがヒトラーに対して「宥和《ゆうわ》政策」を進めるのではなく積極的に対峙していたら、第二次世界大戦は避けられていたかもしれないという発想がある。多くの人がこの半事実のシナリオを第二次世界大戦の唯一の教訓のように扱う。だが歴史にやり直しや科学的なコントロールが効かないのなら、その前提が正しいのか間違っているのかを完全に証明することはできない。

冷戦の結果が抑止力の効果を証明しているではないかと、多くの人が似たような意見を口にしているが、疑わしいものだ。そしてそんな結論を覆すように、国際関係の専門家、スティーヴ・チャンはこう書いている。

旧ソ連に対してアメリカの抑止力は働いたのだろうか。ソ連が西ヨーロッパを攻撃しなかったのは、アメリカの抑止力が効いたためかもしれない。または、ソ連の経済が弱かったか、指導部で意見の衝突があったか、中国の挑発を懸念した、あるいは別の理由で、そもそもそんな攻撃に出るつもりがなかった可能性もある。したがって、抑止力には平和と安定の維持に効果があると称賛する誤った推論には用心が必要である。抑止政策などそうした称賛にはそう値しないのだから[14]。

第二次世界大戦に至る歴史と冷戦に関する推測が仮に正しかったとしても、このまれなケースをもってして、国外の基地がいつでもどこでも安全を確保すると決定的に証明されたとは到底言えない。なんなら、第一次湾岸戦争のあとにアメリカがイスラム教徒の聖なる土地であるサウジアラビアを基地や軍隊で占領しなければ、二〇〇一年にアルカイダがアメリカを攻撃した九・一一事件は避けられたかもしれないと、同じように感情的な主張もできるかもしれない。だがヒトラー宥和策の議論のように、この推測も正しいのかもしれないが、やはり答えは知る由もない。

南北朝鮮の対立も一考の価値がある。米軍を国外に大量に置いておくことに賛成する者たちは、韓国などのアジア地域にいる米軍が北朝鮮の韓国侵攻を思いとどまらせ、東アジアの平和を保っているのだとことあるごとに主張する。それはそうかもしれない。しかし一方で、それ以上とは言わないまでも、同じくらい説得力のある主張もあるのではないだろうか。すなわち、韓国に米軍がいるせいでその対立や、厳密にはまだ終わりを迎えていない戦争を長引かせているのだと。北朝鮮にしてみれば、

米軍によるアフリカへの関心の高まり

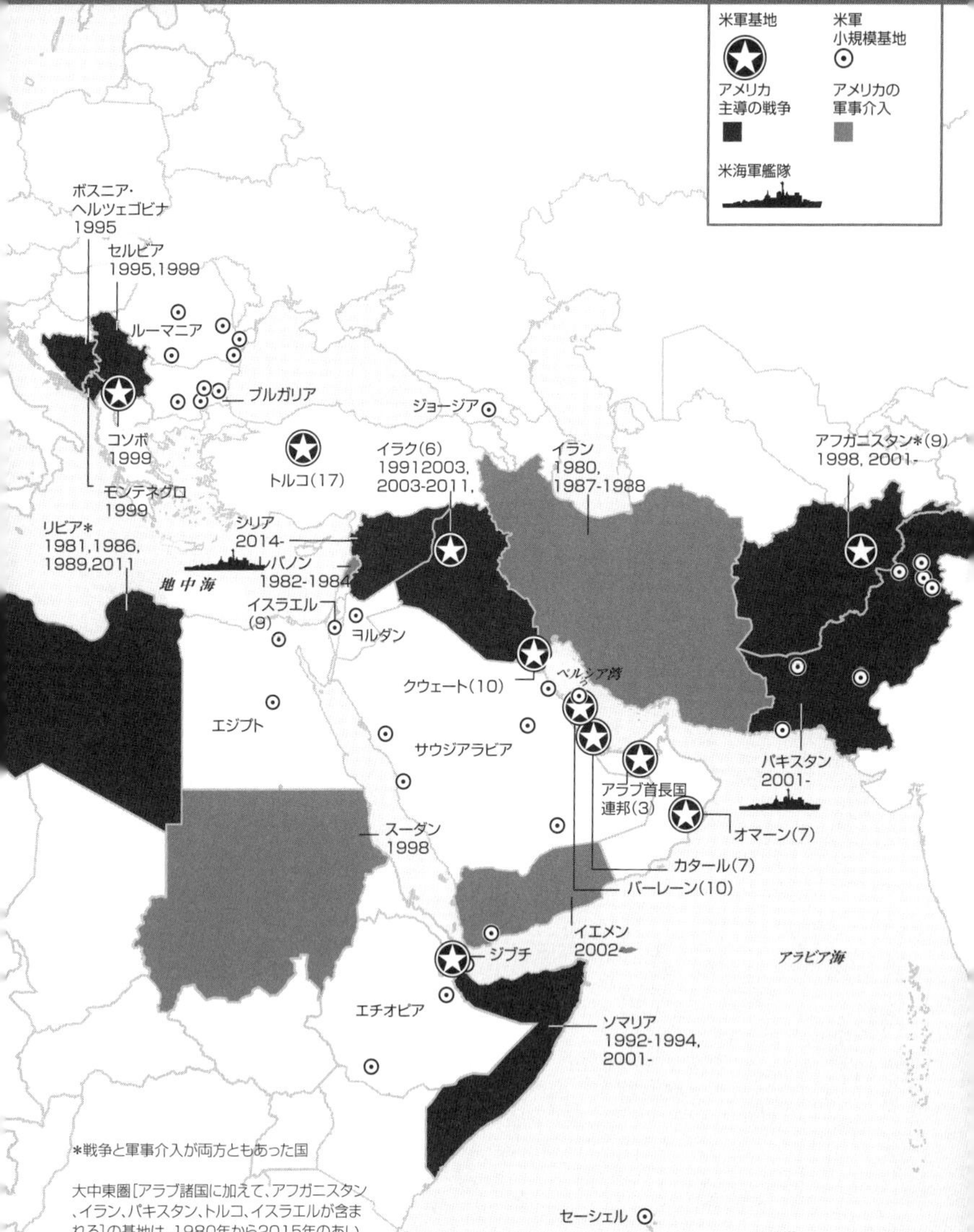

*戦争と軍事介入が両方ともあった国

大中東圏[アラブ諸国に加えて、アフガニスタン、イラン、パキスタン、トルコ、イスラエルが含まれる]の基地は、1980年から2015年のあいだに少なくとも11か国でアメリカ主導の戦争と軍事介入の支えとなっている。
参考資料:Andrew Bacevich, "Even If We Defeat the Islamic State"; GlobalSecurity.org.

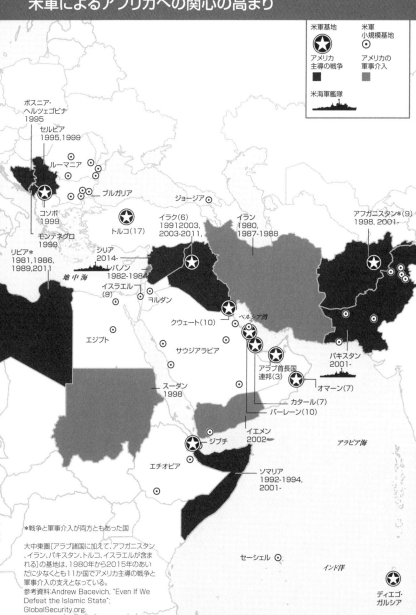

世界最強の軍隊が自国の玄関先にいるのだから、対立の緩和に努めるより、軍事力を、そして核戦力を増強するほうが当然と思えるだろう。中国にしても、北朝鮮が崩壊して朝鮮半島が統一されれば、何万もの——すでにアジア大陸にいる——米軍を、中国の国境に向かわせてしまうかもしれないことを考えれば、北朝鮮に肩入れするのは同じくもっともなことだ。

アメリカの基地は平和を維持したり朝鮮半島を統一させたりするよりも、むしろ戦争の勃発しやすい、平和の実現を困難にする緊張激化の一因になっているのかもしれない。実際、戦争状態を維持すること、韓国、ひいてはアジア大陸に基地と軍隊を維持する大義名分をもつことは、一部のアメリカ当局者の利益に（意識しているか、していないかにかかわらず）かなっているというもっともな意見もあるのだ。

悪影響

在外基地がアメリカや世界を軍事的な意味でより安全にすると言い切るには裏付けがないが、何百万もの人々——基地のそばで暮らす地元の人々から、なかで暮らしたり働いたりしている兵士やその家族、民間人——の安心と安全と幸福を損なっている証拠なら十分に見てきた。さらに、在外基地と軍が常に人々の反発や怒りを生んできたことに議論の余地はない。一九八三年にレバノンで海兵隊の兵舎が爆破されたり二〇〇〇年にイエメンで駆逐艦コールが爆破されたりした事件のように、基地と軍がアメリカ人に対する暴力を引き起こすか絶好の標的になるかしているのは、極端ではあるが、けっして例外的な話ではない。アメリカがサウジアラビアを占領したことは、アルカイダが戦闘員を勧誘する大きな道具とされ、オサマ・ビン・ラディンが九・一一事件を引き起こした動機のひとつにもされた。[15] これまでの研究から、中東の米軍と基地が「反米主義と過激化の大きなきっかけ」となっていることや、アメリカの駐留とアルカイダの戦闘員勧誘とに強い相関関係があることが示されている。[16]

現在のリリー・パッド基地の急速な広まりは、その規模が小さいにもかかわらず、さらなる反発を招く危険がある。世界中のほぼすべての国に特殊作戦部隊を配備することと密接に関連したリリー・パッド戦略や、その戦略が象徴する新たな戦い方は、冷戦時代の「前方戦略」を拡大させた厄介で危険な戦略の一環のように思われる。[17] 第二次世界大戦後、前方戦略はアメリカの安全、防衛、自国にとっての脅威に対する考え方を変質させた。基地専門家のキャサリン・ラッツが言うように、アメリカは「常備軍に懐疑的な国から、軍隊が世界中すみからすみまで二四時間体制でパトロールしてまわる国」に転じたのである。[18] ラッツはこの言葉を二〇〇一年の少し前に書いている。以来、世界規模の「テロとの戦い」のおかげで、軍の活動範囲はさらに広がり、世界中のほとんどの国に米軍の隊員と施設が置かれている。

ジャーナリストのロバート・D・カプランが言うように、米軍は今や「(世界の)きわめて辺ぴな地域へただちに軍を大量に送り込む」構えが常にできている。カプランがリリー・パッド基地やその他の辺境地の米軍を訪ねたとき、いつも耳にした決まり文句があった。「インディアンの国へようこそ」。[19] この言葉も、リリー・パッドを説明してよく言われる「世界の機動部隊」を受け入れている「辺境の要塞」という言葉も、非常に憂うべきものだ。人種差別的な含みがあり、「自明の運命《マニフェスト・デスティニー》〔一八四〇年代にアメリカの西方への領土拡張を正当化するために用いられたスローガン〕」のような〝未開の社会を文明化する〟使命を彷彿とさせて、軍事行動をますます拡大させるという印象を与えてしまうからだ。〝インディアンの国〟には、ただ景色を眺めに行くのではない。あえてインディアンを探しに行くのである。

一八二一年の独立記念日に、当時国務長官だったジョン・クィンシー・アダムズは、国の外に敵を探す危険性について警告した。アメリカは「倒すべき怪物を探しに国外に出て行ったりはしない」。だがもし怪物を探しに行くのなら、我が国は「利害や陰謀がらみの戦争から、個人的な欲やねたみや野心がからんだ戦争まで、国旗を掲げて自由の基準を侵すあらゆる戦争に巻き込まれ、脱出できなくなるだろう」と警鐘を鳴らしたのである。[20]

これは、他国や自由と独立の大義を無視しろという意味ではない。アダムズは、アメリカはそうした大義を支援すべきだが、武力ではなく、「声による支持と、身をもって慈悲深い共感を示す」ことで支援すべきだと言ったのだ。そしてアダムズは、それでもアメリカが外国の戦争に関与するならと、こう述べている。

国の政策の基本原理は自由から力へ変わることになるだろう。その眉の上の額が、自由と独立のえも言われぬすばらしさに輝くことはもはやなくなる。ほどなくその額には帝国の王冠が取って代わり、支配と力の、人工的で光を失った暗い輝きを放つこととなる。そうしてこの国は世界の暴君となるかもしれない。そうなればもはや自らの精神の支配者ではなくなる。[21]

それからほぼ二〇〇〇年、アメリカはしだいにこのアドバイスに耳を傾けなくなってきた。いつしか力は国の基本的な政策原理のひとつとなっている。アダムズから一四〇年後にアイゼンハワーが説いたように、軍事力が政治と経済のシステムを組織化する基本原理となっているのだ。そしてアダムズが示唆したとおり、世界支配と力の輝きは、まやかしで自滅的なものであった。

今ならまだアダムズの言葉に耳を傾けるのも手遅れではない。そして言葉だけにとどまらず、この国は、アダムズが大統領時代に示した行動指針を心に留めるといい。アダムズは、その前後で大統領を務めたジェイムズ・モンローとアンドリュー・ジャクソンの領土拡張構想とは対照的に、道路と運河のインフラを広く整備すること、科学と発明と事業を支援するために投資すること、「人類がともに向上する」ために世界が努力することを打ち出した。また、ジョージアのクリーク族から彼らの土地を奪うことになる条約への署名も拒否している。残念ながらアダムズの政治家としての素質は彼の考えや理想とはマッチせず、行動指針の大半は実施されなかった。それでも私たちには今、無用な戦争や在外基地に何兆ドルという金がつぎ込まれている間に放置されてきた交通機関や科学、教育、起業家精神、エネルギー、住宅に投資するチャンスがまだ残されている。[22]

火事を探す

冷戦の終焉以来、問題のひとつは、超大国の競争相手を失った米軍が新たな怪物、新たな敵を探しに出かけていることだ。これは一部で「消防士問題」と呼ばれるものに似ている。消火にあたらなければならない火事が減ってきた時代、消防士はほかに何かすることはないかと探す傾向にあった。近ごろではほとんどの消防士が消火活動に割かれる時間は減る一方、非効率という大きな代償を払いつつ、救命救急やその他活動の支援にあたっている。

そして軍もまた新たにするべきことを探しているのは、いろいろな意味で理解できる。個人としても、組織の一員としても、自分たちは不要であるとか、自分たちの役割は減らすかなくすべきだと声をあげるほどの展望と強さをもった者は、私たちのなかにほとんどいない（ボランティア団体〈マーチ・オブ・ダイムズ〉も、団体が撲滅を目指して設立された病気、ポリオが根絶されてから同じような悩みを抱えていた）。とはいえ、理解はできても、こうした惰性は、膨大な無駄や在外基地が人々に与えている苦痛を正当化するものではない。

ブッシュ政権初期に始まった世界的な基地再編は、基地の数を減らして、残った基地をより戦略的な位置付けにするはずだった。ところが、アフガニスタンやイラクとの戦争や世界中で基地建設ブームが起きたおかげで、国外の基地はまるでモグラ叩きゲームのようになっている。基地がひとつ閉鎖されるたび、別の基地（あるいは何百万ドルもの軍事施設建設〈ミルコン〉費用）がどこかに現れるというパターンだ。

在外基地は、アイゼンハワー大統領が軍産複合体をめぐって悩まされた最悪の悪夢そのものであり、その意味で主要な武器体系よりもさらに複雑である。[23]在外基地の形成は社会に一大世界をつくりだし、こうした世界が――まさに消防署のように、だがずっと大きな規模で――続くことに、多くの人々と企業が経済的、社会的、官僚制度的、心理的、そしてアイゼンハワーが言ったように、精神的にも、依存するようになっている。その上、こうした基地は地域のコミュニティや受け入れ国に根をはり、世界中でさらなる依存関係を生み出している。

ベトナム戦争時に上院が行った調査で何十年も前に示されているように、在外基地はいったん設置されれば、必要かどうかにかかわらず、閉鎖は困難になる。実際、基地の世界は、恐ろしいことではあるが、軍産複合体がフランケンシュタインの生み出した怪物にいかに似ているかを示す完璧な象徴である。支出を意のままにできることから、独り歩きを始めて、〝不当な〟影響力をもってしまうのだ。[24]この状況はアイゼンハワーの時代からあったが、アフガニスタンとイラクで戦争が始まってからはいっそう顕著になっている。二〇〇一年九月からの一〇年間で、国防総省の予算はざっと二倍になった。軍事支出は冷戦のさなか以来なかったレベルにまで達し、世界のほかの国々の軍事支出をすべて合わせたのにほぼ等しい額になっている。[25]ほかに超大国もなく、アルカイダの脅威にしても戦闘員はわずか数千人程度、アメリカを攻撃するには能力にかなり限界があるというのに。こうした浪費を考えれば、アフガニスタンとイラクの基地が一部の兵士をうんざりさせるほどやたらと豪華で〝アイスクリーム〟たっぷりになるのも驚きはないはずだ。何百億ドルもの金が無駄とペテンと悪用で失われる場所になったのも驚きはないだろう。

もちろん、基地が独り歩きする危険は、金と国家資源の無駄使い以外にもおよぶ。消防士とは違って、在外基地が何かすることがないかと探せば、その結果は、無駄が出たり効率が悪くなったりする程度ではとてもすまない。さまざまな意味で在外基地は、治安をもたらすどころか、世界をさらに危険な場所にするのに一役買ってしまっていることが少なくない。たとえば韓国では、軍幹部が部隊の住宅需要を一〇年かそれ以上前からあらかじめ計画しており、[26] 朝鮮紛争が終わって基地が不要になるかもしれないとは考えていないようだ。そうした根っからの思い込みが、アメリカの仲裁努力や南北朝鮮の間に平和が訪れる可能性を制限しているのではないだろうか。また当局者は、東アジアに新基地を（この地域にある何百もの既存の基地に加えて）建設するのは防衛のためで、平和の確保に貢献するだろうと言うかもしれない。だがその基地は中国の側からはどう見えるだろうか。ある大国にとって安心を与えてくれる基地が、別の大国にとっては脅威に見えることもある。

平和を確保するだの民主主義を広げるだの、どんな言葉を使おうと、在外基地は脅しをかけるためのものだ。力と優位性を誇示することを目的としている。にもかかわらず、力と優位性を誇示することでアメリカや世界がより安全で安心になっているかといえば、まったくもって判然としない。ソ連がキューバ――西半球にある同国ただひとつの基地――に核兵器の配備を始めたとき、ケネディ政権がどう反応したかを思い出してみるといい。このときアメリカと同盟国はすでに何百もの基地をもち、その多くは核兵器を備えて、ソ連を取り巻いていた。世界はそのとき冷戦中で最も核戦争に近づいたのである。

最近になってロシアは、すでにある九か所の在外基地を補完するために、新たに四つの基地をセーシェル、シンガポール、ニカラグア、ベネズエラに建設すると発表した。「赤道近辺やその他の場所で（われわれの航空機に）燃料を補給する基地が必要だから」と、二〇一四年二月にセルゲイ・ショイグ国防相は語った。また、寄港を増やし飛行場の利用も可能にするために、四か国と協定を交わす意向であることも公表した。加えてロシアは、タジキスタン、ベラルーシ、キルギスの基地で駐留規模の拡大も進めている[27]。

ロシアの計画が示すように、アメリカが国外に基地をつくることは、他国の軍事費増大と在外基地の建設を助長し、各地で「基地レース」をエスカレートさせる恐れがある[28]。ロシアが国際的な影響力を増して地位を向上させたいと公言していることから、彼らが国外に新たな基地を建設するのは予想できる動きであり、とりわけ最近アメリカが基地建設や訓練、演習などの軍事活動を利用してアフリカや中南米、東ヨーロッパ、および東アジアでの影響力を高めようとしていることを考えればなおさらだ。同様に、中国もこれに倣い、特にアフリカとインド洋であとに続こうとしているように見える[29]。

中国およびロシアの国境付近の基地は新たな冷戦の火種となる恐れがあり、ことのほか危険と言える（冷戦はすでに進行中だという声もある）。在外基地によって世界の安全性が高まるとの主張とはまるで対照的に、基地が世界情勢を緊迫化させ、軍事衝突の危険性を高めていることがうかがえる。

アメリカにとって国外の基地は、防護と安全と安心をくれるものに思えていた。もう二度と世界戦争で戦わずにすむと約束してくれるものに思えていた。ところがその基地が、多くの面で国の安全を損なっているのだ。在外基地が対外戦争を容易なものとすることで、軍事行動はアメリカの為政者が使える外交手段のなかでいっそう魅力的な選択肢となり、戦争が起こりやすい状況を招いている（リリー・パッド基地の増加は問題をさらに深刻化させるばかりだ。軍当局にしてみれば、リリー・パッドの大きな魅力のひとつは、武力行使の際に無制限な自由度があることなのだから）。アフガニスタンとイラクでの戦争が悲惨な結果を招いたことで、アメリカが大々的に他国に軍事介入したり戦争行為を行ったりすることに対して国民の間に広く反対が起きている。しかし他方で指摘されるように、外交政策の〝工具入れ〟のなかに金槌しか入っていなければ、すべてが釘のように見えてくるものだ。[30]

変化

今日、国防総省全体で予算が削減されていることもあって、基地国家が縮小しつつあるという心強い兆しもいくつか見えている。軍部がアフガニスタンとイラクから基地と部隊を完全に引き揚げるかどうかははっきりしないままだが、部隊の大半を撤退させたことは、両国がなおも荒廃と暴力のさなかにあるとはいえ、プラスの進展である。ジョージ・W・ブッシュ政権が「在外米軍配置の見直し」を始めて以来、ヨーロッパでは冷戦時代の基地がいくつも閉鎖されたり何万もの兵が撤退したりしており、東アジアでもある程度同じような流れがあって、ソ連の崩壊から始まり、一九九〇年代半ばで中途半端に止まっていた待望の兵力削減が続いている。国防総省は現在、二〇二三年までに在欧米軍をさらに一五パーセント削減する計画の一環として、不要な施設を撤去する「欧州軍事施設統合の見直し」に着手している。[31]欧州軍司令官のフィリップ・ブリードラブ大将は「まだ処分できるインフラはあると思う」と語っている。[32]

兵站、施設、および戦務支援担当部長のジュディス・フェダー大将によれば、米軍のなかでも、海軍は不要な基地があることを認めており、空軍は世界中に「過剰な施設がかなりある」と言っているという。空軍には二〇二〇年までに世界のインフラ専有面積を二〇パーセント削減する「20／20」プログラムがあるが、目標の達成までにはまだ半分以上あるという。フェダーは、空軍は「施設を閉鎖できれば（トータルのインフラを）もっとうまく活用できるかもしれない」と語っている。[33]

一方陸軍は、基地の収容人数にヨーロッパで一〇から一五パーセント、世界で一八パーセントの余剰があると推定している。キャサリン・G・ハマック陸軍次官補は「財政的に制約された今の環境では、軍は余分なインフラと諸経費を維持するゆとりはない」と話す。[34] 軍の最高幹部らは議会に対し、不要な施設を閉鎖しなければ「年に何億ドル」も無駄にする「空きスペース税」になると語っている。[35]

陸軍当局が認めている通り、国防総省は軍全体の規模を引きつづき縮小する予定であり、だからこそ余分な基地の閉鎖はなおさら重要になるはずだ。[36] そして国内には余剰施設をかなり抱えている――陸軍、空軍ともにアメリカ国内の基地収容人数が二〇パーセントほどだぶついている[37]――ため、隊員を国内にもどす余地はたっぷりとある。

冷戦時代にもっとずっと大規模な軍隊で使うために建てられた基地を閉鎖すれば、当座の節約にも、長期的な節約にもなる。基地の建設や運用、維持管理の契約にあてられている数十億ドルがキャンセルになるかもしれないということは、当然、国外に配置している兵員と基地を減らすことですぐにもできる節約があるということだ。これまで見てきたように、兵員と基地にかかわる支出をアメリカに戻せば、アメリカ経済から金が漏れるのを食い止め、経済の波及効果を確実に国内にとどめることになる。しかも受け入れ国は多くの場合、われわれの明け渡すインフラの対価を払ってくれることになる。アメリカは出ていくときに、ダメージを与えた環境の浄化に力を貸さなくてはならない。さらに、インフラの残存価値として受け取る支払いは、基地国家やもっと大きな軍事予算に還流される金ではなく、きちんと平和の配当［軍事費削減から生じる剰余金と国民にもたらされる利益］だとみなすべきである。

軍による基地の閉鎖が進む今、ヨーロッパにある冷戦時代の基地こそ手をつけるべきだ。一〇億ドルの陸軍の病院や五億ドルの欧州司令部など、ドイツに新たな基地関連施設の建設は必要ないし、すぐに中止すべきだろう。中南米の基地など、何十年も前の冷戦終結後にいち早く閉鎖しておくべきだった。普天間などの沖縄の基地閉鎖と、グアムおよびアジア太平洋全域で兵力を増強するというお粗末で危険な構想の廃止も、取りかからなければならない重要な事柄だ。海兵隊その他の移転する部隊は、定員に余剰のあるアメリカ西海岸の基地に移れるし、また移るべきである。新たなリリー・パッドはそれがどれほど小さなものでも、やはりすべての建設中止が不可欠であろう。

こうした課題やその他の基地を閉鎖することは、気の遠くなる仕事に思えるかもしれない。軍や国務省内部、またアメリカと基地のある地元の政治家やビジネスマンの間の強力な組織勢力が、こうした変革を阻止して現状を維持するためにたびたび手を組むことになるだろう。だが、国内基地閉鎖の課題と比べれば、国外の軍事施設を閉鎖することは比較的たやすいはずだ。何と言ってもアメリカの政治家には、恩義を感じなければならない在外有権者はほとんどいないのだから。不要な基地を閉じることで得られる国と国民と軍自体の利益を優先することは現実的な目標である。

また在外基地の閉鎖は、さまざまな転換のチャンスも与えてくれる。手本は数々ある。ドイツ、日本、アメリカの基地は学校や公園、住宅地、ショッピングモール、オフィス、起業支援の場、空港、観光スポットになっている。アメリカは受け入れ国にただ基地を引き渡して出ていくよりも、元受け入れ国と協力し、たがいの利益になる形で、金と専門知識を投資することもできるのではないだろうか。こうした転換を進めるなかで、雇用の優先権が地元の従業員と退役軍人に与えられれば、基地の閉鎖や縮小後に彼らが軍生活から移行する助けとなり、そのスキルと経験が活かせるかもしれない

基地閉鎖を一度きりのリストで終わらせるのではなく、国防総省と議会は、すべての在外基地について、維持が必要かどうかを見極める定期的な評価プロセスを築く必要がある。国防総省は最低でも年に一度はすべての基地サイトを内部で精査し、議会はそれを重ねて精査、監視すべきだ。また議会は、軍が閉鎖の必要な在外基地を特定してそれを実行することに対し、削減された経費がすっかり譲渡されるのではなく、一部が陸、海、空軍それぞれの予算に残るように保証することで、インセンティブを与える手もある。さらに議会と大統領は税法を改正し、在外基地の契約が国内基地の契約よりも税の優遇を受けないようにして、請負業者が在外基地の維持を優先したがる動機を排除するべきだ。

また近年、軍の建設予算が大幅に減少していることも心強いサインである。それでも、ドイツの陸軍病院や司令部などの新たな基地インフラの建設や、アフリカから東アジアにかけて駐留規模を拡大するのになおも何十億ドルもがまわされるなら、軍と議会にはまだまだできることがある。在外軍事施設の建設という無駄をやめることが、予算削減のなかにあって、手っ取り早く節約をする手段となる。契約を解除し、新規の建設工事すべて（ただし、住居や職場の環境が危険で命にかかわる場合は除く）の一時停止を宣言すれば、ただちに節約になるだろう。繰り返しになるが、国内でコスト削減や基地の閉鎖をする場合の政治的困難に比べれば、こうした変革は比較的達成しやすいはずだ。

二〇一五年度の予算において議会は、軍事施設建設（ミルコン）のプロセスと国防総省の支出を管理するために重要な措置を講じた。特に重要なのは、軍が適切な監督を受けずに海外で建設工事することを阻止しようとしている点だ。この年のミルコン支出法案には、「上下両院の歳出委員会に事前に通知のない新たな在外軍事施設の建設には、いかなる資金を使うこともできない」とある。同法案の別の条項により、国防総省は、軍事演習に一〇万ドルを超えるミルコンの拠出が予定されている場合、議会に知らせる義務がある。軍事演習は、議会の承認を得ずに建設を行う手段として長らく使われていた。会計年度末にミルコンの予算を軍当局に無駄遣いさせないため、議会は年度の最後の二か月で予算の二〇パーセントを超える金額を使うことも禁じた。[38]

こうした条項を議会はそれぞれ恒久的なものとすべきであり、さらにしなければならないことはまだある。リーヒー法を拡大することだ。リーヒー法は、国民の人権を侵害していると判明した政府への援助を打ち切ると定めたもので、非民主的な国に基地を開いたり維持したりしないようにする法律である。バーレーンのような国に基地を置いていて人権侵害に対する批判を封じるのは、アメリカがこうした国の犯罪に加担していることになる。またほかの非民主的な国々に基地を維持することも同じように逆効果であり、民主主義を広めて世界中の人々の福祉を向上させるというアメリカの正当な取り組みを台無しにしてしまう。アメリカの基地は抑圧的な政権にてこ入れするのを目的とはしていないのだから。

きわめて民主的な国でさえ、われわれの基地を維持するための法的、政治的基盤となっている協定は、かならずといっていいほど全部か一部が秘密にされている。透明性と民主主義のために議会は、記録されているすべての地位協定と基地協定がそっくりそのまま公表されるように要請すべきである。多くの基地協定が公表されないのは、議会の監督を受けない行政協定〔通常、上院の承認を得ず、大統領の権限で他国との間に締結する協定〕として策定されているからだ。しかし基地協定は事実上、条約であり、議会の承認を受けなければならない。

在外基地レースの危険性を考えると、アメリカは比較的影響力のある今の地位を利用して、きわめて厳しく管理された環境のもとでの、きわめて透明性の高い条件下でない限り、在外基地を国際的に禁止することを提案、協議するのが賢明だろう。今そうした提案をしなければ、他国がさらに多くの、アメリカの国境にずっと近い場所に在外基地を手に入れてしまう危険がある。ただし基地を禁止しても、ある国が攻撃されていたり、直接の、確かな脅威にさらされていたりする場合には、同盟を結び、はっきりとした率直な申し出を受けた上での在外基地の設置は認める必要があるだろう。また国連査察官による監視が可能な事前集積サイトには目をつむり、世界各地に国連平和維持活動でのみ使われる軍需品の貯蔵を認めるという手もある。

何世紀にもわたって帝国や列強が次々と在外基地をつくってては、その後すべてではないまでも大半を、力ずく、あるいは投資の撤収で失ってきた。イギリスは、ポルトガルやオランダ、スペイン、フランスの二の舞を演じ、一九六〇年代から七〇年代の経済危機のさなかに、在外基地のほとんどを閉じざるをえなかった。アメリカも今同じ方向へとむかっている。ただ問題は、この国がいつ、そして本当に、自らの判断で基地を閉じ、世界各地での任務を縮小するのか、それとも弱体化で基地を断念せざるをえない落ち目の大国として、イギリスと同じ道をたどるのかということだ。

ここに挙げたのは大掛かりで政治的困難を伴う提案である。しかし状況は変えられないと声高に言うのは自己暗示だ。こうした提案をせず、既存の基地国家に代わるものをつくりあげないことこそ、私たちすべてに害をなしている現状の維持を保障する最も確かな道である。

おわりに

客観的な人など誰もいない。人類学者デイヴィッド・グレイバーと同様に私も、自分のことを客観的だなどと言う人物がいれば、きっと何か売りつけようとしているのだと考えてしまう。[1] それでも、私たちは客観的になろうと努力を重ねることはできるし、またそうしなければならない。それが達成できないゴールであろうとも。本書では、検討したすべての問題について公平であること、できるだけさまざまな視点で考えることに努めた。とりわけ自分の考えや結論がはっきり形になってくると、自分とは反対の立場から考えてみるように心掛けた。

公平さを試すには、意見が合わないかもしれない相手に自分の書いたものを出版前に見せられるかどうかがいい物差しになると思う。そのため私は、この調査に関係のあるできるだけ多くの人に原稿の一部を見せ、意見や提案、修正を申し出てもらえるようにした。非常に多くの方々、それも私とは異なる考え方の方まで、寛大にも原稿に目を通し、訂正の必要な部分についてありがたい指摘をくださったことに感謝申し上げる。

どんな研究や著作も、それを行う者の経歴が調査や分析を方向付けることは避けられない。透明性を担保するために、以下に私の経歴のうち、本書と関連のある部分を紹介しておく。私は一三年以上前から軍事基地について取材したり本を書いたりしている。このテーマにたどり着いたのは、二〇〇一年、ディエゴ・ガルシアを追われた人々の代理人である弁護士から、島を追い出されたことがチャゴス島民の生活に影響していることを文書で証明してほしいと依頼されてからのことだ。それからの七年、私は、島を追われてモーリシャスやセーシェル、イギリスで暮らす人々の調査を行った。そしてその後、この調査に併せて、広範にわたる記録文書の調査のほか、ディエゴ・ガルシアへの基地設置に一役買った軍と外交の関係者にアメリカでインタビューを行った。彼ら（実際、関係者はすべて男性）はほぼひとりの例外もなく、チャゴス島民への対応を後悔していた。結果的にこの仕事は、二〇〇九年に『恥辱の島——ディエゴ・ガルシア米軍基地の隠された歴史 *Island of Shame: The Secret History of the U.S. Military Base on Diego Garcia*』として出版に至っている。

また私は、対反乱戦略、戦争、軍事化を批判的に分析した『対反乱活動対策マニュアル *The Counter-Counterinsurgency Manual*』の執筆にも加わった。この本は〈憂慮する人類学者ネットワーク（NCA）〉のほかの会員たちとの共著である。NCAは、ブッシュ政権のテロとの戦いのなかで、軍が人類学者を戦闘部隊の従軍メンバーや、ときには武装メンバーとして勧誘しようとすることに、道義的、軍事的、両方の理由から阻むことを目指したグループだ。一方、二〇一二年一月には、軍事雑誌『ディフェンス・ニュース *Defense News*』に、本書でも触れているブッシュ政権時の国防総省元高官、レイ・デュボアと共同で意見記事を書いている。

本書にかかわる調査は、二〇〇九年から二〇一五年にかけて、スチュワート・R・モット財団の「合憲的政府のための基金」からの助成と、アメリカン大学文理学部教職員の研究支援を受けて行った。

そのほか、取材旅行には貯金やマイレージをあて、自宅に泊めてくれたりさまざまな形で私の仕事をサポートしてくれたりした多くの方々のご厚意を受けた。本書の印税による収益はすべて、戦争と暴力の犠牲になった退役軍人とその家族などを支援する非営利団体に寄付する予定である。

監修者あとがき

本書の著者デイヴィッド・ヴァインはワシントンD.C.にあるアメリカン・ユニバーシティの人類学准教授である。アメリカの外交・軍事政策、軍事基地、強制退去といった問題に焦点を当てた研究を行っている。

私が本書の監修を務めることになったのは、原書房編集部から、翻訳の正確を期すために軍事研究の専門家の立場から内容をチェックして欲しいという要請があったからである。

この原稿を読み進めることに、実は強いストレスを感じた。なぜなら、米軍や米軍基地について著者が私と違った角度から見ていることとやその陰の部分の記述が多く、しかも強調されていたからだ。「一方的な見方ではないのか」、「一部の人の証言ではないのか」、「ここは違うのではないか」、「本当にそうなのか」と、私がこれまで確立していた思想やイメージと異なるものだと何度も思った。私は、この原稿を読んで、細部の内容にまでコメントしたい、批判したいと思い、一旦は、付箋紙にいろいろ書き込んで、その部分に張り付けた。だが、書の狙いやページ数から仕方のないことであると考え、思い直して、それを破棄し、あとがきにその思いを入れ込むことにした。

私は、米軍といろいろな関わりを持った者として、米軍の陽の部分、特に私が何らかの形で接してきた同盟国の友人としての米軍を少し紹介する。命をかけて世界の安定に貢献している米軍の友人達のことも、日本の読者に伝えたい、光を射してあげたいと思った。

その一・

父は亡くなる前に、沖縄戦のことを一度だけ話した。私は、この原稿を読んでいて、なぜか、沖縄で戦って米軍の捕虜になった時のその父の話を思い出した。

父は、海軍兵長(古参兵)で、沖縄守備部隊が降伏するまで戦った。その後、手りゅう弾を二発渡され、「これで、自決してもよいし、捕虜になってもよい」と上官に言われていた。米兵が洞窟に叫びながら入ってきた時、父は死なずに捕虜になることを選んだ。捕虜収容所に連れられて行くと、捕虜になった日本兵の多さに驚いたらしい。一緒に戦い負傷した兵士もそこにいて、傷口が加濃してハエがたかり可哀想だったそうだ。米軍の捕虜になったことで、負傷していた兵士は米軍衛生兵から治療してもらって助かり、自分も米軍から支給される食事を食べ、生きて日本に帰れた。ある日、顔見知りになった米兵から、そっと食料の缶詰をもらった。父は、「激烈な戦いの後、捕虜収容所で生きながらえ、ちょっとした幸福感のようなものがあった」と私に話した。

ソ連軍の捕虜となった旧日本兵はソ連に連れていかれ、シベリアの酷寒の地で強制労働をさせられ、多くの人が亡くなった。だが、旧日本兵が米軍の捕虜になって悲惨な目にあったということを、私はあまり聞かない。

その二：

自衛隊第一空挺団（日本で唯一の落下傘部隊）で勤務している時、第八二空挺師団の赤いベレー帽を被った若い将校らは、常時戦いに直面していることから発する精強さがあり、中隊長・小隊長としての尊厳とそれらに加えて紳士的だったことが、今でも私の脳裡に焼き付いている。彼らとは共に戦える同盟国の戦友のような感覚を持った。また、在日米軍司令官など数多くの米軍高級幹部の訪問を受けたが、いつも和やかな雰囲気で意見交換ができた。ときには、焼き肉を一緒に食べたり、酒を飲んだりして交友を深めた。

ハワイでの日米共同訓練の時や日本の情報機関で仕事をしていた時でも、私が米軍人と交流していた時には、いつも親しみをもって接することができた。不快な気持ちを持ったことは一度もない。意見交換の場などでは、多少疑問に思うこともあったことは事実だが、米国は、日本の国土で一緒に戦える同盟国の仲間だと強く感じたものである。

その三：

フィリピンから米軍が撤退した後の南シナ海の状況についてだ。本書にもあるように、フィリピンのクラークとスービックの基地については、フィリピン政府は租借契約の更新を拒否し、外国の基地を置くことを禁じる新憲法を採択した。当時は、フィリピンでは、民主的で平和的な方法で外国の軍隊を追い出したということで、フィリピンの勝利といった雰囲気が民衆を包んでいた。基地は一九九二年に閉鎖された。

しかし、その後、懸念していたことが現実になった。フィリピンが主張する南シナ海のフィリピン領域において、中国軍が、一九九五年には南沙諸島のミスチーフ礁（美済礁）を、一九九七年には中沙諸島のスカボロー礁（黄岩島）を占拠した。フィリピンの漁民は漁業のために入ることもできなくなった。二〇一四年には、中国は、ミスチーフ礁を埋め立て、建造物を建設し、飛行場まで建設している。

これらの海域が地理的にフィリピンの近くでありながら、中国が建造物を建設しその後も占拠できたのは、①米国がフィリピン内にあったクラーク空軍基地およびスービック海軍基地を廃止・撤退したことによって、南シナ海における米軍のプレゼンスが無くなったこと。②フィリピンの海空軍力が小さく中国海軍への対抗措置がとれなかったこと、などの理由であると思っている。米軍の基地がそこにあることによって、中国に対する抑止力が機能していたことは明らかだ。


ただし本書を読んで、私とは見解が異なるが、一理あるとも思った。著者は、米軍基地や米軍に関わって利益を享受する組織や人々が存在すること、世界各地の米軍基地周辺の住民が被害を受けていること、そしてそれらへの反発は、数か所だけではなく世界各地から挙がっているということを、事例を挙げて述べている。

読み返しているうちに、やはりそれらを受け止めて、自分が確立してきた思想などと照らし合わせて、もう一度自分の思想を見直さなければならないという感覚も持った。

誰もが、戦争は望まない、戦争で死にたくない、と願っている。基地や兵器はないほうがいい、その費用を経済政策に回した方が経済も成長する、福祉に回せば不幸な人々が減る、とも考えている。だが、隣国との国家間関係やイスラム過激派との関係においては、長く続いてきた民族間や国家間の戦いや宗教的な対立などにより、相互に誤解や深い憎しみがある。あるいは、いつ攻められるのかといった不安もある。自分が白旗を挙げ、兵器を捨てたら、誰も侵攻しては来ないということは絶対にない。逆に、白旗を挙げたら占領されるのが、世界の実情だ。

チベット自治区のチベット族や蘭州自治区のウイグル族は、太平洋戦争が終わり、平和が訪れるものと思っていた。だが、十分な軍事力をもっていなかったために、中国にあっという間に占領されて、中国の領土に組み込まれてしまった。そして、その民族が独立運動やデモを行えば、公安に連れていかれ、誰も見ていないところで殺されてしまう。

日本が、他の国に占領され、独立運動を行ったら殺されるようになることは絶対に避けたい。必要最小限の軍事力をもち、必要であれば同盟を結び、同盟を結んだ国の基地があっても受け入れざるを得ない。基地があることでいろいろな問題が起こると、この書の著者は言っている。私は、基地は必要不可欠なもので、それに伴う問題は、「問題を解決する方向」に持っていくべきで、「なくすべきだ」の論理に進むべきではないと、心に強く思った次第である。

一方、軍事情勢や軍事戦略を研究している私は、この本の意外な一面を発見した。裏の米軍戦略を読み取ることができるという面だ。著者は、直接記述してはいない、だからそれに気づいていないのかもしれない。たとえば、住民を追い出し、住民から嫌われてもそこに米軍基地を作らなければならなかったことなど、基地の役割と米国の現代の軍事戦略をオーバーラップして研究すると面白い。米国が発表していない、表の世界には出ていない裏の米軍戦略を読み取ることができるということだ。この書を、もし、中国の軍事戦略研究家が研究し、米国の裏の戦略を読み取れば、国家戦略策定者が隠していたものが解読されてしまうかもしれない。書名は、「米軍基地がやってきたこと」だが、「米軍がその基地を使って何をやろうとしているのか」がわかってしまう、国家機密暴露につながる本だと言える。

最後に、本書に書かれた陰の部分から何を学び、今後の日本にどう生かすか多くの方に考えて欲しいと強く願う。

二〇一六年二月

西村金一

米軍基地《べいぐんきち》がやってきたこと

●

2016年4月5日　第1刷

著者……………デイヴィッド・ヴァイン
監修者……………西村金一《にしむらきんいち》
訳者……………市中芳江《いちなかよしえ》
露久保由美子《つゆくぼゆみこ》
手嶋由美子《てしまゆみこ》
装幀……………川島進
発行者……………成瀬雅人
発行所……………株式会社原書房
〒160-0022 東京都新宿区新宿 1-25-13
電話・代表　03(3354)0685
http://www.harashobo.co.jp/
振替・00150-6-151594
印刷……………新灯印刷株式会社
製本……………東京美術紙工協業組合

ISBN 978-4-562-05304-9, printed in Japan

◆著者

デイヴィッド・ヴァイン（David Vine）

ワシントンD.C.にあるアメリカン・ユニバーシティの人類学准教授。アメリカの外交・軍事政策、軍事基地、強制退去といった問題に焦点を当てた研究を行っている。著書に、『不名誉な島――ディエゴガルシア島米軍基地の秘史（Island of Shame――The Secret History of the U.S. Military Base on Diego Garcia）』があり、ニューヨークタイムズ、ワシントンポストなどにも寄稿している。

◆監修者

西村金一（にしむら・きんいち）

1952年生まれ。1968年陸上自衛隊少年工科学校入校（電子工学）、1976年法政大学文学部地理学科卒業ののち、陸上自衛隊幹部候補生学校修了。幹部学校指揮幕僚課程（33期CGS）修了。第1特科連隊、第1空挺団、防衛省内局・統幕事務局・陸幕・情報本部等の情報分析官、防衛研究所研究員、第12師団第2部長、少年工科学校総務部長、幹部学校戦略教官等として勤務。2008年より三菱総合研究所国際政策研究グループ専門研究員、2011年に軍事・情報戦略アナリストとして独立。2015年5月「日本安全保障・危機管理学会賞」受賞。著書に『詳解 北朝鮮の実態――金正恩体制下の軍事戦略と国家のゆくえ』（原書房）がある。

◆訳者

市中芳江（いちなか・よしえ）**7～13章、注**

翻訳家。兵庫県生まれ。神戸市外国語大学英米学科卒業。フリーランスで実務文書の英日翻訳に従事したのち、現在は書籍翻訳に活動の幅を広げている。

露久保由美子（つゆくぼ・ゆみこ）　**14～17章、あとがき**

翻訳家。主な訳書に『モツの歴史』（原書房）、『セレブリティを追っかけろ！』（ソニー・マガジンズ）、『「したたかな女」でいいじゃない！』（PHPエディターズ・グループ）、『ボーイズ・レポート』（理論社）、『生誕100周年　トーベ・ヤンソン展～ムーミンと生きる～』（共訳・朝日新聞社）などがある。

手嶋由美子（てしま・ゆみこ）　**序文、1～6章**

翻訳家。津田塾大学英文学科卒業。米マサチューセッツ州立大学大学院で英米文学を学ぶ。主な訳書に『砂糖の歴史』（原書房）、『フランシス・ベーコン』（青幻舎）、『新しい時代のブランドロゴのデザイン』（ビー・エヌ・エヌ新社）などがある。

カバー画像提供　時事通信社

注

＊原書出版時現在（2015年8月）の注である

＊現在はサイトが消失しているURLを含む

はじめに

1. Phil Stewart, "Ecuador Wants a Military Base in Miami," UK.Reuters.com, October 22, 2007, http://uk.reuters.com/article/2007/10/22/ecuador-base-idUKADD25267520071022.
2. Nick Turse, "Afghanistan's Base Bonanza: Total Tops Iraq at That War's Height," *TomDispatch*, 2012年9月4日 http://www.tomdispatch.com/blog/175588/ アフガニスタンについては、デビッド・デ・ジョングが筆者に宛てた2014年2月4日の電子メールも参考にしている。メールには報道官から国防長官への次の言葉が引用されている。「2011年10月の時点で、約800の施設——国際治安支援部隊（ISAF）の分隊あるいは小隊が駐留するかなり小規模な検問所から、数百から千人ものISAF兵が駐留する基地まで——がある」
3. 米国防総省報告書, "Base Structure Report—Fiscal Year 2014 Baseline: A Summary of the Real Property Inventory," Washington, DC, 2014. 国防総省は通常、アメリカ領サモア、北マリアナ諸島、グアム、プエルトリコ、アメリカ領バージン諸島などのアメリカ属領を「海外」とみなしている。民主的にアメリカ合衆国に統合されていないことから、わたしもこれらの地域を海外とみなしている。コロンビア特別区（ワシントンＤＣ）も完全な民権がないが、ここは首都であり海外ではないので、ＤＣにある基地については国内基地と考える。統計をとる上では、「base site」という語を用いている国防総省の例にならうのが妥当である。つまり、「installation」は——イタリアのアビアノ空軍基地のように——実際には複数の「base site」から成る（アビアノの場合、少なくとも8つの「base site」がある）—— ひとつの基地と見なされるケースもある。同じ名前のついた「site」が地理的に異なる場所にあることも多いため、「base site」で数えるのが妥当だと思われる。また、一般には「base site」ごとに納税者の資金である政府歳出予算が割り当てられている。（上記年次報告書の冒頭を参照）。わたしの出した800という基地数、そして本書の地図ページは "Base Structure Report" and scholarship and news sources の基地データベースをもとにしている。
4. 国防総省報告書, "Base Structure Report Fiscal Year 2014 Baseline (A Summary of DoD's Real Property Inventory)," Washington, DC, 2014; Nick Turse, "Empire of Bases 2.0: Does the Pentagon Really Have 1,180 Foreign Bases?" *TomDispatch.com,* 2011年1月9日 http://www.tomdispatch.com/blog/175338/. タースは国防総省がイラクやアフガニスタンのみの基地や軍施設の数の把握に苦労していると書いている。
5. 国防総省, "Base Structure Report 2014." 一般的に陸軍では post、camp、fort、海軍と海兵隊では installation、camp、base、station、空軍では base が使われる。海外の基地については、厳密な分析というよりも政治、法律、広報などの思惑によって使い分けられる傾向にある。たとえば、軍事施設や前方作戦拠点といった語を使えば、基地の規模や重要度、他国の主権侵害という事実を最小限に見せることができる。基地は表向き「受け入れ」国が所有し、アメリカは表向き「客」であるように見せることで、地元の反対や政治問題を減らすことができる。現実には、受け入れ国がどれだけの主権的支配を行使できるかはさまざまで、アメリカとの力関係で決まることが多い。本書のタイトルには「America」という語を使っているが、「United States」「U.S.」「U.S. Americans」の意味を示す場合、わたしは厳密には不正確な「America」「American」「Americans」という語はできるだけ使わないようにしている。
6. Building off the definition of former Pentagon official James Blaker, "Installations Routinely Used by Military Forces," in Catherine Lutz, ed., *The Bases of Empire: The Global Struggle Against U.S. Military Posts* (New York: New

York University Press, 2009), 4.

7. Robert E. Harkavy, *Strategic Basing and the Great Powers, 1200–2000* (London: Routledge, 2007), 14; Robert E. Harkavy, *Bases Abroad: The Global Foreign Military Presence* (Oxford: Oxford University Press/SIPRI, 1989), 17 参照。ゴルフについては Dave Gilson, “Don’t Tread on Me,” *Mother Jones*, January/February 2014, 28 を参照。
8. 国防総省 , “Operations and Maintenance Overview: Fiscal Year 2015 Budget Requests,” Washington, DC, March 2014, 117; 国防総省 , “Department of Defense Base Structure Report: Fiscal Year 2012 Baseline (A Summary of DoD’s Real Property Inventory),” Washington, DC, 2012, 23.
9. 国防総省報告書 , “2013 Demographics: Profile of the Military Community,” Washington, DC, 2014, 185.
10. Joel Wuthnow, *The Impact of Missile Threats on the Reliability of U.S. Overseas Bases: A Framework for Analysis* (Carlisle, PA: Strategic Studies Institute, 2005), 1.
11. George Stambuk, *American Military Forces Abroad: Their Impact on the Western State System* (Columbus: Ohio State University Press, 1963), 13.
12. ジョージ・W・ブッシュ「米国国家安全保障戦略」2002 年 9 月発表、ワシントンンＤＣ , 29.
13. 国防総省 , “Quadrennial Defense Review Report,” Washington DC, February 2010, 43–64.
14. Lutz, ed., *Bases of Empire*, 27.

第一章　基地国家の誕生

1. C. T. Sandars, *America’s Overseas Garrisons: The Leasehold Empire* (New York: Oxford University Press, 2000), 3; 米海軍省 , *Building the Navy’s Bases in World War II: History of the Bureau of Yards and Docks and the Civil Engineer Corps 1940–1946*, Vol. II, part III, *The Advance Bases* (Washington, DC: Government Printing Office, 1947). http://www.history.navy.mil/library/online/buildbaseswwii/bbwwii2.htm
2. Blaker, “Installation,” 9; Robert E. Harkavy, *Great Power Competition for Overseas Bases: The Geopolitics of Access Diplomacy* (Elmsford. NY: Pergamon Press, 1982).
3. Martin H. Brice, *Stronghold: A History of Military Architecture* (New York: Schocken Books, 1985), 13–45.
4. 同上 , 48–55, 13–4.
5. Washington Irving, *Life and Voyages of Christopher Columbus and the Voyages and Discoveries of the Companions of Columbus* (New York: Thomas Y. Crowell, 1892?), 136–46.（ワシントン・アーヴィング『コロンブスの生涯』湯村貞太郎訳、有光社、1942）
6. “Jamestown Fort: The First English Settlement,” Historic Jamestown のウェブサイト日付不明 , http://apva.org/rediscovery/page.php?page_id=178. 2013 年 7 月 5 日にアクセス。
7. Stacie L. Pettyjohn, *U.S. Global Defense Posture, 1783–2011* (Santa Monica, CA: RAND Corporation, 2012), 16, 16n3.
8. Reginald Horsman, *Expansion and American Indian Policy, 1783–1812* (East Lansing: Michigan State University Press, 1967), 141,157.
9. Anni P. Baker, *American Soldiers Overseas: The Global Military Presence* (Westport, CT: Praeger, 2004), 4. 歴史については David Vine, *Island of Shame: The Secret History of the U.S. Military Base on Diego Garcia* (Princeton, NJ: Princeton University Press, 2009). にも記述がある。
10. Francis P. Prucha, *A Guide to the Military Posts of the United States, 1789–1895* (Madison: State Historical Society of Wisconsin, 1964), 23.
11. 同上 , 34; Robert M. Utley, *The Indian Frontier: 1860–1890* (Albuquerque: University of New Mexico Press, 1984), 92.
12. Pettyjohn, *U.S. Global Defense Posture*, 17–18.
13. Andrew Krepinevich and Robert O. Work, *New US Global Defense Posture for the Transoceanic Era* (Washington, DC: Center for Strategic and Budgetary Assessments, 2007), 41–42.
14. 同上
15. 同上 , 43.
16. Chris Ames, “Crossfire Couples: Marginality and Agency Among Okinawan Women in Relationships with U.S. Military Men,” in *Over*

There: Living with the U.S. Military Empire from World War Two to the Present, edited by Maria Höhn and Seungsook Moon (Durham, NC: Duke University Press, 2010), 199n5.
17. 1964 年 12 月 7 日に A・M・ジャクソンから米海軍作戦部長に宛てたメモ。米海軍歴史センター：00 Files, 1965, Box 26, 11000/1B, 2.
18. Joint Base Elmendorf-Richardson, "Military History in Alaska, 1867–2000," 概況報告書、2006 年 11 月 13 日 http://www.jber.af.mil/library/factsheets/factsheet.asp?id=5304.
19. Pettyjohn, *U.S. Global Defense Posture*, 27n6; Stephen A. Kinzer, *Overthrow: America's Century of Regime Change from Hawaii to Iraq* (New York: Times Books, 2006), 18–19.
20. Jana K. Lipman, *Guantánamo: A Working-Class History Between Empire and Revolution* (Berkeley: University of California Press, 2008), 21; Stephen I. M. Schwab, *Guantánamo, USA: The Untold Story of America's Cuban Outpost* (Lawrence: University Press of Kansas, 2009), 36–60.
21. Schwab, *Guantánamo, USA*, 60.
22. Lipman, *Guantánamo*, 23.
23. 同上 , 23–24; Schwab, *Guantánamo USA*.
24. Lipman, *Guantánamo*, 27–28.「アメリカ合衆国が前述のグアンタナモ海軍基地を放棄するか、両国政府が現在の境界の変更に同意しない限り、基地は現在の領域を維持することとする」と書かれている。
25. Krepinevich and Work, *New US Global Defense Posture*, 49.
26. Kinzer, *Overthrow*, 33.
27. 同上 , 86–87; Krepinevich and Work, *New US Global Defense Posture*, 47–48, 50; Hall M. Friedman, *Creating an American Lake: United States Imperialism and Strategic Security in the Pacific Basin, 1945–1947* (Westport, CT: Greenwood Press, 2001), 3.
28. Carolyn Hall and Héctor Pérez Brignoli, *Historical Atlas of Central America*, cartographer John V. Cotter (Norman: University of Oklahoma Press, 2003), 228; John Lindsay-Poland, *Emperors in the Jungle: The Hidden History of the U.S. in Panama* (Durham, NC: Duke University Press, 2003), 27.
29. C. T. Sandars, *America's Overseas Garrisons*, 140.
30. William Earl Weeks, *Building the Continental Empire: American Expansion from the Revolution to the Civil War* (Chicago: Ivan R. Dee, 1996), 140–43; Hall and Pérez Brignoli, *Historical Atlas*, 184–85, 209; Lindsay-Poland, *Emperors in the Jungle*, 16–17.
31. Hall and Pérez Brignoli, *Historical Atlas*, 228.
32. Michael S. Sherry, *In the Shadow of War: The United States Since the 1930s* (New Haven, CT: Yale University Press, 1995), 30–31; Sandars, *America's Overseas Garrisons*, 3–6.
33. Elliott V. Converse III, *Circling the Earth: United States Plans for a Postwar Overseas Military Base System, 1942–1948* (Maxwell Airforce Base, AL: Air University Press, 2005). 1; Sandars, *America's Overseas Garrisons*, 5–6.
34. Michael C. Desch, *When the Third World Matters: Latin American and United States Grand Strategy* (Baltimore: Johns Hopkins University Press, 1993), 183 n123; Lindsay-Poland, *Emperors in the Jungle*, 45; Krepinevich and Work, *New US Global Defense Posture*, 66–69.
35. Blaker, "Installations," 23, 9.
36. Converse, *Circling the Earth*, xv.
37. 同上 , 15.
38. Pettyjohn, *U.S. Global Defense Posture*, 45–46.
39. Converse, *Circling the Earth*, 1–10, 38–39.
40. Sandars, *America's Overseas Garrisons*, 5.
41. Converse, *Circling the Earth*, xv.
42. 同上 , 89.
43. "U.S. Military Bases and Empire,"『マンスリー・レビュー』2002 年 3 月 , http://www.monthlyreview.org/0302editr.htm.
44. Peter Hayes, Lyuba Zarsky, and Walden Bello, *American Lake: Nuclear Peril in the Pacific* (Victoria, Australia: Penguin Books, 1986), 23–24.
45. Donald F. McHenry, *Micronesia: Trust Betrayed* (New York: Carnegie Endowment for International Peace, 1975), 67, 66.
46. Hall M. Friedman, *Creating an American Lake*, 1–2.
47. Hayes et al., *American Lake*, 28.
48. Blaker, "Installations," 32.
49. Stambuk, *American Military Forces Abroad*,

9.
50. Catherine Lutz, "Introduction: Bases, Empire, and Global Response," in Lutz, ed., *Bases of Empire*, 14–15.
51. Duncan Campbell, *The Unsinkable Aircraft Carrier: American Military Power in Britain* (London: Paladin Books, 1986) も併せて参照。
52. Catherine Lutz, *Homefront: A Military City and the American Twentieth Century* (Boston: Beacon, 2001), 47–48.
53. Sherry, *In the Shadow of War*, 33.
54. 同上 , 30–44.
55. Lutz, *Homefront*, 86.
56. 米海軍省 , "Strategic Concepts of the U.S. Navy, NWP 1 (Rev. A)," Washington, DC, May 1978.
57. 筆者の *Island of Shame*, 183–91. 参照。
58. Neil Smith, *American Empire: Roosevelt's Geographer and the Prelude to Globalization* (Berkeley: University of California Press, 2003), 2, 14–16, 21.
59. 同上 ; Chalmers Johnson, *Blowback: The Costs and Consequences of U.S. Empire* (New York: Metropolitan/Owl, 2004[2000])（チャルマーズ・ジョンソン『アメリカ帝国への報復』鈴木主税訳、集英社 2000 年）; Chalmers Johnson, "America's Empire of Bases," *TomDispatch*, 2004 年 1 月 15 日 http://www.tomdispatch.com/index.mhtml?pid1181 で閲覧可能 ;『マンスリー・レビュー』"U.S. Military Bases and Empire."
60. United States Senate Subcommittee on United States Security Agreements and Commitments Abroad, Committee on Foreign Relations, "United States Security Agreements and Commitments Abroad," 91st Congress, Washington DC, 1971, vol. 2, 2417.
61. Smith, *American Empire*, 349, 360.
62. Blaker, "Installations," 32.
63. United States Senate Subcommittee on United States Security Agreements and Commitments Abroad, "United States Security Agreements and Commitments Abroad," 2417.
64. ジミー・カーター「1980 年一般教書演説」Washington, DC, January 23, 1980.
65. この箇所は筆者の "The Bases of War in the Middle East: From Carter to the Islamic State, 35 Years of Building Bases and Sowing Disaster," をもとに書いている。*TomDispatch*, 2014 年 11 月 13 日 http://www.tomdispatch.com/blog/175922/. Nick Turse, "America Begins Nation-Building at Home (Provided Your Home is the Middle East)," *TomDispatch*, 2012 年 11 月 15 日も併せて参照。http://www.tomdispatch.com/blog/175617/; Vytautas B. Bandjunis, *Diego Garcia: Creation of the Indian Ocean Base* (San Jose: Writer's Showcsae, 2001).
66. AFP, "In Detail: The US Military Strength in the Middle East," *Australian*, September 23, 2014, http://www.theaustralian.com.au/news/world/in-detail-the-us-military-strength-in-the-middle-east/story-e6frg6so-1227068027888?nk=8377ee0d489781c9ee1ce50d431c0d45; Ben Piven, "Map: US Bases Encircle Iran," *Al Jazeera.com*, May 1, 2012, http://www.aljazeera.com/indepth/interactive/2012/04/2012417131242767298.html.
67. Justin Elliott, "No, the U.S. Is Not Leaving Iraq," Salon, December 17, 2011, http://www.salon.com/2011/12/17/no_the_u_s_is_not_leaving_iraq/.
68. Craig Whitlock, "U.S. Relies on Persian Gulf Bases for Airstrikes in Iraq,"『ワシントン・ポスト』2014 年 8 月 26 日 http://www.washingtonpost.com/world/national-security/us-relies-on-persian-gulf-bases-for-airstrikes-in-iraq/2014/08/25/517dcde0-2c7a -11e4-9b98-848790384093_story.html.
69. Michael Klare, *Blood and Oil: The Dangers and Consequences of America's Growing Dependency on Imported Petroleum* (New York: Owl Books, 2004).（マイケル・T・クレア『血と油：アメリカの石油獲得戦争』柴田裕之訳、日本放送出版協会、2004）
70. Chalmers Johnson, *The Sorrows of Empire: Militarism, Secrecy, and the End of the Republic* (New York: Holt Paperbacks, 2004), 253.（チャルマーズ・ジョンソン『アメリカ帝国の悲劇』村上和久訳、集英社 2000 年）

第二章　リトルアメリカからリリー・パッドへ

1. GlobalSecurity.org, "Ramstein Air Base," 日付不明。http://www.globalsecurity.org/military/facility/ramstein.htm. 2014 年 12 月 11 日に

アクセス。
2. 86th Air Wing Public Affairs Office, fiscal year 2011 data.
3. Elsa Rassbach, "Protesting U.S. Military Bases in Germany," *Peace Review* 22, no. 2 (2010): 123.
4. Gregory D. Kutz, Bruce A. Causseaux, and Terrell G. Dorn, "Military Construction: Kaiserslautern Military Community Center Project Continues to Experience Problems," 下院監査政府改革委員会での証人喚問 (GAO-08-923T), Washington, DC, 米会計検査院、2008 年 6 月 25 日 ; Mark Abramson, "Oft-delayed KMCC Set to Open Early 2009," 『星条旗』2008 年 11 月 3 日 www.ramstein.af.mil/library/factsheets/factsheet.asp?id=15548.
5. 陸空軍生活品販売業務 "Annual Report 2009," Dallas, TX, 2010, 4.
6. John Spanier, Daniel J. Nelson, *A History of U.S. Military Forces in Germany* (Boulder, CO: Westview Press, 1987), 186–87. に引用されている。
7. John Willoughby, *Remaking the Conquering Heroes: The Postwar American Occupation of Germany* (London: Palgrave Macmillan, 2001), 25–28.
8. Maria Höhn, "'You Can't Pin Sergeant's Stripes on an Archangel': Soldiering, Sexuality, and U.S. Army Policies in Germany," in Höhn and Moon, eds., *Over There*, 118.
9. Höhn, "You Can't Pin," 118.
10. Willoughby, *Conquering Heroes*, 138–39. に引用されている。
11. Willoughby, *Conquering Heroes*, 138–39, 46–49, 137, 140–141.
12. Anni Baker, *Life in the U.S. Armed Forces: (Not) Just Another Job* (Westport, CT: Praeger Security International, 2008), 118–19; A. Baker, *American Soldiers Overseas*, 15.
13. Willoughby, *Conquering Heroes*, 118. に引用されている。
14. Willoughby, *Conquering Heroes*, 118–21.
15. Nelson, *Forces in Germany*, 40–45, 81; Tim Kane, "U.S. Troop Deployment Dataset," エクセルファイル、ヘリテージ財団 , Washington, DC, March 1, 2006.
16. A. Baker, *American Soldiers Overseas*, 53–54.
17. Donna Alvah, "U.S. Military Families Abroad in the Post- Cold War Era and the 'New Global Posture," in Höhn and Moon, eds., *Over There*, 151.
18. Maria H. Höhn, *GIs and Fräuleins: Th e German-American Encounter in 1950s West Germany* (Chapel Hill: University of North Carolina Press, 2002), 6, 31, 52.
19. A. Baker, *American Soldiers Overseas*, 54.
20. Höhn, *GIs and Fräuleins*, 4.
21. Willoughby, *Conquering Heroes*, 150; Nelson, *Forces in Germany*, 55–56. 家族の帯同やリトルアメリカの快適な生活によって、アメリカ人にとっても被占領国の人々にとっても、平時の米兵の海外派遣や西ヨーロッパや日本における主権国家の長期占領が当たり前のこととなった。
22. Willoughby, *Conquering Heroes*, 150.
23. 同上
24. 国防総省 "Strengthening U.S. Global Defense Posture, Report to Congress," Washington, DC, September 17, 2004, 5.
25. Keith B. Cunningham and Andreas Klemmer, "Restructuring the US Military Bases in Germany: Scope, Impacts, and Opportunities," Bonn International Center for Conversion, report 4, Bonn, Germany, June 1995, 13, 20. この報告書にはアメリカから返還された土地が全体で 92,000 エーカー（37,260 ヘクタール）以上、米陸軍から返還された土地だけで 100,000 エーカー（40,500 ヘクタール）以上とあり、食い違いが見られる。
26. ジョージ・W・ブッシュ "Statement on the Ongoing Review of the Overseas Force Posture," November 25, 2003, American Presidency Project, http://www.presidency.ucsb.edu/ws/?pid=64105.
27. Mark L. Gillem, *America Town: Building the Outposts of Empire* (Minneapolis: University of Minnesota Press), 160, xv– xvi.
28. Lawrence L. Knutson, "U.S. Troop Presence in Honduras Called Temporary but Indefinite," AP 通信社 1987 年 4 月 6 日 .
29. John Lindsay-Poland, "Honduras and the U.S. Military," report, Nyack, NY, Fellowship of Reconciliation, September 2011, 2; 米会計検査院 "Honduras: Continuing U.S. Military Presence at Soto Cano Base Is Not Critical"

(GAO/NSIAD-95-39), Washington, DC, February 1995, 10.
30. 米会計検査院 "Honduras," 2.
31. 米会計検査院 "Honduras: U.S. Military Presence at Soto Cano Air Base" (GAO/NSIAD-89-107BR), Washington, DC, March 1989, 1.
32. Lindsay-Poland, "Honduras and the U.S. Military"; A. Louis Arana-Barradas and Megan Schafer, "Changes Make Soto Cano More Permanent," *Airman*, July 2005, 42.
33. Lindsay-Poland, "Honduras and the U.S. Military."
34. デビッド・マケイン大佐から筆者への電子メール、2011 年 8 月 24 日。
35. Gillem, *American Town*, 272; Alexander Cooley, *Base Politics: Democratic Change and the U.S. Military Overseas* (Ithaca, NY: Cornell University Press, 2008), 236; John T. Bennett, "U.S. Military Envisions More Bases Like Djibouti Facility," *DOTMIL* ブログ 2012 年 1 月 30 日 , http://www.usnews.com/news/blogs/dotmil/2012/01/30/us-military-envisions-more-bases-like-djibouti-facility.
36. Thomas Donnolly and Vance Serchuk, "Toward a Global Cavalry: Overseas Rebasing and Defense Transformation," report, Washington, DC, アメリカン・エンタープライズ研究所 2003 年 7 月 1 日 , http://www.aei.org/article/foreign-and-defense-policy/toward-a-global-cavalry/. にて閲覧可能。
37. 2009 年 4 月 27 日の国防総省によるプレゼンテーション "Global Defense Posture and International Agreements Overview," のスライド , 6, 9–10 国防次官補代理 (産業政策担当) 室
38. Chris Woods, "Drone Strikes in Pakistan: CIA drones Quit One Pakistan Site— But US Keeps Access to Other Airbases," Bureau of Investigative Journalism, December 15, 2011; http://www.thebureauinvestigates.com/2011/12/15/cia-drones-quit-pakistan-site-but-us-keeps-access-to-other-airbases/.
39. Robert D. Kaplan, *Hog Pilots, Blue Water Grunts: The American Military in the Air, at Sea, and on the Ground* (New York: Vintage Departures, 2007), 79–80.
40. エリック・G・ジョンから国防長官に宛てたケーブル、2008 年 5 月 23 日 , Bangkok, Thailand, http://wikileaks.org/cable/2008/05/08BANGKOK1611.html; Kaplan, *Hog Pilots*, 79–82.
41. Craig Whitlock, "U.S. Seeks Return to SE Asian Bases,"『ワシントン・ポスト』2012 年 6 月 22 日 http://www.washingtonpost.com/world/national-security/us-seeks-return-to-se-asian-bases/2012/06/22/gJQAKP83vV_story.html.
42. Robert D. Kaplan, "What Rumsfeld Got Right: How Donald Rumsfeld Remade the U.S. Military for a More Uncertain World," *Atlantic*, July 1, 2008, http://www.theatlantic.com/magazine/archive/2008/07/what-rumsfeld-got-right/306870/.
43. Robert D. Kaplan, *Imperial Grunts: On the Ground with the American Military* (New York: Vintage Departures, 2005), 151, 131–84. Carlo Muñoz, "The Philippines Reopens Military Bases to US Forces," June 6, 2012 も併せて参照。 http://thehill.com/blogs/defcon-hill/operations/231257-philippines-re-opens-military-bases-to-us-forces-.
44. Kaplan, "What Rumsfeld Got Right."

第三章　故郷を追われた人々

1. 1964 年 2 月 27 日に、在ロンドン米大使館から国務長官に宛てた電報、Naval History and Heritage Command Archives: 00 Files, 1964, Box 20, 11000/1B, 1–2. この章は筆者の *Island of Shame* と "Forty Years of Heartbreak: Let the People of Diego Garcia Return to Their Homeland," Huffington Post 2013 年 5 月 28 日をもとにしている。http://www.huffingtonpost.com/david-vine/forty-years-of-heartbreak_b_3344190.html. 2001 年にチャゴス島民の弁護士から、アメリカ政府とイギリス政府を相手どった訴訟のための調査研究を持ちかけられたのをきっかけに、ディエゴ・ガルシアとチャゴス島民についての調査を始めた。わたしはこの調査をもとに 3 つの専門家報告書を書いた。この弁護士に雇われていたわけではないが、2001 ～ 2004 年の間に調査費用の一部を負担してもらっている。2. 1960 年 5 月 21 日にオラシオ・リベロが米海軍作戦部長に宛てたメモに同封されたもの。Naval History and Heritage Command Archives: 00 Files, 1960, Box 8, 5710, 2. リ

ベロはバーバーの長期目標グループへの貢献を評価し、この文書を書いた。

3. 同上 , 2.
4. 1960 年 7 月 11 日にオラシオ・リベロが米海軍作戦部長に宛てたメモに同封されたもの。Naval History and Heritage Command Archives: 00 Files, 1960, Box 8, 5710; Rivero, "Long Range Requirements."
5. 同上
6. 同上
7. 1965 年 5 月 10 日に在ロンドン米大使館から国務長官に宛てた電報 , Lyndon B. Johnson Presidential Library: NSF, Country File, Box 207, UK Memos vol. IV 5/65–6/65.
8. イギリスと北アイルランド間の交換公文 "Availability of Certain Indian Ocean Islands for Defense Purposes," December 30, 1966, 1–2.
9. アラン・A・G・J・チャルフォントからデビッド・K・E・ブルースに宛てられた手紙、1966 年 12 月 30 日 National Archives and Records Administration: RG 59/150/64–65, Subject- Numeric Files 1964–1966, Box 1552.
10. ロイ・L・ジョンソンから海軍作戦部次長（計画・政策担当）に宛てたメモ、1958 年 7 月 21 日 , Naval History and Heritage Command Archives: 00 Files, 1958, Box 4, A4-2 Status of Shore Stations, 2–3. 筆者の *Island of Shame*, introduction, chapter 3 も併せて参照。
11. CIA 国家評価室 "Strategic and Political Interests in the Western Indian Ocean," 特別メモ、1967 年 4 月 11 日 , Lyndon B. Johnson Presidential Library: NSF, Country File, India, Box 133, India, Indian Ocean Task Force, vol. II; Horacio Rivero, "Assuring a Future Base Structure in the African-Indian Ocean Area," 米海軍作戦部長に宛てたメモの同封書類、1960 年 7 月 11 日 , Naval History and Heritage Command Archives: 00 Files, 1960, Box 8, 5710.
12. アメリカの外交 , 1969–1976, vol. XXIV, 中東とアラビア半島 1969–1972; Jordan, September 1970, Document 39,（ムーラー）米海軍作戦部長室で準備された書類、1970 年 2 月 11 日 Washington, DC
13. スチュアート・B・バーバーがポール・B・リャンに宛てた手紙、1982 年 4 月 26 日 , 3. この手紙とそのほかの貴重な資料を提供してくれたリチャード・バーバーに感謝している。
14. John Pilger, *Freedom Next Time: Resisting the Empire* (New York: Nation Books, 2007), 25.
15. Rob Evans and Richard Norton-Taylor, "WikiLeaks: Foreign Office Accused of Misleading Public over Diego Garcia," 『ガーディアン』2010 年 12 月 3 日 http://www.theguardian.com/politics/2010/dec/03/wikileaks-cables-diego-garcia-uk.
16. ロバート・A・フロッチから国防副長官に宛てたメモ、1970 年 2 月 27 日 , Naval History and Heritage Command Archives: 00 Files, 1970, Box 111, 11000; ジョン・H・チェイフィーから国防長官に宛てたメモ、1970 年 1 月 31 日 , Naval History and Heritage Command Archives: 00 Files, 1970, Box 111, 11000.
17. E・L・コクラン , Jr. から米海軍作戦副部長（計画・政策担当）に宛てたメモの添付書類 1971 年 3 月 24 日 , NHC: 00 Files, 1971, Box 174, 11000, 2.
18. *Stealing a Nation: A Special Report by John Pilger*, directed by John Pilger and Christopher Martin (2004; London: Granada Television) 参照。Pilger, *Freedom Next Time*, 28.
19. David Ottaway, "Islanders Were Evicted for U.S. Base,"『ワシントン・ポスト』1975 年 9 月 9 日 A1 面 ;『ワシントン・ポスト』1975 年 9 月 11 日論説 "The Diego Garcians," 20. Jonathan Weisgall, *Operation Crossroads: The Atomic Tests at Bikini Atoll* (Annapolis, MD: Naval Institute Press, 1994), 32.
21. 同上 , 106–7.
22. 同上 , 107–8.
23. 同上 , 308–9.
24. 同上 , 309–14.
25. Barbara Rose Johnston and Holly M. Barker, *The Consequential Damages of Nuclear War: The Rongelap Report* (Walnut Creek, CA: Left Coast Press, 2008); Holly M. Barker, *Bravo for the Marshallese: Regaining Control in a Post-Nuclear, Post-Colonial World*, 2nd ed. (Independence, KY: Cengage Learning, 2012) も併せて参照。
26. アメリカ海軍協会 "Reminiscences of Admiral Horacio Rivero, Jr.," 302–3.

27. Cheryl Lewis, "Kaho'olawe and the Military," ICE case study, Washington, DC, Spring 2001, http://www.american.edu/ted/ice/hawaiibombs.htm.

28. John Lindsay-Poland, *Emperors in the Jungle*, 28–29, 42–43, 193.

29. Katherine T. McCaffrey, *Military Power and Popular Protest: The U.S. Navy in Vieques, Puerto Rico* (New Brunswick, NJ: Rutgers University Press, 2002), 9.

30. 米国議会調査部 , "Bill Summary and Status, 100th Congress (1987– 1988), H.R.442," CRS Summary, 1987.

31. Leevin Camacho, "Resisting the Proposed Military Buildup on Guam," in Daniel Broudy, Peter Simpson, and Makoto Arakaki, ed., *Under Occupation: Resistance and Struggle in a Militarised Asia-Pacific* (Newcastle upon Tyne, UK: Cambridge Scholars Publishing, 2013), 186. 82 パーセントという記述もある。LisaLinda Natividad and Victoria Lola Leon-Guerrero, "The Explosive Growth of U. S. Military Power on Guam Confronts People Power: Experience of an Island People Under Spanish, Japanese and American Colonial Rule,"『アジア太平洋ジャーナル』49, issue 3, no. 10 (2010) 参照。

32. C. Johnson, *Sorrows of Empire*, 50–53, 200; C. Johnson, *Blowback*, 11; Kensei Yoshida, *Democracy Betrayed*: *Okinawa Under U.S. Occupation* (Bellingham, WA: Western Washington University, n.d. [2001]); Kozy K. Amemiya, "The Bolivian Connection: U.S. Bases and Okinawan Emigration," in *Okinawa: Cold War Island*, edited by Chalmers Johnson (n.p.: Japan Policy Research Institute, 1999), 63.

33. Michiyo Yonamine, "Economic Crisis Shakes US Forces Overseas: The Price of Base Expansion in Okinawa and Guam,"『アジア太平洋ジャーナル』9, no. 9/2 (2011) で引用されている。

34. Eiichiro Azuma, "Brief Historical Overview of Japanese Emigration, 1868–1998," 全米日系人博物館 http://www.janm.org/projects/inrp/english/overview.htm.

35. C. Johnson, *Sorrows of Empire*, 50–53, 200; C. Johnson, *Blowback*, 11; Yoshida, *Democracy Betrayed*; Amemiya, "The Bolivian Connection: U.S. Bases and Okinawan Emigration," in Okinawa: Cold War Island, edited by Chalmers Johnson (n.p.: Japan Policy Research Institute, 1999), 63; Cooley, *Base Politics*, 146.

36. Aqqaluk Lynge, *The Right to Return: Fifty Years of Struggle by Relocated Inughuit in Greenland* (n.p: Atuagkat Publishers, 2002); D. L. Brown, "Trail of Frozen Tears,"『ワシントン・ポスト』2002 年 10 月 22 日 C1 面 ; J. M. Olsen, "US Agrees to Return to Denmark Unused Area near Greenland Military Base," AP 通信社 2002 年 9 月 24 日 Worldstream.

37. Lynge, *Right to Return*, 10, 27, 32–36.

38. David Hanlon, *Remaking Micronesia: Discourses over Development in a Pacific Territory 1944–1982* (Honolulu: University of Hawai'i Press, 1998), 189–91, 201–2.

39. 同上 , 193; Peter Marks, "Paradise Lost; The Americanization of the Pacific," Newsday, January 12, 1986, 10.

40. PCRC, "The Kwajalein Atoll and the New Arms Race: The US Anti-Ballistic Weapons System and Consequences for the Marshall Islands of the Pacific," *Indigenous Affairs* 2 (2001): 38–43; City Mayors, "The Largest Cities in the World," 日付不名 , http://www.citymayors.com/statistics/largest-cities-density-125.html 2014 年 12 月 18 日にアクセス ; Republic of the Marshall Islands Economic Policy, Planning, and Statistics Office, "Census of Population and Housing: Summary and Highlights Only," report, February 14, 2012, 7.

41. Hanlon, *Remaking Micronesia*, 201.

42. Robert C. Kiste, *The Bikinians: A Study in Forced Migration* (Menlo Park, CA: Cummings Publishing, 1974), 198.

43. McCaffrey *Military Power*, 9–10.

44. Gillem, *America Town*, 37.

45. Catherine Lutz, "A U.S. 'Invasion' of Korea,"『ボストン・グローブ』2006 年 10 月 8 日 ; KCTP English News, "When You Grow Up, You Must Take the Village Back," http://www.antigizi.or.kr/zboard/zboard.php?id=english_news&　page=1&sn1=&divpage=1&sn=off&ss=on&sc=on&select_arrange=headnum&desc=asc &no=204.

46. Anders Riel Müller, "One Island Village's Struggle for Land, Life and Peace," 2011 年 4

月 19 日付けの Save Jeju Now によるブログ http://savejejunow.org/history; Christine Ahn, "Naval Base Tears Apart Korean Village," Foreign Policy in Focus のブログ、2011 年 8 月 19 日 http://fpif.org/naval_base_tears_apart_korean_village.

47. 人類学者は、たとえ社会現象として人々の生活や人生のチャンスに大きな影響を及ぼそうとも、人種は生物学的に決定的なものでも、有効で有用な生物学的概念でもないと明らかにした。

48. A・M・ジャクソンから米海軍作戦部長に宛てたメモ、1964 年 12 月 7 日 , Naval History and Heritage Command Archives: 00 Files, 1965, Box 26, 11000/1B, 3<n->4.

49. 同上

50. Minority Rights Group Report 54 (1985) の John Madeley, "Diego Garcia: A Contrast to the Falklands" を参照。Vine, *Island of Shame*.

51. Laura Jeffery の著作、特に *Chagos Islanders in Mauritius and the UK* (Manchester: Manchester University Press, 2011) を参照。

52. バーバーから『ワシントン・ポスト』の編集者に宛てられた未発表の手紙、1991 年 3 月 9 日。

53. バーバーから上院議員テッド・スティーブンスに宛てた手紙、1975 年 10 月 3 日。

第四章　植民地の今

1. Cooley, *Base Politics*, 65–66. この章のタイトルは Derek Gregory, *The Colonial Present: Afghanistan, Palestine, Iraq* (Malden, MA: Blackwell Publishing, 2004) から取っている。

2. 軍の多くが、グアムなどのマリアナ諸島を含む島々の一部か全部を、ハワイ州の一部あるいは新しい州としてアメリカ合衆国に編入させることを求めた。

3. Stanley de Smith、Roy H. Smith, *The Nuclear Free and Independent Pacific Movement: After Mururo*a (London: I. B. Tauris, 1997), 42 からの引用。

4. Sandars, *America's Overseas Garrisons*, 36 参照。

5. 同上

6. Kaplan, *Hog Pilots*, 60–61.

7. ノーフォーク市報告書 , "Norfolk 2030: The General Plan of Norfolk," 2013 年 3 月 26 日 , 2–1.

8. Shirley A. Kan, "Guam: U.S. Defense Deployments," 米議会調査報告書 , Washington, DC, April 11, 2013, 2–3.

9. Michael L. Bevacqua, *Chamorros, Ghosts, Non-voting Delegates: GUAM! Where the Production of America's Sovereignty Begins* (Ph.D. dissertation, University of California, San Diego, 2010), 1, 8.

10. *Dan Rather Reports*, "Goin' to Guam," October 5, 2010.

11. LisaLinda Natividad and Gwyn Kirk, "Fortress Guam: Resistance to US Military Mega-Buildup,"『アジア太平洋ジャーナル』19, no. 1 (2010); Hermon Farahi, "A Holistic Approach to Understanding the Military Buildup of Guam (Guahan)," ジョージ・ワシントン大学、未発表論文、日付なし。

12. Natividad and Kirk. Insular Nation, directed by Vanessa Warheit (Blooming Grove, NY: New Day Films, 2010) も併せて参照。

13. Miyumi Tanji, "Japanese War time Occupation, Reparation, and Guam's Chamorro Self-Determination," in Broudy et al., *Under Occupation*, 162–67. 第二次世界大戦の歴史に関する詳細情報を提供してくれた、太平洋戦争国立歴史公園、国立公園局のジェームズ・エルケの協力に感謝する。

14. Timothy P. Maga, *Defending Paradise: The United States and Guam 1898–1950* (New York: Garland Publishing, 1988), 173–75.

15. 国立公園局 , "War in the Pacific National Historical Park Guam," guide, n.d.

16. 国立公園局 , "War in the Pacific"; ジェームズ・エルケの私信、2014 年 3 月 17 日。

17. Maga, *Defending Paradise*, 193.

18. この件について明らかにしてくれたグアム漁業協会のジョン・カルボに感謝している。

19. Maga, *Defending Paradise*, 203–7.

20. 米内務省島民事務局 "Definitions of Insular Area Political Organizations," n.d., http://www.doi.gov/oia/islands/politicatypes.cfm.

21. グアム労働局 "The Unemployment Situation on Guam: March 2013," March 27, 2013; Mar-Vic Cagurangan, "Guam's Poverty Rate Up, Income Gap Wide," *Marianas Variety*, December 4, 2013.

22. Camacho, "Resisting," 185. 国防総省は後に

この数字を79,000から59,000に修正した。

23. E.g. Joint Guam Program Office, "Guam/CNMI Military Relocation Opportunities for a Growing Community," fact sheet, Guam, n.d.
24. GuamBaseBuildup.com,email, "Opportunity of a Lifetime!" September 17, 2011.
25. グアム商工会議所軍委員会 "Guam and the CNMI: America's ONLY Sovereign Assets in Asia (100 years and counting)," white paper, June 2011.
26. Camacho, "Resisting," 185–86; 米海軍省 "Guam and CNMI Military Relocation Relocating Marines from Okinawa, Visiting Aircraft Carrier Berthing, and Army Air and Missile Defense Task Force," Final Environmental Impact Assessment Reader's Guide, Pearl Harbor, HI, July 2010, 2-58, 2-61–62.
27. 『ワシントン・ポスト』2010年3月22日A1面、A7面 Natividad and Kirk, "Fortress Guam"; Blaine Harden, "Guam's Support for Military Has Its Limits"
28. *Dan Rather Reports* からの引用。
29. カーラ・フロレス＝メイズの電子メールより引用、2010年10月21日 "The truth about the military," チャモロ島民の男性の歯についての発言は、2011年10月のフロレス＝メイズとのインタビューより引用。
30. Camacho, "Resisting," 187.
31. 同上, 184–189.
32. 米会計検査院による議会への報告書2013年6月 "Defense Management: More Reliable Cost Estimates and Further Planning Needed to Inform the Marine Corps Realignment in the Pacific".
33. Kan, "Guam" も併せて参照。

第五章　独裁者との結託

1. AP通信2013年2月3日 "U.S. Military Expands Its Drug War in Latin America,"; John Lindsay-Poland, "Pentagon Continues Contracting U.S. Companies in Latin America,"『フェローシップ・レコンシリエイション』のブログ、2013年1月31日、http://forusa.org/blogs/john-lindsay-poland/pentagon-continues-contracting-us- companies-latin-america/11782.
2. この章の一部は *Bioinsecurity and Vulnerability*, edited by Lesley Sharp and Nancy Chen (Santa Fe, NM: School for Advanced Research Press, 2014), 25–44に掲載された筆者の "When a Country Becomes a Military Base: Blowback and Insecurity in Honduras, the World's Most Dangerous Place" をもとにしている。
3. Eduardo Galeano, *Open Veins of Latin America: Five Centuries of the Pillage of a Continent* (New York: Monthly Review Press, 1973), 121.
4. Lindsay-Poland, *Emperors in the Jungle*, 16–17; Hall and Pérez Brignoli, *Historical Atlas*, 209.
5. Greg Grandin, *Empire's Workshop: Latin America: the United States, and the Rise of the New Imperialism* (New York: Metropolitan Books, 2006), 3, 20.（グレッグ・グランディン『アメリカ帝国のワークショップ：米国のラテンアメリカ・中東政策と新自由主義の深層』松下冽監訳、山根健至, 小林操史, 水野賢二訳、明石書店、2008）
6. Lester D. Langley and Thomas Schoonover, *The Banana Men: American Mercenaries and Entrepreneurs in Central America, 1880–1930* (Lexington: University of Kentucky Press, 1995), 38–39; John Farley, *Bilharzi: A History of Tropical Medicine* (Cambridge: University of Cambridge Press, 1991), 155.
7. Walter LaFeber, *Inevitable Revolutions: The United States in Central America* (New York: W. W. Norton), 1983, 42, 42–46; Langley and Schoonover, *Banana Men*, 40–41.
8. LaFeber, *Inevitable Revolutions,* 44–45; Greg Grandin, *Empire's Workshop*, 19.
9. LaFeber, *Inevitable Revolutions*, 42; Langley and Schoonover, *Banana Men*, 38–39; Farley, *Bilharzi*, 155.
10. LaFeber, *Inevitable Revolutions,* 45.
11. 同上, 43.
12. 同上, 9, 184; Tim Merrill, ed. *Honduras: A Country Study* (Washington, DC: Government Printing Office, 1995).
13. LaFeber, *Inevitable Revolutions,* 9.
14. 同上, 44–45.
15. William M. LeoGrande, *Our Own Backyard: The United States in Central America, 1977–1992* (Chapel Hill: University of North Carolina Press, 1998), 116–18.
16. 同上, 117–18.

17. Todd Greentree, *Crossroads of Intervention: Insurgency and Counterinsurgency Lessons from Central America* (Westport, CT: Praeger Security International, 2008), 117; LeoGrande, *Our Own Backyard*, 150, 297.
18. LeoGrande, *Our Own Backyard,* 150, 297.
19. Greentree, *Crossroads*, 121, 162.
20. 同上 , 121–22, 162.
21. William R. Meara, *Contra Cross: Insurgency and Tyranny in Central America, 1979– 1989* (Annapolis, MD: Naval Institute Press, 2006), 28–29.
22. LeoGrande, *Our Own Backyard*, 150; Phillip E. Wheaton, *Inside Honduras: Regional Counterinsurgency Base* (Washington, DC: EPICA Task Force, 1982), 40.
23. Glenn Garvin, *Everybody Had His Own Gringo: The CIA and the Contras* (Washington, DC: Brassey's, 1992), 40–41; LeoGrande, *Our Own Backyard*, 395.
24. Government of Honduras, "Annex to the Bilateral Military Assistance Agreement between the Government of Honduras and the Government of the United States of America Dated May 20, 1954," Tegucigalpa, Washington, DC, May 7, 1982, sect. 1.
25. 詳細は筆者の "When a Country Becomes a Military Base." 参照。Problemas Internacionales, "Honduras: Enclave contra Nicaragua," report, Madrid: Instituto de Estudios Politicos para América Latina y Africa, 1982 も併せて参照。Dieter Eich and Carlos Rincón, *The Contras: Interviews with Anti-Sandanistas* (San Francisco: Synthesis Publishers, 1984); Garvin, *Own Gringo*, 111; Wheaton, *Inside Honduras*; Eric L. Haney, "Inside Delta Force," in *American Soldier: Stories of Special Forces from Iraq to Afghanistan*, edited by Clint Willis (New York: Adrenaline, 2002), 27–36; LeoGrande, *Our Own Backyard*, 311, 115, 117, 436, 478, 391, 384–85, 491; Meara, *Contra Cross*, 89–91; Trevor Paglen, *Blank Spots on the Map: The Dark Geography of the Pentagon's Secret World* (New York: Dalton, 2009), 231–33.
26. LeoGrande, *Our Own Backyard*, 587.
27. 同上 , 317; Greentree, *Crossroads*, 37 も併せて参照。
28. National Security Archive, *Chronology: The Documented Day-by-Day Account of the Secret Military Assistance to Iran and the Contras* (New York: Warner Books, 1987), 52–53.
29. Haney, "Inside Delta Force," 28; Greentree, *Crossroads*, 116.
30. Tom Hayden, *Street Wars: Gangs and the Future of Violence* (New York: New Press, 2004), 57; LeoGrande, *Our Own Backyard*, 699nn119–20 も併せて参照。
31. LeoGrande, *Our Own Backyard*, 299.
32. 裁判記録謄本、原告レイエスおよびその他、被告グリハルバ、フロリダ州南地区連邦地方裁判所、2006 年 3 月 6 日
33. Greentree, *Crossroads*, 7.
34. 米会計検査院 "Honduras: Continuing US Military Presence at Soto Cano Base Is Not Critical," GAO/NSIAD-95–39, Washington, DC, February 8, 1995, 1.
35. 同上 , 4, 1.
36. 同上 , 8.
37. Scott M. Hines, "Joint Task Force–Bravo: The U.S. Military Presence in Honduras; U.S. Policy for an Evolving Region," メリーランド大学・国防総合大学修士論文、1994 年
38. Meara, *Contra Cross*, 32, 155.
39. Dana Priest, *The Mission: Waging Wars and Keeping Peace with America's Military* (New York: W. W. Norton, 2003), 199.（デイナ・プリースト『終わりなきアメリカ帝国の戦争：戦争と平和を操る米軍の世界戦略』中谷和男訳、アスペクト、2003 年）
40. 同上 , 200–3.
41. 同上 , 203, 205, 199.
42. 同上 , 206, 77.
43. AP 通信 "Honduran Govt Cooperating with US Human Rights Probe, Foreign Aid Maintained"『ワシントン・ポスト』2013 年 8 月 13 日
44. 国際連合薬物犯罪事務所 "Global Study on Homicide 2013: Trends, Contexts, Data," report, Vienna, March 2014, 24, 126.
45. *Vívelo Hoy*, "Niños Hondureños Parten Hacia EEUU para Evitar el Reclutamiento de las Pandillas," October 9, 2014, http://www.vivelohoy.com/noticias/8419803/ninos-hondurenos-parten-hacia-eeuu-para-evitar-el-reclutamiento-de-las-pandillas.
46. Alberto Arce, "Honduras Police Accused of Death Squad Killings," AP 通信 2013 年 3 月

17日．
47. Adrienne Pine, "Where Will the Children Play? Neoliberal Militarization in Pre- Election Honduras," *Upside Down World*, blog, November 5, 2013, http://upsidedownworld.org/main/index.php?option=com_content&view=article&id=4542:where-will-the-children-play-neoliberal-militarization-in-pre-election-honduras&catid=23:honduras&Itemid=46.
48. Pine, "Where Will the Children Play?"
49. Michael A. Allen, *Military Basing Abroad: Bargaining, Expectations, and Deployment*, ニューヨーク州立大学・博士論文 Binghamton, 2011, 35.
50. Cooley, *Base Politics*, 208–9 も併せて参照。
51. ヒューマン・ライツ・ウォッチ、ワールド・レポート 2014 年 (New York: Human Rights Watch, 2014), 526–30.
52. 同上, 532–38.
53. Adam Taylor and Anup Kaphle, "Thailand's Army Just Announced a Coup. Here Are 11 Other Thai Coups since 1932,"『ワシントン・ポスト』2014 年 3 月 22 日
54. Kent E. Calder, *Embattled Garrisons: Comparative Base Politics and American Globalism* (Princeton, NJ: Princeton University Press, 2007), 76, 115–16.
55. Cooley, *Base Politics*, 105–13.
56. 同上, 250.
57. 同上, 249–51.
58. この箇所の分析を提案してくれたジョー・マスコに感謝している。
59. C. Johnson, *Blowback*, xi.
60. Adrienne Pine, *Working Hard, Drinking Hard: On Violence and Survival in Honduras* (Berkeley: University of California Press, 2008), 35–38; T. W. Ward, *Gangsters Without Borders: An Ethnography of a Salvadoran Street Gang* (Oxford: Oxford University Press, 2012).
61. Paglen, *Blank Spots*, 237, 211.
62. Thom Shanker, "Lessons of Iraq Help U.S. Fight a Drug War in Honduras,"『ニューヨーク・タイムズ』2012 年 3 月 5 日第 1 面
63. 国際連合薬物犯罪事務所

第六章　マフィアとの癒着

1. この章の以前のバージョンは次のような形で発表されている。"Married to the Mob? Uncovering the Relationship between the U. S. Military and the Mafia in Southern Italy," in *Anthropology Now* 4, no. 2: 54–69; "Yankee City in the Heart of the Camorra: The U.S. Military in Campania," in *Meridione*: Sud *e Nord nel Mondo: La Napoli degli Americani dalla Liberazione alle basi Nato* [Southern Italy: South and North in the World: Americans in Naples from Liberation to NATO Bases], no. 4 (2011), edited by Chiara Ingrosso and Luca Molinari, 243–64.
2. Roberto Saviano, *Gomorrah: A Personal Journey into the Violent International Empire of Naples' Organized Crime System*, translated by V. Jewiss (New York: Picador, 2007), 161.（R・サヴィアーノ『死都ゴモラ：世界の裏側を支配する暗黒帝国』大久保昭男訳、河出書房新社、2011 年）
3. Carlo Alfiero, "Criminal Organisations in Southern Continental Italy: Camorra, 'Ndrangheta, Sacra Corona Unita," in *Rivista papers of the 1st European Meeting 'Falcon One' on Organised Crime*," Rome, April 26–28, 1995, http://www.sisde.it/sito/supplemento.nsf/stampe/10.
4. David Lane, *Into the Heart of the Mafia* (New York, Thomas Dunne Books, 2002), 187.
5. Saviano, *Gomorrah*, 46–47, 63–67, 120.
6. 同上, 161.
7. ロイター通信社 "EU Sends Italy Back to Court Over Naples Trash Epidemic," Reuters.com, June 20, 2013, http://www.reuters.com/article/2013/06/20/italy-garbage-eu-idUSL5N0EW2KY20130620.
8. Edna Buchanan, "Lucky Luciano: Criminal Mastermind,"『タイム』1998 年 12 月 7 日 http://www.time.com/time/magazine/article/0,9171,989779-1,00.html.
9. Rodney Campbell, *The Luciano Project: The Secret War time Collaboration of the Mafia and the U.S. Navy* (New York: McGraw-Hill, 1977), 1–2.
10. Salvatore Lupo, *History of the Mafia*, translated by Anthony Shugaar, (New York: Columbia University Press, 2009), 187.
11. R. Campbell, *Luciano Project*, vii; Tom Behan, *See Naples and Die: The Camorra

and Organized Crime (London: Taurus Parke Paperbacks), 50–51; Tim Newark, *Lucky Luciano: The Real and the Fake Gangster* (New York: Thomas Dunne Books, 2010), 164; Lupo, *History of the Mafia*, 187; Salvatore Lupo, "The Allies and the Mafia," *Journal of Modern Italian Studies* 2, no. 1 (1997): 21–33.

12. Tom Behan, *Defiance: The Story of One Man Who Stood Up to the Sicilian Mafia* (London: I. B. Taurus, 2008), 4–5.
13. Lupo, "Allies," 29.
14. Behan, *See Naples*, 53. Alexander Cockburn and Jeffrey St. Clair, *Whiteout: The CIA, Drugs, and the Press* (London: Verso, 1998), 127–29 も併せて参照。
15. Cockburn and St. Clair, *Whiteout*, 128.
16. Norman Lewis, *Naples, '44: A World War II Diary of Occupied Italy* (New York: Carroll and Graf Publishers, 2005[1978]), 125. Gigi di Fiore, *Controstoria della Liberazione* (Milan: Rizzoli, 2012) も併せて参照。この資料について教えてくれた友人に感謝する。
17. Lewis, *Naples '44*, 69–70.
18. シチリア島については特に Lupo, "Allies," 26 を参照。
19. Lewis, *Naples '44,* 109.
20. 同上 , 123.
21. Lane, *Into the Heart*, 189, 192; Behan, *See Naples*, 46.
22. Lewis, *Naples '44,* 109–10.
23. Cockburn and St. Clair, *Whiteout*, 128.
24. Behan, *See Naples*, 54–56.
25. Cooley, *Base Politics*, 199, 199nn88–89. その後 1995 年に結ばれた条約が加わったが、二国間インフラ協定は失効していない。
26. Daniele Ganser, *NATO's Secret Armies: Operation GLADIO and Terrorism in Western Europe* (New York: Frank Cass, 2005), 63.
27. A. Zecca, "Basi e Intallazioni Militari in Campania," in *Napoli Chiama Vicenza: Disarme i Territori, Constuire la Pace*, edited by Angelica Romano (Pisa: Quaderni Satyagraha, 2008), 46 も併せて参照。
28. Lewis, *Naples '44*, 141.
29. Behan, *See Naples*, 57–58.
30. 同上 , 57–58; J. Patrick Truhn, "Organized Crime in Italy II: How Organized Crime Distorts Markets and Limits Italy's Growth," 国務長官に宛てたケーブル、08NAPLES37、2006 年 6 月 6 日、ウィキリークス
31. R. Campbell, *Luciano Projects*, 1–2.
32. Francesco Erbani, "La Cittá degli Abusi," *La Repubblica*, July 9, 2002.
33. Saviano, *Gomorrah*, 187–88.
34. 同上 , 168; Erbani "La Cittá."
35. Paolo Spiga, "Famiglia Cristiana, Grandi Dinasty Mattonare—i Coppola," *La Voce della Voci*, October 2010, 21.
36. Erbani, "La Cittá."
37. Felia Allum, *Camorristi, Politicians, and Businessmen: The Transformation of Organized Crime in Post-War Naples* (Leeds: Northern Universities Press, 2006), 162, xvi, 172.
38. Sue Palumbo, "Agnano Seamen to Stay in Barracks,"『星条旗』1973 年 5 月 16 日 , 3.
39. Spiga, "Famiglia Cristiana," 21; Erbani, "La Cittá."
40. 国防次官ジョン・マクガバンは次のように書いている。「下院議員ロン・デラムズが下院軍事委員長に就任する。トム・フォグリエッタは軍建設歳出小委員会で、プロジェクトへの資金提供という新しい役割を担うことになる。このふたりはナポリにおけるプロジェクトの承認と予算割当ての権限を持つ有力な立場にある」Spiga, "Famiglia Cristiana," 21 参照。
41. F. Geremicca, "Invece di una Nuova Pompei il Villaggio della US Navy," *Diario*, September 21/27, 2001, http://dust.it/articolo-diario/invece-di-una-nuova-pompei-il-villaggio-della-us-navy.
42. Andrea Cinquegrani, "Farano un Deserto e lo Chiameranno NATO," *La Voce della Campania*, April 6-9, 2001, 7.
43. Geremicca, "Nuova Pompei" ; 同上
44. Ward Sanderson, "Mafia Linked to Navy Site: Developers Accused of Conspiracy,"『星条旗』1999 年 7 月 18 日 , 1, 4.
45. 同上 , 1, 4.
46. Geremicca "Nuova Pompei"; Spiga, "Famiglia Cristiana," 21.
47. Sanderson, "Mafia Linked," 1, 4.
48. 同上 , 4.
49. 同上
50. CNN, "Navy's Top Officer Dies of Gunshot, Apparently Self-Inflicted," CNN.com, May 16, 1996、http://www.cnn.com/

US/9605/16/boorda.6p/ で閲覧可能。
51. 胸に一発の銃弾というだけでも、自殺の方法としては比較的珍しい。Veljko Strajina and Slobodan Nikolić, "Forensic Issues in Suicidal Single Gunshot Injuries to the Chest: An Autopsy Study," *American Journal of Forensic Medicine and Pathology* 33, no. 4 (2012): 373–76.
52. "21 U.S. Sailors Seized in Italy in Drug Inquiry,"『ニューヨーク・タイムズ』1996 年 5 月 29 日 A17 面 ; C. Stewart, "Admiral's Suicide Pre-empts Vietnam Medal Investigation," *Weekend Australian*, May 18, 1996; *Deutsche Presse-Agentur*, "Top U.S. Naval Officer Dies of Self-Inflicted Gunshot Wound,"May 16, 1996.
53. Sanderson, "Mafia Linked," 4.
54. ブログへの匿名のコメント「わたしがイタリアのナポリで働き始めて一年弱になるが、ここではボーダ大将がマフィア、カモッラの犠牲になったという噂だ。ボーダは犯人と思われるマフィアが軍事基地建設契約を結ぶのに手を貸した……ナポリに住むイタリア人はみんなボーダが殺されたと言っている」参照。http://news4a2.blogspot.com/2005/05/adm-jeremy-mike-boorda-may-16-1996-pt.html.
55. Lorenzo Cremonese, "NATO Commander Tells Government: Protect Our Men from Casalesi Clan," *Corriere della Sera*, trans. BBC Monitoring Europe, November 6, 2008; Paola Totaro, "NATO Pours Rent Money into Mafia Coffers," *Sydney Morning Herald*, November 6, 2008; Paul Bompard, "Nato Officers Rent Villa Owned by Naples Mafia Boss,"『タイムズ』(ロンドン) 2008 年 10 月 27 日 ; 米財務省 "Treasury Sanctions Members of the Camorra," プレスリリース、2012 年 8 月 1 日、Washington, DC
56. Totaro, "NATO Pours."
57. Cremonese, "NATO Commander."
58. Totaro, "NATO Pours."
59. Lisa M. Novak, "Italian Police Ask Navy for Records to 6 Naples Homes Court-Order Could Be Tied to Mafia Probe,"『星条旗』2008 年 12 月 17 日
60. Sandra Jontz, "Official Seeks Assurance for Naples' U.S. Renters,"『星条旗』2008 年 11 月 27 日
61. Il Matino, "Sanzioni ai Casalesi: Agli Americani È Vietato Entrare nelle Case dei Boss," August 3, 2012, http://www.ilmattino.it/articolo.php?id=212167&sez=CAMPANIA; Ermete Ferraro, "NATO' CERCA . . . CASALESI," *Ermete's Peacebook*, blog, August 4, 2012, http://ermeteferraro.wordpress.com/2012/08/04/nato-cerca-casalesi/
62. 米連邦会計検査院長 , "Improved Procedures Needed for Obtaining Facilities for U. S. Naval Support Activity Naples, Italy by Lease-Construction Method," report, Washington, DC, January 4, 1970. 2, 16–17.
63. Roberto Saviano, *Beauty and the Inferno: Essays* (New York: Verso, 2012). 165
64. Laura Simich, "The Corruption of a Community's Economic and Political Life: The Cruise Missile Base in Comiso," Joseph Gerson and Bruce Birchard, ed., *The Sun Never Sets: Confronting the Network of Foreign U.S. Military Bases* (Philadelphia: American Friends Service Committee, 1991). 79, 85, 91, 82 より。(ジョセフ・ガーソン、ブルース・バーチャード『ザ・サン・ネバー・セッツ：世界を覆う米軍基地』新日本出版社、1994 年)
65. 238 F.3d 1324 (Fed. Cir. 2000), *Impresa Construzioni Geom. Domenico Garufi v. United States*, 米国連邦巡回控訴裁判所、2001 年 1 月 3 日
66. Simich, "The Corruption of a Community,' 91 で引用されている。
67. Mazzeo, "Niscemi, la Mafia e il MUOS," Antonio Mazzeo Blog, November 19, 2012, http://antoniomazzeoblog.blogspot.com/2013/11/niscemi-la-mafia-e-il-muos.html.
68. Walter Mayr, "The Mafia's Deadly Garbage: Italy's Growing Toxic Waste Scandal," *Spiegel Online International*, January 16, 2014, http://www.spiegel.de/international/europe/anger-rises-in-italy-over-toxic-waste-dumps-from-the-mafia-a-943630.html.
69. 同上 , Steven Beardsley, "Naples Base Seeks to Assuage Fears Amid New Reports of Toxic Dumping,"『星条旗』2013 年 11 月 22 日
70. Fabrizio Bianchi, Pietro Comba, Marco Martuzzi, Raffaele Palombino, and Renato Pizzuti, "Italian 'Triangle of Death,' " *Lancet*

Oncology 5, no. 12 (2004), 710; Kathryn Senior and Alfredo Mazza, "Italian "Triangle of Death" Linked to Waste Crisis," *Lancet Oncology*, 5, no. 9 (2004), http://www.uonna.it/lancet-journal-acerra.htm; Pietro Comba et al., "Cancer Mortality in an Area of Campania (Italy) Characterized by Multiple Toxic Dumping Sites," *Annals of the New York Academy of Sciences* 1076 (September 2006), 449–61; Marco Martuzzi et al., "Cancer Mortality and Congenital Anomalies in a Region of Italy with Intense Environmental Pressure Due to Waste," *Occupational Environmental Medicine* 66, no. 1 (2009), 725–32.

71. Vice, "Toxic: Napoli," Vice.com, 2009, http://www.vice.com/video/toxic-napoli-1-of-2.
72. Naval Facilities Engineering Command Atlantic, *Final Phase I Environmental Testing Support Assessment Report Volume I Naval Support Activity Naples*, April 2009; "Naples Water Buffalo Herds Are Quarantined,"『星条旗』2008 年 3 月 22 日 , http://www.stripes.com/news/naples-water-buffalo-herds-are-quarantined-1.76792.

第七章　毒物による環境汚染

1. *Saipan Tribune,* "Navy Granted Use of Farallon de Medinilla," May 23, 2002; DMZ Hawai`i Aloha 'Aina, "Navy to Conduct Live-fire Exercises on Farallon de Medinilla," October 10, 2009, blog, http://www.dmzhawaii.org/?tag=farallon-de-medinilla.
2. Robert F. Durant, *The Greening of the U.S. Military: Environmental Policy, National Security, and Organizational Change* (Washington, DC: Georgetown University Press, 2007), 6–8.
3. 同上 , 5.
4. 同上 , 5–9.
5. 同上 , 11.
6. U.S. Army Garrison Vicenza, "Del Din Green Building Education Tour," presentation slides, Vicenza, Italy, n.d. [2013].
7. Sharon Weiner, "Environmental Concerns at U.S. Overseas Military Installations," working paper, Defense and Army Control Studies Program, Center for International Studies, Massachusetts Institute of Technology, July 1992, 4.
8. Michael T. Klare, *The Race for What's Left: The Global Scramble for the World's Last Resources* (New York: Metropolitan Books, 2012), 13.
9. David S. Sorenson, *Military Base Closure: A Reference Handbook* (Westport, CT: Praeger Security International, 2007), 67.
10. 同上 , 69–70; John M. R. Bull, "The Deadliness Below: Weapons of Mass Destruction Thrown into the Sea Years Ago Present Danger Now–and the Army Doesn't Know Where They All Are," *Daily Press* (Hampton Roads, VA), October 30, 2005.
11. Durant, *Greening*, 77–79.
12. 米国では、軍は絶滅危惧種保護法と海産哺乳類保護法の一部の適用除外を勝ち取っているほか、大気浄化法などの環境保護法についても適用除外を求めている。議会は、海軍のファラリョン・デ・メディニラ島での訓練が渡り鳥条約法に違反しているとの裁判所の判決に対し、2003 年に同法の適用除外を認めている。Government Accountability Office, "Military Training: Compliance with Environmental Laws Affects Some Training Activities, but DOD Has Not Made a Sound Business Case for Additional Environmental Exemptions," GAO-08-407, March 2008.
13. Jon Mitchell, "Pollution Rife on Okinawa's U.S.-Returned Base Land," *Japan Times,* December 4, 2013.
14. Weiner, "Environmental Concerns," 24–25; Sorenson, *Base Closure*, 120.
15. Dina Fine Maron, "Toxic Burn Pits at U.S. Marine Base in Afghanistan Threaten Health," *Scientific American*, July 11, 2013, http://blogs.scientificamerican.com/observations/2013/07/11/toxic-burn-pits-at-u-s-marine-base-in-afghanistan-threaten-health/.
16. Spencer Ackerman, "Leaked Memo: Afghan 'Burn Pit' Could Wreck Troops' Hearts, Lungs," Danger Room blog, Wired.com, May 22, 2012, http://www.wired.com/dangerroom/2012/05/bagram-health-risk.
17. Sorenson, *Base Closure*, 69.
18. Peter H. Sand, *U.S. and the U.K. in Diego Garcia: The Future of a Controversial Base* (London: Palgrave Macmillan, 2009), 51–62; David Vine, S. Wojciech Sokolowski, and

Philip Harvey, *Dérasiné*: The Expulsion and Impoverishment of the Chagossian People [Diego Garcia]" (unpublished expert report, April 9, 2005), 183–90.

19. Ari Phillips, "Decades-Old Underground Jet Fuel Leak in New Mexico Still Decades from Being Cleaned Up," ThinkProgress.org, January 14, 2014, http://thinkprogress.org/climate/2014/01/14/3160291/kirtland-jet-fuel-leak-water-contaminated/#.
20. Environment News Service, "Residents Near U.S. Okinawa Air Base Sue over Noise," April 28, 2011, http://ens-newswire.com/2011/04/28/residents-near-u-s-okinawa-air-base-sue-over-noise-3/.
21. Office of the Special Inspector General for Afghanistan Reconstruction, "Observations on Solid Waste Disposal Methods in Use at Camp Leatherneck," alert, Department of Defense, Alexandria, VA, July 17, 2013.
22. Dina Fine Maron, "Pentagon Weighs Cleanups as It Plans Iraq Exit," *New York Times*, January 13, 2010.
23. Richard Albright, *Cleanup of Chemical and Explosive Munitions: Location, Identification and Environmental Remediation* (Oxford: William Andrew, 2008), 118, 122–23, 126–28; Charles Bermphol, "Spring Valley: At Risk from WWI Poisons?" *Current Supplement*, B10–11.
24. Albright, *Cleanup*, 123; Mark Leone, "How the Landscape of Fear Works in Spring Valley, a Washington, D.C. Neighborhood, *City and Society* 18, no. 1 (2006): 37.
25. Harry Jaffe, "Ground Zero," *Washingtonian*, December 1, 2000; Vogel 2011; Steve Vogel, "U.S. Ignored High Arsenic Level at NW Home in Mid-'90s," *Washington Post*, July 25, 2001, A1.
26. Harry Jaffe, "Eleanor Holmes Norton Wants Family Relocated from Spring Valley Superfund Site," *Washingtonian*, February 21, 2013, http://www.washingtonian.com/blogs/capitalcomment/local-news/eleanor-holmes-norton-wants-family-relocated-from-spring-valley-superfund-site.php; Jaffe, "Ground Zero."
27. Jaffe, "Ground Zero."
28. Jaffe, "Eleanor Holmes Norton"; Brady Holt, "Neighbors Back Plans for Glenbrook Road Cleanup," *Northwest Current*, November 2, 2011, 1, 29.
29. Jaffe, "Eleanor Holmes Norton."
30. Sorenson, *Base Closure*, 120.
31. Ashley Rowland, "U.S. Military: No Agent Orange at South Korea Base," *Stars and Stripes*, June 23, 2011.
32. Yonhap News "Underground Water Near Seoul's U.S. Military Camp Contaminated," October 23, 2012, http://english.yonhapnews.co.kr/national/2012/10/23/27/0301000000AEN20121023007900315F.html.
33. Jason Strother, "Environmental Investigation Underway on US Base in S. Korea," *Voice of America News*, June 28, 2011, http://www.voanews.com/english/news/Environmental-Investigation-Underway-on-US-Base-in-South-Korea-124639199.html.
34. Tammy Leitner, "Valley Veteran Blows Whistle on Burial of Agent Orange; Steve House, 2 Others Say They Just Followed Orders in 1978," KPHO CBS 5 News, May 13, 2011, http://www.kpho.com/news/27892124/detail.html.
35. Christine Ahn and Gwyn Kirk, "Agent Orange in Korea," *Foreign Policy in Focus*, July 7, 2011, http://www.fpif.org/articles/agent_orange_in_Korea.
36. Strother, "Environmental Investigation Underway"; Environmental Protection Agency, "An Introduction to Indoor Air Quality (IAQ): Formaldahyde," June 20, 2012, http://www.epa.gov/iaq/formaldehyde.html#Health_Effects; Gillem, 46–47.
37. Bandjunis, *Diego Garcia*, 47–49.
38. Peter H. Sand, email to author, October 19, 2009.
39. Cathal Milmo, "British Government under Fire for Pollution of Pristine Lagoon," *Independent* March 28, 2014, http://www.independent.co.uk/news/world/americas/exclusive-british-government-under-fire-for-pollution-of-pristine-lagoon-9222170.html; Cahal Milmo, "Exclusive: World's Most Pristine Waters Are Polluted by US Navy Human Waste," *Independent*, March 15, 2014, http://www.independent.co.uk/news/uk/home-news/exclusive-worlds-most-pristine-waters-are-

polluted-by-us-navy-human-waste-9193596.html.
40. Steve Goldstein, "They 'Punched Out' and Lived to Tell," *Edmonton Journal*, May 26, 2002, Sunday Reader, D6.
41. Jon Mitchell, "Fears Widen over Kadena Toxins," *Japan Times*, February 1, 2014.
42. Sorenson, *Base Closure*, 120.
43. Weiner, "Environmental Concerns."
44. John Lindsay-Poland, "U.S. Military Bases in Latin America and the Caribbean," in *Bases of Empire*, 87.
45. Katherine T. McCaffrey, "Environmental Struggle after the Cold War: New Forms of Resistance to the U.S. Military in Vieques, Puerto Rico," in *Bases of Empire*, 235–37; McCaffrey, *Military Power*; Lindsay-Poland, "U.S. Military Bases," 87; see also Lindsay-Poland, *Emperors in the Jungle*.
46. David Beardon, "Vieques and Culebra Islands: An Analysis of Cleanup Status and Costs," Congressional Research Service, report, Washington, DC, July 7, 2005; McCaffrey, "Environmental Struggle," 218; Ben Fox, "Vieques Cleanup: Island at Odds with U.S. Government Declaration That 400-Acre Bomb Site Cleanup Is Complete," Associated Press, October 5, 2012, available at http://www.huffingtonpost.com/2012/10/05/vieques-cleanup-bomb-site_n_1942107.html.
47. National Park Service, American Memorial Park, Saipan, CNMI.
48. Nautilus Institute for Security and Sustainability, "Toxic Bases in the Pacific," APSNet Special Reports, November 25, 2005, http://nautilus.org/apsnet/toxic-bases-in-the-pacific.
49. Urban Niblo, memo to Chief of Ordnance, Pentagon, "Report of Bomb Disposal Activities, Marianas-Bonins Command," June 9, 1947.
50. Natividad and Kirk, "Fortress Guam."
51. Nic Maclellan, "Toxic Bases in the Pacific," *Pacific News Bulletin*, 2000; Natividad and Kirk, "Fortress Guam"; Saipan Tribune, "U.S. EPA Completes Water Sampling," May 25, 2000, http://www.saipantribune.com/index.php/95eba5ac-1dfb-11e4-aedf-250bc8c9958e/.
52. Government Accountability Office, "DOD Can Improve Its Response to Environmental Exposures on Military Installations," report to Congress, Washington, DC, May 2012, 28n54; Maclellan, "Toxic Bases"; Natividad and Kirk, "Fortress Guam"; Sorenson, *Base Closure*, 68; Jon Mitchell, " 'Deny, Deny Until All the Veterans Die'–Pentagon Investigation into Agent Orange on Okinawa," Truthout.com, June 13, 2013, http://truth-out.org/news/item/16945-deny-deny-until-all-the-veterans-die-pentagon-investigation-into-agent-orange-on-okinawa.
53. Robert Hicks, "Andersen AFB Saves $25 Million with Contamination Cleanup Concept," Air Force news, http://www.af.mil/news/story.asp?id=123339500.
54. Nicholas Duchesne, "Death from the Skies!" *Slate*, December 3, 2013, http://www.slate.com/blogs/wild_things/2013/12/04/poison_pill_mice_parachuted_onto_guam_fighting_brown_tree_snakes_with_tylenol.html.
55. Travis J. Tritten and Lisa Tourtelot, "US Wants to Expand Training Exercises in Western Pacific," *Stars and Stripes*, November 3, 2013, http://www.stripes.com/news/us-wants-to-expand-training-exercises-in-western-pacific-1.250588; Zoe Loftus-Farren, "US Plans to Expand War Games in Ecologically Rich Mariana Islands," *Earth Island Journal*, November 22, 2013, http://www.earthisland.org/journal/index.php/elist/eListRead/us_plans_to_expand_war_games_in_ecologically_rich_mariana_islands/. See also savepaganisland.org and http://www.cnmijointmilitarytrainingeis.com.
56. Natividad and Kirk, "Fortress Guam." グアムのチャモロ族は糖尿病の罹患率も高く、米国での罹患率の約 5 倍である。
57. Government Accountability Office, "DOD Can Improve," 53–54.
58. McCaffrey, *Military Power*, 9–10.

第八章　すべての人が奉仕する

1. Bubbie Baker, "Life on a Military Base," MilitaryBases.com, March 8, 2012, http://militarybases.com/blog/life-on-a-military-base/.
2. Defense Finance and Accounting Service, Department of Defense, "Military Pay Table 2014," table, January 1, 2014, http://www.

dfas.mil/militarymembers/payentitlements/militarypaytables.html; AFL-CIO, "CEO-to-Worker Pay Gap in the United States," Executive Paywatch, 2013, https://www.aflcio.org/Corporate-Watch/CEO-Pay-and-You/CEO-to-Worker-Pay-Gap-in-the-United-States.
3. Gillem, *America Town*, 113.
4. Sarah Stillman, "The Invisible Army," *New Yorker*, June 6, 2011.
5. Alvah, "U.S. Military Families", 151.
6. U.S. Department of Defense, "2013 Demographics: Profile of the Military Community," report, Washington, DC, 2014, 185.
7. Quoted in Willoughby, *Conquering Heroes*, 120.
8. See A. Baker, *Life in the U.S. Armed Forces*, 121.
9. A. Baker, *American Soldiers Overseas*, 57–58.
10. A. Baker, *Life in the U.S. Armed Forces*, 120–22.
11. 同上, 117–18, 129.
12. Rod Powers, "Overseas Cost of Living Allowance (COLA)," About.com, September 14, 2010, http://usmilitary.about.com/od/fy2008paycharts/a/ocola.htm; Defense Travel Management Office, "Overseas Cost of Living Allowances (COLA)," Department of Defense, http://www.defensetravel.dod.mil/site/cola.cfm.
13. 2011 年、軍の学校制度における生徒ひとり当たりの支出額は 2 万 3000 ドルから 3 万 3000 ドルだった。U.S. Department of Defense, "Fiscal Year (FY) 2013 Budget Estimates: Department of Defense Dependents Education," DoDDE-360; National Center for Education Statistics, "Public School Expenditures," Institute of Education Sciences, U.S. Department of Education, April 2014, http://nces.ed.gov/programs/coe/indicator_cmb.asp.
14. Nicholas D. Kristof, "Our Lefty Military," *New York Times*, June 15, 2011.
15. A. Baker, *Life in the U.S. Armed Forces*, 126–27.
16. Lutz, *Homefront*, 188.
17. Pamela R. Frese, "Guardians of the Golden Age: Custodians of U.S. Military Culture," in *Anthropology and the United States Military: Coming of Age in the Twenty-first Century*, edited by Pamela R. Frese and Margaret C. Harrell (New York: Palgrave Macmillan, 2003), 57.
18. A. Baker, *Life in the U.S. Armed Forces*, 116.
19. John Ramsey, "Colonel's Wife Accused of Harassing Soldiers," *Fayetteville* (NC) *Observer*, June 11, 2010.
20. Lutz, *Homefront*, 187.
21. Gillem, *America Town*, 292n38.
22. Lutz, *Homefront*, 188.
23. A. Baker, *Life in the U.S. Armed Forces*, 116.
24. Mitzi Uehara Carter, "Nappy Routes and Tangled Tales: Critical Ethnography in a Militarised Okinawa," in Broudy et al., *Under Occupation*, 22.
25. See e.g. Ramsey, "Colonel's Wife."
26. David Abrams, *Fobbit* (New York: Black Cat, 2012), 2.
27. Greg Jaffe, "Facebook Brings the Afghan War to Fort Campbell," *Washington Post*, November 5, 2010.

第九章　商品としての性

1. Cynthia Enloe, *Bananas, Beaches and Bases: Making Feminist Sense of International Politics* (Berkeley: University of California Press, 1989), 72; Frese, "Guardians," 65, 45.
2. Nick Schwellenbach and Carol Leonnig, "U.S. Policy a Paper Tiger against Sex Trade in War Zones," July 18, 2010, A4; Rajiv Chandrasekaran, *Imperial Life in the Emerald City: Inside Iraq's Green Zone* (New York: Vintage Books, 2006), 64.
3. Seungsook Moon, "Regulating Desire, Managing the Empire: U.S. Military Prostitution in South Korea, 1945–1970," in Höhn and Moon, eds., *Over There*, 43–44.
4. Statistics from Women's Active Museum on War and Peace (Tokyo, Japan, 2010); S. Moon, "Regulating Desire," 45.
5. S. Moon, "Regulating Desire," 42–43.
6. S. Moon が次の著書において引用、翻訳した。"Regulating Desire," 51.［本書邦訳にあたって日本語に翻訳］
7. S. Moon, "Regulating Desire," 53–54.
8. Gillem, *America Town*, 51–53.
9. S. Moon が次の著書に引用した。"Regulating Desire," 66, 58–67.
10. S. Moon, "Regulating Desire," 76n90; Katherine Moon, *Sex Among Allies: Military*

Prostitution in U.S.-Korea Relations (New York: Columbia University Press, 1997), 37.

11. Sang-hun Choe, "Ex-Prostitutes Say South Korea and U.S. Enabled Sex Trade Near Bases," *New York Times*, January 7, 2009.
12. Rick Mercier, "Way Off Base: The Shameful History of Military Rape in Okinawa," *On the Issues*, Winter 1997, http://www.ontheissues-magazine.com/1997winter/w97_Mercier.php.
13. A. Baker, *Life in the Armed Forces*, 106–8.
14. Gillem, *America Town*, 49.
15. Choe, "Ex-Prostitutes."
16. 同上
17. Durebang / My Sister's Place, "Durebang Report: Concerning Migrant Women Involved with U.S. Bases: From 2002–2009," report, Uijeongbu, South Korea, n.d. [2010], 40.
18. Seungsook Moon, "Camptown Prostitution and the Imperial SOFA: Abuse and Violence against Transnational Camptown Women in South Korea," in Höhn and Moon, eds., *Over There*, 342–43, 348.
19. "Durebang Report"; S. Moon, "Camptown Prostitution."
20. "Durebang Report," 89.
21. Reed Irvine and Cliff Kincaid, "The Pentagon's Dirty Secret," *Media Monitor*, August 7, 2002, http://www.aim.org/publications/media_monitor/2002/08/07.html.
22. Barbara Demick, "Off-Base Behavior in Korea," *Los Angeles Times*, September 26, 2002.
23. Irvine and Kincaid, "Pentagon's Dirty Secret"; S. Moon, "Camptown Prostitution," 346; Gillem, *America Town*, 67.
24. Donna M. Hughes, Katherine Y. Chon, and Derek P. Ellerman, "Modern-Day Comfort Women: The U.S. Millitary, Transnational Crime, and the Trafficking of Women," *Violence Against Women* 13, no. 9 (2007), 918.
25. Irvine and Kincaid, "Pentagon's Dirty Secret."
26. GI Korea, "Stars and Stripes Exposes Prostitution in South Korea's Juicy Bars", ROKDrop.net, September 8, 2009.
27. Gillem, *America Town*, 54.
28. Demick, "Off-Base Behavior."
29. 同上
30. S. Moon, "Camptown Prostitution," 352–53; "Durebang Report."
31. Hughes, Chon, and Ellerman, "Modern-Day Comfort Women," 910, 919; Timothy C. Lim and Karam Yoo, "The Dynamics of Trafficking, Smuggling and Prostitution: An Analysis of Korean Women in the U.S. Commercial Sex Industry," report, Bombit Women's Foundation, Seoul, South Korea, n.d., 19.
32. K. Moon, *Sex Among Allies*, 35.
33. Calvin Sims, "A Hard Life for Amerasian Children," *New York Times*, July 23, 2000.
34. Höhn, "'You Can't Pin Sergeant's Stripes on an Archangel,'" 124.
35. See e.g. Toshio Suzuki, "From Dooley to Jones, Bases in Germany Feed US Soccer Team's Multicultural Success," *Stars and Stripes*, December 13, 2013.
36. Jon Rabiroff and Hwang Hae-rym, " 'Juicy Bars' Said to Be Havens for Prostitution Aimed at U.S. Military," *Stars and Stripes*, September 9, 2009.
37. Jon Rabiroff , "Inside the Juicy Bars: Drinks, Conversation and . . ." *Stars and Stripes*, April 24, 2010.
38. Irvine and Kincaid, "Pentagon's Dirty Secret."
39. Enloe, *Bananas, Beaches, and Bases*, 165. 次の資料では、国内全土の基地周辺では2万5000人から3万人と推定されている。A. Baker, *American Soldiers Overseas*, 119.
40. *Women Who Built the House on the Street*, directed by Durebang (South Korea: Durebang / My Sister's Place, 2007).
41. Kelly Patricia O'Meara, "US: DynCorp Disgrace," *Insight Magazine*, January 14, 2002.
42. 同上
43. Human Rights Watch, "Hopes Betrayed: Trafficking of Women and Girls to Post-Conflict Bosnia and Herzegovina for Forced Prostitution," *Bosnia and Herzegovina* 14, no. 9 (D) (November 2002): 64.
44. *Diane Rehm Show*, "Kathryn Bolkovac: 'The Whistleblower,' " transcript, January 11, 2011, http://thedianerehmshow.org/shows/2011-01-11/kathryn-bolkovac-whistleblower.
45. O'Meara, "DynCorp Disgrace."
46. 同上; O'Meara; *Diane Rehm*, "Kathryn Bolkovac."
47. テープ起こしをした内容が次の資料に引用されている。O'Meara, "DynCorp Disgrace."

48. Cynthia Enloe, "Bananas, Bases, and Patriarchy," in *Women, Militarism, and War: Essays in History, Politics, and Social Theory,* edited by Jean B. Elshtain and Sheila Tobias (Savage, MD: Rowman and Littlefield Publishers, 1990), 200.
49. See e.g. Aïssata Maïga and Sol Torres, "Legal Prostitution in Europe: The Shady Facade of Human Trafficking," Open Security blog, September 17, 2014, https://www.opendemocracy.net/opensecurity/a%C3%AFssata-ma%C3%AFga-sol-torres/legal-prostitution-in-europe-shady-facade-of-human-trafficking.

第一〇章　軍事化された男性性

1. GI Korea, "The Off Limits Game," ROK Drop, February 3, 2007, http://rokdrop.net/2007/02/03/the-off-limits-game/#sthash.OovTDj11.dpuf.
2. GI Korea, "It's the Ville Stupid!" ROK Drop, February 7, 2007, http://rokdrop.net/2007/02/07/its-the-ville-stupid.
3. K. Moon, *Sex Among Allies,* 37.
4. Cynthia Enloe, "Beyond 'Rambo': Women and the Varieties of Militarized Masculinity," *Women and the Military System*, edited by Eva Isaakson (New York: St. Martin's Press, 1988), 71–93.
5. GI Korea, "What Is Really Happening in Regards to GI Crime," ROKDrop, July 17, 2005, http://rokdrop.net/2005/07/17/what-is-really-happening/#sthash.OH32cBga.dpuf.
6. 韓国の人類学者パク・チュウォンによると、基地村で培われた軍事化された男性性と、ソウルの夜の人気スポットで〝米国人の人種的優越性〟の感覚を原因としてよく起きる米軍兵と現地男性の争いとの間には、直接的な関係があるという。
7. Anu Bhagwati, quoted in David Crary, "Military's Sex Assault Problem Has Deep Roots," Military.com, June 3, 2013, http://www.military.com/daily-news/2013/06/03/militarys-sex-assault-problem-has-deep-roots.html.
8. この名前は映画 *Living Along the Fenceline*,（邦題『基地の町に生きる』、監督 Lina Hoshino、Women for Genuine Security、2011 年）で使われた偽名。本章の執筆に協力してくれた Women for Genuine Security、グイン・カーク、デボラ・リー、リナ・ホシノに感謝する。
9. Okinawa Women Act Against Military Violence, "Postwar U.S. Military Crimes Against Women in Okinawa," report, October 1, 2011（〈基地・軍隊を許さない行動する女たちの会〉『米兵による戦後沖縄の女性に対する犯罪』報告書、2011 年 10 月 1 日）; Mercier, "Way off Base"; Okinawa Prefectural Government, "US Military Base Issues in Okinawa," Regional Security Policy Division, September 2011, 4（沖縄県庁、"US Military Base Issues in Okinawa"、地域政策課、2011 年 9 月、４）; Okinawa Prefectural Government, "US Military Base Issues in Okinawa," Military Base Affairs Division, n.d. [2011], 15（沖縄県庁、"US Military Base Issues in Okinawa"、基地対策課、発行年月日不明［2011 年］、１５）; Kozue Akibayashi and Suzuyo Takazato, "Okinawa: Women's Struggle for Demilitarization," in Lutz, *Bases of Empire*, 252, 260.
10. Linda Isakao Angst, "The Rape of a Schoolgirl: Discourses of Power and Gendered National Identity in Okinawa," in *Islands of Discontent: Okinawan Responses to Japanese and American Power*, edited by Laura Heig and Mark Selden (Lanham, MD: Rowman and Littlefield, 2003), 135–37; A. Baker, *American Soldiers Overseas*, 136–37.
11. Irvin Molotsky, "Admiral Has to Quit Over His Comments on Okinawa Rape," *New York Times*, November 18, 1995.
12. David Allen, "Former Marine Who Sparked Okinawa Furor Is Dead in Suspected Murder-Suicide," *Stars and Stripes*, August 25, 2006, http://www.stripes.com/news/former-marine-who-sparked-okinawa-furor-is-dead-in-suspected-murder-suicide-1.53269.
13. Martin Kasindorf and Steven Komarow, "USO Cheers Troops, But Iraq Gigs Tough to Book," *USAToday*, December 22, 2005.
14. H. Patricia Hynes, "The Battlefield and the Barracks: Two War Fronts for Women Soldiers," *Truthout*, five- part series, January 11–February 15, 2012, http://www.truth-out.org/women-battlefield-and-barracks-five-part-series-two-war-fronts-women-soldiers/1326230543.

15. H. Patricia Hynes, "Reforming a Recalcitrant Military," *Truthout*, February 15, 2012, http://www.truth-out.org/news/item/6713:reforming-a-recalcitrant-military.
16. H. Patricia Hynes, "Military Sexual Abuse: A Greater Menace than Combat," *Truthout*, January 26, 2012, http://truth-out.org/opinion/item/6299.
17. Hynes, "Battlefield and the Barracks."
18. Hynes, "Military Sexual Abuse"; H. Patricia Hynes, "Picking Up the Pieces from Military Sexual Assault," *Truthout*, February 8, 2012, http://www.truth-out.org/news/item/6515-picking-up-the-pieces-from-military-sexual-assault.
19. Hynes, "Battlefield and the Barracks."
20. Department of Defense, "Department of Defense (DOD) Annual Report on Sexual Assault in the Military, Fiscal Year 2012," report, Washington, DC, January 18, 2013, II: 142.
21. Hynes, "Military Sexual Abuse."
22. U.S. Department of Defense, "Report to the President of the United States on Sexual Assault Prevention and Response 2014," report, Washington, DC, November 25, 2014, Appendix A, 12, 5.
23. SAPRO report 2013, Enclosures 2–4. 海外での割合は、海兵隊で 22 パーセント、陸軍で 36 パーセント、空軍で 26 パーセント、海軍で 27 パーセントである。各軍から提供されたデータに矛盾する点や脱落があることを考えると、これらの割合は概算値として扱うべきである。
24. See also Gillem, *America Town*, 49.
25. Service Women's Action Network, "Rape, Sexual Assault and Sexual Harassment in the Military: Quick Facts," July 2012; "Briefing Paper: Department of Defense (DOD) Annual Report on Sexual Assault in the Military, Fiscal Year (FY) 2011," brief, n.d.[2012].
26. Hynes, "Military Sexual Abuse"; Hynes, "Picking Up the Pieces"; James Risen, "Hagel to Open Review of Sexual Assault Case," *New York Times*, March 11, 2013; Brittany L. Stalsburg, "Military Sexual Trauma: The Facts," fact sheet, Service Women's Action Network, New York, n.d. [2010].
27. Anna Mulrine, "After Sex Scandal, Air Force Mulls Using Only Women to Train Female Recruits," *Christian Science Monitor,* June 28, 2012, http://www.csmonitor.com/USA/Military/2012/0628/After-sex-scandal-Air-Force-mulls-using-only-women-to-train-female-recruits.
28. H. Patricia Hynes, "The Military and the Church: Bedfellows in Sexual Assault," *Truthout*, February 1, 2012, http://www.truth-out.org/news/item/6420-the-military-and-the-church-bedfellows-in-sexual-assault2012.
29. Hayes Brown, "More Men than Women Were Victims of Sexual Assault in Military, Report Finds," *Think Progress*, May 1, 2014, http://thinkprogress.org/world/2014/05/01/3433055/dod-men-mst/.
30. Aaron Belkin, *Bring Me Men: Military Masculinity and the Benign Facade of American Empire, 1898–2001* (New York: Columbia University Press, 2012), 79.
31. 同上 , 79–80.
32. 同上 , 83–86.
33. Dahr Jamail, "Rape Rampant in US Military," *Veterans Today*, December 23, 2010, http://www.veteranstoday.com/2010/12/23/rape-rampant-in-us-military-drill-instructors-indoctrinate-new-recruits-into-it-at-the-outset-by-routinely-referring-to-women-as-%E2%80%9C-girl%E2%80%9D-%E2%80%9Cpussy%E2%80%9D-%E2%80%9Cbitch/.
34. Hynes, "Reforming a Recalcitrant Military."
35. Penny Coleman, "Does Military Service Turn Young Men into Sexual Predators?" *AlterNet*, October 21, 2009, http://www.alternet.org/story/142942/does_military_service_turn_young_men_into_sexual_predators?paging=off&current_page=1#bookmark.
36. H. Patricia Hynes, "Why Do Soldiers Rape?" *Truthout*, January 18, 2012, http://www.truth-out.org/news/item/6041:why-do-soldiers-rape.
37. A. Baker, *Life in the U.S. Armed Forces*, 134.
38. Hynes, "Why Do Soldiers Rape?"
39. Institute of Medicine of the National Academies, "Substance Use Disorders in the U.S. Armed Forces," report brief, September 2012, 2, 1.

第一一章　費用勘定書

1. Michael J. Lostumbo et al., "Overseas Basing

of U.S. Military Forces: An Assessment of Relative Costs and Strategic Benefits," report, RAND Corporation, Santa Monica, CA, April 29, 2013, xxv.

2. RAND Corporation, "U.S. Overseas Military Posture: Relative Costs and Strategic Benefits," research brief, Santa Monica, CA, April 29, 2013.
3. 同上
4. Lostumbo et al., "Overseas Basing of U.S. Military Forces," 280–82.
5. See 10 U.S.C. 2634.（合衆国法典第 10 巻第 2634 条を参照。）
6. 2014 年 3 月 31 日現在における米国 50 州外の兵士数、約 16 万 6000 人に基づく。U.S. Department of Defense, "Total Military Personnel and Dependent End Strength as of March 31, 2014," Washington, DC, n.d.[2014].
7. Mike Fitzgerald, "DOD, Where's My Car? Transcom Searches for Missing Vehicles," *Belleville News- Democrat*, August 16, 2014.
8. 37 U.S.C. 406.（合衆国法典第37巻第406条）
9. 同上
10. 本章の一部では次の自著記事を改稿した。"Picking Up a $170 Billion Tab: How U.S. Taxpayers Are Paying the Pentagon to Occupy the Planet," *TomDispatch*, December 11, 2012, http://www.tomdispatch.com/blog/175627/. 詳細については davidvine.net も参照していただきたい。
11. U.S. Department of Defense, "Operations and Maintenance Overview Fiscal Year 2014 Budget Estimates," Washington, DC, April 2013, 204–7. この規定は 1989 年度国防総省歳出予算法のセクション 8125（P.L. 100–463）にある。See also 10 U.S.C. 113.（合衆国法典第 10 巻第 113 条も参照のこと。）
12. 同上 , 205.
13. U.S. Office of Management and Budget, "The Budget of the United States Government, Fiscal Year 2013," Washington, DC, 2012.
14. Anita Dancs and Miriam Pemberton, eds., "The Cost of the Global U.S. Military Presence," *Foreign Policy in Focus*, July 2, 2009, http://fpif.org/the_cost_of_the_global_us_military_presence/.
15. R. Jeffrey Smith, "Pentagon's Accounting Shambles May Cost an Additional $1 Billion," *Center for Public Integrity*, October 13, 2011, updated March 23, 2012; Barbara Lee, "Audit the Pentagon," *Daily Kos* blog, October 25, 2012, http://www.dailykos.com/story/2012/10/25/1150275/-Audit-the-Pentagon#.
16. Dave Gilson, "Don't Tread on Me," *Mother Jones*, January/February 2014, 31.
17. R. Jeffrey Smith, "Accounting Shambles."
18. 1989 年度国防総省歳出予算法のセクション 8125（P.L. 100–463）を参照：10 U.S.C. 113.（合衆国法典第 10 巻第 113 条）
19. Turse, "Afghanistan's Base Bonanza."
20. U.S. Department of Defense, "Fiscal Year 2013 (FY) President's Budget: Justification for Component Base Contingency Operations and the Overseas Contingency Operation Transfer Fund (OCOTF)," Washington, DC, March 2012.
21. 各セクションで挙げた数字は、四捨五入しているので必ずしも小計とは合致していない。正確な数字については表をご覧いただきたい。
22. U.S. Census Bureau, "Puerto Rico and the Island Areas," in *Statistical Abstract of the United States: 2012* (Washington, DC: Government Printing Office, 2012), 815–22.
23. 海外統治領に関する支出額は入手が難しい。最も正確と思われる推定額は 2004 年のものだ。*Statemaster*, "Guam: Military," http://www.statemaster.com/red/state/GU-guam/mil-military&all=1 を参照していただきたい。; Governor of Guam, "One Guam Buildup," Guam Realignment Annual Report, Hagatna, Guam, 2012; Interagency Coordination Group of Inspectors General for Guam Realignment, "Annual Report 2013," Washington, DC, February 1, 2013, 10–11; Bureau of Statistics and Plans, "Guam's Facts and Figures at a Glance," Office of the Governor, Hagåtña, Guam, 2011. 以下の記述では、グアムへの移動に関する日本の支出額を差し引いた。
24. 支出額は www.statemaster.com の 2004 年のデータより入手した。プエルトリコへの支出額は 11 億 7500 万ドルと推定した。北マリアナ諸島自治連邦区とウェーク島への支出額についてはデータを見つけられなかったが、駐屯する米軍規模が同程度の米国領サモアに対する支出額（1200

万ドル）と同等と推定した。

25. See Sandars, *America's Overseas Garrisons*, 36; Justin Nobel, "A Micronesian Paradise—for U.S. Military Recruiters," *Time*, December 31, 2009.
26. U.S. Department of Defense, "Financial Summary Tables, Department of Defense Budget for Fiscal Year 2013, FAD 792," Washington, DC, February 2012, 2.
27. この総額には、海軍が資金援助している洋上給油システムと海外演習費用の 300 万ドル（総演習費用の 17 パーセントとして控えめに推定。この 17 パーセントという数字は、航海中および海外に配備された海軍と海兵隊の兵力全体の割合と同じとした）が加算されている。
28. Elizabeth Robbins email to author, Office of the Assistant Secretary of Defense for Public Affairs, December 6, 2012.
29. U.S. Department of Defense, "Financial Summary Tables, Fiscal Year 2013," 5; U.S Office of Management and Budget, "Object Class Analysis: Budget of the U.S. Government Fiscal Year 2013," Washington, DC, 2012, 3; U.S. Department of Defense, "Operations and Maintenance Overview, Fiscal Year 2013," 136.
30. Department of Defense, "Financial Summary Tables, Fiscal Year 2013," 10. ペンタゴンの会計検査官はＯＣＳを作成するとき、議会の指針に従って、各軍から個々に提出された経費報告書をまとめる。だから、要覧では大半の〝国防総省全体の〟支出額が書き落とされるようだ。
31. 同上
32. Gillem *America Town*, 88–89.
33. See "Financial Statements" in Army and Air Force Exchange Service, "Annual Report 2012," n.p., 2013, 12; NEXCOM, "NEXCOM Annual Report 2012," Virginia Beach, VA, n.d.[2012], 15. 海兵隊の生活品販売業務については年次報告書または年間補助費のデータを入手できなかった。そのため、ＡＡＦＥＳの売上総額に補助金が占める割合を計算し（3.4 パーセント）、この割合をもとに、2012 年のＭＣＸの売上げ 10 億 3830 万ドルに対する補助金の額を推定した。）William C. Dillon, "Statement of William C. Dillon, Director, Semper Fit & Exchange Services Division, Manpower & Reserve Affairs, United States Marine Corps Before the Subcommittee on Military Personnel of the House Armed Services Committee on Military Resale," Washington, DC, November 20, 2013, 6. この数字のいずれにも、アフガニスタンなどの戦地における小売事業の補助金や立替金はいっさい含まれていないが、これには軍事歳出予算が充てられたと私は考えている。
34. U.S. Department of Defense, "Operations and Maintenance Overview, Fiscal Year 2014," 160.
35. Calder, *Embattled Garrisions*, 200.
36. 同上 , 201.
37. 同上 , 200–6.
38. Blaker, "Installations," 107–9.
39. U.S. Department of State, "Executive Budget Summary: Function 150 and Other International Programs Fiscal Year 2014," Washington, DC, April 10, 2013, 1–4.
40. U.S. Office of Management and Budget, "The Budget for Fiscal Year 2013," Washington, DC, February 2012, 277, 324.
41. ランド研究所が計算したところ、日本と韓国からの直接的な現物支給額は 2010 年で 23 億ドル、ドイツからの支給額は 2009 年で 8 億 3000 万ドルである。Lostumbo et al., "Overseas Basing of U.S. Military Forces," 409–12.
42. U.S. Office of Management and Budget, "Budget for Fiscal Year 2013," 304.
43. U.S. Department of Defense, "Fiscal Year (FY) 2013 Budget Estimates," 732.
44. 陸軍予算に関する情報には〝その他の国々に対する支援の内訳は、省の北大西洋条約機構（ＮＡＴＯ）拠出金と、その他の国々での指令による任務である〟と記載されている。U.S. Department of Defense, "Operations and Maintenance, Fiscal Year (FY) 2013," 252, 274, 292.
45. Department of Defense, *Financial Summary Tables*, FAD-769, 6.
46. Andrew Feickert, "The Unified Command Plan and Combatant Commands: Background and Issues for Congress," report, Congressional Research Service, Washington, DC, July 17, 2012, 12. 最初、この金額を算出するにあたっては、前提条件にいくつか異な

る点があったため、現在よりも高い推定額となっていた。だが、米国外に本部がある統合軍であっても、資金の一部は国内支出に振り向けている場合があるため、より慎重な前提条件に変えて算出しなおした。

47. 同上 , 12.

48. 統合軍の予算に加えて、この推定額には統合軍の演習取り組みおよび訓練変革プログラム（Combatant Commander's Exercise Engagement and Training Transformation program）の予算 7 億 6475 万 5000 ドルのうち、控えめに半額を含めた。U.S. Department of Defense, "Fiscal Year (FY) 2013 Budget Estimates," 704–7, 733.

49. Robbins email to author.

50. U.S. Department of Defense, "Operations and Maintenance, Fiscal Year (FY) 2014," 69–72.

51. See Defense Environmental International Cooperation program. U.S. Department of Defense, "Fiscal Year (FY) 2013 Budget Estimates," 731; "Fiscal Year (FY) 2013 Budget Estimates, Justification for FY 2013, Operation and Maintenance, Defense-Wide," Vol. 2, Washington, DC, February 2012, 224, 229, 236, 237.

52. U.S. Department of Defense Threat Reduction Agency, "Fiscal Year (FY) 2013 Budget Estimates; Cooperative Threat Reduction Program," Washington, DC, February 2012, 75–76, 84.

53. Robert Beckhusen and Noah Shachtman, "See for Yourself: The Pentagon's $51 Billion 'Black' Budget," *Wired*, February 15, 2012, http://www.wired.com/dangerroom/2012/02/pentagons-black-budget/.

54. Department of Defense, "2013 DOD Black Budget," https://docs.google.com/spreadsheet/ccc?key=0Anb82yNPJZc0dDVadWM1c0x-TZXlfVjRGZUlRQ3pja0E#gid=3.

55. Federation of American Scientists, "Intelligence Budget Data," www.fas.org, 2014, http://www.fas.org/irp/budget/index.html.

56. Tom Engelhardt and Nick Turse, "The Shadow War Making Sense of the New CIA Battlefield in Afghanistan," *TomDispatch*, January 10, 2010, http://www.tomdispatch.com/blog/175188/tomgram:_engelhardt_and_turse,_the_cia_surges/.

57. Ben Armbruster, "Republicans Reveal Location Of Secret CIA Base During House Hearing on Libya Attacks," *ThinkProgress*, October 11, 2012, http://thinkprogress.org/security/2012/10/11/991231/republicans-reveal-cia-base-libya/; Jeremy Scahill, "The CIA's Secret Sites in Somalia," *Nation*, July 12, 2011; Mark Mazzetti, "C.I.A. Building Base for Strikes in Yemen," *New York Times*, June 14, 2011.

58. Barton Gellman and Greg Miller, "U.S. Spy Network's Successes, Failures and Objectives Detailed in 'Black Budget' Summary," *Washington Post*, August 26, 2013; *Washington Post*, "The Black Budget," August 29, 2013, http://www.washingtonpost.com/wp-srv/special/national/black-budget/. これはおそらく過小評価した金額だ。GlobalSecurity.com の編集長ジョン・パイクによると、秘密工作費は現在のＣＩＡ総予算の 3 分の 1 にのぼる。2012 年度のＣＩＡ支出は 2013 年度と比べて約 10 億ドル多いため、2013 年度の数字を用いてもやはり、どちらかと言えば過小評価になる。無人機攻撃の減少傾向を考慮に入れればなおさらだ。

59. ＯＣＳには、軍人と軍属の子供の支援費用は〝すべて〟計上していると書かれている。私は何度もペンタゴンに問い合わせたが返事は来なかった。この 13 億ドル以上という金額には、2012 年度の国防総省扶養家族学校（ＤｏＤＤＳ）への支出額、12 億 4000 万ドルが含まれている。国防総省教育活動（Department of Defense Educational Activity）では、グアムとプエルトリコの学校を国内の学校とみなしているため、国防総省国内扶養家族初等学校および中等学校（Department of Defense Domestic Dependent Elementary and Secondary Schools）の予算 5 億 470 万ドルからの支出と、カナダ、メキシコおよび南北アメリカの国防総省が設立していない学校での教育のための予算も加算費用となる。）See U.S. Department of Defense Educational Activity, "Budget Book Fiscal Year 2012," Washington, DC, n.d.[2011].

60. See Amy Belasco, "The Cost of Iraq, Afghanistan, and Other Global War on Terror Operations Since 9/11," Congressional Research Service report, Washington, DC, March 29,

2011, 17, 33–34.
61. U.S. Department of Defense, "United States Department of Defense Fiscal Year 2015 Budget Amendment: Overview Overseas Contingency Operations," Washington, DC, June 2014, 6.
62. Neta C. Crawford, "U.S. Costs of Wars Through 2013: $3.1 Trillion and Counting: Summary of Costs for the U.S. Wars in Iraq, Afghanistan and Pakistan," Costs of War project, March 13, 2013, http://www.usf-iraq.com/wp-content/uploads/2013/03/Us_Costs_of_Wars.pdf. 私はクロウフォードの数字により 2001 年から 2013 年度までの直接的な戦費以外の費用を算出し、その数字を 13 で割って単年度のおよその費用を計算した。
63. Office of the Secretary of Defense (Personnel and Readiness) budget, Department of Defense, Fiscal Year (FY) 2013 Budget Estimates, 733.
64. ほぼ 20 億ドルの〝借地料〟は、国務省の軍事歳出予算から算出した援助費用総額の約 110 億ドルから国際開発庁（ＵＳＡＩＤ）の予算を差し引いた金額に基づいて割り出した。(Department of State, Congressional Budget Justification: Foreign Assistance Summary Tables Fiscal Year 2013 [Washington, DC, February 2012], 6–7). See also U.S. Department of Defense, "United States Department of Defense Fiscal Year 2015 Budget Amendment: Overview Overseas Contingency Operations," Washington, DC, June 2014, 6.
65. U.S. Department of Defense, "United States Department of Defense Fiscal Year (FY) 2015 Budget Request: Overview Overseas Contingency Operations Budget Amendment," Washington, DC, November 2014, 3.
66. U.S. Office of Management and Budget "The Budget for Fiscal Year (FY) 2015," Washington, DC, 2014, 203.
67. Senator Kay Bailey Hutchison, "Build Bases in America," *Politico*, July 13, 2010, http://www.politico.com/news/stories/0710/39625.html.
68. Robert Pollin and Heidi Garrett-Peltier, "The U.S. Employment Effects of Military and Domestic Spending Priorities: 2011 Update," report, Political Economy Research Institute, University of Massachusetts, Amherst, December 2011, 1–3.
69. James Heintz, "Military Assets and Public Investment," manuscript, CostsofWar.org, February 2, 2011.
70. Dwight D. Eisenhower, "The Chance for Peace," speech, Washington, DC, April 16, 1953.
71. National Priorities Project, "Cost of War: Taxpayers in the US and Department of Defense in FY2014," http://nationalpriorities.org/tradeoffs/041713/.
72. Gillem, *America Town*.

第一二章　「ぼろ儲けする側」

1. IQPC, "Forward Operating Bases 2012," conference website, http://www.iqpc.com/Event.aspx?id=678548; IQPC, "Sponsorship Opportunities," "Forward Operating Bases 2012," conference website, http://www.iqpc.com/Event.aspx?id=655810.
2. 本章の一部は次のふたつの自著記事に基づくものである。" 'We're Profiteers': How Military Contractors Reap Billions from U.S. Military Bases Overseas," *Monthly Review* 66(3); "Where Has All the Money Gone? How Contractors Raked in $385 Billion to Build and Support Bases Abroad Since 2001," *TomDispatch*, May 14, 2013, http://www.tomdispatch.com/blog/175699/david_vine_baseworld_profiteering. 本章については、私のインタビューのために快く時間を割き、洞察力に満ちた見解を示してくれたマイケル・タイガー、ジョン・メイジ、トム・エンゲルハート、クリフォード・ロスキー、ローラ・ユングの各氏をはじめ、力を貸してくれた大勢の関係者の方々に心からの感謝を捧げる。
3. Commission on War time Contracting in Iraq and Afghanistan, "Transforming Wartime Contracting: Controlling Costs, Reducing Risks," final report to Congress, August 2011.
4. David Cay Johnston, "The U.S. Government Is Paying Through the Nose for Private Contractors," *Newsweek*, December 12, 2012, http://www.newsweek.com/us-government-paying-through-nose-private-contractors-224370.
5. Pratap Chatterjee, *Halliburton's Army: How a*

Well-Connected Texas Oil Company Revolutionized the Way America Makes War (New York: Nation Books, 2009), 24–27, 18–20.
6. P. W. Singer, *Corporate Warriors: The Rise of the Privatized Military Industry* (Ithaca: Cornell University Press, 2003), 80.
7. Chatterjee, *Halliburton's Army*, 61–62.
8. 同上 , 214.
9. Commission on War time Contracting in Iraq and Afghanistan, 208–10.
10. リストの 5 か国目は、11 万 6527 件の契約で〝実施場所〟として記載されたスイスになるはずだ。だが、この契約の大半はアフガニスタンの兵士への食事供給であり、数少ない残りの供給先もスイス以外の国々の基地なのである。なぜかというと、大手食品サービス会社のひとつであるシュプリーム・グループの食品サービス部門がスイスを本拠地としているからだ。カナダとサウジアラビアも上位 10 位に入っただろうが、両国の契約の大部分も、このふたつの国に少数しか駐屯していない米軍とは無関係だ。したがって、この 3 か国はリストから除外する。
11. Linda Bilmes, "Who Profited from the Iraq War?" *EPS Quarterly* 24, no. 1 (March 2012), 6. 政府の契約を追跡するはずの連邦調達データシステムには〝往々にして不正確なデータが混じっている〟と、次の資料にある。Government Accountability Office ("Federal Contracting: Observations on the Government's Contracting Data Systems," report, GAO-09-1032T, Washington, D.C., September 29, 2009) たとえば、私の調査では〝実施場所〟が記載されていない契約が数 10 万件あった。その一方で、リストの契約の一部は、在外基地への物品供給や業務提供とは関係がないものだった。だが同時に基地関連の契約の書き落としもあるため、連邦調達データシステムを用いるこの方法は、契約先がどこであり、税金が海外のどこに投入されているのかを知るうえで有用だ。だがやはり、リストの総額はおよその推定として扱うべきである。
12. See e.g. *Washington Post*, "Black Budget"; Beckhusen and Shachtman, "See for Yourself."
13. または同様の言い方がさまざまに反復されている。
14. Commission on War time Contracting in Iraq and Afghanistan, 209.
15. Chatterjee, *Halliburton's Army*, 49.
16. 同上 , 9.
17. Sharon Weinberger, "Military Logistics: The $37 Billion (Non)Competition," *Wired,* August 30, 2011, http://www.wired.com/2011/08/military-logistics-the-37-billion-noncompetition/.
18. Valerie B. Grosso, "Defense Contracting in Iraq: Issues and Options for Congress," Congressional Research Service, Washington, DC, June 18, 2008.
19. United States House of Representatives Committee on Oversight and Government Reform, "It's Your Money: Iraq Reconstruction," n.d. [2006], http://oversight-archive.waxman.house.gov.
20. Ellen Nakashima, "KBR Connected to Alleged Fraud, Pentagon Auditor Says," *Washington Post*, May 5, 2009.
21. Dana Hedgpeth, "Audit of KBR Iraq Contract Faults Records For Fuel, Food," *Washington Post*, June 25, 2007; U.S. Department of Justice Office of Public Affairs, "United States Sues Houston- based KBR and Kuwaiti Subcontractor for False Claims on Contracts to House American Troops in Iraq," press release, November 19, 2012, http://www.justice.gov/opa/pr; Walter Pincus, "U.S. Files Civil Suit Against Defense Contractor KBR," *Washington Post*, April 2, 2010.
22. Chatterjee, *Halliburton's Army*, 63–64.
23. *Defense Industry Daily*, "LOGCAP 4: Billions of Dollars Awarded for Army Logistics Support," August 3, 2011, http://www.defenseindustrydaily.com/Billions-of-Dollars-Awarded-Under-LOGCAP-4-to-Supply-US-Troops-in-Afghanistan-05595/.
24. U.S. Department of Justice Office of Public Affairs.
25. 本項には次の資料が最も役立った。David de Jong, "Supreme Owner Made a Billionaire Feeding U.S. War Machine," *Bloomberg*, October 7, 2013, http://www.bloomberg.com/news/2013-10-06/supreme-owner-made-a-billionaire-feeding-u-s-war-machine.html.
26. Andrew Zajac, "Supreme Foodservice

Sues Over U.S., Afghan Food Contract," *Bloomberg*, April 8, 2013, http://www.bloomberg.com/news/2013-04-08/supreme-foodservice-sues-over-u-s-afghan-food-contract.html. See also *Supreme Foodservice, GmbH v. United States*, no. 13-245 C (September 18, 2013).
27. Walter Pincus, "Agency Extends Afghan Food-Supply Contract for Firm that Hired Former Director," *Washington Post*, January 4, 2011.
28. Neil Gordon, "Pentagon Ordered to Lift Suspension of Kuwaiti Contractor's Affiliates," *POGO Blog*, July 3, 2012, http://pogoblog.typepad.com/pogo/2012/07/pentagon-ordered-to-lift-suspension-of-kuwaiti-contractors-affiliates.html.
29. David Beasley, "Agility Prosecutors Probing 'Potential New Charges' in U.S., Judge Writes," *Bloomberg*, July 27, 2011, http://www.bloomberg.com/news/2011-07-27/agility-prosecutors-probing-potential-new-charges-u-s-judge-writes.html.
30. Neil Gordon, "POGO Obtains Second Helping of 'Compelling Reason' Memos," *POGO Blog*, October 9, 2013, http://www.pogo.org/blog/2013/07/20130709-pogo-obtains-second-helping-of-compelling-reason-memos.html.
31. Project on Government Oversight (POGO), "Fluor Corporation," Federal Contractor Misconduct Database, n.d. [2014], http://www.contractormisconduct.org/index.cfm/1,73,222,html?CaseID=1780;Transparency International UK, "Defence Companies Anti-Corruption Index 2012," report, London, October 2012.
32. Project on Government Oversight (POGO), "Top 100 Contractors," Federal Contractor Misconduct Database, n.d. [2014], http://www.contractormisconduct.org/index.cfm?sort=4.
33. U.S. Department of Defense, "Department of Defense Annual Energy Management Report Fiscal Year 2011," report, Washington, D.C., September 2012; U.S. Energy Information Administration, "Countries," n.d. [2013], http://www.eia.gov/countries/index.cfm?view=consumption.
34. Johnston, "U.S. Government Is Paying."
35. American Society of Military Comptrollers, "Service Support Contractors: One of the FY 2012 Budget Efficiencies," Power Point presentation, Arlington, VA, October 2011, http://www.asmconline.org/wp-content/uploads/2011/10/ASMCBreakfastServiceSupportContractors.pptx.
36. Belasco, "Cost of Iraq," 38.
37. Lolita C. Baldor, "Top Army General Accused of Lavish Spending," *Boston Globe*, August 18, 2012.
38. Center for Responsive Politics, "Defense," n.d. [2014], http://www.opensecrets.org/industries/indus.php?Ind=D.
39. Center for Responsive Politics, "DynCorp International, Expenditures," n.d. [2014], http://www.opensecrets.org/pacs/expenditures.php?cycle=2012&cmte=C00409979; "DynCorp International, Recipients," n.d. [2014], http://www.opensecrets.org/pacs/pacgot.php?cmte=C00409979&cycle=2012.
40. Center for Responsive Politics, "Halliburton Co, Summary," n.d. [2014], http://www.opensecrets.org/lobby/clientsum.php?id=D000000281&year=2012.
41. Government Accountability Office, "Decision in the Matter of Kellogg Brown & Root Services, Inc.," File: B-400787.2, B-400861, Washington, DC, February 23, 2009.
42. Center for Responsive Politics, "Supreme Group USA, Summary," n.d. [2014], http://www.opensecrets.org/lobby/clientsum.php?id=D000065800&year=2012.
43. Center for Responsive Politics, "Agility Public Warehousing Co, Summary," n.d. [2014], http://www.opensecrets.org/lobby/clientsum.php?id=D000065284&year=2011.
44. Center for Responsive Politics, "Fluor Corp, Summary," n.d. [2014], http://www.opensecrets.org/lobby/clientsum.php?id=D000000277&year=2014.
45. David Isenberg, *Shadow Force: Private Security Contractors in Iraq* (Westport, CT: Praeger Security International, 2009), 65.
46. Robert S. McIntyre et al., "Corporate Taxpayers & Corporate Tax Dodgers 2008—10," report, Institute on Taxation and Economic Policy, Providence, RI, November 2011, 8; U.S. Government Accountability Office, "Corporate Income Tax: Effective Tax Rates Can

Differ Significantly from the Statutory Rate," report to Congress, GAO-13-520, Washington, D.C., May 2013.

47. Robert D. Hershey Jr., "Tax Questions for Military's Contractors," *New York Times*, February 12, 2004.

48. Farah Stockman, "Top Iraq Contractor Skirts U.S. Taxes with Offshore Shell Companies," *Boston Globe*, March 9, 2008, E7.

49. 同上

50. Stockman. 2008 年の米国税法改正により、企業が社会保障費とメディケアの支払いを回避できるようにする抜け穴は塞がれたが、失業保険を支払わずに済ますという抜け穴はまだ残されている。だから、元従業員はまだ失業保険の受給資格がない。Government Accountability Office, "Defense Contracting: Recent Law Has Impacted Contractor Use of Off shore Subsidiaries to Avoid Certain Payroll Taxes," Highlights of GAO-10–327, Washington, DC, January 2010.

51. Chatterjee, *Halluburton's Army*, 210–11; Laura Mandaro, "Halliburton's Dubai Move Raises Issue of Expat Taxes," *MarketWatch*, March 13, 2007, http://www.marketwatch.com/story/halliburton-dubai-move-re-vives-foreign-tax-controversy.

52. Congressional Research Service, "Tax Exemption for Repatriated Foreign Earnings: Proposals and Analysis," report, Washington, DC, April 27, 2006.

53. Senate Republican Policy Committee, "Territorial vs. Worldwide Taxation," September 19, 2012, http://www.rpc.senate.gov/policy-papers/territorial-vs-worldwide-taxation; Emily Chasan, "At Big U.S. Companies, 60% of Cash Sits Off shore: J.P. Morgan," *Wall Street Journal*, May 17, 2012.

54. U.S. Government Accountability Office, "Defense Contracting: Recent Law."

55. Senate Republican Policy Committee, "Territorial vs. Worldwide Taxation."

第一三章　軍事施設建設反対論

1. 本項の以下のやり取りは、次の資料に基づくものである。United States Senate Committee on Appropriations, Hearings before a Subcommittee of the Committee on Appropriations, 109th Congress, 2nd session, Military Construction and Veterans Affairs, and Related Agencies Appropriations for Fiscal Year 2007, part 7, 117–18.

2. United States Senate Committee on Appropriations, Senate Report 113-048, Military Construction and Veterans Affairs, and Related Agencies Appropriation Bill, 2014, 113th Congress, 1st session, June 27, 2013.

3. Nicolai Ouroussoff, "He Made Antiquity Modern," *New York Times*, April 9, 2010, C21; Elisabetta Povoledo, "Coney Island Getting a $30 Million Italian Make over," *New York Times,* April 23, 2010.

4. GlobalSecurity.org, "United States Army Africa (ASARAF); Southern European Task Force (SETAF)," http://www.globalsecurity.org/military/agency/army/sertaf.htm.

5. GlobalSecurity.org, "United States Army Africa (USARAF)."

6. U.S. Army Garrison Vicenza, "Del Din Green Building Education Tour."

7. Michael Wise, "Head East," *Armed Forces Journal*, December 3, 2012, 22.

8. U.S. Army Garrison Bavaria, "A Leader's Guide to the Bavaria Military Community," website, accessed January 3, 2015, http://www.grafenwoehr.army.mil/smartcard.asp.

9. Sembler cable to Bloomfield, U.S. embassy Rome, 04ROME2248, June 14, 2004, http://wikileaks.org/cable/2004/06/04ROME2248.html; Andrew Yeo, *Activists, Alliances, and Anti-U.S. Base Protests* (New York: Cambridge University Press, 2011), 102.

10. Sembler cable to Department of State, U.S. embassy Rome, 03ROME4736, October 16, 2003, http://wikileaks.org/cable/2003/10/03ROME4736.html.

11. United States Committee on Armed Services, Hearings on S. 2766, 109th Congress, 2nd Session, Department of Defense Authorization for Appropriations for Fiscal Year 2007, part 3, February 7, March 2, 15, April 5, 2006.

12. 本項の一部は、拙著 *Island of Shame*、第 6 章をもとにしている。

13. Tazewell Shepard, memorandum for Harry D. Train, January 26, 1970, Naval History and Heritage Command: 00 Files, 1970, Box 111, 11000.

14. Robert A. Frosch, memorandum for the Depu-

ty Secretary of Defense, February 27, 1970, Naval History and Heritage Command: 00 Files, 1970, Box 111, 11000; John H. Chafee, memorandum for the Secretary of Defense, January 31, 1970, Naval History and Heritage Command: 00 Files, 1970, Box 111, 11000.

15. Bandjunis, *Diego Garcia*, 8–14; J. H. Gibbon et al., "Brief on UK/US London Discussions on United States Defence Interests in the Indian Ocean," memorandum, March 6, 1964, UK National Archives: CAB 21/5418, 81174, 1–2. See also Vine, *Island of Shame*, chapter 6.
16. See attachment, Op-605E4, "Proposed Naval Communications Facility on Diego Garcia," briefing sheet, [January] 1970, Naval History and Heritage Command: 00 Files, 1970, Box 111, 11000. 詳細については拙著 *Island of Shame*、第 6 章を参照していただきたい。
17. Vine, *Island of Shame*, chapter 6.
18. United States Senate Committee on Armed Services, "Inquiry into U.S. Costs and Allied Contributions to Support the U.S. Military Presence Overseas," report, Washington, DC, April 15, 2013, ii– iii; Senate Committee on Appropriations, Senate Report 113-048.
19. Senate Committee on Appropriations, Senate Report 113-048; Senate Committee on Armed Services, "Inquiry," ii– iii.
20. Committee on Appropriations, Senate Report 113-048; Senate Committee on Armed Services, "Inquiry," ii.
21. Senate Committee on Appropriations, Senate Report 113-048; Senate Committee on Armed Services, "Inquiry," iv.
22. Senate Committee on Armed Services, "Inquiry," iv.
23. United States Senate Subcommittee on United States Security Agreements and Commitments Abroad, Committee on Foreign Relations, "United States Security Agreements and Commitments Abroad," 91st Congress, Washington, DC, 1971, 2433–34.
24. 同上
25. 同上 , 2434.
26. 同上
27. Dorothy Robyn, Statement before the House Armed Services Committee Subcommittee on Readiness, Washington, DC, March 8, 2012.
28. Heike Hasenauer, "The Army's Building Boom," *Soldiers Magazine*, March 1, 2008.
29. U.S. Department of Defense, "National Defense Bud get Estimates For FY 2014 [Green Book]," Washington, DC, May 2013, 146–48.
30. Belasco, "Cost of Iraq", 33.
31. U.S. Department of Defense, "National Defense Bud get Estimates, FY 2014" 143.
32. Calculation from annual U.S. Department of Defense "Construction Program (C-1)" bud get submissions and war spending through for fiscal years 2004–2011 in Belasco, "Cost of Iraq", 33.
33. Seth Robbins, "Army Missteps in Basing Troops in Europe Could Cost Taxpayers Billions, GAO Report Finds," *Stars and Stripes*, September 14, 2010.
34. Thom Shanker, "Pentagon and Congress Argue over Hospital for Troops," *New York Times*, June 10, 2012.
35. Matt Millham, "Landstuhl Hospital's Trauma Status on the Line as Afghan War Winds Down," *Stars and Stripes*, May 3, 2013, http://www.stripes.com/news/landstuhl-hospital-s-trauma-status-on-the-line-as-afghan-war-winds-down-1.219529.
36. Chuck Roberts, "Groundbreaking Ceremony Marks Beginning of Construction of New Medical Center," *Army.mil*, October 27, 2014, http://www.army.mil/article/136938/Groundbreaking_ceremony_marks_beginning_of_construction_of_new_medical_center/.
37. Loren Thompson, "Congress Wastes More Money on Unneeded Military Bases than Belgium, Sweden or Switzerland Spend on Defense," *Forbes*, May 16, 2014.
38. See U.S. Department of Defense "Construction Program (C-1)" budget submissions for fiscal years 2002–2006.
39. United States Senate Committee on Appropriations, Senate Report 113-048.
40. Department of Defense Dependents Education, "Operations and Maintenance Fiscal Year (FY) 2013 Budget Estimates," Washington, DC, 2012, 388.
41. John Vandiver, "DOD to Save $60M by Dropping Recreational, Excess Sites in Europe," *Stars and Stripes*, May 23, 2014.
42. Government Accountability Office, "Force Structure: Improved Cost Information and

Analysis Needed to Guide Overseas Military Posture Decisions," report, Washington, DC, June 2012, 8, 19. 上院委員会は最近の報告書において、海兵隊が沖縄からハワイへの兵力移転費用として推定した25億ドルも〝きわめて不確かだ〟としている。United States Senate Committee on Armed Services, "Inquiry," vi.
43. Government Accountability Office, "Defense Headquarters: DOD Needs to Reassess Options for Permanent Location of U.S. Africa Command," Report to Congressional Committees, Washington, DC, September 2013.
44. U.S. Department of Defense "Department of Defense Budget Fiscal Year 2015: Construction Program (C-1)," March 2014, 24, 35.
45. *Standing Army*, directed by Thomas Fazi and Enrico Parenti (Italy: Effendemfilm and Takae Films, 2010).（邦題『誰も知らない基地のこと』）

第一四章　沖縄に海兵隊は必要か

1. NMV Consulting, "Kevin K. Maher," biography, http://nmvconsulting.com/NMV_Consulting/Maher.html.
2. 防衛省発行『英文防衛白書2013』"Defense of Japan 2013," white paper, Tokyo, 2013, 156–57.
3. 最後の文章は猿田左世の2010年（日付なし）のメモ、『国務省でのミーティング、2010年12月3日午後4時、国務省にて』を参考にしている。そのほかの引用文はすべて私自身のメモによる。メアの引用文は講義中に本人が発言し、私が記録したとおりに示している。メアの言葉を言いかえたり変更を加えたりはしておらず、彼の発言を正確に記録したと確信のある部分にのみ引用符を使った。私のメモと猿田が学生たちのメモをまとめた内容との相違はいずれも、メア発言を記録する上でささいな違いしかなかったことを示している。Peace Philosophy Centreの乗松聡子による2011年3月8日付けのブログも併せて参照。"Anger Spreads over Kevin Maher's Derogatory Comments on Okinawans," http://peacephilosophy.blogspot.com/2011/03/anger-spreads-over-kevin-mahers.html.
4. Travis J. Tritten, "State Dept. Official in Japan Fired over Alleged Derogatory http://www.stripes.com/news/pacific/japan/state-dept-official-in-japan-fired-over-alleged-derogatory-remarks-1.137181;『ニューヨーク・タイムズ』2011年3月10日付けA6面 Martin Fackler, "U.S. Apologizes for Japan Remark."
5.『ウォール・ストリート・ジャーナル』2011年4月14日付けブログ "U.S.'s Ex-Japan Head," http://blogs.wsj.com/japanrealtime/2011/04/14/exclusive-video-u-s-s-ex-japan-head.
6. David Vine, "Smearing Japan," *Foreign Policy in Focus*, April 20, 2011. また David Vine から『ウォール・ストリート・ジャーナル』編集者に宛てた2011年3月21日付けの手紙 "The Session Was Not Off-the-Record," も併せて参照。
7.『琉球新報』2011年3月12日 "Former Governor of Okinawa Masahide Ota: Maher's Remarks Represent His True Feelings," translated by T&CT, Mark Ealey, http://english.ryukyushimpo.jp/2011/03/12/99/.
8. Peter Ennis, "The Roots of the Kevin Maher - Okinawa Commotion," *Dispatch Japan,* blog, March 10, 2011, http://www.dispatchjapan.com/blog/2011/03/the-roots-of-the-kevin-maher-okinawa-commotion.html.
9. 同上
10. Gavan McCormack and Satoko Oka Norimatsu, *Resistant Islands: Okinawa Confronts Japan and the United States* (Lanham, MD: Rowman and Littlefield, 2012), 196–97.（ガバン・マコーマック、乗松聡子『沖縄の「怒」―― 日米への抵抗』法律文化社、2013年）
11. 同上, 197.
12. Akibayashi and Takazato, "Okinawa," 247–48.
13. McCormack and Norimatsu, 17. *Resistant Islands,* 17（ガバン・マコーマック、乗松聡子『沖縄の「怒」―― 日米への抵抗』法律文化社、2013年）
14. 同上, 25–32, 47n60. こうした詳細情報など、沖縄に関する項では乗松聡子に重要な力添えを受けたことに感謝する。
15. 同上, 17.
16. *Testimonies of the Battle of Okinawa*, directed by Keifuku Janamoto, 2005[?].
17. C. Johnson, *Sorrows of Empire*, 50–53, 200（チャルマーズ・ジョンソン『アメリカ帝

国の悲劇』村上和久訳、文藝春秋、2004年）; C. Johnson, *Blowback*, 11（チャルマーズ・ジョンソン『アメリカ帝国への報復』鈴木主税訳、集英社、2000 年）; Yoshida, *Democracy Betrayed;* Amemiya, "The Bolivian Connection," 63.
18.『タイム』1949 年 11 月 28 日 Frank Gibney, "Forgotten Island," 24.
19. C. Johnson, *Sorrows of Empire*, 201.（チャルマーズ・ジョンソン『アメリカ帝国の悲劇』村上和久訳、文藝春秋、2004 年）
20. Roy H. Smith, *The Nuclear Free and Independent Pacific Movement: After Mururoa* (London: I. B. Tauris, 1997), 42.
21. この点を指摘し、本章をチェックして専門知識を惜しみなく教示してくれたジョセフ・ガーソンに感謝する。
22. C. Johnson, *Sorrows of Empire*, 50–53, 200（チャルマーズ・ジョンソン『アメリカ帝国の悲劇』村上和久訳、文藝春秋、2004 年）; C. Johnson, *Blowback*, 11（チャルマーズ・ジョンソン『アメリカ帝国への報復』鈴木主税訳、集英社、2000 年）; Yoshida, *Democracy Betrayed;* Amemiya, "The Bolivian Connection," 63.
23. Cooley, *Base Politics*, 147; 1995 年 10 月 12 日付け『沖縄タイムス』から翻訳の Okinawa Peace Network Los Angeles, "List of Main Crimes Committed and Incidents Concerning the U.S. Military on Okinawa—Excerpts," http://www.uchinanchu.org/history/list_of_crimes.htm などを参照。
24. Okinawa Peace Network Los Angeles.
25. Mercier, "Way Off Base."
26. Cooley, *Base Politics*, 147–48. 日本は 1968 年に硫黄島その他島々の支配権を取りもどした。
27. Gillem, *America Town*, 242, 256–58.
28. 当初、名護市議会は日本政府から 9500 万ドルの「経済援助」の申し出を受け、投票により基地受け入れを認めていた。しかしのちに、名護市長とその他の政治家が新基地反対を表明した。同上 , 256–61.
29.『朝日新聞（英語版）』2014 年 4 月 20 日 "Sit-In Against Relocation of Air Station Futenma Marks 10th Anniversary," http://ajw.asahi.com/article/behind_news/social_affairs/AJ201404200012.
30. Gillem, *America Town*, 48.
31. Daniel J. Nelson, *A History of U.S. Military Forces in Germany* (Boulder, CO: Westview Press, 1987), 104–8, 123.
32. 同上 , 127.
33.『ニューヨーク・タイムズ』2014 年 12 月 15 日 Floyd Whaley, "Murder Charge Is Recommended for U.S. Marine in Death of Transgender Filipino," http://www.nytimes.com/2014/12/16/world/asia/murder-charge-is-recommended-for-us-marine-in-death-of-transgender-filipino.html.
34. Mercier, "Way Off Base."
35. Linda Isakao Angst, "The Rape of a Schoolgirl: Discourses of Power and Gendered National Identity in Okinawa," in *Islands of Discontent: Okinawan Responses to Japanese and American Power*, edited by Laura Heig and Mark Selden (Lanham, MD: Rowman and Littlefield, 2003), 137.
36. ウェブサイト *U.S. Bases in Okinawa: Takae's Story*, 2015 年 1 月 5 日アクセス。http://okinawa-takae.org.
37.〈基地・軍隊を許さない行動する女たちの会〉, "Postwar U.S. Military Crimes," 23–25.
38.『ロサンゼルス・タイムズ』2001 年 2 月 11 日 , "Friction Between Japan, U.S. Military,"（AP 通信）, http://articles.latimes.com/2001/feb/11/news/mn-24065.
39. 1972 年以前、地元当局は犯罪者の逮捕や取り調べができなかった。沖縄県知事公室地域安全政策課資料 "US Military Base Issues in Okinawa," 2011 年 9 月文書 4; 沖縄県知事公室基地対策課資料 , "US Military Base Issues in Okinawa," 2011 年（日付なし）文書 15.
40. Mercier; "Way Off Base";〈基地・軍隊を許さない行動する女たちの会〉, "Postwar U.S. Military Crimes"; Akibayashi and Takazato, "Okinawa," 252, 260.
41. C. Johnson, *Sorrows of Empire*, 109–10.（チャルマーズ・ジョンソン『アメリカ帝国の悲劇』村上和久訳、文藝春秋、2004 年）
42.『ニューヨーク・タイムズ』2012 年 9 月 12 日付け A22 面社説 "Ospreys in Okinawa".
43. Travis J. Tritten and Matthew M. Burke, "US Military in Japan Wrestles with Curfew's Ineffectiveness," *Stars and Stripes,* November 27,

2012, stripes.com/news/pacific/japan/us-military-in-japan-wrestles-with-curfew-s-ineffectiveness-1.198539.
44. Kan, "Guam," 2.
45. 同上
46. Travis J. Tritten, "US to Beef Up Marine Presence on Okinawa Before Drawdown," *Stars and Stripes,* June 12, 2012, http://www.stripes.com/news/us-to-beef-up-marine-presence-on-okinawa-before-drawdown-1.180172.
47. Gillem, *America Town,* 247.
48. Cooley, *Base Politics*, 151; Emma Chanlett-Avery and Ian E. Rinehart, "The U.S. Military Presence in Okinawa and the Futenma Base Controversy," Congressional Research Service, report, Washington, DC, August 14, 2014.
49. Cooley, *Base Politics*, 151.
50. 同上 , 143, 158–59.
51. この点を指摘し、本章を書く上で誤りを回避するのに非常に有益なコメントをくれたジョセフ・ガーソンに感謝する。
52. Gavan McCormack, *Client State: Japan in the American Embrace*, (New York: Verso, 2007), 163（ガバン・マコーマック『属国 ―― 米国の抱擁とアジアでの孤立』新田準訳、凱風社、2008 年）; Statistics Japan, "Okinawa," Prefecture Comparisons, 2014, http://stats-japan.com/t/tdfk/okinawa; "Prefectural Income," Prefecture Comparisons, 2014, http://stats-japan.com/t/kiji/10714.
53. McCormack, *Client State*, 158–59（ガバン・マコーマック『属国 ―― 米国の抱擁とアジアでの孤立』新田準訳、凱風社、2008 年）.
54. 同上 , 83.
55. Lostumbo et al., "Overseas Basing of U.S. Military Forces," 146; Cooley, *Base Politics*, 195; Calder, *Embattled Garrisons,* 192–94（ケント・E. カルダー『米軍再編の政治学 ―― 駐留米軍と海外基地のゆくえ』武井楊一訳、日本経済新聞出版社、2008 年）.
56. 米会計検査院報告 "Comprehensive Cost Information and Analysis of Alternatives Needed to Assess Military Posture in Asia," GAO-11-316, Washington, DC, May 2011.
57. Stockholm International Peace Research Institute, " Table 3.3: The 15 Countries with the Highest Military Expenditure in 2012," *Trends in World Military Expenditure, 2012,* Stockholm, April 15, 2013; Sam Perlo-Freeman and Carina Solmirano, "Trends in World Military Expenditure, 2013," fact sheet, Stockholm International Peace Research Institute, April 2014.
58. Lostumbo et al., "Overseas Basing of U.S. Military Forces," chapter 5.
59. Quoted in Yonamine, "Economic Crisis."
60. 同上 , また次も参照 John Feffer, "Pacific Pushback: Has the U.S. Empire Reached Its High-Water Mark?" *TomDispatch*, March 4, 2010, http:www.tomdispatch.com/blog/175214/.
61. Tritten, "US to Beef Up."
62. Manabu Sato, "The Marines Will Not Defend the Senkakus（海兵隊は尖閣を守るつもりはない）," *Asia- Pacific Journal* 11, no. 27/2 (July 8, 2013), http://japanfocus.org/-Sato-Manabu/3964.
63. メーカーによれば、24 人を乗せたオスプレイの戦闘行動半径は 390 海里。いっぽう沖縄県那覇市と尖閣／釣魚島の往復距離は 440 海里。参照 http://www.boeing.com/boeing/rotorcraft/military/v22/.
64. アンドリュー（アンディ）・ホーンへのインタビュー。2012 年 4 月 29 日および 7 月 2 日。
65. McCormack, *Client State*, 77–81（ガバン・マコーマック『属国 ―― 米国の抱擁とアジアでの孤立』新田準訳、凱風社、2008 年）.
66. Lostumbo et al. "Overseas Basing of U.S. Military Forces," 280–82.

第一五章 「もうたくさん」

1. U.S. Army Garrison Ansbach, "Your Army Home, Community Guide," Ansbach, Germany, n.d., 1.
2. U.S. Army Garrison Ansbach, "USAG Ansbach History," n.d. [2013], available at http://www.ansbach.army.mil/USAGhistory.html.
3. Guido Lanaro, *Il Popolo delle Pignatte: Storia del Presidio Permanente No Dal Molin (2005-2009)* (Verona, Italy: Qui Edit di S.D.S., 2010), 15–17.
4. 同上 , 19n11.
5. Sandra Jontz, "Soldier Convicted of Vicenza Rape Will Be Free Pending Appeal," *Stars and Stripes*, March 10, 2006, http://www.stripes.com/news/soldier–convicted-of-vicenza-rape-

will-be-free-pending-appeal-1.46062.
6. Lanaro, *Il Popolo,* 28.
7. 警察の推定数は最も少なく5万から8万人。主催者側はおおむね 10 万から 12 万人としている。実際のところはたいていその中間になるので、おそらく合計で軽く 6 桁には届くだろう。
8. Cemitato del Si al Dal Molin, "Si Dal Molin," n.d. [2009], http://clubgiovani.it/sialdalmolin/category/Comitato-del-si.
9. 『ウォール・ストリート・ジャーナル』 2014 年 11 月 13 日 Alexander Martin, "Okinawa's Reinvention Enters Next Phase; Prefecture Seeks to Exploit Location in New Ways and Move Beyond Military Bases," http://www.wsj.com/articles/okinawas-reinvention-enters-next-phase-1415912139.
10. Keith B. Cunningham and Andreas Klemmer, "Restructuring the US Military Bases in Germany: Scope, Impacts, and Opportunities," Bonn International Center for Conversion, Bonn, report 4, June 1995, 6.
11. 包括予算割当法案（Consolidated and Further Continuing Appropriations Act, 2015, Pub. L. No. 113-235 (2014)）, セクション . 108–12.
12. Lutz, "Introduction," in *Bases of Empire*, 32–33.
13. 米国防総省 "2004 Statistical Compendium on Allied Contributions to the Common Defense," Washington, DC, 2004; Lostumbo et al., "Overseas Basing of U.S. Military Forces," 131–32.
14. Patrick E. Poppert and Werner W. Herzog, Jr., "Force Reduction, Base Closure, and the Indirect Effects of Military Installations on Local Employment Growth," *Journal of Regional Science* 43, no. 3 (2003): 460–61.
15. Cunningham and Klemmer, "Restructuring the US Military Bases," 6, 13, 20. この報告書には、アメリカから返還された用地が合計で 9 万 2000 エーカー以上（p.6）、米陸軍だけで 10 万エーカー以上（p.20）とあり、明らかな食い違いがある。
16. 同上 , 22, 6–7. "Population statistics from Organisation for Economic Co-operation and Development," *OECD Economic Surveys Germany 1991–1992* (Paris: OECD, 1992), 7.
17. Alfredo R. Paloyo, Colin Vance, and Matthias Vorrell, "The Regional Economic Effects of Military Base Realignment and Closures," *Defense and Peace Studies Journal* 21, nos. 5–6 (2010): 567–69.
18. ウェブサイト U.S. Army in Germany, "U.S. Army Installations—Ansbach," 2015 年 1 月 7 日アクセス。http://www.usarmygermany.com/Sont.htm?http&&&www.usarmygermany.com/USAREUR_City_Ansbach.htm.
19. Paloyo et al., "Regional Economic Effects," 568, 578–79.
20. Linda Andersson, Johan Lundbergb, and Magnus Sjöström, "Regional Effects of Military Base Closures: The Case of Sweden," *Defense and Peace Economics* 18, no. 1 (2007): 87–97.
21. 米会計検査院報告 "Military Base Closures: Updated Status of Prior Base Realignments and Closures," GAO-05-138, Washington, DC, January 2005.
22. Poppert and Herzog, "Force Reduction," 479–80, 463–64.
23. Travis J. Tritten and Chiyomi Sumida, "Ready or Not, Okinawa Aims to Wean Itself Off of Military Dollars," *Stars and Stripes*, August 20, 2011, http://www.stripes.com/news/ready-or-not-okinawa-aims-to-wean-itself-off-of-military-dollars-1.152708.
24. A. Martin, "Okinawa's Reinvention."
25. Valerio Volpi, "An Airbase in Vicenza: How Italy Became a Launching Pad for the US Military," *Counterpunch*, October 4, 2007, http://www.counterpunch.org/2007/10/04/how-italy-became-a-launching-pad-for-the-us-military/.
26. Stephanie Westbrook, "Italian Court Blocks Construction of U.S. Military Base," U.S. Citizens for Peace and Justice, blog, n.d.[2008], http://www.peaceandjustice.it/vicenza-tar.php.
27. 同上 ; 2008 年 7 月 30 日付け Stephanie Westbrook のブログ , "U.S. Military Interests Reign Supreme in Italy," U.S. Citizens for Peace and Justice, http://www.peaceandjustice.it/vicenza-cds.php.
28. Barry Moody and Roberto Landucci, "Overloaded Justice System Ties Italy in Knots," Reuters, April 5, 2012. http://in.reuters.com/article/2012/04/05/italy-justice-idINDEE83406F20120405.

29. Westbrook, "U.S. Military Interests."
30. 同上 ; Lanaro, *Il Popolo,* 86–87.
31. Lanaro, *Il Popolo,* 76–79, 94.
32. Yeo, *Activists,* 112.
33. See e.g. Erin E. Fitz-Henry, "Municipalizing Sovereignty: The U.S. Air Force in Manta, Ecuador" (Ph.D. dissertation, Princeton University, 2009).
34. Westbrook, "U.S. Military Interests."
35. 2007 年 1 月、中道左派のロマーノ・プローディ首相がダル・モリン基地建設計画を承認する 1 週間前に、ロナルド・スポグリ駐イタリア米国大使がプローディに基地受け入れのプレッシャーをかけるため、ヴィチェンツァを訪れている。ウィキリークスが暴露した国務省の公電には、アメリカによるプレッシャーのようすがさらによく表れている。公電のひとつによると、プローディは基地承認の 5 日前に、反対派をなだめるための妥協案を模索していた。スポグリ大使とダニエル・フリード国務次官補に対し、新基地の用地としてアヴィアーノ空軍基地から 30 マイルの（すなわち、第 173 空挺旅団の配備地点により近い）別の候補地を提案したのである。スポグリは代替案には耳を貸さなかった。「われわれはこのプロジェクトに 2 年前から取り組み、計画に 2500 万ドルをつぎ込んでいる」とスポグリの署名入りの公電は、彼がそう言ったと伝えている。「アヴィアーノなどの別の場所に行くのは、軍配置のメリットを失うことになる。ここまで来てはもうダル・モリン基地を拡張するか、ゼロかの話だ」。スポグリは受け入れが承認されれば「10 億ドルを上回る金が投入され」、地元に落ちる金は年間で 1 億 3000 万ドル以上増加するだろうと言及している。そしてイタリア政府が同意しなければ、アメリカは「このプロジェクトをドイツに持っていく」とほのめかした。「これは脅しではない、事実をそのまま伝えているにすぎない」と大使は言った。この一件から、部隊と支出をイタリアに移すのはイラク侵攻に反対を表明したドイツを懲らしめるためではないとのブッシュ政権の主張に、少なくともいくばくかの疑念が生じる。Yeo, *Activists*, 112; ロナルド・スポグリから国務省への 2007 年 1 月 17 日付け公電 "Fried Presses Prodi on Afghanistan, Dal Molin Base Decision," cable no. 07ROME96, U.S. Embassy Rome.
36. See Amy A. Holmes, *Social Unrest and American Military Bases in Turkey and Germany since 1945* (Cambridge: Cambridge University Press, 2014); Cooley, *Base Politics.*
37. 概要については 2012 年 4 月 28 日付け『ニューヨーク・タイムズ』Gina Apostol, "In the Philippines, Haunted by History" を参照。http://www.nytimes.com/2012/04/29/opinion/sunday/in-the-philippines-haunted-by-history.html?_r=1.
38. Cheryl Lewis, "Kaho'olawe and the Military," ICE case study, Washington, DC, Spring 2001, http://www.american.edu/ted/ice/hawaiibombs.htm.
39. Leila Fadel, "U.S. Seeking 58 Bases in Iraq, Shiite Lawmakers Say," *McClatchy DC*, June 9, 2008. http://www.mcclatchydc.com/2008/06/09/40372/us-seeking-58-bases-in-iraq-shiite.html.
40. Medea Benjamin, "Italian Women Lead Grassroots Campaign Against US Military Base," U.S. Citizens for Peace and Justice, blog, n.d. [February 2008], http://www.peace-andjustice.it/nodalmolin-post.php.
41. 同上 , このデモの 4 日後、プローディはダル・モリン基地を含む外交政策への支持が十分に得られないとして首相を辞任した。

第一六章　蓮の葉戦略

1. 2009 年 4 月 27 日の国防総省によるプレゼンテーション "Global Defense Posture and International Agreements Overview," のスライド 6。
2. 同上 , スライド 9。
3. 同上 , スライド 3。第 2 次世界大戦以降、数多くの在外基地を獲得および維持する指針となってきた 2 つの原則は、いまも現役のようだ。その原則とは、「余剰」——基地が多いほど国は安全である——と、「戦略的拒否」——想定される敵をある領土に近づけないようにして、その土地を使わせないようにする——ことであり、どちらの原則も、軍はその基地や領土にほとんど関心がなかろうと、あらゆる不測の事態に備えてできるだけ多くを手に入れるべきであり、手に入れたもの

はまず譲るべきではないとするものだ。

4. 戦略国際問題研究所で2010年5月13日に行われたフォーラム “2010 Global Security Forum: What Impact Would the Loss of Overseas Bases Have on U.S. Power Projection?” にてレイモンド・F・デュボイスが引用。Federal News Service 社の記録より。
5. David C. Chandler, Jr., “ ‘Lily-pad Basing Concept Put to the Test,” *Army Logistician*, March-April 2005, 11–13.
6. 20011年1月27日付け Fellowship of Reconciliation（友和会［キリスト教系の反戦主義団体］）の John Lindsay-Poland によるブログ “Pentagon Building Bases in Central America and Colombia Despite Constitutional Court Striking Down Base Agreement,” http://forusa.org/blogs/john-lindsay-poland/pentagon-building-bases-central-america-colombia/8445; 2011年9月21日付け友和会のブログ “Honduras and the U.S. Military,” http://forusa.org/blogs/john-lindsay-poland/honduras-us-military/9943.
7. U.S. Department of Defense, Contract Announcement, Defense Logistics Agency, Washington, DC, April 25, 2009, http://www.defense.gov/Contracts/Contract.aspx?ContractID=2994 ; Contract Announcement, Defense Logistics Agency, Washington, DC, January 15, 2009, http://www.defense.gov/Contracts/Contract.aspx?ContractID=3944.
8.『ニューヨーク・タイムズ』2012年5月5日付けA1面 Thom Shanker, “Lessons of Iraq Help U.S. Fight a Drug War in Honduras,” http://www.nytimes.com/2012/05/06/world/americas/us-turns-its-focus-on-drug-smuggling-in-honduras.html?pagewanted=all&_r=0.
9. 同上 , A14面。
10. Shanker, “Lessons of Iraq,” A14面。
11. アメリカ議会図書館 “Honduras: United States Military Assistance and Training,” Country Studies Series, Federal Research Division, Washington, DC, http://www.country-data.com/cgi-bin/query/r-5731.html.
12. 戦略国際問題研究所報告 Kathleen H. Hicks, “Transitioning Defense Organizational Initiatives: An Assessment of Key 2001–2008 Defense Reforms,” November 2008, 13.
13. この点を指摘してくれたジョン・リンゼイ＝ポーランドに感謝する。
14. 複数機関が関わったこの非公開の活動は、大手不動産開発会社やゼネラル・エレクトリック社、人道支援団体（マリア・オテロ国務次官の息子が運営する団体を含む）などが関わる「官民協働体制」の概要を説明するものでもあった。2009年5月15日付け公電 Hugo Llorens, “Mission Integrated Strategy to Fight Crime and Illicit Trafficking in La Mosquitia,” cable no. 09TEGUCIGALPA353, Tegucigalpa, May 15, 2009, http://wikileaks.org/cable/2009/05/09TEGUCIGALPA353.html.
15. U.S. Department of Defense, “Operations and Maintenance, Fiscal Year (FY) 2014,” 69–72.
16. Herbert Docena, “The US Base in the Philippines,” *Inquirer. net*, February 20, 2012, http://opinion.inquirer.net/23405/the-us-base-in-the-philippines; Jane’s Sentinel Security Assessment, “Philippines—Security and Foreign Forces,” May 14, 2009.
17. Kaplan, *Hog Pilots,* 315.
18. 同上 , 154.
19. Carmela Fonbuena, “PH, US ‘Close’ to Signing Military Deal,” *Rappler.com*, February 5, 2014, www.rappler.com/nation/49733-philippines-united-states-bases-access; “PH, US Bases Access Talks Reach ‘Impasse,’ ” *Rappler.com*, November 6, 2013, http://www.rappler.com/nation/43025-bases-access-philippines-united-states-impasse.
20. Docena, “The US Base in the Philippines.”
21. Amedee Bollee, “Djibouti: From French Outpost to US Base,” *Review of African Political Economy* 30, no.97 (2003): 481–84.
22. Lauren Ploch, “Africa Command: U.S. Strategic Interests and the Role of the U.S. Military in Africa,” Congressional Research Service, report, Washington, DC, July 22, 2011, 9, 13. 4000人という数字は、2014年11月13日付けのベンジャミン・A・ベンソンから著者への電子メールによる。
23. George W. Bush, “President Bush Creates a Department of Defense Unified Combatant Command for Africa,” press release, February 6, 2007, http://georgewbush-whitehouse.archives.gov/news/releases/2007/02/20070206-3.html.
24. Catherine Besteman, “ Counter AFRICOM,”

in *The Counter-Counterinsurgency Manual, or Notes on the Militarization of America*, edited by the Network of Concerned Anthropologists Steering Committee (Chicago: Prickly Paradigm Press, 2009), 118–21.

25. ベンソンから著者への電子メール。Nick Turse, "The Classic Military Runaround: Your Tax Dollars at Work Keeping You in the Dark," *TomDispatch,* July 7, 2013, www.tomdispatch.com/blog/175721 も併せて参照。

26. Akil R. King, Zackary H. Moss, and Afi Y. Pittman, "Overcoming Logistics Challenges in East Africa," *Army Sustainment*, January-February 2014, 30.

27. 『ワシントン・ポスト』2012 年 6 月 13 日 Craig Whitlock, "U.S. Expands Secret Intelligence Operations in Africa," http://www.washingtonpost.com/world/national-security/us-expands-secret-intelligence-operations-in-africa/2012/06/13/gJQAHyvAbV_story.html;『ワシントン・ポスト』2011 年 9 月 20 日 Craig Whitlock and Greg Miller, "U.S. Building Secret Drone Bases in Africa, Arabian Peninsula, Officials Say," http://www.washingtonpost.com/world/national-security/us-building-secret-drone-bases-in-africa-arabian-peninsula-officials-say/2011/09/20/gIQAJ8rOjK_story.html?wprss=rss_homepage;『ワシントン・ポスト』2012 年 6 月 14 日 Craig Whitlock, "Contractors Run U.S. Spying Missions in Africa," http://www.washingtonpost.com/world/national-security/contractors-run-us-spying-missions-in-africa/2012/06/14/gJQAvC4RdV_story.html.

28. 『ワシントン・ポスト』2012 年 7 月 8 日 Whitlock, "U.S. Expands"; Craig Whitlock, "Mysterious Fatal Crash Provides Rare Glimpse of U.S. Commandos in Mali," http://www.washingtonpost.com/world/national-security/mysterious-fatal-crash-provides-rare-glimpse-of-us-commandos-in-mali/2012/07/08/gJQAGO71WW_story.html.

29. 『ロサンゼルス・タイムズ』2013 年 10 月 20 日 Shashank Bengali, "U.S. Military Investing Heavily in Africa," http://www.latimes.com/world/la-fg-usmilitary-africa-20131020-story.html#page=1.

30. Nick Turse, "The Pivot to Africa," *TomDispatch,* September 5, 2013, www.tomdispatch.com/blog/175743.

31. 『ワシントン・ポスト』2013 年 12 月 9 日 Craig Whitlock, "U.S. to Airlift African Troops to Central African Republic," http://www.washingtonpost.com/world/national-security/us-to-airlift-african-troops-to-central-african-republic/2013/12/09/abdd9c64-6107-11e3-bf45-61f69f54fc5f_story.html.

32. 『ワシントン・ポスト』2012 年 5 月 13 日 Craig Whitlock, "U.S. Trains African Soldiers for Somalia Mission," http://www.washingtonpost.com/world/national-security/us-trains-african-soldiers-for-somalia-mission/2012/05/13/gIQAJhsPNU_story.html.

33. Bureau of Investigative Journalism, "Somalia: Reported US Covert Actions 2001-2014," website, February 22, 2012, http://www.thebureauinvestigates.com/2012/02/22/get-the-data-somalias-hidden-war/; Whitlock, "U.S. Trains African Soldiers"; Richard Reeve and Zoë Pelter, "From New Frontier to New Normal: Counter-terrorism Operations in the Sahel-Sahara," London: Remote Control Group/Oxford Research Group, August 2014, 25.

34. Jeremy Scahill, "The CIA's Secret Sites in Somalia," *Nation*, December 10, 2014 [August 1–8, 2011], http://www.thenation.com/article/161936/cias-secret-sites-somalia; Reeve and Pelter, "New Frontier to New Normal," 25.

35. Reeve and Pelter, "New Frontier to New Normal," 2, 4.

36. Ploch, "Africa Command," 22–23.

37. Whitlock, "U.S. to Airlift African Troops."

38. Turse, "Pivot to Africa"; Reeve and Pelter, "New Frontier to New Normal," 22.

39. See e.g. Guy Martin, "AAR Awarded US Military African Airlift Contract," *Defence-Web*, December 4, 2013, http://www.defenceweb.co.za/index.php?option=com_content&view=article&id=32932:aar-awarded-us-military-african-airlift-contract&catid=47:Logistics&Itemid=110; Lalit Wadha, "The Society of American Military Engineers," U.S. Army Corps of Engineers Europe District, Power-Point presentation, April 12, 2013; see also Reeve and Pelter, "New Frontier to New Normal," on contracts.

40. Ploch, "Africa Command," 10; C. Johnson, *Nemesis*, 147–48; Cooley, *Base Politics*, 238, 242.
41. 2013年3月7日上院軍事委員会の前の、アフリカ軍司令官カーター・ハム将軍の発言。
42.『ワシントン・ポスト』2014年11月12日 Brady Dennis and Missy Ryan, "Fewer U.S. Troops than Initially Planned Will Be Deployed Against Ebola in West Africa," http://www.washingtonpost.com/national/health-science/fewer-us-troops-than-initially-planned-will-be-deployed-against-ebola-in-west-africa/2014/11/12/74e37574-6a9a-11e4-a31c-77759fc1eacc_story.html.
43. Claudette Roulo, "DoD Brings Unique Capabilities to Ebola Response Mission, Official Says," *DOD News*, November 12, 2014, http://www.defense.gov/news/newsarticle.aspx?id=123624; see also Reeve and Pelter, "New Frontier to New Normal."
44. ベンソンから著者への電子メール。
45. Paul McLeary, "US Deployments to Africa Raise a Host of Issues," *Defense News*, May 3, 2014, http://www.defensenews.com/article/20140503/DEFREG04/305030020/US-Deployments-Africa-Raise-Host-Issues, では、5000から8000人に、エボラ対策の追加人員が3000人としている。また次も参照。 Rick Rozoff, "Pentagon's Last Frontier: Battle-Hardened Troops Headed to Africa," *Op-ed News*, June 12, 2012, http://www.opednews.com/articles/Pentagon-s-Last-Frontier-by-Rick-Rozoff-120612-54.html.
46. 中南米の二大基地であるグアンタナモ湾とソト・カノを合わせても軍勢は多くて2500から4000人程度。中南米のその他の基地に少数の部隊が配置されている。U.S. Department of Defense, "Total Military Personnel and Dependent End Strength, as of: June 30, 2014."
47. Turse, "Pivot to Africa"; Oscar Nkala and Kim Helfrich, "US Army Looking to Contractors for African Operations," *DefenceWeb*, September 17, 2013, http://www.defenceweb.co.za/index.php?option=com_content&view=article&id=31919:us-army-looking-to-contractors-for-african-operations&catid=56:diplomacy-a-peace&Itemid=111. 議会のなかには、さらに大規模な駐留を求める声もある。2015年度の国防法案のなかで、議会は国防総省に対して、アメリカの駐留を増やし、「その駐留軍をアフリカ大陸全域に置けるだけの基地設置と利用の合意を得るように」と要請している。
48. Paul C. Wright, "U.S. Military Intervention in Africa: The New Blueprint for Global Domination," *Global Research*, August 20, 2010, http://www.globalresearch.ca/PrintArticle.php?articleId=20708; Voice of America, "Sao Tome Sparks American Military Interest," October 28, 2009, http://www.voanews.com/content/a-13-2004-11-12-voa42-66870572/376603.html.
49. BBC News, "US Naval Base to Protect Sao Tome Oil," BBC, August 22, 2002, http://news.bbc.co.uk/2/hi/business/2210571.stm.
50. James Bellamy Foster, "A Warning to Africa: The New U.S. Imperial Grand Strategy," *Monthly Review* 58, no. 2 (2006), http://www.monthlyreview.org/0606jbf.htm.
51. Michael Klare and Daniel Volman, "America, China and the Scramble for Africa's Oil," *Review of African Political Economy* 33, no. 108 (2006): 298–302.
52.『ニューヨーク・タイムズ』2012年4月7日 Randal C. Archibold, "China Buys Inroads in the Caribbean, Catching U.S. Notice," *New York Times*, April 7, 2012, http://www.nytimes.com/2012/04/08/world/americas/us-alert-as-chinas-cash-buys-inroads-in-caribbean.html?pagewanted=all.
53. Nick Turse, "The New Obama Doctrine, A Six-Point Plan for Global War Special Ops, Drones, Spy Games, Civilian Soldiers, Proxy Fighters, and Cyber Warfare," *TomDispatch*, June 14, 2012, http://www.tomdispatch.com/archive/175557/nick_turse_the_changing_face_of_empire.
54. Jeremy Scahill, *Dirty Wars: The World Is a Battlefield* (New York: Nation Books, 2013), 4.（ジェレミー・スケイヒル『アメリカの卑劣な戦争 —— 無人機と特殊作戦部隊の暗躍』横山啓明訳、文柏書房、2014年）
55. Priest, *Mission*, 206.（デイナ・プリースト『終わりなきアメリカ帝国の戦争 —— 戦争と平和を操る米軍の世界戦略』中谷和男訳、アスペクト、2003年）

56. Lesley Gill, *The School of the Americas: Military Training and Political Violence in the Americas* (Durham, NC: Duke University Press, 2004), 235–37.
57. Peter J. Meyer, "Honduras- U.S. Relations," Congressional Research Service, report, Washington, DC, February 5, 2013, 14.
58. Gill, *School of the Americas*, 235.
59. Vine, *Island of Shame*, chapter. 6.
60. Kaplan, *Imperial Grunts*, 167.
61. Kaplan, *Hog Pilots*, 319.
62. United States Senate Subcommittee on United States Security Agreements and Commitments Abroad, "United States Security Agreements and Commitments Abroad," 2433–34.
63. Klare and Volman, "America, China and the Scramble," 306; Sandra T. Barnes, "Global Flows: Terror, Oil, and Strategic Philanthropy," *African Studies Review* 48, no. 1 (2005): 11.
64. Samantha Hawley, "Cocos Islands: US Military Base, Not in Our Lifetime," *PM*, March 28, 2012, http://www.abc.net.au/pm/content/2012/s3465894.htm; Pauline Bunce, "The Riddle of the Islands: Australia's Oft Forgotten Indigenous Island Community," *Arena Magazine* 128 (2014): 36–38.
65. http://www.cdfa.ca.gov/plant/IPC/weedinfo/nymphaea.htm.
66. Harkavy, *Strategic Basing*, chapter 6.
67. Klare and Volman, "America, China and the Scramble," 307.

第一七章　真の安全

1. この提案などについては 2011 年 11 月 8 日付けの次のブログを参照 , Howard W. Hallman, "Deficit Reduction by Closing Overseas Bases," European Disarmament, https://europeandisarmament.wordpress.com/2011/11/08/deficit-reduction-by-closing-overseas-bases/.
2. Sen. Kay Bailey Hutchison, "Build Bases in America," *Politico*, July 13, 2010, http://www.politico.com/news/stories/0710/39625.html; Sen. Jon Tester, "Tester to Defense Dept.: Close Overseas Military Bases, Not Facilities in the U.S.," press release, Washington, DC, February 29, 2012, http://www.tester.senate.gov/?p=press_release&id=2137.
3. Fox News, "Transcript: Fox News Channel & Wall Street Journal Debate in South Carolina," January 17, 2012. http://foxnewsinsider.com/2012/01/17/transcript-fox-news-channel-wall-street-journal-debate-in-south-carolina/.
4.『ニューヨーク・タイムズ』2010 年 12 月 25 日 Nicholas D. Kristof, "The Big (Military) Taboo," http://www.nytimes.com/2010/12/26/opinion/26kristof.html.
5. "New Rules," *Real Time with Bill Maher*, HBO, Episode 222, July 29, 2011, http://www.hbo.com/real-time-with-bill-maher/episodes/0/222-episode/article/new-rules.html#/.
6. *Reuters*, "Military Needs to Close More Bases: General," September 15, 2010, http://www.reuters.com/article/2010/09/15/us-pentagon-bases-idUSTRE68E6H420100915.
7. 戦略国際問題研究所報告 "2010 Global Security Forum." Harkavy, *Strategic Basing*, 167–68 も参照。
8. Lostumbo et al., "Overseas Basing of U.S. Military Forces," 291.
9. Calder, *Embattled Garrisons*, 214.（ケント・E. カルダー『米軍再編の政治学 —— 駐留米軍と海外基地のゆくえ』武井楊一訳、日本経済新聞出版社、2008 年）
10. Jeffery D. Berejikian, "A Cognitive Theory of Deterrence," *Journal of Peace Research* 39, no. 2 (2002): 169.
11. Baruch Fischhoff , "Do We Want a Better Theory of Deterrence?" *Journal of Social Issues* 43, no. 4 (1987): 73.
12. See e.g. Austin Long, "Deterrence from Cold War to Long War: Lessons from Six Decades of RAND Deterrence Research" (Santa Monica, CA: RAND Corporation, 2008).
13. Paul K. Huth, "Deterrence and International Conflict: Empirical Findings and Theoretical Debates," *Annual Reviews of Political Science* 2 (1999): 27.
14. Steve Chan, "Extended Deterrence in the Taiwan Strait: Learning from Rationalist Explanations in International Relations," *World Affairs* 166, no. 2 (2003): 109–25.
15. Stephen Glain, "What Actually Motivated Osama bin Laden," *U.S. News & World Report*, May 3, 2011 http://www.usnews.com/opinion/blogs/stephen-glain/2011/05/03/what-actually-motivated-osama-bin-laden.
16. Bradley L. Bowman, " After Iraq: Future

U.S. Military Posture in the Middle East," *Washington Quarterly* 31, no. 2 (2008): 85.
17. ニック・タースは 2014 年に 134 か国を特定したが、ロバート・D・カプランは 2001 年より前に 170 か国を挙げている。 Nick Turse, "The Special Ops Surge: America's Secret War in 134 Countries," *TomDispatch,* January 8, 2014, http://www.tomdispatch.com/blog/175794/tomgram%3A_nick_turse,_secret_wars_and_black_ops_blowback/; Kaplan, *Imperial Grunts*, 7.
18. Lutz, *Homefront*, 9.
19. Kaplan, *Imperial Grunts*, 1–2.
20. John Q. Adams, "She Goes Not Abroad in Search of Monsters to Destroy," *American Conservative*, July 4, 2013, http://www.theamericanconservative.com/repository/she-goes-not-abroad-in-search-of-monsters-to-destroy/.
21. 同上
22. National Park Service, "John Quincy Adams Biography," Adams National Historical Park, 2015 年 1 月 7 日アクセス。http://www.nps.gov/adam/jqa-bio-page-3.htm.
23. Dwight D. Eisenhower, "Farewell Address," January 17, 1961, *OurDocuments.gov*, http://www.ourdocuments.gov/doc.php?flash=true&doc=90.
24. 同上
25. SIPRI 2009. 現在でもアメリカは中国の 2 倍以上の軍事費を使い、中国に次ぐ 17 か国（ほとんどは同盟国）の軍事費の合計を上回る。
26. Gillem, *America Town*, 211.
27. *Moscow Times*, "Russia Has a Base in Syria Defense Ministry Seeking New Locations for Air Bases Abroad," February 27, 2014, http://www.themoscowtimes.com/news/article/defense-ministry-seeking-new-locations-for-air-bases-abroad/495332.html.
28. Harkavy, *Strategic Basing*, chapter 6.
29. Klare and Volman, "America, China and the Scramble," 307.
30. *Standing Army*, directed by Fazi and Parenti.
31. Mackenzie Eaglen, "Congress Ignores Pentagon's Drawdown Abroad to Stall Domestic Military Base Closures," *AEIdeas* blog, May 21, 2013.
32. Gordon Lubold, "U.S. Will Keep Cutting Its Bases in Europe, Top General Says," *ForeignPolicy* January 13, 2014, http://www.foreignpolicy.com/posts/2014/01/13/trim_bases_not_boots_why_this_air_force_four_star_thinks_the_us_should_stay_in_euro.
33. Courtney Albon, "USAF Consolidating Excess Infrastructure but Still Calling for Base Closures," *Inside the Air Force*, January 17, 2014.
34. Katherine G. Hammack, "2014 Green Book: The Costly Consequences of Excess Army Infrastructure and Overhead," *Army.mil*, September 30, 2014, http://www.army.mil/article/134864/2014_Green_Book__The_costly_consequences_of_excess_Army_infrastructure_and_overhead.
35. "Posture of the United States Army Before the Committee on Armed Services," 2014 年 3 月 25 日の第 113 回下院議会におけるジョン・M・マクヒュー陸軍長官とレイモンド・T・オディエルノ陸軍参謀総長の発言。
36. Hammack, "2014 Green Book."
37. 同上 ,; Eaglen, "Congress Ignores Pentagon"; Albon, "USAF Consolidating Excess"; Lubold, "U.S. Will Keep Cutting."
38. 包括予算割当法案（Consolidated and Further Continuing Appropriations Act, 2015）, セクション . 110–28.

あとがき

1. David Graeber, "Neoliberalism, or the Bureaucratization of the World," in *The Insecure American: How we get Here and What We Should Do about It*, edited by Hugh Gusterson and Catherine Besteman (Berkeley: University of California Press, 2009), 79–96.